U0310177

河南科技大学学术著作出版基金资助

小麦氮素形态生理生态

李友军　黄　明　王贺正　吴金芝　著

科学出版社
北　京

内 容 简 介

本书系统地总结了近年来小麦高产栽培课题组小麦氮素形态对小麦生理生态影响的最新研究成果，分 10 章阐述了小麦氮素营养与氮肥，不同氮素形态、不同氮素形态配比及水分和氮素形态互作对麦田土壤化学特性，土壤微生物和酶活性，小麦生长发育，小麦衰老特性，碳代谢，氮代谢，氮素积累、分配及转运，以及产量和品质形成的影响，并提出了不同品质类型（强筋、中筋、弱筋）小麦的氮肥施用技术。研究系统、透彻，内容充实、新颖，具有较强的理论性和较高的实践指导意义与实用价值。

本书既可作为高年级本科生和研究生的教材，又可供农业科技、教育、推广和管理人员参考。

图书在版编目（CIP）数据

小麦氮素形态生理生态/李友军等著. —北京：科学出版社，2015.9
ISBN 978-7-03-045537-6

Ⅰ. ①小… Ⅱ. ①李… Ⅲ. ①小麦–生理生态学–研究 Ⅳ. ①S512.101

中国版本图书馆 CIP 数据核字（2015）第 205808 号

责任编辑：李秀伟 田明霞 / 责任校对：郑金红
责任印制：肖 兴 / 封面设计：北京图阅盛世文化传媒有限公司

科学出版社 出版
北京东黄城根北街 16 号
邮政编码：100717
http：//www.sciencep.com

北京通州皇家印刷厂 印刷
科学出版社发行 各地新华书店经销
*
2015 年 9 月第 一 版 开本：787 × 1092 1/16
2015 年 9 月第一次印刷 印张：16 1/4
字数：370 000

定价：98.00 元

（如有印装质量问题，我社负责调换）

前　　言

氮素是植物生长发育必需的大量营养元素之一，在植物生命活动中具有不可替代的作用。根系从土壤中吸收的含氮化合物主要是硝态氮（NO_3^-）和铵态氮（NH_4^+），根系也可以从土壤中吸收少量的氨基酸和尿素，土壤中的和外界施入的氮素形态关系到小麦对氮的吸收和植株中氮素的合成同化。氮素形态不仅影响小麦对氮素的吸收和氮素利用效率，而且影响小麦光合特性、氮代谢关键酶活性、内源激素含量及平衡等，进而调节小麦淀粉合成及其相关酶活性，对小麦产量与品质的形成具有重要影响。因此，开展小麦氮素营养方面的研究，是植物营养和作物栽培科技工作者研究的重点和热点。近几十年来，国内外有关小麦氮素营养的研究取得了重要进展，推动了合理施肥，为实现小麦良种良法和优质高产提供了理论和技术支持，并产生了显著的经济、生态和社会效益。

长期以来，国内学者围绕氮素对小麦生长发育、产量和品质的调控机制及氮肥施用技术进行了大量研究，出版了《旱地作物氮素营养生理生态》（上官周平和李世清，科学出版社，2004）、《小麦品质生理生态及调优技术》（曹卫星等，中国农业出版社，2005）、《优质专用小麦保优调肥理论与技术》（李友军等，科学出版社，2008）等学术著作。氮素形态作为氮肥管理调控的主要手段之一，近年来有不少学者进行了研究，有关小麦氮素形态研究的文章亦有发表。但有关小麦氮素形态生理生态方面的专著，目前还未见出版。

2004 年以来，在国家、河南省科技部门的支持下，小麦高产栽培课题组从“不同氮素形态、不同氮素形态配比、水分与氮素影响互作”3 个视角，围绕“土壤、小麦”两个中心，以“产量、品质的调控效应及机制”为重点，从理论到技术，对麦田土壤化学特性、土壤微生物和酶活性，小麦的生长发育、衰老特性、碳代谢、氮代谢、氮素积累转运和产量品质效应及不同品质类型小麦氮素施用技术进行了系统研究，在《中国农业科学》、《水土保持学报》、《核农学报》、《麦类作物学报》等学术刊物上发表了一批高质量的学术论文，取得了阶段性研究成果。本书是课题组近年来研究成果的总结，本书的编写和出版，将会丰富和发展小麦氮素营养理论，填补国内小麦氮素形态生理生态专著出版的空白，具有重要的学术意义。同时，对指导小麦生产实践、提高小麦产量与品质、确保国家粮食安全具有重要的现实意义。

本书以“机制—技术—应用”为主线，共分 10 章分别论述了小麦氮素形态营养原理，氮素形态运筹后麦田的土壤化学特性、土壤微生物和酶活性，小麦的生长发育、衰老特性、碳代谢、氮代谢、氮素积累转运和产量品质效应及不同品质类型小麦氮素施用技术。在编写过程中，力求做到体系完整，内容充实、新颖，理论简明，技术实用，体现系统性与完整性、知识性和前沿性、理论性和实践性的有机统一。本书既可作为高年级本科生和研究生的教材，又可供农业科技、教育、推广和管理人员参考。

在研究推广过程中，得到了国家科技部粮食丰产科技工程“旱作区小麦夏玉米节水抗灾培肥一体化技术集成与示范”和河南省科技厅“不同类型专用小麦品质形成机理及氮磷钾施肥技术研究与应用”、“河南省丘陵旱地粮食增产综合技术研究与示范”的项目经费支持，研究生刘英杰、段有强、李强、郅娟娟和牛凯丽做了大量取样、分析和测试工作。本书在编写过程中，得到了有关同事的大力支持和帮助，参考和引用了有关人员的研究资料和成果，本书的出版得到了河南科技大学学术著作出版基金的资助，在此我们一并表示最诚挚的谢意。

由于小麦氮素形态生理生态研究和实践在不断深化，加上作者研究范围和水平有限，书中不妥之处在所难免，恳请广大读者、专家学者给予批评指正。

作　者

2015 年 4 月 8 日

目　　录

第一章　小麦的氮素营养与氮肥

第一节　小麦的氮素代谢

一、氮肥在小麦生产中的重要作用

小麦是我国主要的粮食作物之一，种植面积占粮食作物种植总面积的 25%左右，产量占粮食总产量的 20%以上，是主要的商品粮和战略储备粮，发展小麦生产对我国国民经济发展和人民生活具有重要意义。氮具有“生命的元素”之称，平均占小麦组织干重的 2.2%左右，是小麦生长发育中蛋白质、核酸、磷脂等植物生长发育所必需物质的组成成分，亦是小麦第一大矿质营养元素和植株需求量最大的营养元素（李合生，2002）。氮素主要是通过改善小麦生长发育、生理代谢和土壤肥力来调控小麦产量和品质，合理的氮素管理在小麦生产中具有极其重要的作用。

（一）稳定并提高小麦产量，保障粮食安全

世界农业的发展早已证明化肥是农作物增产的基础，是最快、最有效、最重要的增产措施，其中以氮素最为关键（潘家荣等，2009），对粮食产量增加的贡献率达 40%左右。西北旱区小麦的“3414”试验结果表明，氮肥对小麦的增产率和对小麦产量的贡献率分别为 39.22%和 25.03%，显著高于磷钾肥和其他肥料的贡献率。全国的统计资料表明，一般情况下，施氮量与产量的关系符合直线加平台模型，拐点因土壤肥力、气候条件、水分状况等因素的变化而改变，施氮量拐点一般在 150～240kg/hm^2，超过拐点后产量基本持平。大量研究证实适量施用氮肥可以明显提高小麦产量（Reddy et al.，1999），但当化肥用量超过一定水平后，作物产量将不再显著增加，甚至可能出现下降趋势（Cui et al.，2006）。中国人的蛋白质消费量中 56%由氮肥提供，氮肥等新技术的增产作用相当于将人均耕地面积从 0.08hm^2 提高到了 0.52hm^2，扩大了 5.5 倍，这是中国以全球 10%的土地资源、21%的灌溉面积养活 20%的人口并不断提高生活水平的关键（张卫峰等，2013）。

施氮增产主要是因为小麦成穗数、穗粒数和结实小穗数增加，灌浆持续时间延长，灌浆后期灌浆速率下降相对较慢（张定一等，2007）。氮肥对小麦产量的调控效应随环境条件的变化而不同，不同地区兼顾产量和环境的最优施氮量存在较大差异。郭胜利等（2009）在水肥条件欠优的黄土旱塬上的长期定位试验表明，不施氮处理的小麦产量随试验年限延长而降低，年降低幅度达 67kg/hm^2，增施氮肥处理小麦产量降低趋势得到显著控制，当施氮量提高到 90kg/hm^2 时，产量随年限延长呈现出缓慢升高的趋势。在水肥条件较好的黄淮海地区的研究则表明，施氮量为 168kg/hm^2、基肥和追肥比例为 1∶2 时籽粒产量较高，为最佳氮肥运筹方式（石玉和于振文，2006），高产小麦在施氮量为 160kg/hm^2 的条件下，以基肥和拔节期追肥比 5∶5 时产量最高（岳寿松等，1998），超高产小麦在

施氮量为 240kg/hm^2，基肥和追肥比 5∶5 时产量最高（韩燕来等，1998）。赵广才等（2006）研究指出，在施氮量为 0～300kg/hm^2 内，随施氮量增加小麦产量逐渐提高，但每公顷施用 300kg 氮素的处理仅比施用 225kg 氮素的处理增产 3.1%，中产条件下施用氮素以 225kg/hm^2 左右较为适宜。而对小麦/玉米/大豆周年体系的研究表明，小麦适宜施氮量为 120kg/hm^2（陈远学等，2014）。

（二）调控和改善小麦品质，确保优质专用

大量研究表明，小麦品质受环境和基因型共同调控，而环境调控主要是通过氮素和水分调控实现的。一般认为，施氮量显著影响小麦的蛋白质品质，适量施氮籽粒蛋白质含量提高，加工品质改善；过量施氮，籽粒产量降低，加工品质变劣（赵俊晔等，2006a），施氮量相同时，随追施氮量的增加蛋白质含量显著增加（石玉和于振文，2006），增加施氮量提高籽粒蛋白质含量主要与施氮促使开花后氮素吸收同化能力提高有关（王月福等，2002）。但是不同研究条件的最优施氮量存在差异，徐凤娇等（2012）研究表明，籽粒产量和蛋白质产量随施氮量的增加而逐渐提高，施氮 270kg/hm^2 时达到最大值，施氮增加到 360kg/hm^2 时籽粒产量和蛋白质产量均开始下降。施氮有利于籽粒出粉率、硬度、蛋白质含量和沉降值的提高。施氮 180kg/hm^2 时可以显著延长面团形成时间和稳定时间，降低吸水率，面包总体评分最高。而石玉和于振文（2006）指出，施氮量为 168kg/hm^2、基肥和追肥比例为 1∶2 时籽粒蛋白质含量、地上部植株氮肥吸收利用率、氮肥农学效率和籽粒氮肥吸收利用率均较高，为最佳氮肥运筹方式。关于不同筋型小麦的最优施氮量研究表明，强筋小麦应适当增加施氮，而中弱筋小麦则不宜过高，强筋小麦‘临优 145’施氮量 225kg/hm^2 和中筋小麦‘临优 2018’施氮量 150kg/hm^2 时，其营养品质和加工品质均得到改善，蛋白质各组分均有所提高，达到产量与品质的协调（张定一等，2007）。

在一定范围内，小麦的主要加工品质性状均随施氮量的增加而改善，与不施氮相比，湿面筋、沉降值、稳定时间、拉伸面积和延伸性等重要面包烘焙品质指标均提高，评分较高。施氮处理对小麦籽粒清蛋白和球蛋白（可溶性蛋白）影响小，对醇溶蛋白和麦谷蛋白（贮藏蛋白）影响大。施氮可显著提高贮藏蛋白和总蛋白含量，进而改善加工品质，但品种之间有一定差异，有些品种的某些指标差别较大，但其面包体积和评分接近（赵广才等，2006）。在 0～168kg/hm^2 施氮量内，随施氮量增加，籽粒醇溶蛋白含量、高分子质量麦谷蛋白亚基（HMW-GS）和低分子质量麦谷蛋白亚基（LMW-GS）含量、HMW-GS/LMW-GS 值、籽粒蛋白质含量显著升高，面团形成时间和稳定时间延长；继续增加施氮量至 240kg/hm^2，开花 21d 后的 ω-醇溶蛋白、α-醇溶蛋白、HMW-GS、LMW-GS 和籽粒蛋白质含量仍显著增加，面团稳定时间继续延长（孟维伟等，2012）。

（三）优化地上部生长代谢，实现高产高效

在一定范围内，增施氮肥可促进小麦根系的生长发育（王月福等，2003），显著影响小麦孕穗后群体数量（王小明等，2013），提高有效穗数和穗粒数，扩大单位面积库容，增加单位面积上的光合产物在籽粒中的贮存比例（孟维伟等，2012）。在适量施氮的情况下，氮肥追施后移（1/2 基肥+1/2 孕穗期追肥）能够促进花前营养器官干物质向籽粒转运，增加开花后积累的干物质对籽粒的贡献率（江文文等，2014）。

一般认为，合理施氮能有效延缓衰老，促进光合作用。在施氮量为 0～360kg/hm^2 时，增加氮肥用量可以有效缓解叶绿素降解，抑制旗叶全氮含量降低，缓解叶片衰老，延长旗叶功能期，旗叶叶绿素含量和净光合速率提高（徐凤娇等，2012）。旱地条件下，在 0～180kg/hm^2 施氮量内，随施氮量的增加，旗叶的净光合速率和叶绿素含量增加，气孔导度增大，胞间二氧化碳浓度降低，旗叶蒸腾速率显著提高，但施氮量超过180kg/hm^2 时，除蒸腾速率外其他光合指标均无显著变化（李廷亮等，2013）。氮肥追施后移（1/2 基肥+1/2 孕穗期追肥）显著提高旗叶过氧化氢酶（CAT）和过氧化物酶（POD）活性，提高旗叶气孔导度和净光合速率（江文文等，2014）。

江文文等（2014）研究表明，施氮能够提高冬小麦氮素同化能力，促进氮素吸收利用。施氮可显著提高旗叶谷氨酰胺合成酶活性，降低旗叶蛋白质水解酶的活性（王月福等，2002），促进氮素在植株体内的积累（王月福等，2003）。在 0～168kg/hm^2 施氮量内，随施氮量增加，旗叶谷氨酰胺合成酶活性、开花 21d 后的旗叶内肽酶（EP）活性、旗叶游离氨基酸含量均显著增加；继续增加施氮量至 240kg/hm^2，GS 活性无显著变化，但开花 21d 后的 EP 活性仍显著提高（孟维伟等，2012）。过量施氮对小麦氮素同化无益，施氮 105～195kg/hm^2，收获时小麦植株吸氮量提高；而施氮量大于 240kg/hm^2 时，小麦生育后期的氮素积累量降低，收获时植株吸氮量降低（赵俊晔等，2006）。范雪梅等（2006）的研究表明，施氮有利于提高小麦抗逆性，水分逆境下施用氮肥对小麦植株氮代谢和籽粒蛋白质积累有明显的调节效应，可提高旗叶硝酸还原酶活性、叶片与茎鞘全氮和游离氨基酸含量。

（四）调节土壤微生物环境，提高土壤肥力

施氮显著影响土壤酶活性，从而改善土壤微生物环境，以调控土壤肥力。马冬云等（2007）研究表明，随着施氮水平的提高，土壤蛋白酶、过氧化氢酶及脱氢酶活性均呈先升后降的变化趋势，以180kg/hm^{2}施氮水平的活性最高；而脲酶活性则随施氮水平的提高而上升，在360kg/hm^{2}施氮水平下达到最高。马宗斌等（2008b）研究认为，不同专用小麦根际真菌、细菌、放线菌数量和土壤脲酶、蛋白酶、硝酸还原酶活性，以及根际 pH 对氮素形态的反应不同。在酰胺态氮处理下，根际土壤脲酶活性最高；在铵态氮处理下，根际土壤蛋白酶活性最高；在硝态氮处理下，根际土壤硝酸还原酶活性最高。施用硝态氮促进‘豫麦34’和‘豫麦50’根际土壤真菌、细菌（除成熟期外）和放线菌数量提高；‘豫麦49’施用铵态氮，根际土壤细菌和放线菌数量最大，根际真菌数量在孕穗期和开花期以酰胺态氮处理最大，而成熟期以硝态氮处理最大。

合理施氮可以在不产生环境污染的条件下，提高土壤肥力。一般认为，随施氮量增加，肥料氮在土壤中的残留量显著增加，且基施氮肥在土壤中的残留量、残留率均显著小于追施氮肥，土壤肥力较高的土壤中残留的肥料氮量较高（赵俊晔和于振文，2006b），也就是说多施氮可以增加土壤氮的残留，从而使土壤中速效氮和全氮含量提高，以提高土壤肥力。冯梦龙等（2014）研究表明，施氮降低了土壤速效磷和速效钾含量，但提高了速效氮、全氮和有机质含量。土壤活性有机碳、矿质氮、速效磷及 pH，施氮较不施氮依次增加 6.03%、40.18%、–23.55%、–0.05 个 pH 单位（王淑娟等，2012），使土壤微生物量和氮含量显著增加（赵俊晔等，2006）。与不施氮肥相比，施氮处理 0～30cm 土层

有机碳含量增幅可达 7%～28%；而 0～40cm 土层轻质有机碳含量增幅达 31%～106%，但施氮量过高不利于有机碳累积。施氮 120kg/hm^2 时，0～30cm 土层有机碳累积量达最高值 36.6Mg/hm^2；施氮量 161kg/hm^2 时，0～40cm 土层轻质有机碳累积量达最高值 2.69Mg/hm^2；每千克肥料氮每年可使土壤有机碳增加 1.34kg/hm^2，轻质有机碳增加 0.31kg/hm^2（李小涵等，2014）。施氮增加土壤有机质含量主要是因为施氮提高了根茬和秸秆还田量，进而促进土壤有机碳积累和减缓温室效应。黄土高原雨养条件下定位施氮 23 年后，施肥处理 0～20cm 土层有机碳（SOC）储量和有机氮储量随施肥量增加而增加（郭胜利等，2009）。

二、小麦的氮素吸收

小麦生长过程中消耗大量氮素，如不加以补充将在很大程度上限制生物产量的增长，其对氮素的吸收主要由地上部生长发育的氮素需求所决定，地上部的生物量大，长势高，不断产生新的组织，对氮的需求就大（Cooper and Clarkson，1989；Gabreliel et al.，1998）。小麦的吸氮量与产量（或生物量）之间常呈正相关关系，其吸氮量受产量潜力或生物量潜力控制（米国华等，1997），所以影响碳水化合物产生的因素，如叶面积、净光合速率等，都可能影响小麦对氮素的吸收能力。根系吸氮能力强，有利于促进二氧化碳同化作用和地上部干物质生产。同时植物内部的氮含量还直接影响叶片扩展和光合作用，地上部的旺盛生长又通过反馈作用促进根系对氮素的吸收，这样根系吸收的氮素养分在小麦植物体内不断循环和再循环。

根系从土壤中吸收的氮素主要是硝态氮（NO_3^--N）和铵态氮（NH_4^+-N），也可以从土壤中吸收少量氨基酸和尿素，实施根外追肥时，叶片也可以吸收少量的氮。但小麦吸收氮主要是由根来完成的，其中硝态氮是植物最易吸收的氮素形式，主要从根部往地上部运输。小麦属于旱地作物，麦田土壤通气状况一般良好，即使施用 NH_4^+-N肥，NH_4^+在土壤中也容易被微生物经硝化作用转变为 NO_3^-，且土壤中的 NH_4^+容易被土壤胶体固定，只有根能接触到的地方氮素才能被吸收。同时，当尿素施入土壤后，短时间内会在土壤中经微生物分泌的脲酶作用，水解生成碳酸铵，其中少部分铵被土壤固定，大部分 NH_4^+最终亦会转变为 NO_3^-。李生秀和贵立德（1992）研究表明，在小麦生育期随着温度升高，NH_4^+-N 不断减少，NO_3^--N 大致趋于稳定。在其生育后期，种与不种小麦土壤中的 NH_4^+-N 和 NO_3^--N 含量基本一致，不管种植作物与否或休闲期长短，土壤中的矿质氮最后都维持着大致一样的较低水平，有趋低现象，说明土壤中的硝态氮被大量消耗。小麦是典型的旱地喜硝作物，NO_3^-是其吸收利用的主要氮素形态（印丽萍等，2006），小麦根系对 NO_3^-的吸收过程决定了其对氮素的吸收，但其吸收的过程极其复杂，受多种因素调控。

（一）转运蛋白对氮素吸收的调控

小麦对外源 NO_3^-的吸收是由 NO_3^-转运系统来完成的，NO_3^-转运蛋白的表达活性在一定程度上决定了小麦对氮素的吸收。在小麦体内存在 2 套 NO_3^-转运系统，即高亲和力转运系统（high-affinity transport system，HATS）和低亲和力转运系统（low-affinity transport system，LATS）。HATS 符合动力学特性，米氏常数（K_m）值较低，一般为 10～100μmol/L，具有可饱和性；LATS 的动力学参数 Km 值较高，一般为每升几毫摩尔，即使在外界氮素浓度较高时，也呈不饱和特性。高亲和 NO_3^-转运蛋白主要由 *NRT2* 基因编码，属于硝酸盐-亚硝酸盐共运蛋白（nitrate-nitrite porter，NNP）家族成员（Crawford and Glass，1998）。低亲和 NO_3^-转运蛋白主要由 *NRT1* 基因编码，属于肽转运蛋白（peptide transporter，PTR）家族（Glass，2003）。当外界 NO_3^-浓度较低时，根系吸收 NO_3^-主要依靠 HATS；当外界 NO_3^-浓度较高时，则主要依赖于 LATS。Goyal 和 Huaffker（1956）研究表明，根 NO_3^-转运蛋白在植株吸收外源氮素过程中起着重要作用，当植物根系受外界 NO_3^-诱导时，根系对 NO_3^-的吸收能力迅速增加，最后吸收速率趋于稳定。不同植物达到吸收速率稳定期的时间不同，一般小麦为 10h 左右。转运蛋白基因的表达受到反应底物即 NO_3^-的调控，小麦在经过一段时间的氮饥饿处理后，提供 NO_3^-可以明显诱导 *TaNRT2.1*、*TaNRT2.3* 的表达（Zhao et al.，2004；印丽萍等，2000）。

（二）根系构型对氮素吸收的调控

土壤中的氮素经根系吸收才能进入植株体内，而小麦根系发育不仅受外界环境因素的影响，还受植株本身生理状况的调节，且有很大的可塑性，也就是说，植株对氮素的吸收过程既受基因的控制，又受外界环境因素的影响，控制根系构型的因素均可影响根系氮素的吸收，且根系形态、数量对 NO_3^-吸收的贡献要远大于 NO_3^-转运蛋白活性（Liu et al.，2009）。根系大小、形态是决定植株获取氮素的重要因素，当小麦生长对氮素产生需求时，植株可以通过调节根系大小、形态和单位根系的吸氮速率来满足。春亮等（2005）研究认为，根系吸收氮素主要受根系大小和单位根系吸收速率的影响，而 Glass（2003）研究表明，总根长越长，吸收面积越大，吸收的氮素越多。

（三）NO_3^-浓度对氮素吸收的调控

局部供应的NO_3^-可增加被供应部位根系的氮代谢，从而增加碳向该部位的运输，进而促进侧根的生长。在介质中存在NO_3^-的条件下，根系的干重比同期纯NH_4^+培养高 20%～40%，主要表现在有更多的侧根发生。但在高浓度NO_3^-条件下，侧根生长受到抑制，研究表明，在NO_3^-浓度超过 10mmol/L时发生抑制，当NO_3^-浓度达到 50mmol/L时侧根的伸长完全被抑制，这种抑制作用只是发生在侧根刚刚从出生根上伸长的时候，而不会影响侧根的产生或者成熟侧根的伸长（Zhang and Turne，1998）。

（四）激素对氮素吸收的调控

激素作为信号物质，在氮素的吸收过程中发挥着极其重要的作用，对小麦根系吸收氮素具有调控作用的激素主要有细胞分裂素、生长素、脱落酸（ABA）等。生长素通过韧皮部从地上部向根中运输，影响侧根的发生，外源生长素对侧根的发生有促进作用（Torrey，1986）。细胞分裂素和脱落酸在一定程度上抑制根系的生长（Signora et al.，2001）。茁壮素能够调节根和地上部 *AtNRT1.1* 的表达。细胞分裂素则调控 *NRT2* 和硝酸还原酶基因的表达（Lu et al.，1992）。ABA 能够促进 *TaNRT2.1*、*TaNRT2.2*、*TaNRT2.3*、*TaNAR2.1* 和 *TaNAR2.2* 基因的表达，但并不提高根系 NO_3^-的摄取量（Cai and Tong，2007），这主要是由于ABA降低了质膜内外的pH梯度，降低了NO_3^-的吸收动力。

（五）pH对氮素吸收的调控

NO_3^-跨膜运输是由依赖H^+的跨膜电化学势驱动的，因而小麦生长介质的pH对NO_3^-的吸收具有明显的调控效应。酸性环境有利于提高LATS活性，但是HATS活性在微酸性环境中最高。降低介质的pH可以提高LATS活性，增加LAHS的流入速率，且HATS活性随pH的降低呈先升高后降低的趋势。HvNRT2.1和HvNAR2.3在pH为6.5时转运活性最高，之后随着pH的降低迅速降低，在pH 5.5时转运活性几乎为零（童依平等，2004）。

在营养液培养的条件下，小麦对硝态氮的吸收偏好导致根系释放氢氧根，进而使得培养液pH升高，小麦对硝态氮的吸收量和氢氧根释放量呈相同的变化趋势，在NO_3^-/NH_4^+值分别为15∶1、3∶1和1∶1的营养液中培养6d后营养液pH升高，且增幅随NO_3^-/NH_4^+值的增加而增大。低pH条件有利于小麦幼苗对硝态氮的吸收，可促进小麦根系释放更多的氢氧根，小麦幼苗在NO_3^-/NH_4^+为3∶1，初始pH分别为4.0、4.5和5.0的营养液中培养6d后，培养液pH和氢氧根释放量的增幅随初始pH的升高而降低（郭都和徐仁扣，2012）。而且不同磷效率基因型小麦使营养液pH降低或升高的程度不同（邱慧珍和张福锁，2003）。在盆栽条件下，铵态氮、酰胺态氮使小麦根际pH比土体pH低0.4～0.5个单位，硝态氮则使其提高0.4个单位（邹春琴和杨志福，1994）。施铵态氮能降低小麦成熟期土壤pH，且铵态氮与锰配施土壤pH最低，且因品种而异，'郑麦366'开花期pH低于成熟期，其原因可能为开花期'郑麦366'根系对铵态氮吸收作用增强，释放出较多的H^+，降低了pH（刘蒙蒙，2012）。

（六）代谢产物对氮素吸收的调控

氨基酸是植物体内氮化物的主要存在方式和运输形式，它把各个器官中氮的吸收、同化，蛋白质的合成、降解联系在一起，同时是源和库之间实现氮素分配、转移、再分配的主要方式。在小麦营养生长阶段，各营养器官中合成的蛋白质在小麦生殖生长阶段（即开花后）降解，形成游离氨基酸，然后运输到籽粒中用于蛋白质的重新合成。地上部合成的氨基酸，经韧皮部回流到根，增加根氨基酸浓度，抑制NO_3^-的吸收，成为根茎之间传导氮代谢、调节氮素吸收的信号物质，且对NO_3^-吸收量抑制的影响表现为天冬氨酸（Asp）>谷氨酸（Glu）>天冬酰胺（Asn）>谷氨酰胺（Gln）（Crawford and Glass，1998；Forde，2002），在生长介质中加入外源氨基酸时，NO_3^-转运蛋白活性及NO_3^-的吸收速率均受到抑制，且这种抑制不是瞬时的。Cai和Tong（2007）则研究发现，外源Gln对HATS的表达有促进作用，但并不提高根系NO_3^-的摄取量，主要是由于Gln降低了质膜内外的pH梯度，降低了NO_3^-的吸收动力。Bingham等（1998）研究表明，根系中糖浓度的增加能够促进侧根生长。高廷东（2003）加入氮代谢抑制剂，可溶性总糖含量增加，弱光下增加幅度更高，加入碳代谢抑制剂，先促进后抑制氮同化，表明碳、氮代谢之间存在依赖关系，氮素代谢对碳同化依赖性较强。耐高铵品种具有更强的铵态氮同化能力（李春顺，2013）。

（七）光合条件对NO_3^-吸收的调控

光照强度对小麦硝态氮代谢影响大，但对根部与地上部分的影响不同，在光照条件

下 NO_3^-的吸收速率较高，而转入黑暗条件下培养，NO_3^-的吸收明显降低（Delhon et al.，1995），遮光处理显著降低了地上部分铵态氮含量，却提高了根部铵态氮含量（门中华，2004）。光照对 NO_3^-吸收的刺激作用主要是通过光合作用调节的，这是由于 NO_3^-的还原需要光合作用提供电子，NH_4^+的同化需要光合作用提供碳源（印丽萍等，2006）。

（八）其他条件对 NO_3^-吸收的调控

叶面喷施 Cl^-加强了植株对体内硝态氮的同化，从而降低了植株硝态氮含量，使体内铵态氮的含量及硝酸还原酶（NR）活性增加。地上部施 Cl^-可以引起根系对营养液中硝态氮吸收量的增加。根部施 Cl^-处理对冬小麦幼苗硝态氮代谢有正反两方面的影响，其一，施 Cl^-促进了细胞内硝态氮由贮存库向代谢库的转运，促进了植株对硝态氮的同化；其二，阻碍了小麦根系对硝酸盐的吸收，降低了体内硝态氮的贮存库容量，从而阻碍植株对硝酸盐同化的能力。中等氮（7.5mmol/L）水平供应下，小麦植株具有最高的氮素同化能力，吸收的硝态氮也最多，营养液 pH 变化大。低氮（2.5mmol/L）水平下，小麦硝态氮的吸收量、植株吸氮量及其根系活力均较低，氮代谢受到抑制；高氮（15mmol/L）处理植株，由培养介质中吸收的硝态氮量、植株吸氮量、根系活力、营养液 pH 变化均介于中氮与低氮处理之间（门中华，2004）。

三、小麦的氮素同化

小麦根系从土壤中吸收的氮素，绝大部分运输至地上部还原和同化。大部分的铵盐在植物的根里就结合成有机化合物，而硝酸盐则可以在木质部内运输或贮存，再在体内经一系列复杂的代谢过程合成酰胺、氨基酸、蛋白质及其他含氮化合物（许振柱和周广胜，2004），完成氮素小麦植株内的积累转运，从而实现氮素在植株体内的同化，完成土壤氮到籽粒氮的转变。土壤中 NO_3^-在根表皮细胞原生质膜上的载体作用下进入细胞被植物体吸收后，首先在细胞质中由硝酸还原酶（NR）还原成 NO_2^-，NO_2^-被迅速运进细胞质体，在细胞质体中被亚硝酸还原酶还原成 NH_4^+，而 NH_4^+在谷氨酸脱氢酶（GDH）、谷氨酰胺合成酶（GS）和谷氨酸合酶（GOGAT）的作用下形成有机氮化合物（Lea and Miflin，1974；郑丕尧，1992；Lam et al.，1996）。因此，小麦氮素同化是一个复杂的生理生化过程，主要受氮素同化关键酶的调控，植株中催化氮素还原和同化作用的酶活性越高，根系吸收氮素的能力越强（王小燕和于振文，2005），运输到地上部后能够提供更多的同化底物，进而促进地上部的氮素同化。

（一）硝酸还原酶

植株吸收的 NO_3^-在 NR 的作用下还原为 NO_2^-，NO_2^-在亚硝酸还原酶的作用下还原为 NH_3，在这个过程中硝酸还原酶是关键的限速酶，其活性大小不仅与 NO_3^-的浓度正相关，而且受氮同化产物 NH_4^+、谷氨酸、谷氨酰胺多寡的控制（Streit and Feller，1982），复杂地影响着作物的氮素同化和利用（Guerrero et al.，1981；王宪泽和张树芹，1999）。小麦根、茎、叶、籽粒和颖片中均存在 NR，但主要存在于叶片中（李春喜等，1998）。NR 对环境条件十分敏感，NO_3^-含量、氮代谢物、CO_2 浓度等均会影响其活性，且基因型亦对 NR 有明显影响（王宪泽和张树芹，1999）。一般情况下，开花后叶片 NR 是反映籽粒蛋白质含量高低的重要指标，叶片中的 NR 与籽粒蛋白质含量存在显著正相关（王洪刚等，1995），适当提高 NR 有利于提高蛋白质含量，且不同品种的 NR 存在显著差异（林振武等，1983）。高产、高蛋白质小麦品种具有开花后叶片 NR 能维持较高水平，且衰退缓慢的特点（朱德群等，1991）。

（二）谷氨酰胺合成酶

在氮同化过程中，NH_4^+的同化通过谷氨酰胺合成酶（GS）及谷氨酸合酶（GOGAT）催化进行，即 GS/GOGAT 循环同化过程，其中 GS 参与多种氮代谢的调节，是处于氮代谢中心的多功能酶和无机氮（铵态氮）转化为有机氮（氨基酸）的枢纽，是该循环的关键酶。小麦体内的 NH_4^+有多种来源，一部分来自根通过细胞质膜上的专一性转运子吸收的NH_4^+与NO_3^-，其中NO_3^-由体内细胞质NR还原为NO_2^-，再由质体中的亚硝酸还原酶（NiR）将进入质体的NO_2^-还原为NH_4^+；另一部分来自光呼吸、氨基酸代谢、类苯基丙烷代谢、衰老组织氮化合物转移再利用等多种途径（Chrispeels et al.，1999；Cren and Hirel，1999；Lea and Miflim，1992）。NH_4^+在 3 个重要酶［谷氨酸脱氢酶（GDH）、谷氨酰胺合成酶和谷氨酸合酶］的作用下生成有机氮化合物。在 GDH 的作用下，以 NAD(P)H 为氢供体，α-酮戊二酸+NH_3→谷氨酸+H_2O；在 GS 的作用下以 ATP 为能量供应，谷氨酸+NH_3 合成谷氨酰胺；在 GOGAT 的作用下，以 NAD(P)H 为氢供体，谷氨酰胺+α-酮戊二酸合成两个谷氨酸。谷氨酸和谷氨酰胺很容易与其他酮酸发生转氨反应形成其他氨基酸。GS 对 NH_3 有很强的亲和能力，能迅速将体内的 NH_3 同化，从而将吸收的氮素以酰胺的形式贮存起来，以防止 NH_3 在植株体内积累过多而中毒，并且能够在氮素缺乏时提供氮。

（三）蛋白酶

在小麦生理衰老条件下，在营养器官衰老期间蛋白质的降解有条不紊地进行，与非衰老组织中蛋白质的合成与降解维持一个平衡，并为非衰老组织的氮素同化提供氨基酸底物，使植物体内的氮素总是处于利用和再利用的状态，这个过程主要是由蛋白酶调控的。蛋白水解酶是所有水解肽键的酶的总称，其中分解内部肽键的酶为内肽酶，或称蛋白酶，从 C 端和 N 端分解肽键的酶称为外肽酶，其中从 C 端分解肽键的酶称为羧肽酶，从 N 端分解肽键的酶称为氨肽酶。在叶片生长发育过程中，蛋白水解酶在酶水平、转录水平和翻译水平等层次受到严格的调控。氨肽酶随着小麦的衰老活性逐渐下降，羧肽酶到小麦衰老后期才有所下降，而在小麦衰老期间内肽酶活力显著上升，故在小麦叶片衰老过程中内肽酶起重要作用。内肽酶通常主要存在于液泡中，细胞衰老时，由于打破了细胞内的空间障碍，内肽酶与底物充分接触，引起蛋白质的大量降解，叶片很快死亡。小麦体内蛋白水解酶的活性变化与蛋白质的降解密切相关，在蛋白质水解为氨基酸的过程中，先是内肽酶起主要作用，将蛋白质水解成小肽，然后是外肽酶起主要作用，将小肽彻底水解成氨基酸，这些氨基酸在小麦开花后通过各种途径被运往籽粒，用于合成新的蛋白质。小麦开花前营养器官中贮存的氮向籽粒的运转，主要受叶片中蛋白酶活性的影响，其中内肽酶在蛋白质降解过程中起主要作用，当细胞衰老时，细胞内的空间障碍被打破，使内肽酶与底物充分接触，从而引起蛋白质的大量降解，叶片很快死亡（高玲等，1998；沈成国等，1998），同时，这些氨基酸通过各种途径运往新的生长点和籽粒，用于合成新的蛋白质。两种酶的活性在小麦开花后均逐渐提高，但在花后 21d 之前两种酶的活性上升较为缓慢，花后 21d 才迅速升高。增加施氮量可以延缓蛋白质的降解。

四、小麦积累氮素的再转运

小麦籽粒中的氮素一部分来自开花后植株吸收，另一部分来自开花前植株吸收积累于营养体的氮素（Guitman et al.，1991；Bameix et al.，1992），籽粒中的氮素，来自开花后同化的氮素约占20%，而来自营养器官再运转的氮素约为80%，也就是说籽粒的氮素绝大部分是由开花前植株贮存氮素的再运转而来，只有少部分是开花后吸收同化的（张庆江等，1997）。小麦籽粒中合成贮藏蛋白质的氮素主要来源于营养器官的蛋白质降解，各营养器官转移氮对籽粒氮贡献率的表现为：叶片>茎秆>颖壳＋穗轴（杜金哲等，2007），叶、根、颖壳提供的氮素分别占籽粒氮素的30%、10%和15%左右，而在无外源氮供应的情况下，小麦开花后叶、茎、根提供的氮占向籽粒输入总氮量的比例增加，分别为40%、23%和16%，营养器官转移至穗中的氮素占穗部氮素累积量的51%～91%（Simpson，1968）。随灌浆进程的推进，内源氮输出和转移不断加快，而对外源氮的吸收不断减慢，小麦开花后20～30d 内源氮对穗部氮素累积量的贡献占2/3。大量研究表明，小麦开花前和开花后氮的同化能力及总同化氮的作用存在着基因型差异，高产高蛋白品种植株不仅开花前后氮同化量及干物质累积量高，而且在开花后具有氮转运效率高的特性（杜金哲等，2007）。随着品种演替，旗叶、茎秆和叶鞘中的氮素输出率增加，转移氮的贡献率却下降。近期选育的品种开花前生物学产量显著增加（许为钢和胡琳，1999），植株中的氮素主要靠开花前累积氮素的再分配（卢少源，1989；Loffer et al.，1985）。

第二节　氮素形态对小麦营养吸收和生理代谢的影响

一、不同氮素形态对小麦营养吸收和分配的影响

（一）氮、磷、钾的吸收与分配

1. 氮

小麦吸氮高峰为分蘖期和返青期，在生长后期，植株吸收的氮素明显减少（李生秀和贵立德，1992）。门中华（2004）研究表明，小麦植株内铵态氮、硝态氮浓度之和在不同测定时间大致稳定，NO_3^--N 浓度高时则 NH_4^+-N 浓度低，否则反之，两者之间存在一定的负相关关系。而马新明等（2003）研究指出，根中氮含量‘豫麦 34 号’以铵态氮处理最高，‘豫麦 49’以酰胺态氮处理最高，‘豫麦 50’以硝态氮处理最高。

小麦对 NO_3^-和 NH_4^+的吸收有偏好性，在水培条件下，小麦幼苗对 NH_4^+的选择吸收速率微大于对 NO_3^-的吸收速率，但小麦苗期游离 NO_3^-积累量根部大于地上部，游离 NH_4^+积累量地上部大于根部（王宪泽等，1990），其原因可能是 NO_3^-主要在地上部（特别是叶部）与光合产物共轭同化，在地下部较少被同化，不断吸收的 NO_3^-有些还未经输导组织运输

到地上部，在根部暂时贮存，因而含量高于地上部；而根部既是NH_4^+的吸收器官，又是NH_4^+的同化器官，NH_4^+被根部吸收后大部分在根部立即被同化，使NH_4^+积累量降低。NO_3^-被同化利用可促进生育，而NH_4^+被作物吸收后容易产生毒害作用，但混合氮源（NO_3^-与NH_4^+共存）促进了小麦的代谢和生长生育（王宪泽等，1990），有利于提高小麦地上部氮含量和植株的氮吸收效率（邱慧珍和张福锁，2003），提高了小麦根系对NH_4^+吸收的内在潜力，对NH_4^+的利用能力也更强，混合氮素处理与单纯硝态氮处理相比米氏常数（K_m）和临界浓度（C_{min}）无明显差异，小麦根系最大吸收速率有所增强；混合氮素处理与单纯铵态氮处理的米氏常数差异不大，最大吸收速率显著变大，且临界浓度也明显下降（袁红梅，2011）。

大量研究表明，氮素形态显著影响小麦氮素吸收。孙敏等（2006）的水培试验表明，‘秦麦 11 号’的氮素吸收效率由大到小依次为酰胺态氮、铵态氮、硝态氮，‘扬农 9817’依次为酰胺态氮、硝态氮、铵态氮。刘蒙蒙（2012）研究发现，硝态氮处理显著提高‘郑麦 366’和‘矮抗 58’各器官氮素含量和积累量，且‘郑麦 366’硝态氮处理氮素积累量高于铵态氮处理。李春顺（2013）指出，高铵胁迫显著增加了小麦幼苗各器官NH_4^+含量，尤其是根系NH_4^+含量增加最为显著，但耐高铵品种‘烟农 19’叶片和根系的NH_4^+含量显著低于高铵敏感型品种‘郑引 1 号’，可通过提高NH_4^+同化能力来降低植株体内NH_4^+含量，从而更能适应高铵胁迫。

适当的钼供应不但有利于硝态氮的吸收和向铵态氮转化，而且有利于铵态氮向有机氮转化，对硝态氮代谢有重要作用（门中华，2004），适钼条件下，培养开始时高的铵态氮与低的硝态氮浓度明显对应，之后两者浓度接近；缺钼条件下与此类似，但硝态氮浓度变化不大；高钼条件下，铵态氮浓度一直高于硝态氮。植株吸氮量和营养液中硝态氮的减少量均表现为适钼供应下最高，高钼次之，低钼最低。

2. 磷、钾

不同氮素形态对土壤酸度的影响改变了根际土壤中磷素供应。放射性自显影显示，铵态氮使根际磷耗竭区最宽，耗竭程度最大；硝态氮则相反；酰胺态氮介于二者之间。土柱淋洗结果表明，在未种植作物的情况下，铵态氮和酰胺态氮有利于磷在石灰性土壤中的纵、横向扩散，硝态氮则对此不利（邹春琴和杨志福，1994）。硝态氮处理对小麦幼苗对于磷酸根离子的吸收具有抑制效应，与混合氮素处理相比，单独的铵态氮处理对幼苗对磷酸根离子的吸收影响不大（袁红梅，2011）。高铵胁迫促进了小麦对磷的吸收，但品种间差异不显著（李春顺，2013）。

Peuke 等（1997）研究结果表明，与硝态氮的营养条件相比，铵态氮培养条件下，由根向地上部运输的木质部汁液中的钾量都减少，高铵胁迫前期显著抑制了小麦幼苗钾吸收能力，小麦幼苗钾含量较低。而耐高铵品种‘烟农 19’钾氮比较高铵敏感型品种‘郑引 1 号’更为均衡，可以缓解高铵胁迫（李春顺，2013）。

（二）其他营养元素的吸收与分配

氮素形态显著影响其他营养元素的吸收与分配，袁红梅（2011）指出，与混合氮素处理相比，单独硝态氮处理对小麦幼苗对硫酸根离子的吸收具有抑制效应，而单独铵态氮处理对小麦幼苗对硫酸根离子的吸收有较明显的促进作用，硝酸根离子对于K^+、Ca^{2+}、Mg^{2+}、Mn^{2+}、Zn^{2+}、Cu^{2+}和Fe^{3+}的吸收有促进效应，而铵根离子则对K^+、Ca^{2+}、Mg^{2+}、Mn^{2+}、Zn^{2+}、Cu^{2+}和Fe^{3+}的吸收相对来说作用很小或者具有抑制效应。赵秀兰等（1998）研究发现，氮素形态改变了营养液的pH，因而氮素形态会影响小麦对锌、铁的吸收及运转，但在各氮素形态配比下，磷与锌、铁之间均存在拮抗作用，且表现为高磷抑制锌、铁向小麦叶片的运输。杨丽琴等（2007）研究表明，铵态氮处理下细胞结构中Ca^{2+}明显少于硝态氮处理，尤其体现在细胞质、细胞壁、细胞膜上，导致细胞出现质壁分离，细胞结构松散，胞质外流。而刘蒙蒙（2012）研究表明，施铵态氮可显著提高‘矮抗58’各部位的锰素含量，单施铵态氮处理‘郑麦366’各部位锰素含量高于单施硝态氮处理，铵态氮与锰配施显著提高了小麦各部位（除茎外）的锰素含量，硝态氮与锰配施植株锰素积累量（除穗外）最高。

（三）胁迫条件下营养的吸收和分配

在受环境胁迫时氮素形态能够在一定程度上调控小麦对营养的吸收和分配。在镉胁迫下，铵态氮对小麦地上部干重、地上部氮素积累量和小麦叶片叶绿素含量的促进作用高于硝态氮；而施氮量在150～300kg/hm^{2}内，硝态氮对小麦叶片可溶性蛋白含量和硝酸还原酶活性的促进作用高于铵态氮（赵天宏等，2010）。对低铁介质下的小麦，只有铵态氮和硝态氮同时供应（1/2 NO_3^--N+1/2 NH_4^+-N）才能够明显促进其生长，提高植株新叶叶绿素含量及净光合速率，介质中增加铵态氮有利于提高新叶活性铁含量和植株地上部全铁含量；与以硝态氮（NO_3^--N）为氮源的营养液相比，改用1/2 NO_3^--N+1/2 NH_4^+-N和NH_4^+-N为氮源的营养液在低铁条件下可以有效消除因硝态氮供应而诱发的缺铁症状（闫登明，2008）。在施用锰肥的条件下，施用铵态氮可以促进‘矮抗58’锰素的积累，而施用硝态氮能促进锰素向籽粒的转移，且不同形态的氮素与锰配施均可以显著促进‘郑麦366’各器官对锰素的吸收积累（刘蒙蒙等，2012）。在菲处理条件下，硝态氮提高根系NR活性效果优于铵态氮，且硝态氮和铵态氮混合处理小麦根系NR活性随着硝态氮比例增加而增大，菲增强了根系NR与NO_3^-的亲和力（袁嘉韩等，2014）。

二、不同氮素形态对小麦生理特性的影响

（一）碳代谢特性

1. 光合特性

大量研究表明，氮素形态能够调控冬小麦叶片光合特性。虽然氮素形态对小麦叶片重、绒毛密度、蜡质含量、蜡质晶体形态结构和气孔特性无显著影响，但铵态氮处理叶含水量低于硝态氮和硝酸铵处理（左力翔等，2012）。 李秧秧等（2010）研究表明，随蒸汽压（VPD）增加，硝态氮处理的净光合速率无变化，但铵态氮和硝酸铵处理的净光合速率则明显下降。硝态氮和硝酸铵处理，随VPD增加叶片气孔导度和细胞间隙CO_2浓度下降的幅度明显高于铵态氮处理，从而提高了小麦的瞬时水分利用效率。马新明等（2003）研究表明，硝态氮处理下强筋型‘豫麦34’旗叶保持较高的光合速率、PSⅡ活

性（Fv/Fo）、PSⅡ原初光能转换效率（Fv/Fm）、实际光化学效率（ΦPSⅡ）和光化学猝灭系数（qP）、非光化学猝灭系数（qN）降低，发生光抑制的可能性较小。酰胺态氮处理下中筋型‘豫麦 49’和弱筋型‘豫麦 50’光合和荧光参数较优。李春顺（2013）则指出，高铵胁迫降低了小麦幼苗光合速率、气孔导度、蒸腾速率、实际光化学效率（ΦPSⅡ）和原初光能转换效率（Fv/Fm），但提高了初始荧光值（Fo），与高铵敏感型品种‘郑引 1 号’相比，耐高铵品种‘烟农 19’光合性能的受抑制程度较低。铵态氮能够显著降低小麦的叶面积（李秧秧等，2010），混合氮素营养中，希尔反应活性随着铵态氮比例的降低而降低，但硝态氮和铵态氮之比为 1∶1 时，叶面积最大，叶片叶绿素含量最高（曹翠玲等，2003），叶片的光吸收能力、叶绿素含量均高于硝态氮、铵态氮单独施用（李翎等，2007）。

2. 蔗糖和淀粉合成酶

小麦叶片制造的光合产物以蔗糖形式输入籽粒，再经一系列酶催化作用将蔗糖转化为淀粉。蔗糖向淀粉转化能力的大小限制着淀粉的合成，籽粒灌浆后期蔗糖转化为淀粉的能力与淀粉积累的多少关系密切。小麦籽粒中的淀粉合成过程由蔗糖合成酶（SS）、可溶性淀粉合成酶（SSS）、束缚态淀粉合成酶（GBSS）等共同催化，且 SSS、GBSS 活性与直链、支链淀粉积累速率、总淀粉积累速率、籽粒灌浆速率均呈极显著正相关。在生产上可以通过改变氮素形态调节淀粉合成酶活性，进而调控淀粉的合成与积累。施铵态氮肥能够提高旗叶蔗糖合成能力，加速源器官中蔗糖向籽粒库的运输，籽粒库中糖源供应充足。与施酰胺态氮相比，施铵态氮和施硝态氮后旗叶蔗糖合成酶和灌浆中后期蔗糖磷酸合成酶活性高，灌浆中后期籽粒蔗糖合成酶活性、籽粒蔗糖含量、可溶性淀粉合成酶活性高，束缚态淀粉合成酶活性低。施硝态氮的旗叶蔗糖含量始终最低；与施酰胺态氮相比，施铵态氮的旗叶蔗糖含量灌浆前中期低，后期高（吴金芝等，2009）。

（二）氮代谢特性

1. 硝酸还原酶（NR）

经单一硝态氮处理及混合氮素处理 2d 后，小麦幼苗叶片硝酸还原酶活性即达到最大，然后有所降低，就同一时期的 NR 活性来看，单一硝态氮处理要显著高于混合氮素处理。而单一铵态氮处理下幼苗叶片的 NR 活性则一直维持偏低水平（袁红梅，2011）。施用酰胺态氮提高了强筋小麦‘豫麦 34’旗叶的硝酸还原酶活性，施用铵态氮有利于中筋小麦‘豫麦 49’的 3 种氮素同化关键酶活性的增强，弱筋小麦‘豫麦 50’的硝酸还原酶活性以铵态氮处理最高（王小纯等，2005）。铵态氮与锰配施处理提高了‘矮抗 58’叶片 NR 活性，硝态氮与锰配施处理提高了‘郑麦 366’的 NR 活性（刘蒙蒙，2012）。

2. 谷胺酰胺合成酶（GS）

由于 GS 同时参与了无机氨的同化和光呼吸释放氨的再同化，在小麦叶片中 GS 活性较高。氮素形态可以调控 GS 的活性，当外源氮增加时，小麦叶片 GS 的活性显著提高，铵态氮对 GS 活性的促进作用大于硝态氮（王学奎等，2000）；不同形态氮对植株叶片谷氨酰胺合成酶活性的作用不同，$Ca(NO_3)_2$ 对植株叶片的 GS 活性的促进作用最强，NH_4NO_3

次之，$(NH_4)_2SO_4$ 最低（高廷东，2003）。在同一施氮水平下，铵态氮营养处理有利于 GS 活性的提高；在供应不同硝态氮和铵态氮配比的肥源时，随铵态氮的比例增加 GS 活性提高（王小纯等，2005）。而程振云（2009）的沙培试验表明，施用尿素能较大限度地提高苗期总 GS 活性，且不同时期和品种表现不同，‘矮抗 58’开花后硝态氮与锰配施 GS 活性较高，‘郑麦 366’开花后前 14d 硝态氮处理较高，之后铵态氮处理最高（刘蒙蒙，2012）。与‘郑引 1 号’相比，‘烟农 19’的叶片 GS 活性增加幅度显著高于‘郑引 1 号’（李春顺，2013）。小麦幼苗叶片 GS 活性增加铵态氮处理快于硝态氮处理，但在处理后期，混合氮素处理比单纯的铵态氮处理更有利于提高叶片的 GS 活性（袁红梅，2011）。

GS 在植物体内有两种同工酶，一种定位于叶片的细胞质和非光合组织，称为胞质型 GS（GS_1）；另一种定位于光合组织和根的质体中，称为质体型 GS（GS_2）。GS_1 受氮素影响较为明显（Streit and Feller，1983；王学奎等，2000），从转录水平上看，NH_4^+促进根 GS-mRNA 的合成，而 NO_3^- 促进叶 GS-mRNA 的合成。戴廷波和曹卫星（2003）研究表明，NH_4^+促进根 GS-mRNA 的合成，提高了小麦幼苗根 GS_2 和叶 GS_1 活性，而 NO_3^-则促进完整叶片和离体叶片叶绿体 GS_2 活性。GS_1 活性不受品种和氮素形态的影响，而 GS_2 受品种和氮素形态影响较大。不同基因型小麦品种的 GS 活性对氮素形态的响应不同：弱筋小麦 GS_2 活性对氮素形态的敏感性最强，其次是中筋小麦，强筋小麦 GS_2 受氮素的激活效应最弱。在铵态氮处理下，中筋型和弱筋型小麦 GS_2 活性均提高，强筋小麦则下降；在酰胺态氮处理下，中筋小麦‘豫麦 49’的 GS_2 活性持续提升，‘豫麦 34’的 GS_2 活性保持平衡；在硝态氮处理下，强筋型和中筋型品种的 GS_2 活性均下降，弱筋小麦 GS_2 活性增加（王小纯等，2008）。在砂基培养和大田盆栽条件下研究氮素形态对不同基因型小麦苗期、拔节期及灌浆期不同组织器官 GS 同工酶表达影响的结果表明，硝态氮能诱导早期 GS_2 同工酶的表达，抑制后期 GS_2 的表达，且都受到基因型的影响，强筋和中筋型小麦 GS_2 同工酶在后期不表达，而弱筋型小麦表达量却很高。苗期叶片 GS 同工酶的表达受氮素形态和基因型影响较小，受生育期影响较大。开花灌浆期叶片中 GS 同工酶的表达与苗期相比，又有一种新的同工酶 GSX2 被发现，铵盐对 GSX2 有诱导作用，它只在开花期和开花后 7d 出现（程振云，2009）。

3. 游离氨基酸和可溶性蛋白

郭鹏旭等（2010）研究表明，小麦不同器官中游离氨基酸含量开花后 30d 前均以酰胺态氮处理最高，铵态氮和硝态氮处理下互有高低，开花后 30d 以酰胺态氮处理最低。施用酰胺态氮肥能够提高籽粒灌浆前、中期地上各器官中游离氨基酸含量，促进灌浆后期游离氨基酸向籽粒中的转运（王小纯等，2005）。与‘郑引 1 号’相比，‘烟农 19’的游离氨基酸含量增加幅度显著高于‘郑引 1 号’（李春顺，2013）。高铵胁迫下了小麦幼苗全氮、可溶性蛋白和游离氨基酸含量升高（李春顺，2013）。酰胺态氮处理‘豫麦 34’茎节和苗期叶片中可溶性蛋白含量最高，开花后叶片中可溶性蛋白含量居中（程振云，2009）。铵态氮和硝态氮之比为 1∶1 时，电泳条带中 31～43kDa 内的多肽组分及高分量区属于 PS Ⅰ 的多肽组分含量最高，叶绿体蛋白质含量均高于硝态氮、铵态氮单独施用（李翎等，2007）。

（三）保护酶系统

氮素形态及其配比可以调控小麦保护酶系统。在培养液供应的条件下，铵态氮、硝态氮混合供应时，叶片超氧化物歧化酶（SOD）活性、过氧化氢酶（CAT）活性和根系SOD活性较单供硝态氮处理高，叶片、根系可溶性蛋白含量最大，根系活力和丙二醛（MDA）含量提高，而单供硝态氮时叶片过氧化物酶（POD）活性、根系MDA含量最高，单供铵态氮时根系POD、CAT活性最高（曹翠玲等，2003）。不同氮素形态对小麦保护酶活性的影响存在基因型差异，高铵胁迫下‘郑引1号’叶片超氧阴离子（$O_2^-\cdot$）含量显著高于‘烟农19’，而POD和SOD活性则是‘烟农19’高于‘郑引1号’（李春顺，2013）。

（四）激素

氮素形态调节籽粒灌浆是通过根系、叶片和籽粒中内源激素的协同作用而实现的，且对小麦不同器官的内源激素含量的影响不同（马宗斌等，2006，2008a）。与硝态氮处理相比，酰胺态氮处理小麦开花后5～15d旗叶赤霉素（GA3）含量、籽粒生长素（IAA）和脱落酸（ABA）含量较高；开花后15～25d根系GA3含量、旗叶IAA和GA3含量、籽粒ABA含量较高，籽粒IAA含量较低。铵态氮处理，开花后5d籽粒细胞分裂素（ZR）含量较高；开花后15d前后籽粒IAA、ABA含量较低；开花后20～25d根系ZR、GA3含量较低，旗叶IAA、GA3含量较低，旗叶ABA含量较高，籽粒ABA、GA3含量较低，籽粒IAA含量较高。

第三节　氮素形态对小麦产量和品质调控效应

一、不同氮素形态对小麦生长的影响

在盆栽条件下，NO_3^--N和NH_4^+-N对小麦植株地上部生长的影响无明显差异，但是对根系生长的影响差异明显（马新明等，2003）。而水培时，NH_4^+-N对小麦幼苗的生长有明显的抑制作用，且对根系生长的抑制程度显著大于对地上部的抑制，与单一NO_3^--N营养相比，单一NH_4^+-N营养显著降低单株分蘖数、叶面积、叶干重、茎鞘干重、根干重、地上部干重和总干重（戴廷波和曹卫星，2000），对磷低效基因型‘京411’的抑制程度明显大于对磷高效基因型‘小偃54’的抑制（邱慧珍和张福锁，2003）。

氮素形态显著影响小麦生长发育。苗期，在硝态氮处理下，小麦叶重、总生物量最高，日增重高于铵态氮34.5%；硝态氮肥可以提高根干重和根冠比，提高根系中的可溶性糖含量（罗来超等，2013）。高铵处理下，小麦幼苗的株高、叶面积、茎蘖数、次生根数、总根长、根表面积、根体积、地上部干重、根系干重、植株干重显著降低，通过系统聚类将34个小麦品种分为耐高铵型、中间型和高铵敏感型（李春顺，2013）。低pH条件下，NH_4^+-N最不利于小麦干物质的积累（司江英等，2007）。与单一形态氮营养相比，混合氮素形态营养在5叶期显著增加了小麦植株的株高、叶干重和总干重；在7叶期，显著增加了小麦株高、单株分蘖数、叶面积、叶干重、茎鞘干重、地上部干重和总干重；显著提高了5～7叶期的相对生长速率。混合氮素形态营养下，植株干物质积累的增加与叶面积及单株分蘖数，特别是高蘖位分蘖数和胚芽鞘分蘖数的增加有关（戴廷波和曹卫星，2000）。拔节期以后，根系生物量强筋型小麦‘豫麦 34’以酰胺态氮处理最高，铵态氮处理次之，硝态氮处理最低；中筋型小麦‘豫麦 49’以铵态氮处理最高；而弱筋型小麦‘豫麦 50’在酰胺态氮处理下最高（马新明等，2003）。在铵态氮、硝态氮比例为 1∶1 时，叶面积最大，叶片叶绿素含量最高，根系活力最强（曹翠玲等，2003）。开花后，硝态氮处理下小麦地上部总干物质量最高，并且随着生育进程，干物质在旗叶、穗下节、穗下鞘、颖壳中分配比例降低，在籽粒中的分配比例高于铵态氮和酰胺态氮处理（尹飞等，2009）。

二、不同氮素形态对小麦产量的影响

小麦产量的高低受环境和基因型共同控制，不同形态的氮肥对小麦产量及产量构成因素产生不同的影响：施硝态氮处理小麦产量最高，施添加硝化诱导底物硫酸铵的尿素次之，但二者差异不显著，尿素最低；硝态氮和加硝化诱导底物的尿素处理主要影响小麦的穗数和穗粒数、茎秆、颖壳和籽粒的干物质积累及地上部总干物质积累，而对千粒重和收获指数的效应不明显（李娜等，2013）。在高产条件下，施用硝态氮、铵态氮和酰胺态氮肥小麦产量分别为 7575.3kg/hm^2、7250.0kg/hm^2 和 7156.2kg/hm^2（尹飞等，2009）。在田间条件下，氮素形态混施促进了小麦生长，分蘖数、叶面积、干物质积累及最终的籽粒产量均表现出一定的优势（孙传范等，2003）。在铵态氮、硝态氮比例为 1∶1 时，小麦成熟后地上部生物量和经济产量最高（曹翠玲等，2003）。氮素形态对产量的影响存在基因型差异，硝态氮可提高强筋和弱筋小麦产量，酰胺态氮能提高中筋小麦产量（赵鹏等，2010）。强筋型‘豫麦 34’在硝态氮处理下穗部性状较好，穗粒重最高；中筋型‘豫麦 49’和弱筋型‘豫麦 50’在酰胺态氮处理下穗粒重较高，有利于实现高产（马新明等，2003）。

三、不同氮素形态对小麦品质的影响

（一）小麦品质的概念

小麦品质主要包括营养品质和加工品质两部分，营养品质是指小麦籽粒中含有的为人体所需要的各种营养成分，如蛋白质、氨基酸（主要是赖氨酸）、糖类、脂肪、矿物质等，其含量的多寡和生物价值（蛋白质总量和氨基酸组成）的高低是衡量营养品质的标准。加工品质包括一次加工品质和二次加工品质。一次加工品质取决于小麦籽粒的饱满度、千粒重、出粉率等；二次加工品质即通常所说的烘烤品质和蒸煮品质，取决于面筋含量、面筋品质及淀粉的化学性质，其中面筋品质又由两个主要成分——醇溶蛋白和麦谷蛋白的含量及其比例决定的。反映品质性状的主要指标可归纳为：①出粉率；②籽粒的颜色；③硬度；④粗蛋白含量；⑤沉降值；⑥湿面筋含量；⑦降落值；⑧粉质仪测定的各项指标——吸水率、形成时间、稳定时间、断裂时间、软化度、总评价值；⑨面包烘焙品质。不同专用型小麦对籽粒蛋白质含量的要求不同，要达到专用型小麦的优质专用，必须使籽粒蛋白质含量保持在一定的范围内。因此，在实际生产中，要根据不同专用型小麦的品质要求，通过科学合理的氮肥运筹，实现良种、良法和专用。

（二）对蛋白质品质的影响

赵鹏等（2010）研究发现，不同氮素形态可以调控小麦籽粒蛋白质品质，施用铵态氮和酰胺态氮有利于提高强筋、中筋和弱筋小麦籽粒蛋白质含量，而施用硝态氮则不利于提高籽粒蛋白质含量。程振云（2009）则指出，不同的氮素处理对‘豫麦 49’籽粒中可溶性蛋白含量影响不大，铵态氮处理‘豫麦 50’籽粒可溶性蛋白含量最低，酰胺态氮肥是‘豫麦 34’品质栽培中首选的氮源。

不同氮素形态对小麦籽粒蛋白质组分含量及其动态变化的影响不同。硝态氮处理下籽粒球蛋白含量最高，铵态氮处理下醇溶蛋白和麦谷蛋白含量最高；酰胺态氮处理下清蛋白含量、麦谷蛋白/醇溶蛋白值、蛋白质含量最高（郭鹏旭等，2010）。高氮吸收型小麦品种‘秦麦 11’籽粒蛋白质组分含量均表现为酰胺态氮处理>铵态氮处理>硝态氮处理，球蛋白含量、麦谷蛋白含量处理间差异达到显著水平。低氮吸收型小麦品种‘扬 9817’籽粒清蛋白、球蛋白和醇溶蛋白含量均表现为酰胺态氮处理>硝态氮处理>铵态氮处理，麦谷蛋白含量在酰胺态氮处理下最高，硝态氮处理下最低，处理间清蛋白、醇溶蛋白和麦谷蛋白含量的差异达到显著水平（程振云，2009）。

因此，‘豫麦 34’、‘郑麦 9023’等强筋型面包专用小麦，对蛋白质含量要求较高，施用酰胺态氮肥能满足其专用型的要求；‘豫麦 49’等中筋型馒头、面条专用小麦，对蛋白质含量要求一般，为提高其营养品质，施用铵态氮肥较为理想；‘豫麦 50’等弱筋型饼干专用小麦，对蛋白质含量的要求较低，施用硝态氮肥籽粒蛋白质含量较低，能够实现该品种的优质专用。

（三）对淀粉品质的影响

不同氮素形态调控了小麦淀粉及其组分含量和淀粉糊化特性，显著影响了淀粉品质。一般认为，施铵态氮能增加灌浆中后期籽粒总淀粉和支链淀粉积累量，保持较高的籽粒总淀粉和支链淀粉积累速率，而施酰胺态氮籽粒直链淀粉积累量和积累速率较高。施铵态氮有利于提高成熟期籽粒总淀粉、支链淀粉含量和支链淀粉/直链淀粉的值，而施酰胺态氮提高了直链淀粉含量。施硝态氮对小麦籽粒淀粉积累的调控效应介于施铵态氮和施酰胺态氮之间（吴金芝等，2008）。淀粉糊化时间和稀懈值为铵态氮>酰胺态氮>硝态氮，峰值黏度、低谷黏度、最终黏度、反弹值、糊化时间和稀懈值为硝态氮>酰胺态氮>铵态氮。从水分和氮素形态互作效应看，拔节期灌 1 水（W1）并施硝态氮（W_1N_2）处理峰值黏度、低谷黏度、最终黏度和反弹值最高，糊化时间和稀懈值最低，其他处理只改善黏度参数的某些指标。不同水分和氮素形态及其互作能够有效调控弱筋小麦‘豫麦 50’籽粒淀粉产量和淀粉糊化特性，淀粉产量以拔节、孕穗和灌浆期灌 3 水（W3）并施铵态氮最高，淀粉糊化特性以拔节期 W1 并施硝态氮效果最好。施用铵态氮能有效提高籽粒淀粉产量（吴金芝等，2009）。

第四节　氮肥形态的应用及提高氮肥利用率的途径

一、不同氮肥形态在小麦生产中的应用现状

（一）小麦生产中氮肥的应用现状

1. 氮肥保障小麦生产

1994 年美国著名植物遗传育种家、诺贝尔和平奖获得者 Borlang 博士断言，全世界作物产量增加的 50%来自化肥的施用，其中氮肥占 1/2 以上。中国是世界上小麦种植面积最大、产量最高的国家。小麦种植面积和总产分别占世界的 13.3%和 19%，对我国以占世界 7%的耕地养活占世界 20%的人口作出了巨大的贡献，其中肥料尤其是氮肥的施用是小麦单产和总产的稳定提高的关键因子之一。叶优良等（2006）对 1980～2004 年氮肥用量与小麦总产量进行相关分析表明，氮肥在我国农业发展中起到了重要的作用，氮肥的使用极大地促进了小麦单产和总产的提高，小麦单产和总产与氮肥用量显著正相关。

2. 施肥用量大、利用率低

在过去的几十年中，我国农业生产中的化肥投入量逐年迅速增加，单位面积的化肥使用量居高不下，以年平均17.5%的速度增长，其中氮肥占肥料施用总量的60%。张福锁等（2007）报道，我国化肥产量已突破5000万吨（纯养分），氮肥总产占全球的35%，成为了世界上最大的化肥生产和消费国。小麦上氮肥用量占全国氮肥总用量的15.44%～22.65%，平均为18.80%，在小麦生产上氮肥用量占到化肥总用量的51.62%（叶优良等，2006），氮肥用量呈持续高速增长的趋势，但小麦产量增加缓慢甚至有所降低，呈现出奢侈施用氮肥的现象。按粮食播种面积计算，全国平均氮肥使用量达到158kg/hm^2（朱兆良等，2005），1998～2004年的统计资料表明，我国小麦氮肥用量为178.1～208.6kg/hm^2，平均用量为187.6kg/hm^2（叶优良等，2006）。在发达地区如上海，氮肥施用量则高达319kg/hm^2（朱兆良等，2005），而对山东小麦氮肥施用状况的调查发现，70%以上的农户超量施用氮肥，很多麦田在小麦全生育期施氮素300kg/hm^{2}以上，个别麦田达375～450kg/hm^2，仅小麦每年超量施用的氮肥就达40余万吨（马文奇等，2006）。小麦季农民习惯的氮肥投入量在不同农户间差异较大，平均为424kg/hm^2，已远超过同期作物养分消耗量（崔振岭等，2008），造成严重浪费。

氮肥的大量投入导致肥料利用率降低，成为一个普遍存在的问题。我国小麦氮肥利用率仅为 21.2%～35.9%，远远低于其他国家和地区 40%～60%的氮肥利用率（张福锁等，2008）。党廷辉等（2003）研究发现，尿素作基肥施入耕层后，小麦当季利用率为 36.6%～38.4%。介晓磊等（1998）在河南的研究表明，施氮 0～360kg/hm^2，中等肥力麦田对肥料氮的利用率为 36.9%～58.8%，而高肥力麦田对肥料氮的利用率仅有 7.4%～9.0%。马文奇等（2006）对山东小麦氮肥施用状况的调查发现，小麦氮肥利用率仅为 10%左右。

3. 管理粗放，污染环境

中国已是世界上最大的氮肥生产和消费国，对近20年全球氮肥产、用量增长的贡献达61%和52%。氮肥已占中国陆地生态系统氮素输入量的72%，但目前中国氮肥生产量超过了消费量，且消费量超过了作物最高产量需求量，农业系统中的氮肥盈余量已经达到175kg/hm^2，成为环境污染因子（张卫峰等，2013）。由于我国科学普及水平较低，科学施氮这一看似简单的问题，在生产实践中变得极其复杂，手工撒施氮肥或撒施后灌水，仍是我国小农户土地分散经营的主要施肥方式，"一炮轰"施肥也相当普遍，导致大量的氮素损失（Zhang et al.，2013）。在小麦生产上，基肥和追肥比例不协调的现象也普遍存在，不少中强筋小麦基氮肥占全生育期施氮肥总量的70%以上，造成小麦苗期肥料过剩，后期肥力不足（赵俊晔等，2006a）。

我国氮肥损失率高达45%，每年有1000万吨左右的氮通过不同途径流失（曹仁林和贾晓葵，2001）。大量氮素通过淋溶、反硝化、氨挥发等途径损失，不仅造成资源浪费、投资增加、农民增产不增收，而且对生态环境产生了严重的负面影响。首先，土壤氮素的残留容易淋溶造成水体污染，低产条件下小麦收获后土壤残留的氮素主要集中在0～40cm土层中，土壤残留率为29.20%～33.6%（党廷辉等，2003），而高产条件下小麦收获后0～90cm土层剖面残留硝态氮含量为36～279kg/hm^2（崔振岭等，2008）。当施氮量为105kg/hm^{2}时，收获后0～100cm土体内未发现硝态氮大量累积，随施氮量增加，0～100cm土体内硝态氮含量显著增加；施氮量大于195kg/hm^{2}时，小麦生育期间硝态氮呈明显的下移趋势，土壤肥力较高地块，硝态氮下移较早，下移层次深（赵俊晔等，2006b）。过量的氮肥以硝态氮的形式残留在土壤中，在高强度降雨和不合理灌溉的条件下逐年下移，最终进入地下水，引起地下水硝酸盐超标，极大地威胁着人们的饮用水安全。同时，氮素的流失给近海水体带来了极大威胁，自20世纪80年代以来太湖富营养化呈逐步恶化趋势，尤其是2005～2006年，太湖蓝藻水华暴发持续时间加长，面积扩大，暴发频率也在加快，2007年又暴发了饮用水危机事件（朱广伟，2008）。其次，挥发损失到大气中的氮素影响气候和天气。氮的氧化物和氨气是主要的温室气体，过量排放引起大气升温，对气候变化造成不良的影响，并且大气中有机胺等气态水溶性含氮有机物可通过酸碱中和与颗粒相酸性物质反应，由气相转移到颗粒相，并且重霾天低温、高湿和静风的气象条件有利于这种酸碱中和导致的气固相转化，促使更多的水溶性有机氮生成（程玉婷等，2014），提高了空气中的颗粒物含量。

（二）氮肥的形态、特性和施用特点

氮肥按照氮素的存在形态可分为铵态氮肥、硝态氮肥和酰胺态氮肥。由于氮素存在的形态及所结合的配伴离子不同，性质上存在差异。

1. 铵态氮肥

铵态氮肥以含铵和氨为特点，其中的氨与酸根结合，具有一价金属离子的性质，故亦称为铵。

1）碳酸氢铵，简称碳铵，含氮量为17%，是用CO_2通入浓氨水，经碳化，离心干燥后的产物，制造过程简单，常温下易分解挥发。这一肥料只在中国生产，曾是我国氮肥的主要品种，生产的主要特点是能耗高，对环境污染严重，但在我国氮肥生产中仍占一定的地位。碳铵施入土壤后，离解成NH_4^+和HCO_3^-，NH_4^+被土粒表面吸附，分解时产生一定的氨分子，也能进入土粒表面水膜，形成铵离子被土粒吸附。深施时不易流失，能提高肥效，造粒深施是减少铵态氮肥损失、提高肥效的有效措施。施肥深度应超过5cm，宜在低温季节或一天中气温较低的早晚时间施用。

2）硫酸铵，简称硫铵，含氮20.5%～21%，多是钢铁、石油化学等工业部门的副产品，用硫酸洗涤焦炉气或煤气中的氨制得。理化性质稳定，便于贮存、运输和施用。硫铵施入土壤后，铵离子易被土壤胶体吸附，配伴离子硫酸根亦残留在土壤溶液中，连续施用可使土壤 pH 明显下降。在好气条件下，硫酸铵在土壤里经硝化作用，可转变成硝酸，再经反硝化作用生成氧化亚氮，引起氮素流失。所以应深施，追肥要结合中耕进行。硫铵可以作基肥、种肥和追肥，适用于各种作物。由于其对种子萌发和幼苗生长影响小的特点，在目前供应量较少的情况下，最好用作种肥和追肥。作为小麦种肥时，一般每公顷用量为75kg。

3）氯化铵，含氮25%～26%，是联合制碱工业的副产品。氯化铵施入土壤后，离解为NH_4^+和Cl^-。铵离子容易与钙离子进行交换生成氯化钙，排水良好时氯化钙容易被淋洗，造成土壤脱钙。而在排水不良的土壤中，氯化钙的累积使氯离子增加，盐分加重，对种子发芽和幼苗的生长不利。氯化铵可作基肥和追肥，不宜作种肥，容易造成烧苗，在酸性土壤中施用时应配施石灰或有机肥料。但氯化铵对土壤中的硝化细菌有抑制作用，能减缓土壤硝化，在水田中的施用效果优于碳铵。

4）液氨，含氮82%，是浓度最高的氮肥，必须贮存在特殊的耐压容器中，贮存和运输时处于加压下的液体状态，施肥时需要液氨肥机。液氨施入土壤后，立即转化成NH_3分子，极易被带负电荷的黏粒和有机质表面所吸附，也可溶于水中，形成氢氧化铵被土壤胶体吸附。黏粒土、水分含量高的土壤施入后挥发损失少，砂质土、水分含量低的土壤施入后长时间以NH_3形态存在，挥发严重。一般施肥深度至少为15cm。

2. 硝态氮肥

硝态氮肥以含硝酸根为标志，硝酸根是阴离子，在土壤中不被吸附，容易随水分的运移上下移动，故硝态氮肥具有在土壤中移动性强的特点，合理施用有利于根系吸收，而降水或灌水较多时，容易淋洗出根区，对根系吸收不利。

1）硝酸钠，含氮15%～16%，有天然矿产和工业产品两种。天然的硝酸钠主要分布在南美和智利，一般含硝酸钠 15%～70%。工业生产的硝酸钠是用氨生产硝酸时的一种副产品，即过剩的氮氧化物气体与碳酸钠反应，生成硝酸钠和亚硝酸钠，后者再进一步生成硝酸钠。硝酸钠施入土壤后，硝酸根不被土壤吸附，容易流失，故可作追肥，少量、分次施用。适宜在酸性和中性土壤中施用。

2）硝酸钙，含氮13%～15%，一般用氢氧化钙或碳酸钙中和硝酸制成，吸湿性强，应贮存于通风干燥处。硝酸钙施入土壤后，由于还有钙离子，对土壤胶体有团聚作用，能改善土壤的物理性质。适用于各种土壤，在缺钙的酸性土壤中更好。最好作追肥施用，在旱地也可作基肥。

3. 硝铵态氮肥

硝铵态氮肥同时具有铵态氮肥和硝态氮肥的特点，既要防止氨挥发，又要控制硝态氮淋溶。

1）硝酸铵，简称硝铵，含氮34%～35%，由氨中和硝酸得到。易吸湿，能助燃，易爆。硝铵施入土壤后，易溶于土壤溶液，离解成铵离子和硝酸根离子。铵离子被土壤胶体吸附，而硝酸根离子随水移动，在水田中施用应注意流失和反硝化，在旱地中施用应深施覆土，防止氨挥发。不宜作种肥和基肥，适宜作追肥，旱地追肥时应少量、多次，且结合中耕、覆土。

在欧洲各国，硝酸铵是一种生产量比较大且施用比较广泛的氮肥。在美国和加拿大，液氨使用比较普遍，硝酸铵是液体氮肥（氮溶液）的主要原料。根据有关资料，1950年世界的硝酸铵产量为190万吨，占氮肥总供应量的47%，以后产量逐渐增加，但在氮肥中的比重因其他氮肥的迅速发展而下降；1970年产量为1010万吨，占氮肥总供应量的33%；1990年产量为1400万吨，占氮肥总供应量的18%（UNIDO and IFDC，1998）。

2）硝酸铵钙，含氮20%～21%，由硝酸铵与一定量的白云石粉末混合共熔制成，约含60%的硝酸铵和40%的白云石。不易吸湿。硝酸铵钙施入土壤后，具有硝酸铵肥的性质，且有钙肥的性质。宜作旱田追肥，应开沟施入并及时覆土。

4. 酰胺态氮肥

酰胺态氮肥是氮素以酰胺形式存在的氮肥，只有尿素一种，含氮46%，是含氮量最高的固体氮肥，在高温高压下以氨和二氧化碳为原料直接合成得到。尿素施入土壤后，在土壤微生物分泌的脲酶作用下，水解成碳酸铵，碳酸铵再分解为氨，溶于土壤水后形成铵态氮。这一过程的快慢与温度有关，在10℃时，7～10d就可完成，20℃时只要4～5d，而在30℃时只要2～3d就能全部转化。因此，尿素的表层施用会引起氨挥发，在石灰性土壤中氨挥发更为严重。尿素转化为铵态氮后，施肥点附近的土壤pH暂时升高，随着时间的推移，形成的铵会被硝化成硝酸，易离解成H^+和硝酸根离子，使土壤pH下降，对土壤的酸碱度影响不大。铵离子和硝酸根离子均能被小麦吸收，在土壤中不残留任何副成分。尿素可作基肥和追肥，在任何情况下深施肥均可提高肥效。尿素分解过程中产生高浓度的氨，容易引起烧种、烧苗，不宜作种肥大量施用，作种肥应采用开沟施肥，覆土后播种。尿素是有机物，中性，电离度小，不易烧伤茎叶，具有分子体积小、容易透过细胞膜进入细胞、有一定的吸湿性、容易被叶片吸收、很少引起叶片质壁分离现象的特点，适用于根外追肥。

（三）氮肥形态在小麦生产中的应用现状

1. 氮肥形态生产应用不均衡

受氮素生产流程和工艺的影响，以尿素为主的酰胺态氮及以碳酸氢铵和磷酸二铵为主的铵态氮容易生产，价格低。在小麦生产上应用较多的仍是尿素和铵态氮（碳酸氢铵和磷酸二铵），其中尿素和铵态氮分别占氮肥用量的66.75%和31.31%（叶优良等，2006），硝态氮肥极少。20世纪80年代碳酸氢铵产量下降，高浓度的尿素迅速增加，但是含硝态氮的化肥所占比例始终不大。例如，2001 年我国氮肥总产量 2526.7 万吨（折纯），其中尿素 1454.8 万吨（折纯），占 57.76%；碳酸氢铵 510.0 万吨（折纯），占 20.1%；硝酸铵 80.0 万吨（折纯），占 3.17%，加上氮磷复合肥（硝酸磷肥）中的氮 22.4 万吨（折纯），总共只占氮肥的 4.05%（高恩元，2002），这里面硝态氮仅占了 1/2 左右，也就是硝态氮肥仅占氮肥总产量的 2.0%。硝酸铵，在美洲一些国家占氮肥总量的 10%以上，在欧洲一些国家可占氮肥总量的 30%左右，而我国只有 3.2%。

近年来，随着人们对硝态氮肥施用效果的肯定，肥料市场上出现了许多标“含硝态氮”的复合（混）肥料，掀起了一股硝基复合（混）肥的热潮，许多肥料厂家及商家对硝态氮肥发展前景十分看好，但目前生产成本和肥料定价偏高，调查发现其价格高出同等氮素含量的酰胺态氮和铵态氮肥料 30%～50%。我国市场上可见到销售进口的含硝态氮肥料，如俄罗斯的硝磷铵（含 N 33%，硝态氮、铵态氮各半，含 P_2O_5 3%）、德国的硝酸铵钙（含 N 27%，硝态氮、铵态氮各半，含 Ca 12%）、德国的硫硝酸铵（含硝态氮 7%，铵态氮 19%）等。

20世纪80年代以前，中国主要氮肥产品是硫酸铵和碳酸氢铵，而随着大型装置的引进，尿素所占比例越来越高。2006年我国氮肥总产达到3869.0万吨，其中尿素达到2232.6万吨，仍占57.7%，硝酸铵达到112万吨，占2.9%，含硝态氮的复合肥——硝酸磷肥也没有新的发展。而2009年尿素则占66.7%，硝态氮肥的比重已经下降到0.3%，且与德国等欧洲国家相似，忽视了铵态氮和硝态氮的配合（张卫峰等，2013）。简单地说，我国氮肥的生产已自给有余，但含硝态氮的化肥比例偏低。

2. 氮肥形态的调控作用未被重视

氮素形态可以调控小麦植株氮素吸收、同化、积累转运，影响小麦的生长发育、生理特性、产量和品质的形成，且对不同专用型小麦品种的调控效应不同。大量研究表明，在小麦生产上，可以通过不同氮素形态及其配比氮肥的施用提高小麦产量、品质，实现良种良法、优质专用。但是目前在小麦生产上，由于农业产投比低、专用型小麦价格无优势等，农民根本不注重小麦产量的提高和品质的改善，仍以粗放施氮为主，更谈不上以优质专用为目的的良种良法、科学种田。

二、氮素利用的评价指标及其影响因子

氮素利用率在不同的研究对象中有不同的定义。经典氮效率是指土壤中单位数量的有效氮所形成的籽粒产量（Moll et al.，1982），即籽粒产量与土壤供氮量的比值。在以籽粒产量为目标的生产系统中，氮效率可以定义为氮供应条件下的籽粒产量。田间试验作物经常使用的氮效率是农学意义上的氮效率，是指在一定养分供应条件下作物产量或者生物量的高低。从氮素吸收利用角度考虑，氮效率是指消耗一个单位土壤氮所生产的经济产量（李韵珠等，1994），即氮素吸收利用效率。对于以籽粒为收获对象的禾谷类作物而言，可采用经济利用效率，即植株中积累的单位氮所生产的籽粒干重（张福锁，1992）。从所吸收的氮用于形成经济产量的程度来看，氮效率是指地上部吸收单位氮素所形成的经济产量（Novoa et al.，1981），即氮素生理效率（NPE）。巨晓棠（2014）认为氮肥利用率存在如下缺陷：①不能解析土壤残留肥料氮是对土壤氮库消耗的补偿效应，实际上，

对土壤消耗氮的补偿是施用氮肥用以维持或提高土壤氮肥力的另一个重要目的；②没有将施氮量、作物产量和土壤氮变化情况紧密联系起来；③不能真实反映氮肥施用过程和施用后的损失情况，对通过技术改进来降低氮肥损失参考意义不大；④仅是一个相对概念，其大小取决于分子和分母的相对比例，如果作物吸收了同样数量的肥料氮，因施氮量不同，则传统氮肥利用率会相差很远；⑤差减法获得的利用率受土壤基础肥力、作物生长情况等因素的严重影响，如土壤氮肥力较高，氮肥利用率会很低，但作物也吸收了大量肥料氮。从以上可以看出，评价参数比较多且定义比较混乱，甚至有时根据研究需要而把相同的评价指标解释为其他含义。作者把氮素利用分解为两个基本的组成部分：①氮素利用率，指成熟期植株地上部吸收的氮占总消耗氮（肥料氮或土壤与肥料氮）的比例；②氮素利用效率，指每单位数量的氮所形成的产量，即产量与消耗氮量的比值。

（一）氮素利用率

1. 氮肥吸收利用率

氮肥吸收利用率是指作物地上部氮素的吸收量占所施肥料中总氮的比例，用施氮肥区与不施氮肥区地上部氮素积累量之差与施肥量的比值表示。计算公式如下：氮肥吸收利用率=（施氮处理植株吸氮量–缺氮处理植株吸氮量）/施氮量×100%。

2. 氮素收获指数

氮素收获指数是指成熟期籽粒氮素积累量占植株氮素积累量的比例，即氮素在籽粒中的分配比例，是反映作物氮素利用率的重要指标，与收获器官产量和营养品质密切相关。计算公式如下：氮素收获指数=籽粒中的氮素量/植株吸收氮素总量×100%。

3. 氮素运转率

氮素运转率是指开花前营养器官中积累的氮素向外输出转运的部分占开花前营养器官氮素总积累量的比例，氮素向外输出转运的部分用开花后氮素转运量表示，即氮素转运量=开花期营养器官中氮素积累量–成熟期该营养器官的氮素积累量。计算公式如下：氮素运转率=开花后营养器官氮素转运量/开花期该器官氮积累量×100%，或氮素运转率=（开花期营养器官中氮素积累量–成熟期该营养器官的氮素积累量）/开花期该器官氮积累量×100%。

4. 氮肥有效率

氮肥有效率是指氮肥被作物吸收量与在主要根区土壤中残留量之和占施入氮肥的百分率，也就是从100%中减去氮肥施用过程和施肥后的损失率。作物吸氮量包括籽粒和秸秆。在土壤中残留量是指在作物根区残留的肥料氮，用于补充当季被作物吸收消耗的土壤氮，旱作深根作物如小麦或玉米体系肥料残留氮应考虑0～60cm或0～100cm土层。计算公式如下：氮肥有效率=(作物吸收肥料氮+主要根区土壤残留肥料氮)/氮肥施用量×100%。

5. 氮肥真实利用率

氮肥真实利用率是指作物吸收的养分占种植作物消耗的养分比例。王火焰和周健民

（2014）提出了养分真实利用率，指出就一个稳定的土壤-作物系统而言，在施肥是土壤养分主要来源的情况下，肥料真实利用率和损失率就分别等同于养分真实利用率和损失率，养分来源既包括施用的各种肥料养分，也包括土壤贮存的养分，因各种途径未被作物吸收利用并离开耕层土壤的养分才是损失，而贮存在耕层土壤中的养分则不能算作损失。其公式为：氮肥真实利用率=作物吸收的氮素量/（施氮量–土壤氮素的盈亏量）×100%。

（二）氮素利用效率

1. 氮素物质生产效率

氮素物质生产效率是指单位面积作物籽粒产量与单位面积植株氮素总积累量的比值。计算公式如下：氮素物质生产效率=施肥处理籽粒（生物）产量/施肥处理吸氮量×100%。

2. 氮素生理利用效率

氮素生理利用效率是指作物因施用氮肥而增加的籽粒产量与相应增加的氮素量之比，也就是施用氮肥引起的籽粒产量的增加值与施肥导致的植株总吸收氮量的增加值的比值。计算公式如下：氮素生理利用效率=（施氮经济产量–不施氮经济产量）/（施氮植株积累量–不施氮植株积累量）×100%。

3. 氮肥偏生产率（氮肥生产效率）

氮肥偏生产率是作物产量与氮肥施用量的比值，这一比值实际上表示单位施氮量的籽粒产量。计算公式如下：氮肥偏生产率=施肥处理籽粒（物质）产量/施氮肥量×100%。

4. 氮肥农学效率

氮肥农学效率是指单位施氮量所增加的作物籽粒产量，也就是施用氮肥所增加的作物产量与氮肥施用量的比值。计算公式如下：氮肥农学效率=（施氮处理产量–缺氮处理产量）/施氮量×100%。

（三）氮素利用的影响因子

在农田土壤中化肥氮主要有3个去向，即作物吸收、土壤残留和损失流失。提高氮肥利用率就是要增加作物对肥料氮的吸收，减少土壤残留和氮肥损失。可见，提高氮肥利用率是解决我国减少氮素对环境污染的关键因素。主要可以通过测土施肥、增加作物对氮肥的吸收利用和采取合理的农业措施来实现。

从农业角度看，影响氮肥利用的因子不少。大量研究证明，氮肥利用率与作物品种、土壤条件、施肥量、施肥方式、肥料种类等因子有关，且上述因子对氮肥利用率的调控作用具有交互效应。

1. 作物品种

作物品种对氮素利用效率的影响主要受4个因素的制约，即氮素吸收能力、硝酸还原酶活性和水平、硝酸盐贮存库的大小和氮向收获器官的运输转移能力。董召娣等（2014）

以江苏主栽的15个小麦品种为材料研究半冬性和春性小麦的氮效率差异的结果表明，相同施氮条件下，半冬性小麦的平均氮肥吸收效率和氮肥生产效率分别比春性小麦高12.19%和 9.64%，差异均达显著水平。其中，氮肥吸收效率和氮肥生产效率最高的半冬性小麦品种均为‘济麦22’，春性小麦为‘扬麦15’。半冬性小麦的平均氮肥表观利用率、氮肥农学效率、氮素生理利用效率及氮收获指数亦高于春性小麦，但差异均不显著。半冬性或春性类型小麦中各指标都存在氮高效和氮低效的品种，且品种间差异均极显著，不同品种氮效率高低的机制不同，使得对氮肥的吸收、利用、转运的能力存在差异，生产中应根据不同品种氮效率机制特点采用不同的施肥应对策略。李艳等（2007）采用29个普通小麦品种在正常和肥水亏缺环境下进行随机区组试验的结果表明，不同小麦品种氮素利用效率差异均达极显著水平，在肥水亏缺和正常环境下分别筛选出了5个和4个高效利用氮素的品种。王德梅等（2010）在研究山东高产品种氮素利用效率时指出，‘泰山23’植株氮素总积累量、来自肥料氮的量、来自土壤氮的量、肥料氮和土壤氮开花期在营养器官中的总积累量及成熟期在籽粒中的积累量均显著高于‘山农664’。

2. 土壤条件

氮肥利用率低与作物对土壤氮素有很大依赖性有关，氮素施入土壤后，经过一系列复杂过程，以达到土壤—作物—环境中的氮素平衡。赵俊晔等（2006b）研究表明，成熟期小麦植株积累的氮素73.32%～87.27%来自土壤，4.51%～9.40%来自基施氮肥，8.22%～17.28%来自追施氮肥，不同地块肥料氮吸收、残留和损失的差异主要表现在基施氮肥上，高肥力土壤肥料氮的利用效率远低于低肥力土壤。较高土壤肥力条件下，植株吸收更多的土壤氮素，吸收的肥料氮量较少，土壤中残留的肥料氮量和肥料氮的损失量较高，小麦氮素吸收效率和氮素利用效率降低。砂土条件下籽粒氮素的积累主要依赖于开花前氮吸收和转运，开花前氮的贡献率高达82.46%，而壤土和黏土条件下开花后吸收的氮素对籽粒氮素的积累有较大贡献，贡献率分别为41.58%和45.77%（杨阳等，2013）。

3. 水分

不同品种肥水亏缺下氮素利用效率均高于正常环境的氮素利用效率（李艳等，2007）。与不灌水相比，灌水显著增加了小麦植株氮素积累量、籽粒氮素积累量和开花后营养器官氮素向籽粒的转移量；随着灌水量的增加，成熟期小麦植株氮素积累量、开花后营养器官积累的氮素向小麦籽粒转移量和转移率、氮素吸收效率、氮素收获指数和氮肥生产效率均呈现先增加后降低的趋势，以灌底墒+拔节水时最高；而氮素利用效率则呈逐渐降低的趋势，以不灌水处理最高（郑成岩等，2009）。在施纯氮210kg/hm^{2}的条件下，灌底墒水和拔节水有利于氮素利用效率的提高（赵俊晔等，2006）。在仅灌足底墒水的条件下，小麦氮素吸收率、氮素生理利用效率和氮肥偏生产率最低，随灌水量的增加，氮素利用效率呈先升高后降低的趋势，底墒灌田间持水量80%，拔节期和开花期补灌至田间持水量65%的处理小麦对氮素的吸收效率和利用效率较高，氮肥偏生产率最高。

4. 氮肥用量

随着施氮量增加，小麦氮素利用效率呈降低趋势，植株吸收的土壤氮量减少，吸收的肥料氮量显著增加，小麦对肥料氮的吸收率显著降低（赵俊晔等，2006a）。对稻茬小麦的研究表明，氮素利用效率随施氮量的增加而显著降低，增加追肥比例提高了产量和氮肥利用效率，品种间趋势一致（夏晓亮等，2010）。

5. 施氮方式

表层撒施、深条施、与耕作土壤混合和随水施肥等 4 种施肥方式被广泛应用。每种方法的氮肥效果均因土壤、气候条件、肥料品种特性而异。在旱地，特别是在 pH 高的土壤上，表层撒施尿素和铵态氮肥会造成挥发损失，深施和混施能有效地减少这种损失，提高肥料利用效率。

6. 施肥时期

增加追肥比例和分次追肥处理的植株氮素利用效率较高，相同施氮量条件下增加追肥氮的比例，可提高氮肥农学效率和氮肥吸收利用效率（马兴华等，2010）。小麦对基施氮肥的吸收量、吸收率和基施氮肥在土壤中的残留量、残留率均显著小于追施氮肥，基施氮肥的损失量和损失率显著大于追施氮肥，适量施氮有利于提高成熟期小麦植株氮素积累量（赵俊晔等，2006b）。淮北地区高产小麦氮肥最佳运筹方式的研究表明，最佳施氮方式为 50%～70%氮肥基施，50-30%氮肥拔节追施较好（夏明和张建勋，2001）。

7. 氮肥品种

大量试验表明，硫酸铵的氮素利用效率略高于碳酸氢铵和尿素，后二者无明显差异，氮肥品种对氮肥利用率的影响可能与氮肥在土壤中的损失和作物对不同矿质氮（硝态氮和铵态氮）的吸收差异有关。在旱地，反硝化虽可发生，但引起的氮素损失量不大，当施氮水平达最高产量所需氮量之前，硝态氮淋失脱离根系区域的可能性很小，氮素损失途径主要为氨挥发，所以使用硝态氮肥可以减少氮损失。同时，在硝态氮贫乏的旱地，配施少量的硝态氮有利于提高铵态氮的利用效率，原因在于施用少量的硝态氮能促进铵态氮的硝化，减少其挥发损失。另外，施用缓效氮肥可降低氮肥施用后土壤中矿质氮的浓度，减少损失流失。

8. 其他

通过适当延迟播期和增加种植密度可以实现籽粒产量和氮素利用效率的协同提高，大穗型品种‘泰农 18’和中穗型品种‘山农 15’的籽粒含氮量随播期的延迟和种植密度的增加而降低，地上部氮素积累量随播期的延迟和种植密度的增加而增加（周晓虎等，2013）。

三、提高氮素利用效率的技术途径

全世界作物产量增加的 50%来自化肥的施用，其中氮肥占 1/2 以上（米国华等，2007）。氮肥的使用对作物产量的提高起到了极大的促进作用，同时大量氮肥的使用既造成资源浪费又对环境带来了极大威胁。因此，基于经济和生态因素考虑，提高氮素利用效率成为当前农业发展所面临的问题。提高氮素利用效率的根本途径有两条：一是降低施氮量；

二是提高单位施氮量条件下的作物产量，即挖掘作物氮素利用效率的遗传潜力。

（一）选育氮素高效利用品种

小麦各器官的含氮量和氮素利用效率存在着品种差异，可以通过杂交育种等手段，对其进行遗传改良，培育既高产、优质又高效利用氮素的小麦新品种（李艳等，2007）。可通过筛选耐低氮类型及氮高效利用型的小麦品种来提高小麦的氮素吸收利用能力，也可以利用转基因手段把与小麦氮素高效利用相关的基因转到农艺性状优良的植株上来实现。

（二）优化氮肥管理

增施氮肥显著提高了小麦地上部氮素积累总量，适量使用氮肥有利于增加籽粒中氮素累积量，而过量施用氮肥虽然增加了小麦地上部氮素累积量，但可导致小麦生长过程中源库失衡，降低了籽粒氮素累积量。因此，在生产中合理利用氮肥，对避免过量施肥而造成的大量氮素在茎秆中的残留、提高氮素利用效率具有重要意义。小麦拔节至开花是吸氮高峰期，提高该时期的吸氮比例，有利于产量提高。氮肥利用率不仅与施氮量有关，还受基肥与追肥比例的影响，在相同施氮量条件下，增加拔节肥的追施比例可以提高氮肥农学效率、氮肥吸收利用率和氮肥偏生产力。利用硫酸铵诱导尿素快速硝化是提高小麦产量的有效途径（李娜等，2013）。尿素与C/N高的小麦秸秆配施时，降低了作物吸氮量；与C/N低的鸡粪配施时，增加了作物的吸氮量。但尿素单施，尿素与小麦秸秆配施，与鸡粪配施的生物量并没有显著的差异。与单施尿素相比，尿素配施秸秆降低了土壤中 NH_4^+-N 和 NO_3^--N 的含量，而配施鸡粪增加了它们的含量，这与作物吸氮量的变化是一致的。土壤中微生物氮也参与了对作物的供氮过程，作物对“老固定态铵”的利用能力很弱，施肥会显著地增加土壤固定态铵的含量，这些“新固定态铵”在作物生长期能被吸收利用（巨晓棠等，2002）。

（三）水分管理与氮肥管理相结合

水分是土壤中氮运转及作物氮吸收过程中的关键因子，水分不足会限制肥效的正常发挥，不利于小麦营养器官开花前贮存氮素向籽粒的转移，降低籽粒氮素积累量，从而影响氮肥的作用。灌水量过多加速了硝态氮向深层土壤的运移，使大量的硝态氮积于深层土壤，不利于小麦根系的吸收利用，降低了氮肥的利用效率，根据小麦不同生育时期的需水量和降水量进行调节灌溉，满足小麦高产对水分的需求，挖掘小麦产量和氮素利用效率潜力。

（四）新型肥料的生产与施用

科学发展氮肥产品是提高农田利用效率、增产和环保的有效途径之一。世界肥料工业协会（FAO，2001）分析全球研究结果表明，尿素和碳酸氢铵是各种氮肥中气体损失率最高的产品，气体损失率高达15%～20%，而硝酸铵及氨水等产品损失率仅2%～6%。欧美国家为了实现氮肥增效的目的，发展了特殊的氮肥产品。例如，德国是全球氮肥发展最早的国家之一，其氮肥产品中硝态氮肥占30%左右，而铵态氮肥占70%左右，充分发挥了硝态氮肥肥效快、气体损失少而铵态氮肥肥效慢、淋溶损失少的特点，搭配施用实现了速效与缓效结合、生产与环保结合的目标（张卫峰等，2013）。

研制和施用新型肥料以提高氮素利用率是当前关注的热点之一，有机复合肥、无机复合肥、专性复合肥、复混肥等的施用可以改善土壤环境和作物的吸收，缓施肥和控施肥具有养分释放与作物吸收同步的功能和满足作物不同生育阶段的需求等优点，也是肥料革新的新方向。要生产出适于中国农业增产增效的氮肥产品，例如，如何对现有的氮肥进行改性（长效碳铵、开发低成本的抑制剂或者包膜肥料），如何开发适于机械深施和灌溉施肥的氮肥，如何提高硝态氮肥和铵态氮肥的配合等。常见的缓释肥料有尿素甲醛、异丁叉二脲、丁烯叉二脲、硫磺包膜尿素和树脂包膜尿素。

（五）使用脲酶抑制剂和硝化抑制剂

尿素是我国施用最多的一种氮肥，而尿素施入土壤后，经土壤脲酶的作用，易被水解，造成氨挥发，带来氮肥损失和环境污染，而 NH_4^+在硝化细菌的作用下先氧化为 NO_2^-，进而在亚硝化细菌的作用下氧化为 NO_3^-，NO_3^-容易随降雨或灌水向下淋溶至根区之外，不利于根系的吸收，降低了氮素的利用效率。为了提高氮肥效率，人们采取了多种途径来阻止氮素的挥发和淋失，而采用理化手段是阻断肥料淋溶与挥发的一条重要途径。研究较多的是利用脲酶抑制剂和硝化抑制剂分别抑制尿素水解过程和降低氮肥的硝化速率，使土壤中的铵不至于过高而导致氨挥发，硝态氮浓度不至于过高而造成淋失损失。目前，脲酶抑制剂已有 100 多种，包括醌类、酰胺类、多元酸、多元酚、腐殖酸、甲醛等。最常见的硝化抑制剂有双氰胺和 2-氯-6 吡啶。理想的脲酶抑制剂和硝化抑制剂不仅能有效地抑制氨挥发和硝态氮淋溶，还应对小麦的生长发育无不良影响，才能保证小麦充分吸收氮素并获得最高的产量。

参考文献

曹翠玲，李生秀. 2003. 氮素形态对小麦中后期的生理效应. 作物学报, 29(2): 258-262

曹翠玲，李生秀，张占平. 2003. 氮素形态对小麦生长中后期保护酶等生理特性的影响. 土壤通报, 34(6): 533-538

曹仁林，贾晓葵. 2001. 我国集约化农业中氮污染问题及防治对策. 土壤肥料, (3): 3-6

陈远学，陈晓辉，唐义琴，等. 2014. 不同氮用量下小麦/玉米/大豆周年体系的干物质积累和产量变化. 草业学报, 23(1): 73-83

程玉婷，王格慧，孙涛，等. 2014. 西安冬季非灰霾天与灰霾天 PM2.5 中水溶性有机氮污染特征比较. 环境科学, 35(7): 2468-2476

程振云. 2009. 氮素形态对不同基因型小麦谷氨酰胺合成酶及可溶蛋白含量的影响. 郑州：河南农业大学硕士学位论文

春亮，陈范骏，张福锁，等. 2005. 不同氮效率玉米杂交种的根系生长. 植物营养与肥料学报, 11(5): 615-619

崔振岭，陈新平，张福锁，等. 2008. 华北平原小麦施肥现状及影响小麦产量的因素分析. 华北农学报，23(增刊): 224-229

戴廷波，曹卫星. 2000. 增铵营养对小麦早期生长的促进效应. 麦类作物学报, 20(9): 267-273

党廷辉，蔡贵信，郭胜利，等. 2003. 用 ^{15}N 标记肥料研究旱地冬小麦氮肥利用率与去向. 核农学报, 17(4): 280-285

董召娣，张明伟，易媛，等. 2014. 部分春性和半冬性小麦品种氮效率差异分析. 麦类作物学报, 34(9): 1267-1273

杜金哲，李文雄，胡尚连，等. 2007. 春小麦不同品质类型氮的吸收、转化利用及与籽粒产量和蛋白质含量的关系. 作物学报, 27(2): 253-260

范雪梅，姜东，戴廷波，等. 2006. 不同水分条件下氮素供应对小麦植株氮代谢及籽粒蛋白质积累的影响. 生态学杂志, 25(2): 149-154

冯梦龙，翟丙年，金忠宇，等. 2014. 冬小麦产量及土壤肥力的水氮调控效应. 麦类作物学报, 31(1): 108-113

高恩元. 2002. 我国化肥现状及市场预测. 第七届化肥市场研讨会论文集: 14-24

高玲, 叶茂炳, 张荣铣, 等. 1998. 小麦旗叶老化期间的内肽酶. 植物生理学报, 24(2): 183-188

高廷东. 2003. 光和不同形态氮互作对小麦幼苗碳、氮同化的影响. 泰安: 山东农业大学硕士学位论文

郭都, 徐仁扣. 2012. 不同硝/铵比值对小麦幼苗根系释放氢氧根的影响. 生态与农村环境学报, 28(4): 427-431

郭鹏旭, 熊淑萍, 杜少勇, 等. 2010. 氮素形态对豫麦34地上器官游离氨基酸和籽粒蛋白质含量的影响. 麦类作物学报, 30(2): 326-329

郭胜利, 高会议, 党廷辉. 2009. 施氮水平对黄土旱塬区小麦产量和土壤有机碳、氮的影响. 植物营养与肥料学报, 15(4): 808-814

韩燕来, 介晓磊, 谭金芳, 等. 1998. 超高产冬小麦氮磷钾吸收、分配与运转规律的研究. 作物学报, 24(6): 908-915

韩占江, 于振文, 王东, 等. 2011. 测墒补灌对冬小麦氮素积累与转运及籽粒产量的影响. 生态学报, 33(1): 1631-1640

黄勤妮, 印莉萍, 柴晓清, 等. 1995. 不同氮源对小麦幼苗谷氨酰胺合成酶的影响. 植物学报, 37(11): 856-862

江文文, 尹燕枰, 王振林, 等. 2014. 花后高温胁迫下氮肥追施后移对小麦产量及旗叶生理特性的影响. 作物学报, 40(5): 942-949

介晓磊, 韩燕来, 谭金芳, 等. 1998. 不同肥力和土壤质地条件下麦田氮肥利用率的研究. 作物学报, 24(6): 884-888

巨晓棠. 2014. 氮肥有效率的概念及意义——兼论对传统氮肥利用率的理解误区. 土壤学报, 51(5): 921-933

巨晓棠, 刘学军, 张福锁. 2002. 尿素配施有机物料时土壤不同氮素形态的动态及利用. 中国农业大学学报, 7(3): 52-56

李春顺. 2013. 高铵胁迫对小麦幼苗生长的影响及其生理基础. 南京: 南京农业大学硕士学位论文

李春喜, 姜丽娜, 李秀明, 等. 1998. 不同氮肥运筹对超高产小麦 NR 活性和产量影响的研究. 作物学报, 24(6): 847-852

李合生. 2006. 现代植物生理学. 北京: 高等教育出版社: 71-75

李翎, 曹翠玲, 赵贝. 2007. 氮素形态对小麦幼苗叶绿体色素蛋白复合体含量及希尔反应活性的影响. 干旱地区农业研究, 25(4): 163-167

李娜, 王朝辉, 苗艳芳, 等. 2013. 氮素形态对小麦的增产效果及干物质积累的影响. 河南农业科学, 42(6): 73-76

李生秀, 贵立德. 1992. 小麦吸氮规律与土壤中矿质氮的变化. 西北农林科技大学学报(自然科学版), 20(增刊): 25-31

李廷亮, 谢英荷, 洪坚平, 等. 2013. 施氮量对晋南旱地冬小麦光合特性、产量及氮素利用的影响. 作物学报, 39(4): 704

李小涵, 李富翠, 刘金山, 等. 2014. 长期施氮引起的黄土高原旱地土壤不同形态碳变化. 中国农业科学, 47(14): 2795-2803

李艳, 董中东, 郝西, 等. 2007. 小麦不同品种的氮素利用效率差异研究. 中国农业科学, 40(3): 472-477

李秧秧, 张萍萍, 赵丽敏, 等. 2010. 不同氮素形态下小麦叶片光合气体交换参数对蒸汽压亏缺的反应. 植物营养与肥料学报, 16(6): 1299 -1305

李韵珠, 陆锦文, 罗远培. 1994. 土壤水和养分的有效利用. 北京: 北京农业大学出版社

林振武, 陈敬祥, 汤玉玮. 1983. 硝酸还原酶与作物耐肥性的研究: I 不同耐肥性的水稻、玉米、小麦的硝酸还原酶活性. 中国农业科学, 26(3): 37-43

凌启鸿. 2000. 作物群体质量. 上海: 上海科学技术出版社

刘建安, 米国华, 张福锁. 1999. 不同基因型玉米氮效率差异的比较研究. 农业生物技术学报, 7(3): 248-254

刘蒙蒙. 2012. 不同形态氮肥与锰肥配施对小麦的营养效应. 郑州: 河南农业大学硕士学位论文

刘蒙蒙, 王宜伦, 韩燕来, 等. 2012. 施用不同形态的氮素对小麦产量及锰素积累的影响. 江西农业学报, 24(5): 94-96

卢少源. 1989. 小麦品质的遗传生理研究概述: I 氮素的吸收积累与同化. 河北农业大学学报, 12(1): 135-139

罗来超, 苗艳芳, 李生秀, 等. 2013. 氮素形态对小麦幼苗生长及根系生理特性的影响. 河南科技大学学报(自然科学版), 34(4): 81-85

马冬云, 郭天财, 宋晓, 等. 2007. 尿素施用量对小麦根际土壤微生物数量及土壤酶活性的影响. 生态学报, 27(12): 5222-5228

马文奇, 张福锁, 陈新平. 2006. 中国养分资源综合管理研究的意义与重点. 科技导报, 24(0610): 64-67

马新明, 王小纯, 王志强. 2003. 氮素形态对不同专用型小麦生育后期光合特性及穗部性状的影响. 生态学报, 23(12): 2587-2593

马兴华, 王东, 于振文, 等. 2010. 不同施氮量下灌水量对小麦耗水特性和氮素分配的影响. 生态学报, 30(8): 1344-1354

马宗斌, 何建国, 王小纯, 等. 2008a. 氮素形态对两个小麦品种籽粒内源激素含量的影响. 中国农业科学, 41(1): 63-69

马宗斌，王小纯，何建国，等. 2006. 氮素形态对小麦花后不同器官内源激素含量的影响. 植物生态学报, 30(6): 991-997
马宗斌，熊淑萍，何建国，等. 2008b. 氮素形态对专用小麦中后期根际土壤微生物和酶活性的影响. 生态学报, (04): 1544-1551
门中华. 2004. 冬小麦硝态氮利用的生理特征及其影响因素. 杨凌：西北农林科技大学博士学位论文
孟维伟，王东，于振文. 2012. 施氮量对小麦氮代谢相关酶活性和子粒蛋白质品质的影响. 植物营养与肥料学报, 12(1): 10-17
米国华. 1997. 玉米杂交种氮营养效率的基因型差异研究. 北京：中国农业大学博士后研究工作报告
米国华，陈范骏，春亮，等. 2007. 玉米氮高效品种的生物学特征. 植物营养与肥料学报, 13(1): 155-159
米国华，张福锁，王震宇. 1997. 小麦超高产的生理基础探讨——小麦后期碳氮代谢互作与粒重形成. 中国农业大学学报, 5: 73-78
潘家荣，巨晓棠，刘学军，等. 2009. 水氮优化条件下在华北平原冬小麦/夏玉米轮作中的化肥氮去向. 核农学报, 23(2): 334-340
邱慧珍，张福锁. 2003. 氮素形态对不同磷效率基因型小麦生长和氮素吸收及基因型差异的影响. 土壤通报, 34(6): 533-538
沈成国，张福锁，毛达如，等. 1998. 植物叶片衰老过程中叶绿素降解代谢研究进展. 植物学通报, 15(增刊): 41-46
石玉，于振文. 2006. 施氮量及底追比例对小麦产量、土壤硝态氮含量和氮平衡的影响. 生态学报, 26(11): 3661-3669
司江英，汪晓丽，陈冬梅，等. 2007. 不同 pH 和氮素形态对作物幼苗生长的影响. 扬州大学学报(农业与生命科学版), 28(3): 68-71
孙传范，戴廷波，曹卫星. 2003. 不同施氮水平下增铵营养对小麦生长和氮素利用的影响. 植物营养与肥料学报, 9(1): 33-38
孙敏，郭文善，孙陶芳，等. 2006. 氮素形态对两个不同氮效率小麦品种籽粒蛋白质的影响. 麦类作物学报, 27(1): 54-58
孙敏，郭文善，孙陶芳，等. 2007. 氮素形态对小麦根系特性影响的初步研究. 扬州大学学报(农业与生命科学版), 28(1): 54-58
童依平，蔡超，刘全友，等. 2004. 植物吸收硝态氮的分子生物学进展. 植物营养与肥料学报, 10(4): 433-440
童依平，李继云，李振声. 1999. 不同品种小麦(系)吸收利用氮素的差异及有关机理研究. I 吸收和利用效率对产量的影响. 西北植物学报, 19(2): 270-277
王德梅，于振文，张永丽. 2010. 不同灌水处理条件下不同小麦品种氮素积累、分配与转移的差异. 植物营养与肥料学报, 16(5): 1041-1048
王洪刚，姜丽君，张德水，等. 1995. 小麦叶片中硝酸还原酶活性、游离氨基酸和粗蛋白含量与籽粒蛋白质含量关系研究. 西北植物学报, 15(4): 282-287
王火焰，周健民. 2014. 肥料养分真实利用率计算与施肥策略. 土壤学报, 51(2): 216-225
王淑娟，田霄鸿，李硕. 2012. 长期地表覆盖及施氮对冬小麦产量及土壤肥力的影响. 植物营养与肥料学报, 18(2): 291-299
王宪泽，陶福占，程炳篙，等. 1990. 小麦对氮素形态适应性的生理分析. 山东农业大学学报, 21(2): 87-90
王宪泽，张树芹. 1999. 不同蛋白质含量小麦品种叶片 NRA 与氮素积累关系的研究. 西北植物学报, 19(2): 315-320
王小纯，程振云，何建国，等. 2008. 不同氮素形态对专用小麦苗期氨同化关键酶活性的影响. 麦类作物学报, 28(5): 836-840
王小纯，熊淑萍，马新明，等. 2005. 不同形态氮素对专用型小麦花后氮代谢关键酶活性及籽粒蛋白质含量的影响. 生态学报, 25(4): 802-807
王小明，王振峰，张新刚，等. 2013. 不同施氮量对高产小麦茎蘖消长、花后干物质积累和产量的影响. 西北农业学报, 22(5): 1-8
王小燕，于振文. 2005. 不同小麦品种主要品质性状及相关酶活性研究. 中国农业科学, 38(10): 1980-1988
王学奎，李合生，刘武定. 2000. 光对小麦叶片谷氨酰胺合成酶调节机理初探. 华中农业大学学报, 19(2): 102-105
王月福，于振文，李尚霞，等. 2002. 氮素营养水平对冬小麦氮代谢关键酶活性变化和籽粒蛋白质含量的影响. 作物学报, 28(6): 743-748
王月福，于振文，李尚霞，等. 2003. 土壤肥力和施氮量对小麦根系氮同化及子粒蛋白质含量的影响. 植物营养与肥料学报, 9(1): 39-44
魏海燕，张洪程，张胜飞，等. 2008. 不同氮利用效率水稻基因型的根系形态与生理指标的研究. 作物学报, 34(3): 429-436

吴金芝，黄明，李友军，等. 2009. 不同水分和氮素形态对弱筋小麦豫麦50籽粒淀粉产量和淀粉糊化特性的影响. 中国农业科学, 42(5): 1833-1840
吴金芝，李友军，黄明，等. 2008. 不同形态氮素对弱筋小麦籽粒淀粉积累及其相关酶活性的影响. 麦类作物学报, 28(1): 118 -123
夏明，张建勋. 2001. 淮北地区高产小麦氮肥最佳运筹方式研究. 安徽农学通报, 7(3): 36-37
夏晓亮，石祖梁，荆奇，等. 2010. 氮肥运筹对稻茬小麦土壤硝态氮含量时空分布和氮素利用的影响. 土壤学报, 47(3): 490-496
徐凤娇，赵广才，田奇卓，等. 2012. 施氮量对不同品质类型小麦产量和加工品质的影响. 植物营养与肥料学报, 18(2): 300-306
许为钢，胡琳. 1999. 关中小麦品种同化物积累分配特性与源库构成遗传改良的研究. 作物学报, 25(5): 548-555
许振柱，周广胜. 2004. 植物氮代谢及其环境调节研究进展. 应用生态学报, 15(3): 511-516
闫登明. 2008. 氮素形态和铁营养对玉米苗期生长及体内铁分布的影响. 杨凌：西北农林科技大学硕士学位论文
杨丽琴，封克，夏小燕，等. 2007. 不同 pH 和不同氮素形态对小麦根中钙分布的影响. 植物营养与肥料学报, 14(1): 77-80
杨阳，熊淑萍，刘娟，等. 2013. 土壤质地对强筋型小麦郑麦 366 氮代谢及氮利用效率的影响. 麦类作物学报, 33(3): 466-471
叶优良，韩燕来，王文亮，等. 2006. 高产小麦氮肥施用研究进展. 土壤肥料科学, 22(9): 264-267
尹飞，陈明灿，刘君瑞. 2009. 氮素形态对小麦花后干物质积累与分配的影响, 中国农学通报, 25(13): 78-81
印莉萍，黄勤妮，吴平. 2006. 植物营养分子生物学及信号转导. 北京：科学出版社
印莉萍，温波，刘祥林，等. 2000. 小麦高亲和力 NO_3^-转运体基因相关序列的克隆和表达分析. 自然科学进展, 10(6): 568-570
袁红梅. 2011. 氮素形态对小麦矿质营养吸收和氮素代谢相关酶类活性的影响. 济南：山东大学硕士学位论文
袁嘉韩，易修，顾锁娣，等. 2014. 菲与 NH_4^+-N 和 NO_3^--N 共存对作物根系硝酸还原酶活性的影响. 南京农业大学学报, 37(1): 101-107
岳寿松，于振文，余松烈. 1998. 不同生育时期施肥对冬小麦氮素分配及叶片代谢的影响. 作物学报, 24(5): 1-4
张定一，党建友，王姣爱，等. 2007. 施氮量对不同品质类型小麦产量、品质和旗叶光合作用的调节效应. 植物营养与肥料学报, 13(4): 535-542
张福锁. 1992. 土壤与植物营养研究新动态(第一卷). 北京：北京农业大学出版社
张福锁，崔振玲，王激清，等. 2007. 中国土壤和植物养分管理现状和改进策略. 植物学通报, 24(3): 687-694
张福锁，王激清，张卫峰. 2008. 中国主要粮食作物肥料利用率现状与提高途径. 土壤学报, 45: 915-924
张庆江，张立言，毕桓武. 1997. 春小麦品种氮的吸收积累和转运特征及与籽粒蛋白质的关系. 作物学报, 23(6): 712-718
张卫峰，马林，黄高强，等. 2013. 中国氮肥发展、贡献和挑战. 中国农业科学, 46(15): 3161-3171
赵广才，常旭虹，刘利华，等. 2006. 施氮量对不同强筋小麦产量和加工品质的影响. 作物学报, 32(5): 723-727
赵广才，李春喜，张保明，等. 2000. 不同施氮比例和时期对冬小麦氮素利用的影响. 华北农学, 15(3): 99-102
赵俊晔，于振文，李延奇，等. 2006. 施氮量对土壤无机氮分布和微生物量氮含量及小麦产量的影响. 植物营养与肥料学报, 12(4): 466 -472
赵俊晔，于振文. 2006a. 高产条件下施氮量对冬小麦氮素吸收分配利用的影响. 作物学报, 32(4): 484-490
赵俊晔，于振文. 2006b. 不同土壤肥力条件下施氮量对小麦氮肥利用和土壤硝态氮含量的影响. 生态学报, 26(3): 815-822
赵鹏，何建国，熊淑萍，等. 2010. 氮素形态对专用小麦旗叶酶活性及籽粒蛋白质和产量的影响. 中国农业大学学报, 15(3): 29-34
赵天宏，刘玉莲，曹莹，等. 2010. 镉胁迫下不同形态氮肥对春小麦体内含氮物质的影响. 华北农学报, 25(5): 177-181
赵秀兰，郑绍建，王勤，等. 1998. 氮素形态对营养液 pH 值及磷锌和磷铁间颉颃作用的影响. 西南农业大学学报, 20(1): 1-4
郑成岩，于振文，王西芝等. 2009. 灌水量和时期对高产小麦氮素积累、分配和转运及土壤硝态氮含量的影响. 植物营养与肥料学报, 15(6): 1324-1332
郑丕尧. 1992. 作物生理学导论. 北京：北京农业大学出版社
周晓虎，贺明荣，代兴龙，等. 2013. 播期和播量对不同类型小麦品种产量及氮素利用效率的影响. 山东农业科学, 45(9): 65-69
朱德群，朱遐龄，王雁，等. 1991. 与冬小麦籽粒蛋白质有关的几项生理参数. 作物学报, 17(3): 135-144

朱广伟. 2008. 太湖富营养化现状及原因分析. 湖泊科学, 20: 21-26
朱兆良, 孙波, 杨林章. 2005. 我国农业面源污染的控制政策和策略. 农业科技导报, 23: 47-51
邹春琴, 杨志福. 1994. 氮素形态对春小麦根际 pH 与磷素营养状况的影响. 土壤通报, 25(4): 175-177
左力翔, 赵丽敏, 李秧秧, 等. 2012. 氮素水平和形态对小麦幼苗叶最小导度的影响. 干旱地区农业研究, 30(5): 83-86
Barneix A J, Arnozis P A, Guitman M R. 1992. The regulation of the nitrogen accumulation in the grain of wheat plants(*Triticum aestivaon* L.). Plant Physiology, 86: 609-615
Bingham L J, Blaekwood J M, Stevenson E A. 1998. Relationship between tissue sugar content, phloem import and lateral root initiation in wheat. Plant Physiology, 103: 107-113
Cai C, Tong Y P. 2007. Regulation of the high-affinity ntrate transport systems in wheat roots by exogenous abscisci acid and glutamine. Journal of Integrative Plant Biology, 12: 1719-1725
Carwford N, Glass A D M. 1998. Moleeular and physiological aspects of nitrate uptake in plants. Trends in Plant Science, 10: 389-395
Chrispeels M J, Crawford N M, Schoreder J L. 1999. Proteins for transport of water and mineral nutrients across the membranes of plant cells. Plant Cell, 11: 661-675
Cooper H D, Clarkson D T. 1989. Cycling of amino-nitrogen and other nutrients between shoots and roots in cereals-apossible mechanism integrating shoot and root in the regulation of nutrient uptake. Journal of Experimental Botany, 40: 753-762
Cren M, Hirel B. 1999. Glulamine synthetase in higher plant: Regulation of gene and protein expression from the organ to thecell. Plant Cell Physiology, 40: 1187-1193
Cui Z L, Chen X P, Li J L, et al. 2006. Effect of N fertilization on grain yield of winter wheat and apparent N losses. Pedosphere, 16(6): 806-812
Delhon P, Gojon A, Tillard P, et al. 1995. Diurnal regulation of NO_3^- uptake in soybean plants Ⅳ: Dependence on current photosynthesis and sugar availability to the roots. Journal of Experimental Botany, 300: 893-900
FAO. 2001. International fertilizer association, food and agriculture organization of the united nations. global estimates of gaseous emission of NH_3, NO and N_2O from agriculture land. Rome
Forde B G. 2002. Local and long-ranges ignaling pathways regulating plant responses to nitrate. Annual Review of Plant Biology, 53: 203-224
Gabrielle B, Denoroy P, Gosse G, et al. 1998. Development and evaluation of a CERES-type model for winter oilseedrape. Field Crops Research, 7: 95-111
Glass A D M. 2003. Nitrogen use efficiency of crop plants: physiological constraints upon nitrogen absorption. Critical Reviews in Plant Sciences, 22: 453-470
Goyal S S, Huaffker R C. 1956. The uptake of NO_3^-, NO_2^-, and NH_4^+ by intact wheat seedlings Ⅰ. Induction and kinetics of transport systems. Plant Physiol, 82: 1051-1056
Guerrero M G, Vega J M, Losada M. 1981. The assimilatory nitrate-reducing system and its regulation. Annual Review of Plant Physiology, 32: 169-204
Guitman M R, Arnozis F A, Barneix A J. 1991. Effect of source-sink relations and nitrogen nutrition on senescence and N remobilization inerne flag leaf of wheat. Plant Physiology, 82: 278-284
Lam H M, Coschigano K T, Oliveiva I C, et al. 1996. The molecular-genetics of nitrogen assimilation into amino acids in higher plants. Annual Review of Plant Physiology and Plant Molecular Biology, 47: 569-593
Lea P J, Miflin B J. 1974. Alternative route for nitrogen assimilation in higher plants. Nature, 251: 614-616
Liu J X, Chen F J, Olokhnuud C L, et al. 2009. Root size and nitrogen-uptake activity in two maize(*Zea mays*)inbred lines differing in nitrogen-use efficiency. Journal of Plant Nutrition and Soil Science, 172(2): 230-236
Loffler C M, Rauch T L, Busch R H. 1985. Grain and plant protein relationship in hard red spring wheat. Crop Science, 18: 119-125
Lu J L, Ertl J R, Chen C. 1992. Transcriptional regulation of nitrate reductase mRNA levels by cytokinin-abscisic acid interactions in etiolated barley leaves. Plant Physiology, 98: 1255-1260
Moll RH, Kamprath E J, Jackson W A. 1982. Analysis and interpretation offactors which contribute to efficiency of nitrogen utilization. Agronomy Journal, 74: 562-564
Muller B, Touraine B. 1992. Inhibition of NO_3^- uptake by various phloem translocated amino acids in soybean seedlings. Journal of Experimental Botany, 43: 617-623
Novoa R, Loomis R S, Dermitt D K. 1981, Integration of nitrate and ammonium assimilation in higher plants. *In*: Lyons J M, Valentine R C, Phillips D A, et al. Genetic Engineering of Symbiotic Nitrogen Fixation and Conservation of Fixed Nitrogen. California: Plenum Publishing Corporation: 623-638
Peuke A D, Jeschke W D, Kirkby E A, et al. 1997. Effects of P deficiency on the uptake, flows and utilization of C, N and H_2O within intact plants of *Ricinus communis* L. Journal of Experimental Botany, 47(11): 1737-1754

Reddy D D, Rao A S, Reddy K S, et al. 1999. Yield sustainability and phosphorus utilization in soybean-wheat system on Vertisols in response to integrated use of manure and fertilizer phosphorus. Field Crops Research, 62: 181-190

Signora L, Smet I D, Foyer C H, et al. 2001. ABA plays a central role in mediating the regulatory effects of nitrate on root branching in *Arabidopsis*. The Plant Journal, 28(6): 655-662

Simpson G M. 1968. Association between grain yield per plant and photosynthesis area above the flag leaf note in wheat. Canadian Journal of Plant Science, 48: 253-260

Streit L, Feller U. 1982. Changing activities of nitrogen-assimilation enzymes during growth and senescence of drarf beans(*Phaseolus vulgaris* L.). Plant physiol, 108: 273-281

Streit L, Feller U. 1983. Changing activities and different resistance to proteolytic activity of two forms of glutamine synthetase in wheat leaves during senescence. Physiol Veg, 21: 103-108

Torrey J G. 1986. Endogenous and exogenous influences on the regulation of lateral root formation. Developments in Plant and Soil Sciences, 20: 31-66

UNIDO, IFDC. 1998. Fertilizer Manure. [S. l.] : Kluwer Academic Publishers: 209

Zhang H P, Turne N C, Poole M L. 2010. Source-sink balance and manipulating sink-source relations of wheat indicate that the yield potential of wheat is sink limited in high-rainfall zones. Crop & Pasture Science, 61: 852-861

Zhang H, Forde B G. 1998. An *Arabidopsis* MADS box gene that controls nutrient induced changes in root architecture. Science, 279: 407-409

Zhang W F, Dou Z X, He P et al. 2013. New technologies reduce greenhouse gas emissions from nitrogenous fertilizer in China. Proceedings of the National Academy of Sciences of USA, 110: 8375-8380

Zhao X Q, Li Y J, Liu J Z, et al. 2004. Isolation and expression analysis of a high affinity nitrate transporter *TaNRT2. 3* from roots of wheat. Acta Botanica Sinica, 46: 347-354

第二章　氮素形态对麦田土壤化学特性的影响

第一节　不同氮素形态对麦田土壤化学特性的影响

一、不同氮素形态对麦田土壤有机质的影响

土壤有机质是指存在于土壤中的含碳有机物质。它包括各种动植物的残体、微生物及其会分解和合成的各种有机质，其来源十分广泛。土壤有机质是土壤固相部分的重要组成成分，尽管土壤有机质的含量只占土壤总量的很小一部分，但它对土壤形成、土壤肥力、环境保护及农林业可持续发展等都有着极其重要的作用。由表 2-1 可知，不同氮素形态对土壤有机质含量有一定的影响，随着生育进程的推进，冬小麦起身后土壤有机质含量呈逐渐升高的趋势，0～20cm 土层土壤有机质含量明显高于 20～60cm 土层。不同处理之间比较，起身和拔节期土壤有机质含量硝态氮处理显著高于酰胺态氮和铵态氮处理，酰胺态氮和铵态氮处理间差异不显著，拔节后不同氮素形态处理间差异均未达显著水平。说明施用铵态氮和酰胺态氮肥时降低了冬小麦生育前期的土壤有机质含量，这可能是由于土壤酰胺态氮和铵态氮肥在硝化过程中消耗了土壤中微生物碳，但随着小麦拔节后无效分蘖的凋落入土和作物根系碳的补充，使得土壤中的有机质含量逐渐增加。

表 2-1　不同氮素形态对土壤有机质含量的影响（单位：g/kg）

生育时期	土层深度/cm	酰胺态氮	硝态氮	铵态氮
起身期	0～20	14.3b	15.0a	14.5b
	20～60	9.5b	11.4a	9.7b
拔节期	0～20	14.1b	15.0a	14.5b
	20～60	9.5b	10.0a	9.7ab
开花期	0～20	15.0a	15.2a	14.8a
	20～60	9.7a	9.7a	9.7a
灌浆期	0～20	15.3a	15.2a	15.0a
	20～60	10.0a	9.8a	10.3a
成熟期	0～20	15.0a	15.3a	15.3a
	20～60	10.0a	9.8a	10.5a

注：同一行不同小写字母表示差异达 5%显著水平

二、不同氮素形态对麦田土壤氮、磷、钾的影响

（一）不同氮素形态对土壤全氮和碱解氮含量的影响

土壤全氮包括有机氮和无机氮，主要反映土壤的供氮潜力。在小麦生产中，土壤供

氮不足是引起小麦产量和品质下降的主要限制因子。由表 2-2 可以看出，土壤全氮含量随生育进程的推进呈降升降的变化趋势，起身后由于小麦对土壤中的氮素吸收量增加，土壤全氮含量起身至拔节期减少，之后由于拔节期结合灌水施氮，土壤中全氮含量增加，灌浆后又表现为降低趋势。土壤全氮含量在各个生育时期均以 0～20cm 土层最高，随着土层深度的增加土壤全氮含量均减少。不同氮素形态处理之间比较，0～20cm 土层土壤全氮含量均以硝态氮肥处理最高，铵态氮肥处理和酰胺态氮肥处理较低；20～60cm 和 60～100cm 土层不同氮素形态处理的土壤全氮含量无稳定的规律。说明施用硝态氮肥可以提高表层土壤全氮含量。

表 2-2　不同氮素形态对土壤全氮含量的影响（单位：g/kg）

生育时期	土层深度/cm	酰胺态氮	硝态氮	铵态氮
起身期	0～20	0.82a	0.87a	0.84a
	20～60	0.61a	0.54ab	0.50b
	60～100	0.37b	0.43a	0.42a
拔节期	0～20	0.80a	0.84a	0.81a
	20～60	0.55b	0.66a	0.56b
	60～100	0.43a	0.47a	0.40a
开花期	0～20	0.87a	0.89a	0.89a
	20～60	0.58a	0.58a	0.61a
	60～100	0.41a	0.37b	0.37b
灌浆期	0～20	0.85a	0.88a	0.83a
	20～60	0.56a	0.56a	0.56a
	60～100	0.40a	0.42a	0.39a
成熟期	0～20	0.77b	0.84a	0.78b
	20～60	0.56a	0.57a	0.60a
	60～100	0.43a	0.42a	0.41a

注：同一行不同小写字母表示差异达 5%显著水平

土壤碱解氮包括无机态氮（铵态氮、硝态氮）及易水解的有机态氮（氨基酸、酰胺和易水解蛋白质）两部分，能够较好地反映土壤某一时期内的氮素供应情况。表 2-3 表明，随着土层的加深，不同处理土壤碱解氮含量均降低。随小麦生育进程的推进，不同氮素形态处理下不同土层土壤碱解氮含量的变化趋势不同，硝态氮处理下，0～20cm 土层呈升—降—升的变化趋势，20～60cm 和 60～100cm 土层呈逐渐降低的趋势；酰胺态氮处理下，各土层均呈升—降—升的变化趋势，随土层加深开始下降和后期升高的时间延后；铵态氮处理下，0～20cm 土层呈逐渐升高的变化趋势，20～60cm 和 60～100cm 土层呈降升降的趋势。不同氮素形态处理下，0～20cm 土层成熟期土壤碱解氮含量高于起身期，20～60cm 土层成熟期土壤碱解氮含量低于起身期。不同氮素形态之间比较，0～20cm 和 20～60cm 土层土壤碱解氮含量以硝态氮肥处理最高，酰胺态氮肥和铵态氮肥处理较低，其原因可能是铵态氮肥施入后容易造成氮以氨气的形式挥发到大气中，而酰胺态氮肥在施入土壤后发生的水解过程使氮素以氨气的形式挥发损失到大气中，从而造成了部分氮素流失；60～100cm 土层土壤碱解氮不同氮素形态间无明显的稳定规律。说明施用氮肥可提高上层土壤碱解氮含量，硝态氮肥提高幅度更大，小麦生育期内主要消耗下层土壤碱解氮。

表 2-3　不同氮素形态对土壤碱解氮含量的影响（单位：g/kg）

生育时期	土层深度/cm	酰胺态氮	硝态氮	铵态氮
起身期	0～20	61.15b	67.61a	56.59c
	20～60	28.82b	45.71a	27.64b
	60～100	17.55b	30.11a	13.14b
拔节期	0～20	65.08b	69.23a	66.24b
	20～60	38.84b	43.82a	27.53c
	60～100	18.78b	20.71a	11.87c
开花期	0～20	62.62c	78.13a	67.11b
	20～60	32.56b	41.43a	24.97c
	60～100	21.93a	15.07b	12.48c
灌浆期	0～20	75.44a	76.33a	67.67b
	20～60	20.65b	32.56a	33.25a
	60～100	18.16b	11.83c	21.92a
成熟期	0～20	79.46b	81.03a	75.9c
	20～60	23.64b	38.24a	19.41c
	60～100	22.43a	10.01c	13.78b

注：同一行不同小写字母表示差异达 5%显著水平

由表 2-4 可以看出，不同氮素形态处理对 0～100cm 土层土壤全氮平均含量的影响不同，各生育时期均以硝态氮处理最高，酰胺态氮处理略高于铵态氮处理。除起身期硝态氮处理显著高于铵态氮和酰胺态氮处理外，3 种氮素形态处理之间差异不显著。不同氮素形态对 0～100cm 土层土壤碱解氮平均含量的影响呈明显规律，在冬小麦整个生育期内均以硝态氮处理最高，酰胺态氮处理次之，铵态氮处理最低，硝态氮处理与酰胺态氮处理之间差异不显著，但在开花期前与铵态氮处理之间差异达显著水平。

表 2-4　不同氮素形态对 0～100cm 土层土壤全氮和碱解氮平均含量的影响

处理	全氮含量/（g/kg）					碱解氮含量/（mg/kg）				
	起身期	拔节期	开花期	灌浆期	成熟期	起身期	拔节期	开花期	灌浆期	成熟期
酰胺态氮	0.59b	0.60a	0.61a	0.60a	0.60a	35.84b	40.90ab	39.04ab	40.24a	41.84a
硝态氮	0.66a	0.61a	0.62a	0.61a	0.60a	47.81a	44.59a	44.88a	40.95a	43.09a
铵态氮	0.59b	0.59a	0.61a	0.60a	0.59a	32.46b	35.21b	34.85b	38.08a	36.36a

注：同一行不同小写字母表示差异达 5%显著水平

（二）不同氮素形态对土壤全磷和速效磷的影响

作物地上部对磷的吸收主要来自于土壤，土壤中磷含量的高低与作物的吸磷量关系密切，而土壤磷含量常受施肥等多种因素的影响。一般认为，土壤全磷量仅是土壤供磷潜力的一个重要指标，目前通常以 Olsen 法提取的有效磷含量来表示土壤的供磷状况。由表 2-5 可知，土壤全磷含量随土层的增加而降低，0～60cm 土层随冬小麦生育进程的推移呈下降趋势，而 60～100cm 土层土壤全磷含量在整个生育期基本稳定。不同氮素形态之间比较，0～20cm 土层土壤全磷含量起身期至开花期以酰胺态氮处理最高，硝态氮处理次之，铵态氮处理最低；灌浆期之后以硝态氮处理最高，酰胺态氮处理次之，铵态氮处理最低。20～60cm 土层土壤全磷含量起身期、拔节期和开花期硝态氮处理最高，酰胺态氮处理最低，灌浆期和成熟期硝态氮处理最高，铵态氮处理最低。方差分析结果表明，拔节期0～20cm土层土壤全磷含量铵态氮处理均低于硝态氮和酰胺态氮处理；整个生育期60～100cm土层土壤全磷含量3种氮素形态处理之间无显著差异。

表2-5　不同氮素形态对土壤全磷含量的影响（单位：g/kg）

生育时期	土层深度/cm	酰胺态氮	硝态氮	铵态氮
起身期	0～20	0.91a	0.89a	0.88a
	20～60	0.68b	0.74a	0.70b
	60～100	0.64a	0.65a	0.66a
拔节期	0～20	0.90a	0.88a	0.86b
	20～60	0.67b	0.73a	0.68b
	60～100	0.66a	0.64a	0.65a
开花期	0～20	0.89a	0.87a	0.86a
	20～60	0.70a	0.72a	0.71a
	60～100	0.66a	0.63a	0.65a
灌浆期	0～20	0.85a	0.87a	0.85a
	20～60	0.66a	0.68a	0.65a
	60～100	0.62a	0.63a	0.63a
成熟期	0～20	0.85a	0.86a	0.84a
	20～60	0.67a	0.68a	0.66a
	60～100	0.62a	0.64a	0.63a

注：同一行不同小写字母表示差异达5%显著水平

由表2-6可以看出，在冬小麦灌浆期以前，0～20cm和20～60cm土层土壤速效磷含量以铵态氮处理最低，显著低于硝态氮和酰胺态氮处理，而硝态氮和酰胺态氮处理之间差异不显著。60～100cm土层土壤速效磷含量3种氮素形态处理之间差异未达显著水平。说明施用不同氮素形态氮肥能够有效调节耕层土壤速效磷含量，改变小麦生长发育条件，从而影响冬小麦的生长发育，施用铵态氮肥加速了土壤中速效磷的消耗。20～60cm土层中的土壤速效磷含量低于60～100cm土层，可能是由于20～60cm土层土壤中的小麦根系较多，对磷素的吸收利用量大于60～100cm土层。

表2-6　不同氮素形态对土壤速效磷含量的影响（单位：mg/kg）

生育时期	土层深度/cm	酰胺态氮	硝态氮	铵态氮
起身期	0～20	20.9a	21.2a	19.5b
	20～60	17.4a	17.5a	16.5b
	60～100	17.9a	18.1a	18.2a
拔节期	0～20	20.5a	19.8a	19.3b
	20～60	17.2a	17.0a	16.4b
	60～100	18.1a	18.2a	17.9a
开花期	0～20	19.5a	18.9a	18.1b
	20～60	16.9a	16.7a	16.1b
	60～100	18.1a	18.0a	18.0a
灌浆期	0～20	18.1a	17.6a	17.0b
	20～60	16.4a	16.2a	15.3b
	60～100	18.2a	18.2a	17.9a
成熟期	0～20	16.9a	16.4a	16.8a
	20～60	15.3a	15.4a	15.4a
	60～100	18.1a	18.1a	18.0a

注：同一行不同小写字母表示差异达5%显著水平

（三）不同氮素形态对土壤全钾和速效钾含量的影响

钾是作物养分三要素之一，不仅对作物的产量形成和品质改善具有极其重要的作用，而且具有较强的生理功能，土壤中的钾素供应状况直接影响了作物的生长发育和经济产量的提高。从表 2-7 中看出，土壤中全钾含量总体呈先降低后升高的趋势，起身期至拔节期土壤中全钾含量降低，之后上升，灌浆期最高，且变化趋势在不同氮素形态处理间表现不同。土壤全钾含量开花期之前 0～20cm 土层低于 20～60cm 和 0～100cm 土层，开花期之后 0～20cm 土层高于 20～60cm 和 0～100cm 土层，且拔节期至开花期深层（60～100cm）土壤全钾含量明显降低，其原因为在开花之前，小麦根系从土壤中吸收钾离子以供应地上部植株的生长发育，导致土壤钾素降低，而拔节后地上部对钾的需求降低，且植株衰亡脱落导致钾素重新返回土壤，使得表层土壤的钾素总量和含量升高。不同氮素形态处理之间差异不显著，但开花前以酰胺态氮处理较高，灌浆期之后以硝态氮处理较高。说明 0～20cm 土层土壤全钾含量受冬小麦生育时期及不同氮素形态氮肥的影响不大，但拔节期至开花期冬小麦对深层土壤中钾的利用度较高。

表 2-7　不同氮素形态对土壤全钾含量的影响（单位：g/kg）

生育时期	土层深度/cm	酰胺态氮	硝态氮	铵态氮
起身期	0～20	11.7±0.4	11.6±0.3	11.6±0.1
	20～60	11.7±0.4	11.9±0.3	11.5±0.3
	60～100	11.9±0.2	12.2±0.3	11.6±0.2
拔节期	0～20	10.5±0.2	10.3±0.2	10.4±0.2
	20～60	11.8±0.1	11.3±0.1	11.2±0.2
	60～100	11.3±0.2	11.9±0.1	11.1±0.1
开花期	0～20	11.9±0.3	11.4±0.4	11.3±0.1
	20～60	10.9±0.3	11.5±0.3	10.7±0.1
	60～100	10.8±0.2	10.4±0.1	10.7±0.3
灌浆期	0～20	12.5±0.4	12.9±0.2	11.9±0.4
	20～60	11.9±0.2	11.0±0.3	10.9±0.4
	60～100	11.4±0.2	11.1±0.2	10.2±0.4
成熟期	0～20	12.3±0.3	12.7±0.4	12.0±0.5
	20～60	11.4±0.3	11.6±0.2	11.2±0.1
	60～100	11.6±0.3	11.4±0.3	11.8±0.2

注：数值为平均值±标准差

土壤中速效钾含量随冬小麦生育进程的推进呈先降低后升高的趋势（表 2-8），开花前逐渐降低，之后略有升高。不同土层之间比较，土壤速效钾含量拔节期之前 0～20cm 土层高于 20～60cm 和 60～100cm 土层，开花期之后 0～20cm 土层低于 20～60cm 和 60～100cm 土层。土壤速效钾含量不同氮素形态处理之间差异未达显著水平，铵态氮处理起身期和拔节期的 0～20cm 土层速效钾含量较高。说明施用铵态氮肥降低了拔节期冬小麦植株对土壤中钾素的吸收，而施用硝态氮肥则促进了冬小麦拔节前对土壤速效钾的吸收。

表 2-8　不同氮素形态对土壤速效钾含量的影响（单位：mg/kg）

生育时期	土层深度/cm	酰胺态氮	硝态氮	铵态氮
起身期	0～20	155.1±1.5	169.1±3.1	174.3±4.1
	20～60	124.9±1.7	126.5±3.0	139.8±1.0
	60～100	121.1±2.2	128.9±3.3	121.2±2.0
拔节期	0～20	132.5±2.4	138.2±2.1	141.1±3.4
	20～60	112.4±1.5	118.1±2.0	119.0±1.0
	60～100	107.7±2.7	105.0±1.2	103.6±1.7
开花期	0～20	127.6±1.7	113.7±1.1	123.3±2.0
	20～60	112.5±1.9	113.5±3.0	126.3±1.1
	60～100	123.0±1.1	126.5±2.1	128.6±1.0
灌浆期	0～20	125.3±1.5	120.8±1.0	120.8±2.0
	20～60	134.0±2.9	130.7±1.8	129.8±2.2
	60～100	138.1±4.0	129.2±1.3	134.4±1.6
成熟期	0～20	125.0±4.0	122.1±1.7	121.1±1.0
	20～60	135.0±2.9	132.3±2.6	133.0±1.1
	60～100	130.0±2.6	138.1±3.9	135.0±1.0

注：数值为平均值±标准差

第二节　不同氮素形态配比对麦田土壤化学特性的影响

一、不同氮素形态配比对麦田土壤有机质含量的影响

由表 2-9 可知，随着 3 种筋型小麦生育进程的推进，根际土有机质含量总体呈现降升降的变化趋势，且不同筋型小麦品种达到峰值的时期不同。强筋小麦‘郑麦 366’和中筋小麦‘周麦 22’在灌浆中期达到峰值（分别为 2.07%和 2.08%），而弱筋小麦‘郑麦 004’则在开花期达到峰值（2.12%）。不同品种之间比较，N1 处理下，3 小麦品种整个生育期（拔节期除外）均表现为‘郑麦 004’＞‘郑麦 366’＞‘周麦 22’，说明铵态氮∶硝态氮为 0∶100 的氮素配比处理更有利于弱筋小麦‘郑麦 004’根际土有机质含量的提高。在 N2、N3、N4、N5 处理下，开花期（N2 处理除外）根际土有机质含量均表现为‘周麦 22’＞‘郑麦 004’＞‘郑麦 366’。不同氮素形态配比处理之间比较，对于‘郑麦 366’而言，根际土有机质含量返青期和拔节期 N5 处理高于其他 4 个处理，开花期、灌浆中期和成熟期 N2 处理高于 N3 处理和 N4 处理；开花期、灌浆中期和成熟期根际土有机质含量平均值 N2 处理较 N1 处理提高了 9.73%，较 N5 处理提高了 3.59%。对于‘周麦 22’而言，根际土有机质含量返青期和拔节期 N4 处理高于其他处理；开花期、灌浆中期以 N2 处理较高，N2 处理平均较 N1 处理提高了 16.18%，较 N5 处理提高了 1.01%。就‘郑麦 004’而言，根际土有机质含量返青期和拔节期 N4 处理最高，开花期、灌浆中期和成熟期以 N2 处理最高，返青期和拔节期根际土有机质含量平均值 N4 处理分别较 N1 和 N5 处理提高了 4.85%和 5.93%；开花期、灌浆中期和成熟期根际土有机质含量平均值 N2 处理分别较 N1 和 N5 处理提高了 8.46%和 5.56%。方差分析表明，除‘周麦 22’

在拔节期各处理根际土有机质含量差异不显著外，3 种筋型小麦品种在各生育时期不同氮素形态配比处理间差异均达显著水平。说明不同氮素形态及其配比处理能够改变根际土有机质含量，这可能是地上部生长差异对土壤中微生物碳源的消耗不同和根际分泌物中碳存在差异造成的。

表 2-9　不同氮素形态配比对小麦根际土有机质含量的影响（单位：%）

品种	处理	生育时期				
		返青期	拔节期	开花期	灌浆中期	成熟期
郑麦 366	N1	1.89b	1.73b	1.86c	1.91c	1.77b
	N2	1.83c	1.79b	2.01a	2.07a	1.97a
	N3	1.87b	1.69c	1.96b	2.06ab	1.83ab
	N4	1.79d	1.67c	1.92b	2.06ab	1.90ab
	N5	1.94a	1.92a	1.95b	2.04b	1.86ab
周麦 22	N1	1.82bc	1.81a	1.74b	1.69d	1.77b
	N2	1.60d	1.57a	1.97a	2.08a	1.99a
	N3	1.70cd	1.75a	1.99a	2.07b	2.04a
	N4	1.95a	1.97a	2.07b	2.04a	1.85a
	N5	1.86ab	1.89a	2.07a	2.02a	1.87b
郑麦 004	N1	1.95a	1.97ab	1.88c	1.98ab	1.92ab
	N2	1.96a	2.03a	2.12a	2.04a	2.11a
	N3	1.67b	1.89b	1.98b	1.90ab	1.81b
	N4	2.02a	2.09a	2.01b	1.85b	1.86b
	N5	1.89a	1.99ab	1.98b	1.87b	2.09a

注：N1、N2、N3、N4、N5 分别表示铵态氮/硝态氮为 0∶100、25∶75、50∶50、75∶25、100∶0
同一品种同一列不同小写字母表示差异达 5%显著水平

由表 2-10 可以看出，随着 3 种筋型小麦生育进程的推进，非根际土有机质含量变化的总体趋势与根际土相似，表现为降—升—降的变化趋势，且均在灌浆中期达到峰值。不同品种之间比较，返青期非根际土有机质含量以‘郑麦 366’最高（除返青期 N2 处理外）；N3 处理拔节至成熟期均以‘周麦 22’最高（除返青期和成熟期外），说明铵态氮∶硝态氮为 50∶50 的氮素配比处理有利于提高中筋小麦‘周麦 22’非根际土的有机质含量。不同氮素形态配比处理之间比较，除‘郑麦 366’在拔节期以 N4 处理最高、‘郑麦 004’在拔节期以 N5 处理最高外，3 种筋型小麦品种整个生育期非根际土有机质含量均以 N2 处理最高。‘郑麦 366’、‘周麦 22’和‘郑麦 004’N2 处理 5 个时期的平均值分别较 N1 处理提高了 13.33%、12.70%和 23.68%，较 N5 处理提高了 13.67%、12.54%和 8.32%。除‘周麦 22’在成熟期不同氮素形态配比处理之间的非根际土有机质含量差异不显著外，不同氮素形态配比能够影响‘郑麦 9023’、‘周麦 22’和‘郑麦 004’非根际土的有机质含量，这可能是因为取样是采取抖根法进行的，在非根际土中也存在了一定数量的根际土，导致不同处理下的有机质含量出现了明显的差异，也进一步说明不同氮素形态配比处理能够影响小麦根际的有机质状况，从而改变小麦生长发育的微环境。

表 2-10　不同氮素形态配比对小麦非根际土有机质含量的影响（单位：%）

品种	处理	生育时期				
		返青期	拔节期	开花期	灌浆中期	成熟期
郑麦 366	N1	1.46d	1.18c	1.06b	1.56c	1.34a
	N2	1.62a	1.22ab	1.44a	1.82a	1.38a
	N3	1.54b	1.29bc	1.29ab	1.70b	1.38a
	N4	1.58ab	1.32a	1.35a	1.63b	1.35a
	N5	1.46c	1.17c	1.22ab	1.44d	1.29b
周麦 22	N1	1.35b	1.27d	1.37d	1.46b	1.32a
	N2	1.49a	1.42a	1.45ab	1.82a	1.45a
	N3	1.40a	1.30b	1.37bc	1.79a	1.36a
	N4	1.48a	1.23c	1.53a	1.59b	1.24a
	N5	1.39a	1.21c	1.46c	1.46c	1.26a
郑麦 004	N1	1.29c	1.22d	1.32c	1.35cd	1.24b
	N2	1.68a	1.47a	1.53a	1.82a	1.44a
	N3	1.36b	1.23b	1.35d	1.41d	1.16c
	N4	1.48b	1.26c	1.41c	1.56b	1.19c
	N5	1.39b	1.58a	1.49b	1.63c	1.24d

注：N1、N2、N3、N4、N5 分别表示铵态氮/硝态氮为 0∶100、25∶75、50∶50、75∶25、100∶0

同一品种同一列不同小写字母表示差异达 5%显著水平

二、不同氮素形态配比对麦田土壤氮、磷、钾含量的影响

（一）不同氮素形态配比对麦田土壤全氮含量的影响

由表 2-11 可知，随小麦生育进程的推进，根际土全氮含量总体呈现出升—降—升的变化趋势，且不同筋型小麦达到峰值的时期不同，中筋小麦‘周麦 22’和弱筋小麦‘郑麦 004’各处理均在拔节期达到峰值，而强筋小麦‘郑麦 366’N2 处理和 N3 处理在拔节期达到峰值（分别为 1.10g/kg 和 1.08g/kg），N4 和 N5 处理在成熟期达到峰值（分别为 1.08g/kg 和 1.07g/kg）。不同小麦品种之间比较，返青期 N5 处理和拔节期 N4 处理表现为‘郑麦 004’＞‘郑麦 366’＞‘周麦 22’，灌浆中期 N2 处理表现为‘郑麦 366’＞‘郑麦 004’＞‘周麦 22’，其他生育时期同一氮素形态处理下均表现为‘郑麦 366’＞‘郑麦 004’＞‘周麦 22’。不同氮素形态配比处理之间比较，就‘郑麦 366’和‘郑麦 004’而言，根际土各生育时期 N2 处理均高于 N3 和 N4 处理。‘郑麦 366’和‘郑麦 004’N2 处理的生育期全氮含量平均值分别较 N1 处理提高了 1.12%和 0.19%，较 N5 处理提高了 2.26%和 1.73%。对于‘周麦 22’而言，返青期以 N4 处理最高，而拔节-成熟期则以 N3 最高。拔节-成熟期根际土全氮含量 N3 处理分别较 N1 和 N5 处理提高了 1.71%和 0.73%。说明不同氮素形态配比对不同小麦根际土壤中的全氮含量有一定的影响，‘郑麦 366’在拔节期和开花期，‘周麦 22’在灌浆中期，‘郑麦 004’在拔节期和灌浆中期不同氮素形态配

比处理之间差异达显著水平，这可能是因为不同品种对根际土壤氮素的活化能力和吸收效率不同。

表 2-11　不同氮素形态配比对小麦根际土全氮含量的影响（单位：g/kg）

品种	处理	生育时期				
		返青期	拔节期	开花期	灌浆中期	成熟期
郑麦 366	N1	1.05a	1.08a	1.09a	1.07a	1.08a
	N2	1.07a	1.10a	1.09a	1.08a	1.09a
	N3	1.06a	1.08b	1.07ab	1.07a	1.08a
	N4	1.04a	1.06b	1.07ab	1.06a	1.08a
	N5	1.04a	1.06b	1.06b	1.06a	1.07b
周麦 22	N1	1.03a	1.05a	1.02a	0.99b	1.03a
	N2	1.04a	1.06a	1.03a	1.02a	1.03a
	N3	1.03a	1.06a	1.04a	1.02a	1.04a
	N4	1.04a	1.05a	1.03a	1.01a	1.03a
	N5	1.02a	1.05a	1.03a	1.01a	1.04a
郑麦 004	N1	1.05a	1.07a	1.05a	1.05a	1.06a
	N2	1.05a	1.08a	1.06a	1.04a	1.06a
	N3	1.05a	1.06b	1.05a	1.04b	1.06a
	N4	1.04a	1.08a	1.04a	1.02c	1.06a
	N5	1.04a	1.05b	1.04a	1.02c	1.05a

注：N1、N2、N3、N4、N5 分别表示铵态氮/硝态氮为 0∶100、25∶75、50∶50、75∶25、100∶0
同一品种同一列不同小写字母表示差异达 5%显著水平

由表 2-12 可得出，随着生育进程的推移，非根际土全氮含量呈现出升—降—升的变化趋势，且均在拔节期达到峰值。3 个小麦品种之间比较，N1 处理拔节-成熟期非根际土全氮含量均表现为‘郑麦 004’高于‘郑麦 366’和‘周麦 22’，N4 处理开花-成熟期非根际土全氮含量以‘周麦 22’最高。说明单施硝态氮处理有利于弱筋小麦‘郑麦 004’拔节后非根际土全氮含量的提高，铵态氮∶硝态氮为 75∶25 的氮肥配比能够提高中筋小麦‘周麦 22’开花后的非根际土全氮含量。不同氮素形态配比处理之间比较，非根际土全氮含量除拔节期‘郑麦 366’，返青期‘周麦 22’、‘郑麦 366’和‘郑麦 004’外，均以 N2 处理最高，但差异未达显著水平。非根际土全氮含量‘郑麦 366’整个生育期不同氮素配比处理差异均不显著，5 个生育时期的平均值 N2 处理分别较 N1 和 N5 处理提高了 0.79%和 1.39%。‘周麦 22’和‘郑麦 004’成熟期不同氮素形态配比处理间差异显著，N2 处理拔节期、开花期、灌浆中期和成熟期非根际土全氮含量的平均值‘周麦 22’分别较 N1 和 N5 处理提高了 1.73%和 1.99%，‘郑麦 004’分别较 N1 和 N5 处理提高了 1.23%和 2.23%。说明不同氮素形态配比虽然在一定程度上能够影响不同筋型小麦非根际土中的全氮含量，但均未达到显著水平，对非根际土壤中全氮含量的调控效应很弱。

表 2-12　不同氮素形态配比对小麦非根际土全氮含量的影响（单位：g/kg）

品种	处理	生育时期				
		返青期	拔节期	开花期	灌浆中期	成熟期
郑麦 366	N1	1.02a	1.03a	1.00a	1.00a	1.02a
	N2	1.02a	1.03a	1.02a	1.01a	1.03a
	N3	1.02a	1.02a	1.01a	0.98a	1.01a
	N4	1.02a	1.03a	1.01a	1.00a	1.02a
	N5	1.01a	1.02a	1.00a	0.99a	1.02a
周麦 22	N1	1.01a	1.03a	1.00a	1.00a	1.01a
	N2	1.02a	1.04a	1.03a	1.01a	1.03a
	N3	1.01a	1.02b	1.02a	1.01a	1.02a
	N4	1.02a	1.03a	1.02a	1.01a	1.02a
	N5	1.00a	1.03a	1.01a	0.98a	1.01a
郑麦 004	N1	1.02a	1.03a	1.02a	1.00a	1.03a
	N2	1.03a	1.05a	1.03a	1.01a	1.03a
	N3	1.02a	1.04a	1.03a	1.01a	1.01a
	N4	1.03a	1.04a	1.01a	0.99a	1.01a
	N5	1.02a	1.02a	1.01a	0.99a	1.01a

注：N1、N2、N3、N4、N5 分别表示铵态氮/硝态氮为 0∶100、25∶75、50∶50、75∶25、100∶0
同一品种同一列不同小写字母表示差异达 5%显著水平

（二）不同氮素形态配比对麦田土壤碱解氮含量的影响

由图 2-1 可看出，不同氮素形态配比对小麦根际土碱解氮含量的影响呈返青-拔节期降低，之后升高，灌浆中期后又降低的变化规律。不同品种根际土碱解氮含量峰值出现的时间不同：强筋小麦‘郑麦 366’各处理均在灌浆中期达到峰值（最高为116.7mg/kg），中筋小麦‘周麦 22’除了 N2 处理在灌浆中期达到峰值（74.3mg/kg）外，其他 4 个处理均在返青期达到峰值（最高为 95.7mg/kg）；弱筋小麦‘郑麦 004’除 N1 处理在返青期达到峰值（74.7mg/kg）外，其他 4 个处理均在灌浆中期达到峰值（最高为 120.5mg/kg）。N1 处理开花-成熟期根际土碱解氮含量均表现为‘郑麦 366’高于‘郑麦 004’和‘周麦 22’，说明与‘郑麦 004’和‘周麦 22’相比，在单施铵态氮肥的条件下，强筋小麦‘郑麦 366’生育中后期根际土的碱解氮含量较高。不同氮素形态配比处理之间比较，除‘郑麦 366’拔节期和‘郑麦 004’返青期外，其他时期两品种均表现为 N2 处理显著高于其他 4 个处理。‘郑麦 366’和‘郑麦 004’整个生育期根际土碱解氮含量的平均值 N2 处理分别较 N1 处理提高了 18.69%和 37.15%，较 N5 处理提高了 27.56%和 62.34%。对于‘周麦 22’而言，根际土碱解氮含量 N3 处理高于 N2 和 N4 处理，N3 处理整个生育时期的平均值分别较 N1 和 N5 处理提高了 9.20%和 17.93%。显著性检验结果表明，除‘郑麦 366’在拔节期各处理下根际土碱解氮含量差异不显著外，氮素形态配比处理均能够显著调控小麦根际土碱解氮含量，从而影响土壤中的氮素分布和作物对氮素的吸收。

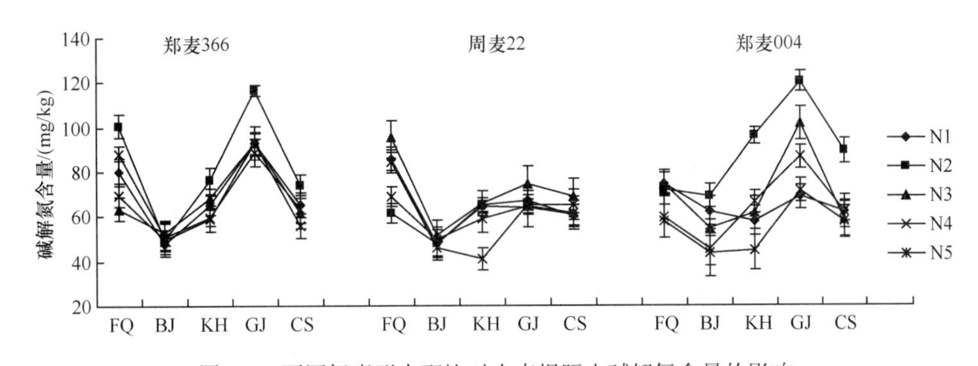

图 2-1　不同氮素形态配比对小麦根际土碱解氮含量的影响

FQ. 返青期；BJ. 拔节期；KH. 开花期；GJ. 灌浆中期；CS. 成熟期；N1、N2、N3、N4、N5 分别表示铵态氮/硝态氮为 0∶100、25∶75、50∶50、75∶25、100∶0

由图 2-2 可看出，非根际土碱解氮含量总体呈现出降升降的变化趋势，但筋型不同，达到峰值的时期不同，强筋小麦‘郑麦 366’N1 处理在返青期达到峰值，其他 4 处理均在灌浆中期达到峰值，最高值为 59.25mg/kg；中筋小麦‘周麦 22’N1 和 N2 处理在开花期达到峰值，弱筋小麦‘郑麦 004’N3 和 N5 处理在开花期达到峰值，其他 3 个处理均在灌浆中期达到峰值，最高值为 66.3mg/kg。不同小麦品种之间比较，N2 处理返青-开花期非根际土碱解氮含量均表现为‘郑麦 366’高于‘郑麦 004’和‘周麦 22’。不同氮素形态配比处理之间比较，非根际土碱解氮含量除‘郑麦 366’返青期 N1 处理最高外，‘郑麦 366’和‘郑麦 004’均以 N2 处理最高。5 个生育时期非根际土碱解氮含量的平均值，‘郑麦 366’和‘郑麦 004’N2 处理分别较 N1 处理提高了 8.23%和 12.34%，较 N5 处理提高了 11.39%和 20.95%。就‘周麦 22’而言，起身-灌浆中期以 N3 处理最高，5 个生育时期的平均值分别较 N5 和 N1 处理提高了 18.17%和 16.06%。根际土碱解氮含量除‘郑麦 366’返青期各处理间差异不显著外，3 种筋型小麦品种各时期不同氮素形态及其配比处理间的差异均达到显著水平。说明氮素形态及其配比能够调节小麦非根际土碱解氮含量，铵态氮∶硝态氮为 25∶75 的氮素配比的氮肥有利于提高种植强筋小麦‘郑麦 366’和弱筋小麦‘郑麦 004’麦田的非根际土碱解氮含量，铵态氮∶硝态氮为 50∶50 时有利于提高种植‘周麦 22’麦田的非根际土碱解氮含量。

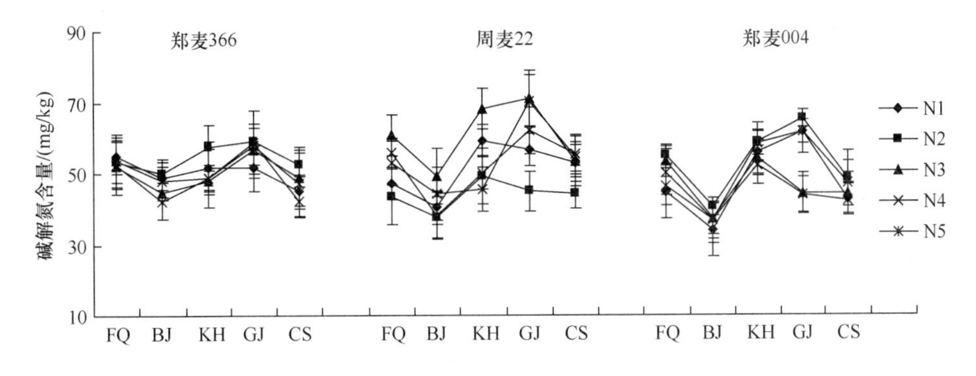

图 2-2　不同氮素形态配比对小麦非根际土碱解氮含量的影响

FQ. 返青期；BJ. 拔节期；KH. 开花期；GJ. 灌浆中期；CS. 成熟期；N1、N2、N3、N4、N5 分别表示铵态氮/硝态氮为 0∶100、25∶75、50∶50、75∶25、100∶0

（三）不同氮素形态配比对麦田土壤全磷含量的影响

由表 2-13 可知，根际土全磷含量小麦整个生育期呈逐渐降低的趋势，且 N3 处理返青-灌浆中期均表现为‘郑麦 004’>‘周麦 22’>‘郑麦 366’。不同氮素形态配比处理间比较，除灌浆中期强筋小麦‘郑麦 366’N4 处理最高外，各生育时期各品种均以 N2 处理最高。根际土全磷含量‘郑麦 366’、‘周麦 22’和‘郑麦 004’5 个生育时期平均值 N2 处理分别较 N1 处理提高了 3.58%、5.37%和 4.23%，较 N5 处理提高了 3.83%、4.10%和 3.50%。显著性检验结果表明，‘郑麦 366’各生育时期不同氮素处理间差异均不显著；‘周麦 22’开花期前不同处理间差异显著，灌浆中期和成熟期差异不显著；‘郑麦 004’返青期和拔节期处理间差异不显著，但开花后处理间差异均达到显著水平。说明不同氮素形态配比可调控小麦根际土全磷含量，铵态氮∶硝态氮为 25∶75 的氮肥配比小麦根际土全磷含量最高，且不同氮素形态配比对不同品种的调控效应呈明显差异，施用铵态氮∶硝态氮为 50∶50 的氮肥有利于提高弱筋小麦‘郑麦 004’根际土的全磷含量，这可能与根际土壤中的磷素容易被根系分泌物活化，以及其被不同小麦品种吸收利用的效率不同有关，其机制还有待更进一步研究。

表 2-13 不同氮素形态配比对小麦根际土全磷含量的影响（单位：g/kg）

品种	处理	生育时期				
		返青期	拔节期	开花期	灌浆中期	成熟期
郑麦 366	N1	0.90a	0.87a	0.84a	0.80a	0.78a
	N2	0.91a	0.89a	0.87a	0.84a	0.83a
	N3	0.89a	0.86a	0.81a	0.80a	0.79a
	N4	0.89a	0.86a	0.82a	0.86a	0.80a
	N5	0.89a	0.86a	0.85a	0.81a	0.77a
周麦 22	N1	0.88b	0.86b	0.85b	0.79a	0.72a
	N2	0.94a	0.93a	0.90a	0.80a	0.75a
	N3	0.89ab	0.89a	0.87b	0.78a	0.75a
	N4	0.91ab	0.90a	0.90a	0.79a	0.76a
	N5	0.91ab	0.87b	0.85b	0.78a	0.74a
郑麦 004	N1	0.95a	0.89a	0.85bc	0.79bc	0.78abc
	N2	0.95a	0.92a	0.89a	0.87a	0.81a
	N3	0.91a	0.91a	0.86ab	0.83b	0.77bc
	N4	0.91a	0.90a	0.83c	0.76c	0.76c
	N5	0.93a	0.89a	0.87ab	0.80b	0.80ab

注：N1、N2、N3、N4、N5 分别表示铵态氮/硝态氮为 0∶100、25∶75、50∶50、75∶25、100∶0
同一品种同一列不同小写字母表示差异达 5%显著水平

由表 2-14 可知，不同氮素形态配比对非根际土全磷含量的影响规律与根际土相似，亦呈逐渐下降趋势。N3 处理 3 种筋型小麦返青-开花期均表现为‘郑麦 366’高于‘周麦 22’和‘郑麦 004’。不同氮素形态配比处理之间比较，除‘周麦 22’在成熟期为 N3>N2 外，N2 处理非根际土全磷含量 3 种筋型小麦品种在不同时期均较 N3 和 N4 处理高，‘郑麦 366’

表现为N2＞N3＞N4。‘郑麦366’、‘周麦22’和‘郑麦004’非根际土全磷含量5个生育时期平均值N2处理分别较N1处理提高了3.88%、4.92%和1.16%，较N5处理提高了7.08%、5.47%和6.71%。说明在施用不同氮素形态配比的氮肥条件下，小麦田不同生育期非根际土壤中全磷含量存在一定的差异。小麦生育期内非根际土中的全磷含量明显降低可能是因为作为肥料投入的磷肥主要集中在地表，而取样是采用的抖根法，很难将根际土和非根际土分开，部分根际土被当成根际土采取，且前期小麦对土壤中磷的吸收量小，保持了土壤中较高的磷含量，而后期土壤中的磷素因植株吸收利用而明显降低。

表2-14　不同氮素形态配比对小麦非根际土全磷含量的影响（单位：g/kg）

品种	处理	生育时期				
		返青期	拔节期	开花期	灌浆中期	成熟期
郑麦366	N1	0.81ab	0.71b	0.69a	0.59ab	0.55a
	N2	0.83a	0.76a	0.68ab	0.61a	0.60a
	N3	0.80ab	0.69cd	0.66a	0.56a	0.55ab
	N4	0.77a	0.69bc	0.63a	0.59ab	0.53a
	N5	0.79ab	0.65d	0.64a	0.59ab	0.58ab
周麦22	N1	0.73ab	0.69a	0.61c	0.60bc	0.62a
	N2	0.76a	0.72a	0.68a	0.66a	0.59a
	N3	0.70b	0.69a	0.66ab	0.65a	0.65a
	N4	0.73ab	0.70a	0.65b	0.57c	0.57a
	N5	0.72ab	0.66a	0.65b	0.63ab	0.57a
郑麦004	N1	0.79a	0.73a	0.69a	0.64a	0.61a
	N2	0.81a	0.72a	0.69a	0.65a	0.63a
	N3	0.73a	0.67ab	0.62b	0.61a	0.62a
	N4	0.74a	0.66b	0.61b	0.63a	0.58a
	N5	0.73a	0.72a	0.68a	0.60a	0.55a

注：N1、N2、N3、N4、N5分别表示铵态氮/硝态氮为0∶100、25∶75、50∶50、75∶25、100∶0
同一品种同一列不同小写字母表示差异达5%显著水平

（四）不同氮素形态配比对麦田土壤速效磷含量的影响

由图2-3和图2-4可看出，根际土和非根际土速效磷含量在3种筋型小麦整个生育期均呈逐渐下降的变化趋势，且根际土速效磷含量高于非根际。3种筋型小麦返青-开花期N3、N4和N5处理的根际土速效磷含量均以‘郑麦004’最高，而开花-成熟期N1、N2处理均以‘周麦22’最高。不同氮素形态配比处理间比较，根际土速效磷含量除‘郑麦366’返青期N1处理最高外，N2处理在3种筋型小麦各生育时期均高于N3和N4处理，‘郑麦366’和‘周麦22’表现为N2＞N3＞N4，‘郑麦004’表现为N2＞N4＞N3。‘郑麦366’、‘周麦22’和‘郑麦004’5生育时期平均值N2处理分别较N1处理提高了11.25%、13.91%和14.35%，较N5处理提高了21.89%、22.41%和16.12%。除‘郑麦004’不同氮素形态配比处理间差异在开花期不显著外，同一小麦品种相同生育时期不同氮素形态配比处理间差异均达显著水平。

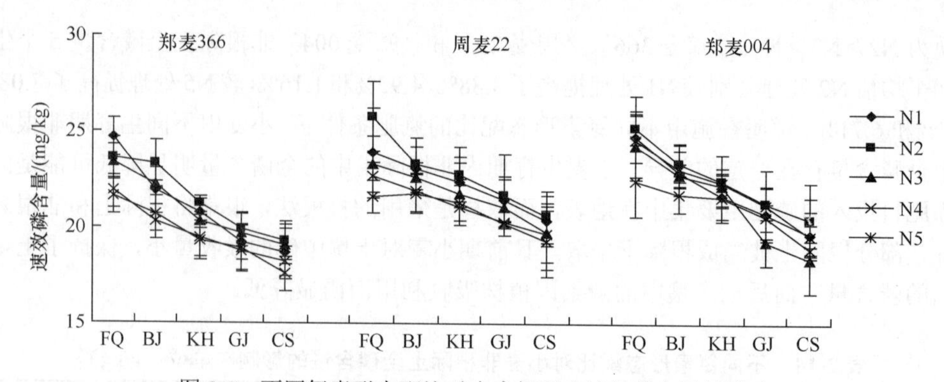

图 2-3　不同氮素形态配比对小麦根际土速效磷含量的影响

FQ. 返青期；BJ. 拔节期；KH. 开花期；GJ. 灌浆中期；CS. 成熟期；N1、N2、N3、N4、N5 分别表示铵态氮/硝态氮为 0∶100、25∶75、50∶50、75∶25、100∶0

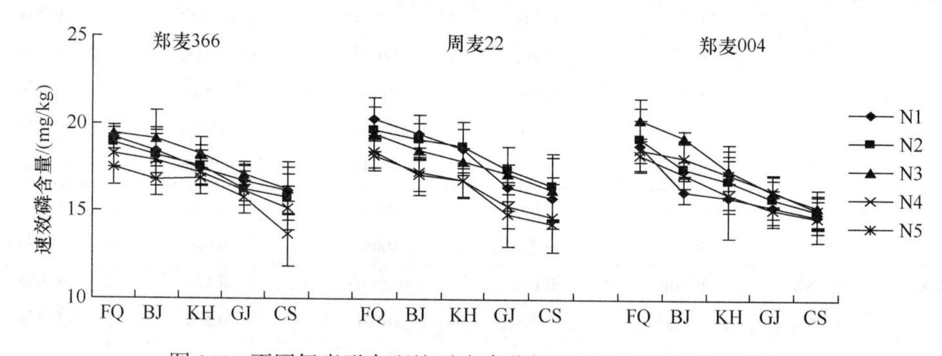

图 2-4　不同氮素形态配比对小麦非根际土速效磷含量的影响

FQ. 返青期；BJ. 拔节期；KH. 开花期；GJ. 灌浆中期；CS. 成熟期；N1、N2、N3、N4、N5 分别表示铵态氮/硝态氮为 0∶100、25∶75、50∶50、75∶25、100∶0

3 种筋型小麦非根际土速效磷含量 N1、N2 处理返青-开花期均以‘周麦 22’最高。不同氮素形态配比处理间比较，非根际土速效磷含量‘郑麦 366’和‘郑麦 004’N3 处理高于 N2 和 N4 处理，而‘周麦 22’则表现为 N2 处理高于 N3 和 N4 处理。‘郑麦 366’和‘郑麦 004’5 个生育时期非根际土速效磷含量平均值 N3 处理分别较 N1 处理提高了 13.87%和 11.23%，较 N5 处理提高了 16.12%和 18.38%。施用不同氮素形态配比的氮肥能够调控非根际土速效磷含量，但‘郑麦 366’的灌浆中期，‘周麦 22’的拔节期、成熟期和‘郑麦 004’的开花期不同氮素形态配比处理间差异未达显著水平。说明不同氮素形态配比处理能够在一定程度上调控小麦根际土和非根际土中的速效磷含量，但其表现因品种和生育时期而异。

（五）不同氮素形态配比对麦田土壤速效钾含量的影响

由图 2-5 和图 2-6 可知，3 种筋型小麦根际土和非根际土速效钾含量随生育进程的推移均呈逐渐下降的变化趋势，且根际土速效钾含量高于非根际土速效钾含量，根际土速效钾含量以‘郑麦 004’返青期的 N3 处理最高，非根际土速效钾含量以‘郑麦 004’返青期的 N2 处理最高，分别为 195.2mg/kg 和 122.2mg/kg。3 种筋型小麦开花-成熟期根际土速效钾含量，N1 和 N2 处理以‘郑麦 004’最高，而 N4 处理以‘周麦 22’最高。不同氮素形态配比处理间比较，根际土速效钾含量 3 种筋型小麦各生育时期均表现为 N2 处理高于其他处理。‘郑麦 366’、‘周麦 22’ 和 ‘郑麦 004’ 5 个生育时期根际土速效钾含量的平均值 N2 处理分别较 N1 处理提高了 13.25%、17.91%和 17.35%，较 N5 处理提高了 21.89%、23.41%和 9.12%。说明不同筋型品种根际土速效钾含量对不同氮素形态配比施肥的响应不同，‘郑麦 366’ 开花期处理间差异达显著水平；‘周麦 22’ 各生育时期处理间差异均达显著水平；‘郑麦 004’ 除返青期和成熟期处理间差异不显著外，其余生育时期差异显著。

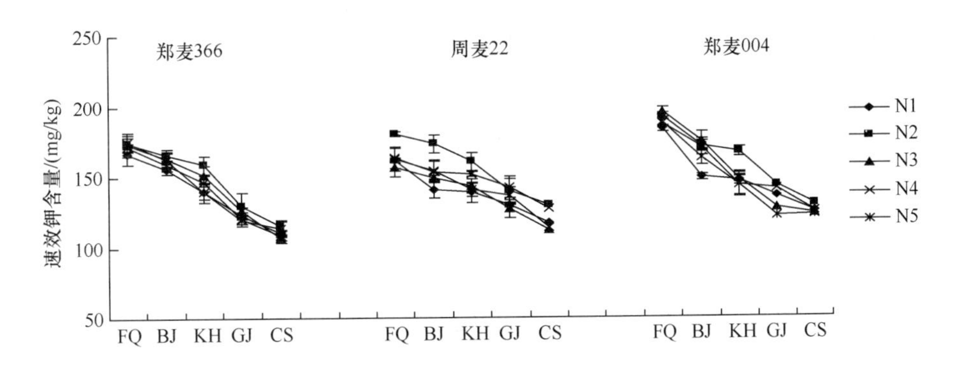

图 2-5 不同氮素形态配比对小麦根际土速效钾含量的影响

FQ. 返青期；BJ. 拔节期；KH. 开花期；GJ. 灌浆中期；CS. 成熟期；N1、N2、N3、N4、N5 分别表示铵态氮/硝态氮为 0∶100、25∶75、50∶50、75∶25、100∶0

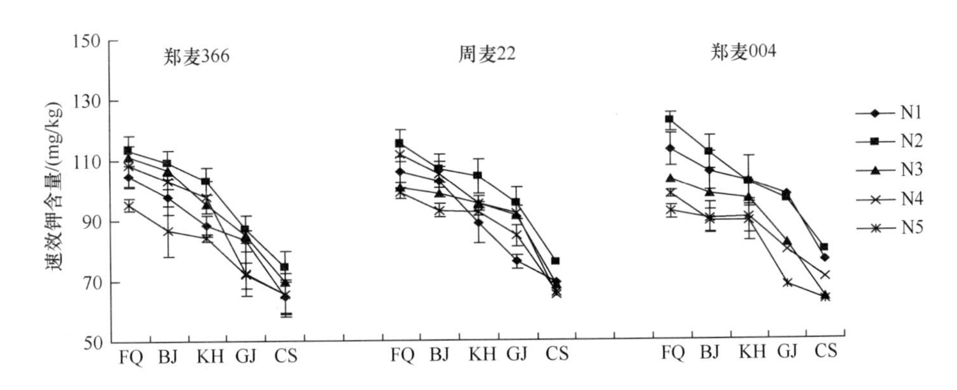

图 2-6 不同氮素形态配比对小麦非根际土速效钾含量的影响

FQ. 返青期；BJ. 拔节期；KH. 开花期；GJ. 灌浆中期；CS. 成熟期；N1、N2、N3、N4、N5 分别表示铵态氮/硝态氮为 0∶100、25∶75、50∶50、75∶25、100∶0

3 种筋型小麦非根际土速效钾含量，N1 处理在各生育时期都以‘郑麦 004’最高，而 N5 处理则以 ‘周麦 22’ 最高。不同氮素形态配比处理间比较，3 种筋型小麦各生育时期 N2 处理非根际土速效钾含量都高于 N3 和 N4 处理。与 N1 和 N5 处理相比，N2 处理非根际土速效钾含量 ‘郑麦 366’ 分别高 14.55%和 21.89%，‘周麦 22’ 分别高 17.91%和 23.41%，‘郑麦 004’ 分别高 17.35%和 9.12%。说明不同氮素形态配比的氮肥能够影响小麦非根际土速效钾含量，且同一小麦品种同一生育时期处理间差异均达显著水平。

三、不同氮素形态配比条件下小麦根际土养分含量间的相关分析

不同氮素形态配比条件下小麦根际土壤速效养分间的相关分析（表 2-15）表明，小麦根际土中的碱解氮与速效磷、速效钾间的相关性不显著，而 3 个品种根际土中的速效磷和速效钾含量间的相关系数均超过了 0.82，表现为‘郑麦 004’>‘郑麦 366’>‘周麦 22’，相关性达极显著水平。说明速效磷、钾含量与碱解氮含量间关系密切程度不高，速效磷和速效钾间相关性极强，可能是土壤分泌物同时活化了根际土中的磷和钾，使其速效养分含量同步变化，且因为作物生长自我调节刺激了根系对根际土中的磷、钾的活化和吸收。

表 2-15　不同氮素形态配比条件下小麦根际土养分含量的相关分析

指标	郑麦 366		周麦 22		郑麦 004	
	碱解氮/（mg/kg）	速效磷/（mg/kg）	碱解氮/（mg/kg）	速效磷/（mg/kg）	碱解氮/（mg/kg）	速效磷/（mg/kg）
速效磷/（mg/kg）	0.02	1	0.12	1	0.09	1
速效钾/（mg/kg）	0.15	0.86**	0.10	0.82**	0.14	0.90**

**极显著相关

四、不同氮素形态配比条件下小麦非根际土养分含量间的相关分析

（一）‘郑麦 366’非根际土养分含量间的相关分析

表 2-16 表明，‘郑麦 366’非根际土中各养分指标间均呈正相关关系，有机质与其他所测养分指标间相关性均未达显著水平。全氮含量与碱解氮含量，全磷含量与速效磷含量、速效钾含量，速效磷含量与速效钾含量间呈极显著正相关关系，相关系数分别为 0.53、0.81、0.87 和 0.91。说明非根际土中的速效养分与全量养分含量之间关系密切，但碱解氮与全氮含量间的相关性弱于全磷与速效磷、全钾与速效钾的相关性。

表 2-16　不同氮素形态配比条件下‘郑麦 366’非根际土养分含量的相关分析

项目	有机质/%	全氮/%	全磷/（mg/kg）	碱解氮/（mg/kg）	速效磷/（mg/kg）	速效钾/（mg/kg）
全氮/%	0.08	1				
全磷/（g/kg）	0.15	0.35	1			
碱解氮/（mg/kg）	0.14	0.53**	0.13	1		
速效磷/（mg/kg）	0.17	0.26	0.81**	0.14	1	
速效钾/（mg/kg）	0.04	0.35	0.87**	0.15	0.91**	1

**极显著相关

（二）‘周麦 22’非根际土养分含量间的相关分析

相关分析结果表明（表 2-17），中筋小麦‘周麦 22’非根际土全磷含量与全氮含量，速效磷含量与全氮、全磷含量，速效钾含量与全氮、全磷和速效磷含量，相关系数分别为 0.79、0.85、0.85、0.85、0.85 和 0.81，相关性达极显著水平；碱解氮含量与全氮含量、全磷含量间相关系数均为 0.41，相关性达显著水平。

表 2-17　不同氮素形态配比条件下‘周麦 22’非根际土养分含量的相关分析

项目	有机质/%	全氮/%	全磷/（mg/kg）	碱解氮/（mg/kg）	速效磷/（mg/kg）	速效钾/（mg/kg）
全氮/%	0.02	1				
全磷/（g/kg）	0.02	0.79**	1			
碱解氮/（mg/kg）	0.3	0.41*	0.41*	1		
速效磷/（mg/kg）	0.08	0.85**	0.85**	0.33	1	
速效钾/（mg/kg）	0.11	0.85**	0.85**	0.27	0.81**	1

*显著相关，**极显著相关

（三）‘郑麦 004’非根际土养分含量间的相关分析

由表 2-18 可以看出，弱筋小麦‘郑麦 004’非根际土碱解氮含量与有机质含量，速效磷含量与全磷含量，速效钾含量与全氮、全磷、速效磷含量极显著正相关，相关系数分别为 0.59、0.76、0.51、0.84 和 0.65；而非根际土全氮含量与全磷含量和速效磷含量显著正相关，相关系数都为 0.42。

表 2-18　不同氮素形态配比条件下‘郑麦 004’非根际土壤养分含量的相关分析

项目	有机质/%	全氮/%	全磷/（mg/kg）	碱解氮/（mg/kg）	速效磷/（mg/kg）	速效钾/（mg/kg）
全氮/%	0.16	1				
全磷/（g/kg）	0.18	0.42*	1			
碱解氮/（mg/kg）	0.59**	0.39	0.06	1		
速效磷/（mg/kg）	0.07	0.42*	0.76**	0.16	1	
速效钾/（mg/kg）	0.18	0.51**	0.84**	0.16	0.65**	1

*显著相关，**极显著相关

第三章　氮素形态对麦田土壤微生物和酶活性的影响

作物需要的养分主要来自土壤，但土壤里的养分绝大部分存在于难溶性的矿物质中和有机质中，难以吸收利用，能被当季吸收利用的离子态速效养分只占土重的0.005%～0.1%。土壤酶是土壤中的生物催化剂，因为其能够在条件适宜时将土壤中的缓效养分转化为速效养分，供作物吸收利用。因此，土壤酶活性是评价土壤生物活性和土壤肥力的重要指标，其活性的增强能促进土壤代谢作用，从而使土壤养分形态发生变化，影响作物对养分的吸收利用。研究氮素形态对麦田土壤微生物和酶活性的影响有助于研究土壤化学特性、土壤养分含量、土壤微生物和土壤酶活性等土壤特性的变化特点及其规律，提高改善土壤肥力，实现小麦生产上的水肥高利用。

第一节　不同氮素形态对麦田土壤微生物和酶活性的影响

一、不同氮素形态对麦田土壤微生物的影响

（一）不同氮素形态对麦田土壤微生物数量的影响

土壤微生物是生态系统中的分解者，主要作用是使有机质或岩石矿物分解，释放养分，供植物利用，具有数量多、繁殖快、活动性强的特点。其生命活动产生的生长激素及维生素类物质对植物正常生长发育能产生良好影响，并且在一定条件下可以成为植物病原菌的拮抗体，能在不同程度上抑制病毒和致病性细菌、真菌。土壤中的某些真菌还能与部分高等植物的根系形成菌根，有效改善植物的氮素循环。但土壤微生物也有对植物生长不利的一面，如部分微生物的活动会引起养分损失，某些微生物本身就是致病的病原菌。由表3-1可见，不同筋型小麦品种的根际真菌数量在开花期升至最高，成熟期有所降低，但不同小麦品种根际真菌数量对氮素形态的响应不同。强筋小麦‘豫麦34’在硝态氮处理下，根际真菌数量最大，孕穗期和开花期以铵态氮处理最小，成熟期以酰胺态氮处理最小。经方差分析，在孕穗期和成熟期，硝态氮比另外两个氮素处理根际真菌数量显著增加。中筋小麦‘豫麦49’根际真菌数量在孕穗期和开花期以酰胺态氮处理最大，硝态氮处理最小，铵态氮处理居中；成熟期以硝态氮处理最大，铵态氮和酰胺态氮处理较小，在孕穗期，酰胺态氮比另外两个氮素处理根际真菌数量显著增加；在开花期和成熟期3种氮素形态处理差异不显著。弱筋小麦‘豫麦50’在硝态氮处理下根际真菌数量最大，在孕穗期以铵态氮处理最小，在开花期和成熟期以酰胺态氮处理最小。在孕穗期和成熟期，硝态氮处理下的根际真菌数量较另外两个处理显著增加。

土壤细菌在土壤微生物中数量最多、分布最广，包括自养和异养两种类型。自养细菌能直接利用光能或无机物氧化时所释放的能量，并能同化二氧化碳，如硝化细菌、硫

黄细菌、硫化细菌、铁细菌、氢细菌；异养细菌从有机物中获取能源和碳源。对小麦生产来说，土壤细菌又可分为有益的和有害的，有益的如固氮菌、硝化细菌和腐生细菌，有害的如反硝化细菌。但总体认为，土壤中细菌的数量多，微生物活动强，土壤与作物系统代谢快。由表 3-2 可以看出，不同氮素形态对不同小麦品种根际细菌数量有一定的影响。除成熟期外，强筋小麦‘豫麦 34’根际细菌数量以硝态氮处理最高，酰胺态氮处理最低，铵态氮处理居中。方差分析表明，孕穗期和开花期，硝态氮比另外两个氮素处理的根际细菌数量显著增加。中筋小麦‘豫麦 49’根际细菌数量以铵态氮处理最高，硝态氮处理最低，酰胺态氮处理居中。在孕穗期，铵态氮处理比另外两个氮素处理根际细菌数量显著增加。弱筋小麦‘豫麦 50’根际细菌数量以硝态氮处理最高，铵态氮处理最低，酰胺态氮处理居中。在孕穗期和成熟期，硝态氮比另外两个氮素处理的根际细菌数量显著增多。

表 3-1　不同氮素形态对小麦根际真菌数量的影响（单位：$\times 10^4$cfu/g 干土）

品种	氮素形态	生育时期		
		孕穗期	开花期	成熟期
豫麦 34	酰胺态氮	0.56±0.12cd	3.26±0.29c	0.78±0.10d
	硝态氮	1.07±0.31b	3.28±0.63c	2.63±0.25a
	铵态氮	0.37±0.11d	2.98±0.12c	1.73±0.40bc
豫麦 49	酰胺态氮	1.99±0.27a	3.49±0.06bc	1.75±0.51bc
	硝态氮	1.04±0.23b	3.29±0.61c	2.09±0.36abc
	铵态氮	1.07±0.43b	3.34±0.26c	1.74±0.18bc
豫麦 50	酰胺态氮	0.82±0.09bc	3.94±0.14ab	0.81±0.13d
	硝态氮	1.94±0.26a	4.12±0.33a	2.44±0.49ab
	铵态氮	0.71±0.18bcd	3.96±0.18ab	1.66±0.19c

注：同一列不同小写字母表示差异达 5%显著水平

资料来源：马宗斌等，2008

表 3-2　不同氮素形态对小麦根际细菌数量的影响（单位：$\times 10^6$cfu/g 干土）

品种	氮素形态	生育时期		
		孕穗期	开花期	成熟期
豫麦 34	酰胺态氮	10.90±1.46d	4.81±1.13d	1.46±0.43c
	硝态氮	26.69±3.78a	10.78±2.51a	1.56±0.97bc
	铵态氮	20.78±1.07b	6.01±1.18d	3.67±0.89ab
豫麦 49	酰胺态氮	16.52±4.79c	7.97±1.64bc	2.72±1.04abc
	硝态氮	14.78±3.91cd	7.22±1.34c	2.40±1.03abc
	铵态氮	26.95±2.03a	8.65±1.71c	3.36±1.02abc
豫麦 50	酰胺态氮	13.45±2.01cd	9.36±2.19ab	1.35±0.28bc
	硝态氮	23.06±3.11ab	12.11±2.433a	4.19±1.24a
	铵态氮	11.17±2.08d	6.31±1.67cd	1.04±0.63c

注：同一列不同小写字母表示差异达 5%显著水平

资料来源：马宗斌等，2008

土壤放线菌是一群革兰氏阳性、高（G+C）含量（>55%）的细菌，在形态学特征上是细菌和真菌间过渡的单细胞微生物，属好气性异养型，能够广泛利用纤维素、半纤维素、蛋白质、木质素等含碳和含氮化合物。表 3-3 表明，专用小麦品种根际放线菌数量在孕穗期较高，随后呈下降趋势，但不同专用小麦品种对氮素形态的反应不同。强筋小麦‘豫麦34’的根际放线菌数量以硝态氮处理最高，另外两个氮素处理表现趋势不一；在孕穗期，硝态氮较另外两个氮素处理的根际放线菌数量显著增加。中筋小麦‘豫麦49’的根际放线菌数量在铵态氮处理下最高，硝态氮处理最低，酰胺态氮处理居中；在孕穗期，铵态氮处理下根际放线菌数量较另外两个氮素处理显著增加。弱筋小麦‘豫麦50’在硝态氮处理下根际放线菌数量最高，在孕穗期，酰胺态氮处理最低，在开花期和成熟期，铵态氮处理最低。在孕穗期，硝态氮比酰胺态氮处理根际放线菌数量显著增加；在开花期和成熟期，硝态氮比铵态氮处理根际放线菌数量显著增多。

表3-3　不同氮素形态对小麦根际放线菌数量的影响（单位：$\times10^5$cfu/g 干土）

品种	氮素形态	生育时期		
		孕穗期	开花期	成熟期
豫麦34	酰胺态氮	8.68±2.57cd	5.64±0.91a	0.83±0.28b
	硝态氮	16.25±4.50ab	5.65±2.00a	1.35±0.91ab
	铵态氮	10.68±1.99cd	2.10±0.69d	2.05±0.64ab
豫麦49	酰胺态氮	10.65±3.10cd	3.81±0.68abcd	1.89±0.84ab
	硝态氮	7.84±1.32d	3.67±1.28bcd	0.62±0.23b
	铵态氮	20.39±3.43a	3.97±0.65abc	2.30±1.08ab
豫麦50	酰胺态氮	8.18±1.58d	3.32±0.68bcd	2.08±0.86ab
	硝态氮	13.58±3.04bc	5.03±0.80ab	3.09±0.46a
	铵态氮	9.29±1.65cd	2.18±1.18cd	1.04±0.64b

注：同一列不同小写字母表示差异达5%显著水平

资料来源：马宗斌等，2008

（二）不同氮素形态对麦田土壤细菌活性的影响

1. 不同氮素形态对麦田土壤氨化细菌活性的影响

土壤氨化细菌参与土壤有机氮分解转化为氨（铵）的过程，氨化细菌活性直接反映了土壤氨化作用的强弱。从图3-1可以看出，氨化细菌的活性从拔节期开始逐渐升高，于花后14d达到最大值，之后开始下降。不同生育时期之间氨化细菌活性差异显著。不同氮素形态之间氨化细菌活性在拔节期差异极显著，表现为硝态氮>酰胺态氮>铵态氮；开花期差异显著，表现为硝态氮>铵态氮>酰胺态氮；花后14d及28d处理间差异不显著。

2. 不同氮素形态对麦田土壤硝化细菌活性的影响

土壤硝化细菌能把氨和某些胺及酰胺化合物氧化为硝态氮，同时在硝化细菌的作用下，土壤中往往出现较多的酸性物质，有利于提高多种磷肥在土壤中的速效性和持久性，从而增加土壤肥力。根际土壤硝化细菌活性反映了土壤硝化作用的强弱及土壤硝态氮的供应状况。从图3-2可以看出，与氨化细菌活性变化动态相似，硝化细菌的活性从拔节期开始逐渐升高，于花后14d达到最大值，之后开始下降，不同生育时期之间硝化细菌活性差异显著。不同氮素形态之间硝化细菌活性在拔节期差异显著，表现为酰胺态氮>硝态氮>铵态氮；开花期及花后14d处理间差异不显著；在花后28d差异极显著，表现为铵态氮>酰胺态氮>硝态氮。说明施用铵态氮时，土壤中硝态氮含量相对较低，土壤中应激出现较多硝化细菌，硝化作用加强，从而有利于小麦对氮素的吸收。

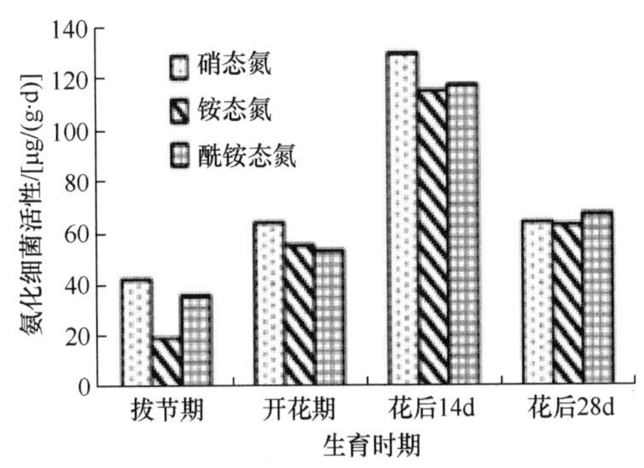

图 3-1　不同氮素形态对小麦根际氨化细菌活性的影响
资料来源：王小纯等，2010

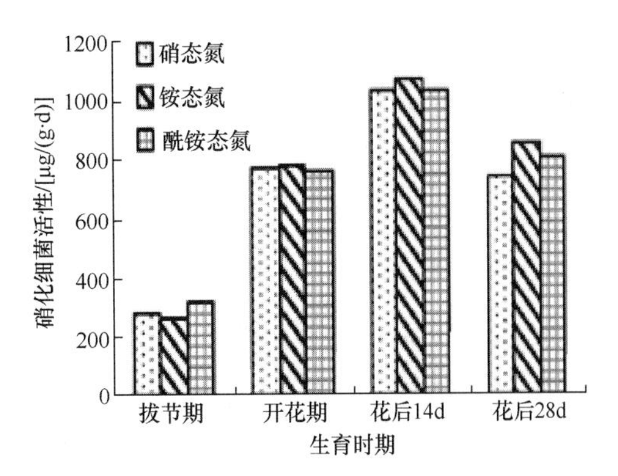

图 3-2　不同氮素形态对小麦根际硝化细菌活性的影响
资料来源：王小纯等，2010

3. 不同氮素形态对麦田土壤亚硝化细菌活性的影响

土壤亚硝化细菌将 NO_2^-转变为 NO_3^-，可为小麦根系提供可吸收氮源。由图 3-3 可以看出，从拔节期至开花期，亚硝化细菌活性极低，之后迅速升高，在花后 14d 达到最大值，此时不同处理间差异达极显著，表现为酰胺态氮>铵态氮>硝态氮，此后，亚硝化细菌活性又迅速下降。

4. 不同氮素形态对麦田土壤反硝化细菌活性的影响

土壤反硝化细菌能将土壤中的硝态氮转化为 N_2 和 N_2O，土壤反硝化细菌活性反映了土壤反硝化作用的强弱及土壤脱氮速度，即脱氮损失量。由图 3-4 可以看出，从拔节期到开花期，反硝化细菌活性迅速增加，并于花后 14d 达到最大值，每天 1g 土壤通过反硝化损失氮 6mg，之后略有下降，不同生育时期之间反硝化细菌活性差异显著。不同氮素形态之间反硝化细菌活性在拔节期差异不显著，从开花期至花后 28d 差异显著。开花期表现为硝态氮>酰胺态氮>铵态氮，花后 14d 表现为酰胺态氮>硝态氮>铵态氮，花后 28d 表现为酰胺态氮>铵态氮>硝态氮。

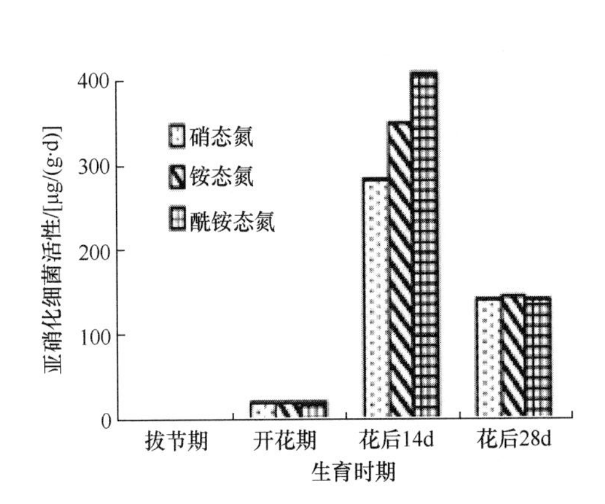

图 3-3　不同氮素形态对小麦根际亚硝化细菌活性的影响
资料来源：王小纯等，2010

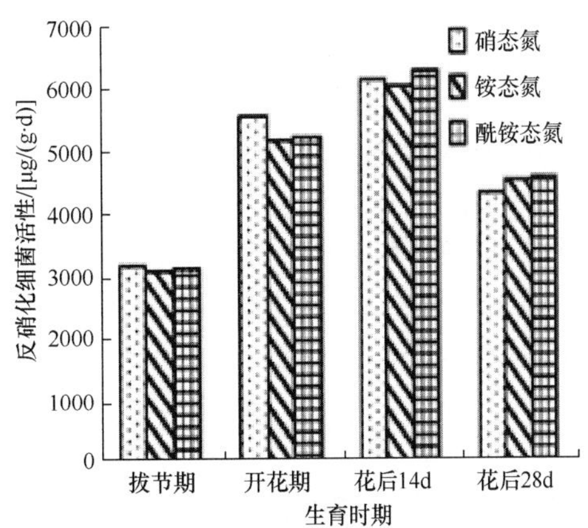

图 3-4　不同氮素形态对小麦根际反硝化细菌活性的影响
资料来源：王小纯等，2010

二、不同氮素形态对麦田土壤酶活性的影响

（一）不同氮素形态对麦田土壤脲酶活性的影响

1. 不同氮素形态对小麦根际土壤脲酶活性的影响

土壤脲酶是由多种土壤微生物（细菌、真菌、放线菌）分泌产生的镍（Ni）金属酶，它仅能水解尿素，水解的最终产物是氨和碳酸，是植物氮素的直接来源，脲酶活性高代表水解尿素能力强，能够为小麦植株生长提供较多的氮源。由图 3-5 可知，脲酶活性以拔节期最高，1g 土壤脲酶每天分解尿素产生 1. 6mg 的氨；开花期次之，在灌浆中期（花后 14d）最低，灌浆后期（花后 28d）略有回升，不同生育时期之间脲酶活性差异显著。不同氮素形态之间的脲酶活性差异显著，且在开花期差异达到极显著水平。拔节期和开花期，不同处理脲酶活性均表现为硝态氮>铵态氮>酰胺态氮；花后 14d 表现为铵态氮>酰胺态氮>硝态氮；花后 28d 为铵态氮>硝态氮>酰胺态氮。

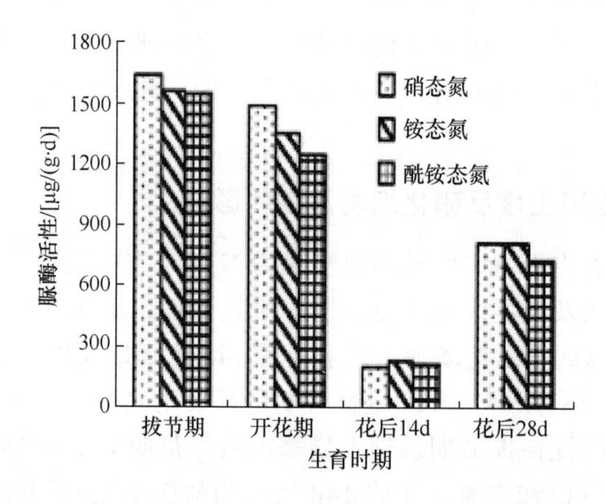

图 3-5　不同氮素形态对小麦根际土壤脲酶活性的影响

资料来源：王小纯等，2010

2. 不同氮素形态对小麦不同生育时期非根际土壤脲酶活性的影响

在旱地非根际土壤中，0～20cm 土层脲酶活性普遍高于 20～40cm 土层（图 3-6）。小麦不同生育时期内 0～20cm 和 20～40cm 土层有比较一致的规律：拔节期和灌浆期脲酶活性出现明显的峰值，并以灌浆期最高。不同氮素形态对脲酶活性无显著影响，但均显著高于不施氮肥的对照。脲酶活性强，利于土壤氮素水解转化，提高土壤的矿质态氮的供应能力，满足小麦拔节期到灌浆期的快速生长对氮素的需求，利于小麦高产。

（二）不同氮素形态对麦田土壤蛋白酶活性的影响

1. 不同氮素形态对小麦根际土壤蛋白酶活性的影响

土壤蛋白酶来自土壤微生物、植物和动物活体或残留，蛋白酶参与土壤中存在的氨基酸、 蛋白质及其他含蛋白质氮的有机化合物的转化，其水解产物是高等植物的氮源之

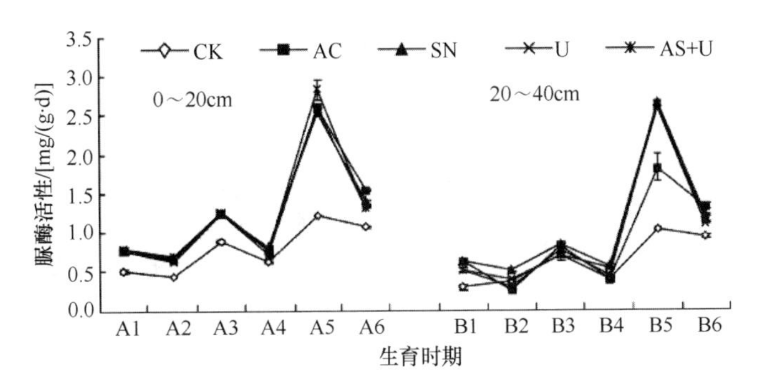

图 3-6　不同氮素形态对小麦非根际土壤脲酶活性的影响

A、B 分别表示 0～20cm 和 20～40cm 土层；1、2、3、4、5、6 分别表示越冬期、返青期、拔节期、孕穗期、灌浆期、成熟期；CK. 对照，AC. 氯化铵，SN. 硝酸钠，U. 尿素，AS+U. 20%硫酸铵（AS）和 80%尿素（U）

资料来源：罗来超等，2013

一，与土壤有机质含量、氮素及其他土壤性质有关。由图 3-7 可看出，根际土壤蛋白酶的活性从拔节期开始逐渐升高，于花后 14d 达到最大值，为 512.3～555.6μg/(g·d)，之后下降，不同生育时期之间蛋白酶活性差异显著。除开花期外，其他生育时期不同氮素形态之间蛋白酶活性差异均达显著水平。拔节期不同处理表现为铵态氮>酰胺态氮>硝态氮；花后 14d 及 28d 均表现为酰胺态氮>铵态氮>硝态氮。

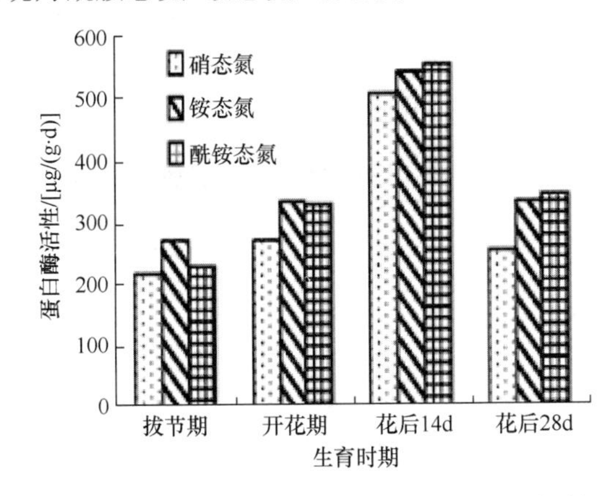

图 3-7　不同氮素形态对小麦根际土壤蛋白酶活性的影响

资料来源：王小纯等，2010

2. 不同氮素形态对小麦不同生育时期非根际土壤蛋白酶活性的影响

由图 3-8 可知，小麦不同生育期蛋白酶活性在返青期和灌浆期表现为高峰期，并以灌浆期土壤蛋白酶活性较高，拔节和孕穗期处在折线的谷底，主要是因为拔节期和孕穗期正值小麦营养生长和生殖生长的时期，植物体内氮素用于合成蛋白质，供细胞大量增殖，故分泌到根际和土壤中的蛋白酶活性低。灌浆到成熟期蛋白酶活性直线下降。同一生育期的 0～20cm 和 20～40cm 土层蛋白酶活性平均值差异不大。从氮素形态对土壤蛋白酶活性的影响来看，以施酰胺态氮肥的蛋白酶活性最高，氯化铵其次，不施肥的最低。

（三）不同氮素形态对小麦根际土壤硝酸还原酶活性的影响

土壤硝酸还原酶和亚硝酸还原酶能酶促土壤硝态氮还原成氨，其活性代表土壤氮素

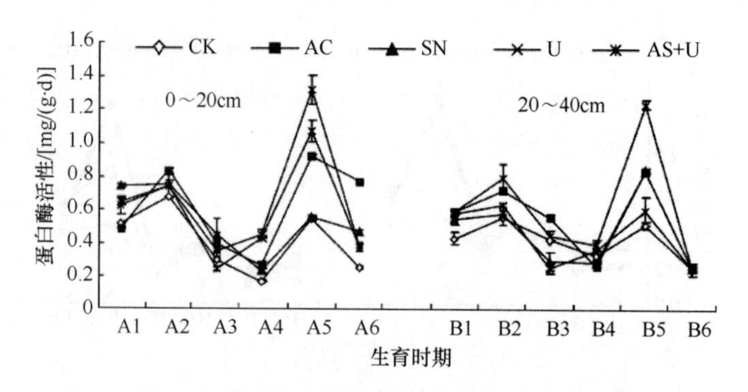

图 3-8 不同氮素形态对小麦非根际土壤蛋白酶活性的影响

A、B 分别表示 0～20cm 和 20～40cm 土层；1、2、3、4、5、6 分别表示越冬期、返青期、拔节期、孕穗期、灌浆期、成熟期；CK. 对照，AC. 氯化铵，SN. 硝酸钠，U. 尿素，AS+U. 20%硫酸铵（AS）和 80%尿素（U）

资料来源：罗来超等，2013

转化中脱氮作用的强弱，硝酸还原酶还参与土壤中硝酸还原作用。由表 3-4 可见，不同氮素形态处理下，专用小麦品种的根际硝酸还原酶活性在孕穗期后表现出不同的趋势。在硝态氮处理下，根际硝酸还原酶活性逐渐下降，而施用酰胺态氮和铵态氮处理下，根际硝酸还原酶活性在孕穗期和成熟期较高，开花期较低。不同专用小麦品种均表现为在硝态氮处理下根际硝酸还原酶活性最高，在酰胺态氮和铵态氮处理下较低。方差分析结果表明，不同专用小麦品种在硝态氮处理下，根际硝酸还原酶活性显著高于酰胺态氮和铵态氮处理，酰胺态氮和铵态氮处理间差异不显著。

表 3-4 不同氮素形态对小麦根际土壤硝酸还原酶活性的影响 [单位：mg/（g·d）]

品种	氮素形态	生育时期		
		孕穗期	开花期	成熟期
豫麦 34	酰胺态氮	6.9±0.6c	1.7±0.7c	3.7±0.8bc
	硝态氮	31.9±0.9b	15.8±0.3b	7.1±0.9a
	铵态氮	9.3±1.5c	1.9±0.3c	4.6±0.9b
豫麦 49	酰胺态氮	6.9±0.1c	1.8±0.05c	2.2±0.6d
	硝态氮	36.2±1.5ab	18.2±7.2a	6.9±1.6a
	铵态氮	6.3±1.5c	2.8±0.3c	1.3±0.6d
豫麦 50	酰胺态氮	4.6±0.9c	3.5±0.6c	3.0±0.6c
	硝态氮	41.6±1.2a	20.0±5.6a	5.0±1.8b
	铵态氮	5.2±1.2c	2.0±0.8c	3.0±0.7c

注：同一列不同小写字母表示差异达 5%显著水平

资料来源：马宗斌等，2008

（四）不同氮素形态对小麦不同生育时期土壤蔗糖酶活性的影响

蔗糖酶是根据其酶促基质是蔗糖而得名的，又称转化酶。它对增加土壤中易溶性营养物质起着重要的作用。研究证明，蔗糖酶与土壤中许多因子有相关性，如与土壤有机质、氮、磷含量，微生物数量及土壤呼吸强度有关。一般情况下，土壤肥力越高，蔗糖酶活性越强。蔗糖酶活性不仅能够表征土壤生物学活性强度，也可以作为评价土壤熟化程度和土壤肥力水平的一个指标。由图 3-9 可知，0～20cm 土层土壤蔗糖酶活性为 18～80mg/g，整个生育期酶活性先降后升再降，呈倒“S”形，以灌浆期最高，返青期最低。施氮可以显著提高蔗糖酶活性，0～20cm、20～40cm 土层土壤蔗糖酶活性比对照分别提高了 43.6%、30.2%。氮素形态对蔗糖酶活性的影响是：0～20cm 土层以混合氮、酰胺态氮和硝态氮较高，三者活性接近，比对照高约 50%；20～40cm 土层以铵态氮酶活性最高，比对照高 65.6%。

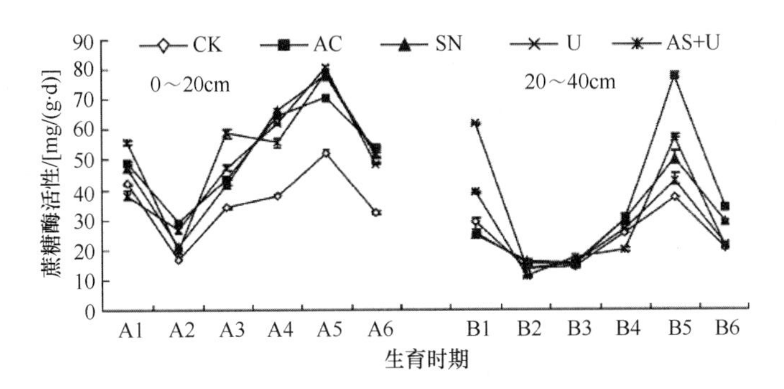

图 3-9　不同氮素形态小麦不同生育时期土壤蔗糖酶活性的影响

A、B 分别表示 0～20cm 和 20～40cm 土层；1、2、3、4、5、6 分别表示越冬期、返青期、拔节期、孕穗期、灌浆期、成熟期；CK. 对照，AC. 氯化铵，SN. 硝酸钠，U. 尿素；AS+U. 20%硫酸铵（AS）和 80%尿素（U）

资料来源：罗来超等，2013

（五）不同氮素形态对小麦不同生育时期非根际土壤脱氢酶活性的影响

土壤脱氢酶能从基质中析出氢而进行氧化作用，酶促脱氢反应，它作为氢的供体，在土壤中的碳水化合物和有机酸脱氢作用中比较活跃，起着氢的中间传递体的作用。由图 3-10 可知，小麦不同生育期土壤脱氢酶活性表现为先降后平，灌浆后又回升，到成熟期基本与越冬期持平，变化曲线似“U”形。施氮处理土壤表层酶活性显著高于对照，以施铵态氮和硝态氮土壤蛋白酶活性高，其次是混合氮和酰胺态氮。酶活性为 0.01～0.20μl/g，土壤脱氢酶活性 0～20cm 土层是 20～40cm 土层的 2 倍左右。

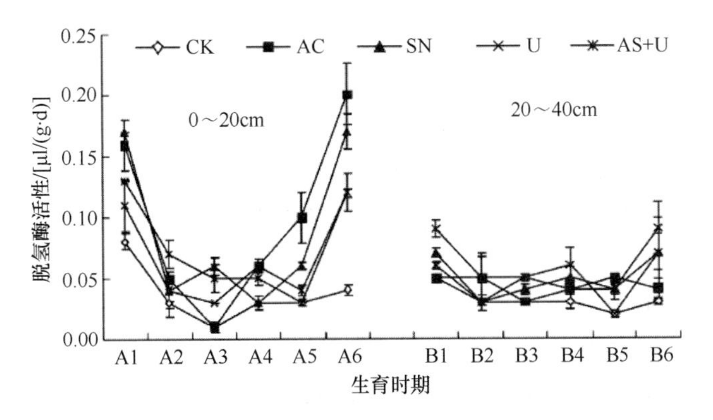

图 3-10　不同氮素形态对小麦不同生育时期非根际土壤脱氢酶活性的影响

A、B 分别表示 0～20cm 和 20～40cm 土层；1、2、3、4、5、6 分别表示越冬期、返青期、拔节期、孕穗期、灌浆期、成熟期；CK. 对照，AC. 氯化铵，SN. 硝酸钠，U. 尿素；AS+U. 20%硫酸铵（AS）和 80%尿素（U）

资料来源：罗来超等，2013

（六）不同氮素形态对小麦不同生育期非根际土壤过氧化氢酶活性的影响

过氧化氢酶广泛存在于土壤中和生物体内，促使过氧化氢分解，有利于防止其对生物体的毒害作用。过氧化氢酶活性与土壤有机质含量、微生物数量有关。通常认为土壤肥力因子与过氧化氢酶活性成正比例，在一定程度上表征土壤腐化强度和有机质积累程度，与土壤有机质转化速度密切相关。由图 3-11 可以看出，土壤过氧化氢酶的活性为 2～10mg/g，酶活性特征从越冬期开始逐渐上升，到拔节期达到最高，且上层平均高于下层 16%；施氮对过氧化氢酶活性有显著影响，平均比对照高 33.8%；表层以拔节期最高，下层以拔节期硝态氮处理最高。说明施氮肥能改善过氧化氢酶活性，提高土壤有机质的腐解，增强土壤的供肥过程。

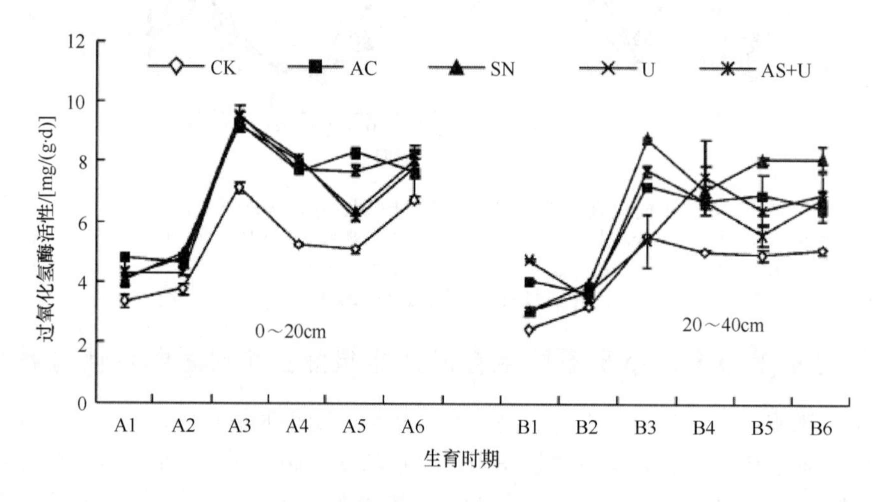

图 3-11　不同氮素形态对小麦不同生育时期非根际土壤过氧化氢酶活性的影响

A、B 分别表示 0～20cm 和 20～40cm 土层；1、2、3、4、5、6 分别表示越冬期、返青期、拔节期、孕穗期、灌浆期、成熟期；CK. 对照，AC. 氯化铵，SN. 硝酸钠，U. 尿素，AS+U. 20%硫酸铵（AS）和 80%尿素（U）

资料来源：罗来超等，2013

（七）不同氮素形态对小麦田非根际土壤酶活性不同生育时期变异的影响

酶是土壤各种生化反应的催化剂，其活性受土壤水分、温度、植物种类及土层深度等因素的影响，变异系数是表征酶稳定性的重要指标。由表 3-5 可知，在旱地小麦生态条件下，脲酶活性平均为 0.92mg/（g·d），变异系数为 0.40～0.91，受土层和氮肥影响较大，0～20cm 土层活性高于 20～40cm 土层，施肥比对照表土酶活性提高 60.3%，施酰胺态氮肥土壤酶活性大于其他处理，其次是硝态氮肥。蛋白酶活性平均为 0.54mg/（g·d），变异系数平均为 0.46，施肥处理比对照平均提高 36.0%。蔗糖酶活性平均为 38.52mg/（g·d），酶活性施氮比对照平均高 36.7%，变异范围小于脲酶而大于蛋白酶和脱氢酶。脱氢酶活性平均为 0.06μl/（g·d），变异系数为 0.51，施肥比对照脱氢酶活性平均提高 1 倍。过氧化氢酶活性平均为 6. 09mg/（g·d），受施肥影响最小，施肥比对照平均提高 33.8%，是 5 种酶中最稳定的一个，变异系数为 0.30 左右。5 种酶活性变异系数的平均值大小顺序是：脲酶>脱氢酶>蛋白酶>蔗糖酶>过氧化氢酶。

表 3-5　不同氮素形态处理下土壤酶活性的变化

处理	土层/cm	脲酶 /[mg/(g·d)]	CV	蛋白酶 /[mg/(g·d)]	CV	蔗糖酶 /[mg/(g·d)]	CV	脱氢酶 /[μl/(g·d)]	CV	过氧化氢酶 /[mg/(g·d)]	CV
CK	0～20	0.78±0.13	0.40	0.41±0.08	0.48	36.04±4.78	0.32	0.04±0.01	0.64	5.22±0.63	0.29
	20～40	0.61±0.30	0.59	0.61±0.11	0.43	51.79±6.09	0.29	0.10±0.03	0.74	7.23±0.85	0.29
AC	0～20	1.24±0.29	0.57	0.53±0.08	0.37	50.86±8.08	0.39	0.10±0.03	0.66	6.59±0.84	0.31
	20～40	0.87±0.33	0.65	0.65±0.15	0.56	50.50±7.59	0.37	0.07±0.02	0.56	7.06±0.92	0.32
SN	0～20	1.24±0.29	0.58	0.61±0.13	0.51	53.42±7.64	0.35	0.08±0.02	0.52	6.75±0.85	0.31
	20～40	0.61±0.13	0.51	0.42±0.03	0.27	23.49±3.67	0.38	0.03±0.00	0.31	4.37±0.51	0.29
U	0～20	0.87±0.24	0.68	0.55±0.10	0.44	33.02±9.43	0.70	0.05±0.01	0.35	5.84±0.64	0.27
	20～40	1.06±0.33	0.77	0.47±0.09	0.50	27.86±5.13	0.45	0.05±0.01	0.33	6.52±0.99	0.37
AS+U	0～20	0.97±0.34	0.86	0.62±0.15	0.58	30.56±7.54	0.60	0.06±0.01	0.54	5.83±0.64	0.27
	20～40	0.96±0.36	0.91	0.48±0.09	0.46	27.69±7.01	0.62	0.05±0.01	0.41	5.51±0.73	0.33

注：表中数据为平均值±标准差

资料来源：罗来超等，2013

第二节　不同氮素形态配比对麦田土壤酶活性的影响

一、不同氮素形态配比对小麦根际和非根际土壤酶活性的影响

（一）不同氮素形态配比对麦田土壤过氧化氢酶活性的影响

1. 不同氮素形态配比对小麦根际土过氧化氢酶活性的影响

由图 3-12 可以看出，随 3 种筋型小麦品种生育进程的推进，根际土过氧化氢酶活性均呈返青-拔节期上升，拔节-开花期迅速下降，到灌浆中期再上升的变化趋势，且峰值均出现在拔节期的 N2 处理。不同品种之间比较，N1 处理下，根际土过氧化氢酶活性开花-成熟期均以‘郑麦 004’最高，说明单施硝态氮肥有利于提高‘郑麦 004’开花后根际土过氧化氢酶活性。不同氮素形态配比处理间比较，根际土壤过氧化氢酶活性‘郑麦 366’在返青期、拔节期和开花期以 N2 处理最高，灌浆中期和成熟期则以 N1 处理最高，

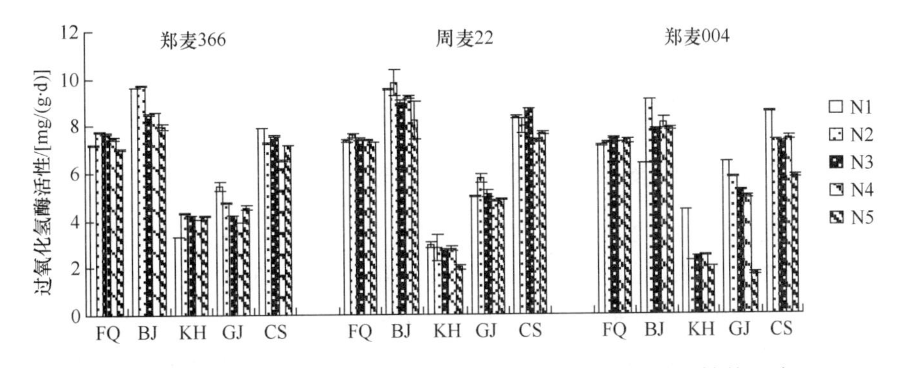

图 3-12　不同氮素形态配比对小麦根际土壤过氧化氢酶活性的影响

FQ. 返青期；BJ. 拔节期；KH. 开花期；GJ. 灌浆中期；CS. 成熟期；N1、N2、N3、N4、N5 分别表示铵态氮：硝态氮为 0：100、25：75、50：50、75：25、100：0

N2 处理 5 个生育时期的平均值较 N1 和 N5 处理分别提高了 1.0%和 9.3%。‘周麦 22’在返青期、拔节期和灌浆中期以 N2 处理最高，N2 处理 5 个生育时期的平均值较 N1 处理高 2.2%，较 N5 处理高 13.0%。‘郑麦 004’在开花期、灌浆中期和成熟期均以 N1 处理最高。方差分析表明，除‘周麦 22’和‘郑麦 004’在返青期不同氮素形态配比处理差异不显著外，同一小麦品种同一生育时期的不同氮素形态配比间差异均达显著水平。

2. 不同氮素形态配比对小麦非根际土过氧化氢酶活性的影响

由图 3-13 可知，与根际土壤相似，非根际土壤过氧化氢酶活性随小麦生育进程的推进均呈先上升，开花期迅速下降，灌浆中期再上升的变化趋势。‘郑麦 366’和‘郑麦 004’峰值均出现在拔节期的 N2 处理，‘周麦 22’在拔节期的 N4 处理达到峰值。N4 处理下 3 种筋型小麦品种从返青期到开花期均表现为‘周麦 22’最高，说明铵态氮：硝态氮为 75：25 的氮素配比处理更有利于提高‘周麦 22’非根际土的过氧化氢酶活性。不同氮素形态配比处理间比较，‘郑麦 366’和‘郑麦 004’整个生育期均以 N2 处理最高，N2 处理 5 个生育时期的平均值‘郑麦 366’和‘郑麦 004’较 N1 处理分别提高了 15.42%和 28.88%，较 N5 处理分别提高了 20.38%和 33.23%。‘周麦 22’在拔节期、开花期和灌浆中期 N2 处理都高于 N3 和 N4 处理，5 个生育时期的平均值 N2 处理较 N1 处理提高了 7.82%，较 N5 处理提高了 10.14%。方差分析表明，同一小麦品种相同时期不同氮素形态配比处理间均达显著差异。

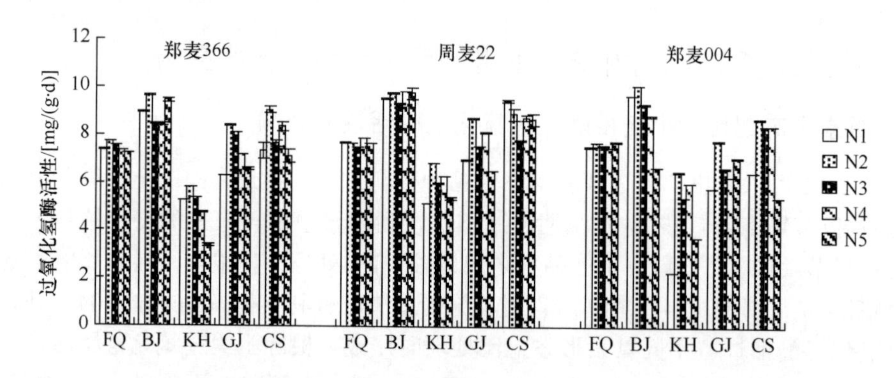

图 3-13　不同氮素形态配比对小麦非根际土壤过氧化氢酶活性的影响

FQ. 返青期；BJ. 拔节期；KH. 开花期；GJ. 灌浆中期；CS. 成熟期；N1、N2、N3、N4、N5 分别表示铵态氮：硝态氮为 0：100、25：75、50：50、75：25、100：0

（二）不同氮素形态配比对麦田土壤蛋白酶活性的影响

1. 不同氮素形态配比对小麦根际土蛋白酶活性的影响

不同氮素形态配比显著影响冬小麦根际土蛋白酶的活性（图 3-14），3 种筋型小麦品种随生育进程的推移均表现为先升高后下降的趋势，‘郑麦 366’、‘周麦 22’和‘郑麦 004’的峰值分别出现在拔节期的 N2 处理[0.93mg/（g·d）]、开花期的 N3 处理[0.93mg/（g·d）]和 N2 处理[0.93mg/（g·d）]。在 N4 和 N5 处理下，除开花期以‘郑麦 004’最高外，其他 4 个生育时期均表现为‘周麦 22’最高，说明铵态氮：硝态氮为 75：25 和铵态氮：硝态氮为 100：0 的氮素配比处理有利于提高‘周麦 22’根际土壤蛋白酶活性。

不同氮素形态配比处理间比较，根际土蛋白酶的活性，‘郑麦 366’在返青期、拔节期和开花期以 N2 处理最高，‘周麦 22’在开花期、灌浆中期和成熟期以 N4 处理最高，而‘郑麦 004’5 个生育时期均以 N2 处理最高。相比单一氮素形态处理，‘郑麦 366’和‘郑麦 004’5 个生育时期的平均值 N2 处理较 N1 处理分别提高了 19.85%和 20.63%，较 N5 处理分别提高了 57.28%和 37.34%；‘周麦 22’5 个生育时期的平均值以 N3 处理最高，分别较 N1 和 N5 处理提高了 11.35%和 21.09%。显著性检验结果表明，除‘郑麦 366’成熟期各氮素形态及其配比处理间差异不显著外，不同氮素形态及其配比显著影响不同筋型小麦品种各生育时期的根际土蛋白酶活性。

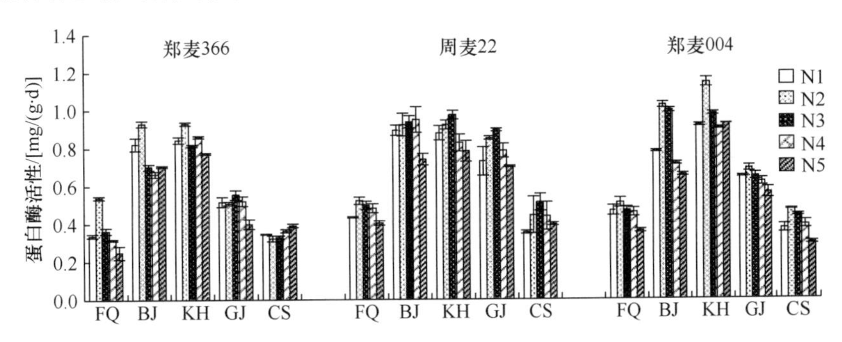

图 3-14　不同氮素形态配比对小麦根际土壤蛋白酶活性的影响

FQ. 返青期；BJ. 拔节期；KH. 开花期；GJ. 灌浆中期；CS. 成熟期；N1、N2、N3、N4、N5 分别表示铵态氮：硝态氮为 0：100、25：75、50：50、75：25、100：0

2. 不同氮素形态配比对小麦非根际土蛋白酶活性的影响

由图 3-15 可知，随 3 种筋型小麦品种生育进程的推进，非根际土蛋白酶活性均呈先升后降的变化趋势，且‘郑麦 366’和‘郑麦 004’的峰值出现在 N2 处理的开花期，分别为 0.59mg/(g·d)和 0.65mg/(g·d)，‘周麦 22’在 N3 处理的开花期达到峰值，为 0.67mg/(g·d)。不同品种之间比较，在施用铵态氮：硝态氮为 25：75 的氮肥条件下，返青-灌浆中期非根际土蛋白酶活性表现为‘郑麦 004’最高。不同氮素形态配比处理间比较，‘郑麦 366’在开花期、灌浆中期和成熟期均以 N2 处理最高，‘周麦 22’在拔节期、开花期和灌浆中期均表现为 N3 处理最高，而‘郑麦 004’5 个生育时期均以 N2 处理最高。非根际土蛋白酶活性 5 个生育时期平均值，‘郑麦 366’和‘郑麦 004’N2 处理较 N1 处理

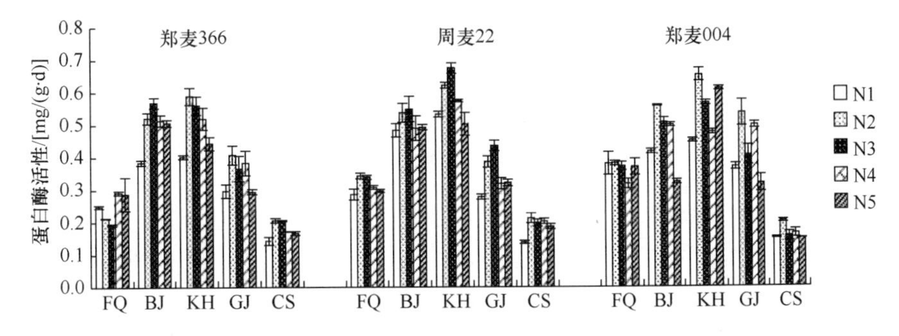

图 3-15　不同氮素形态配比对小麦非根际土壤蛋白酶活性的影响

FQ. 返青期；BJ. 拔节期；KH. 开花期；GJ. 灌浆中期；CS. 成熟期；N1、N2、N3、N4、N5 分别表示铵态氮：硝态氮为 0：100、25：75、50：50、75：25、100：0

分别高 31.31%和 31.76%，较 N5 处理分别高 14.00%和 31.50%；‘周麦 22’N3 处理较 N1 和 N5 处理分别提高了 22.25%和 16.74%。除‘郑麦 366’在返青期的 N4 和 N5 处理间，‘周麦 22’在成熟期的 N3、N4 和 N5 处理间，‘郑麦 004’在返青期的 N1、N2、N3 和 N5 处理间差异不显著外，同一品种小麦相同时期各处理间差异均达显著水平。

（三）不同氮素形态配比对麦田土壤脲酶活性的影响

1. 不同氮素形态配比对小麦根际土脲酶活性的影响

由图 3-16 可以看出，不同氮素形态配比显著影响小麦根际土脲酶活性，随 3 种筋型小麦品种生育进程的推进呈逐渐下降的趋势（除‘周麦 22’返青-拔节期上升外），且峰值分别出现在‘郑麦 366’返青期的 N3 处理，为 5.13mg/（g·d），‘周麦 22’拔节期的 N4 处理，为 4.70mg/（g·d），‘郑麦 004’返青期的 N4 处理，为 4.50mg/（g·d）。不同品种间比较，除返青期 N1 处理‘郑麦 004’高于其他两品种外，返青-开花期 N1、N2、N3 和 N4 处理均以‘郑麦 366’最高。不同氮素形态配比处理间比较，除‘郑麦 366’在返青期以 N3 处理最高、‘郑麦 004’拔节期以 N5 处理最高、开花期以 N3 处理最高外，3 种筋型小麦品种其他生育时期均以 N4 处理最高。N4 处理 5 个生育时期根际土脲酶活性的平均值‘郑麦 366’、‘周麦 22’和‘郑麦 004’分别较 N1 处理提高了 18.90%、18.83%和 10.00%，较 N5 处理提高了 20.83%、19.69%和 10.71%。方差分析结果表明，同一品种同一生育时期不同氮素形态配比间差异均达显著水平。说明不同氮素形态配比能够显著影响不同筋型小麦品种根际土脲酶活性，尤以铵态氮：硝态氮为 75：25 的 N4 处理较优。

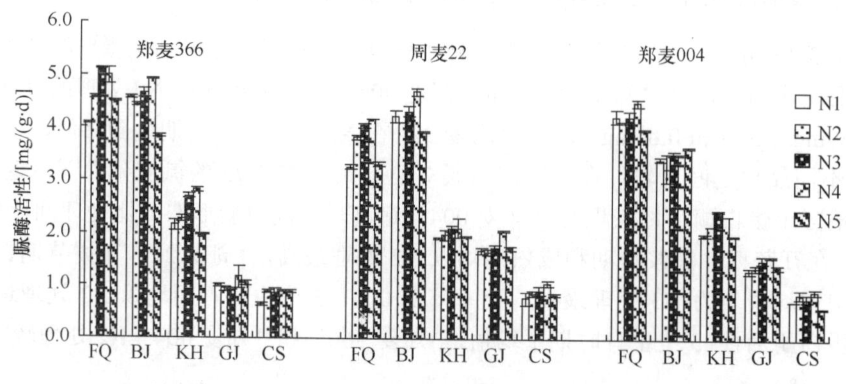

图 3-16　不同氮素形态配比对小麦根际土壤脲酶活性的影响

FQ. 返青期；BJ. 拔节期；KH. 开花期；GJ. 灌浆中期；CS. 成熟期；N1、N2、N3、N4、N5 分别表示铵态氮：硝态氮为 0：100、25：75、50：50、75：25、100：0

2. 不同氮素形态配比对小麦非根际土脲酶活性的影响

由图 3-17 可知，非根际土壤脲酶活性在 3 种筋型小麦品种生育期间总体呈先升高后降低的变化趋势，‘郑麦 366’和‘周麦 22’的峰值出现在拔节期的 N4 处理，分别为 2.88mg/（g·d）和 2.86mg/（g·d），‘郑麦 004’出现在拔节期的 N5 处理，为 2.94mg/（g·d）。返青-灌浆中期‘郑麦 366’非根际土壤脲酶活性 N1、N2、N3 和 N4 处理均高于‘周麦 22’和‘郑麦 004’。不同氮素形态配比处理间比较，‘郑麦 366’返青期、拔节期和开花期以 N4 处理最高，‘周麦 22’5 个生育期均以 N4 处理最高，‘郑麦 004’在返青期和拔节期以N5处理最高，开花期、灌浆中期和成熟期则以N4处理最高。从5个生育时期的非根际土脲酶活性的平均值来看，3种筋型小麦品种均以N4处理最高，‘郑麦366’、‘周麦22’和‘郑麦004’的N4处理分别较N1处理提高了26.8%、38.2%和56.1%，较N5处理提高了12.3%、15.3%和3.1%。方差分析表明，除‘周麦22’和‘郑麦004’灌浆中期的N3和N4处理间差异不显著外，同一品种同一生育时期各氮素形态配比非根际土脲酶活性间差异均达显著水平。

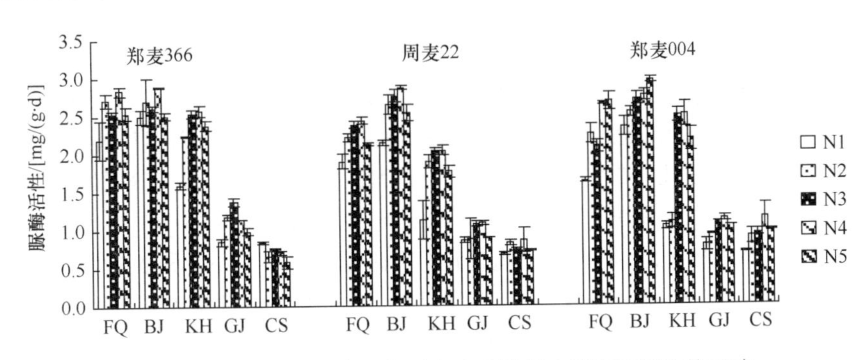

图3-17　不同氮素形态配比对小麦非根际土壤脲酶活性的影响

FQ. 返青期；BJ. 拔节期；KH. 开花期；GJ. 灌浆中期；CS. 成熟期；N1、N2、N3、N4、N5分别表示铵态氮∶硝态氮为0∶100、25∶75、50∶50、75∶25、100∶0

（四）不同氮素形态配比对麦田土壤蔗糖酶活性的影响

1. 不同氮素形态配比对小麦根际土蔗糖酶活性的影响

随3种筋型小麦品种生育进程的推进，根际土壤蔗糖酶活性呈现出“M”形的变化趋势（图3-18），即‘郑麦366’、‘周麦22’和‘郑麦004’均在拔节期和灌浆中期达到峰值。不同筋型小麦品种的根际土蔗糖酶活性差异无明显规律，灌浆中期-成熟期N3处理表现为‘郑麦004’最高。不同氮素形态配比处理间比较，对于‘郑麦366’和‘郑麦004’而言，整个生育期均表现为N2处理最高，且‘郑麦366’在拔节期、开花期、灌浆中期和成熟期均表现为N2＞N3＞N4，‘郑麦004’在返青期、拔节期和灌浆中期表现为N2＞N3＞N4。和单一氮素形态相比，N2处理5个生育时期根际土蔗糖酶活性平均值‘郑麦366’和‘郑麦004’分别较N1处理高5.00%和11.75%，较N5处理高7.79%和8.53%。

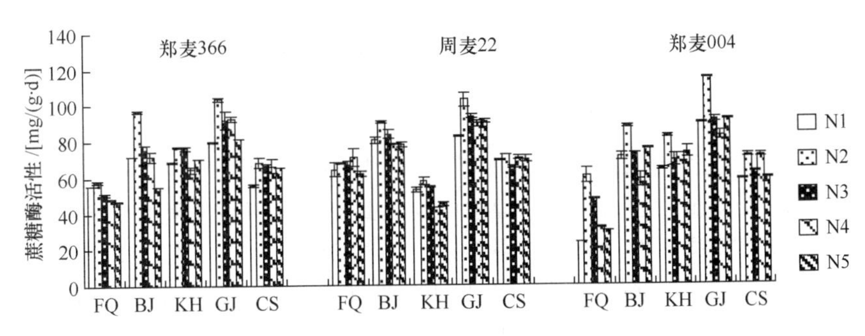

图3-18　不同氮素形态配比对小麦根际土壤蔗糖酶活性的影响

FQ. 返青期；BJ. 拔节期；KH. 开花期；GJ. 灌浆中期；CS. 成熟期；N1、N2、N3、N4、N5分别表示铵态氮∶硝态氮为0∶100、25∶75、50∶50、75∶25、100∶0

就‘周麦 22’而言，根际土蔗糖酶活性除返青期 N4 处理最高外，其他 4 个生育时期均表现为 N2 处理最高，N2 处理整个生育期的平均值分别较 N1 和 N5 处理提高了 28.58% 和 23.38%。除‘郑麦 366’和‘周麦 22’返青期、成熟期不同氮素形态配比处理间差异不显著外，同一小麦品种相同生育时期各氮素形态配比处理间差异均达显著水平。

2. 不同氮素形态配比对小麦非根际土蔗糖酶活性的影响

由图 3-19 可知，不同氮素形态配比显著影响冬小麦非根际土蔗糖酶活性，与根际土壤相似，非根际土壤蔗糖酶活性在 3 种筋型小麦品种生育期间亦均呈“M”形变化趋势。不同品种间比较无明显规律。不同氮素形态配比处理间比较，就‘郑麦 366’而言，返青期、拔节期、开花期和成熟期非根际土蔗糖酶活性均表现为 N2>N3>N4，灌浆中期表现为 N2>N3>N4，N2 处理 5 个生育时期平均值较 N1 处理高 21.38%，较 N5 处理高 21.36%。‘周麦 22’非根际土蔗糖酶活性返青期以 N4 处理最高，开花期以 N3 处理最高，其他 3 个生育时期均以 N2 处理最高，N2 处理 5 个生育时期平均值较 N1 和 N5 处理分别提高了 12.03%和 13.34%。就‘郑麦 004’而言，非根际土蔗糖酶活性除返青期 N2 处理略高于 N4 处理外，其他 4 个生育时期 N2 处理都显著高于 N3 和 N4 处理；N2 处理 5 个生育时期的平均值较 N1 处理高 35.89%，较 N5 处理高 26.61%。

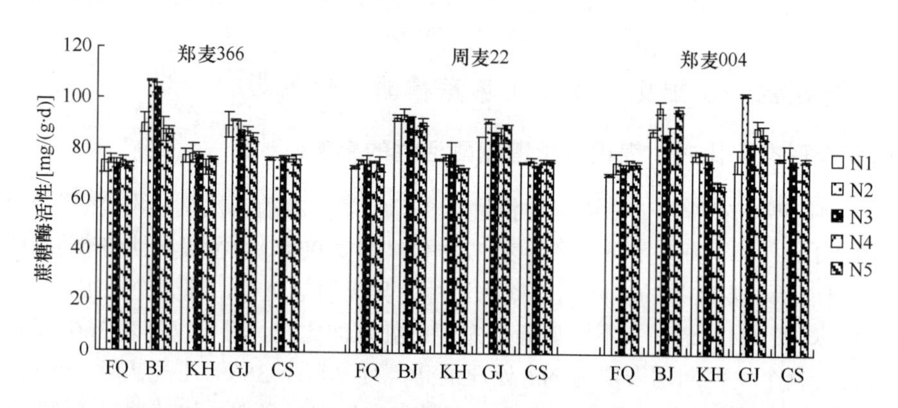

图 3-19　不同氮素形态配比对小麦非根际土壤蔗糖酶活性的影响

FQ. 返青期；BJ. 拔节期；KH. 开花期；GJ. 灌浆中期；CS. 成熟期；N1、N2、N3、N4、N5 分别表示铵态氮：硝态氮为 0：100、25：75、50：50、75：25、100：0

（五）不同氮素形态配比对麦田土壤淀粉酶活性的影响

1. 不同氮素形态配比对小麦根际土淀粉酶活性的影响

由图 3-20 可知，淀粉酶活性在 3 种筋型小麦品种生长期间均呈“M”形的变化趋势，拔节期达到第一个峰值，之后降低，灌浆中期达到第二峰值后又降低。N4 处理拔节-灌浆中期根际土壤淀粉酶活性‘周麦 22’高于‘郑麦 366’和‘郑麦 004’。不同氮素形态配比处理间比较，‘郑麦 366’根际土淀粉酶活性在返青期、灌浆中期和成熟期均以 N2 处理最高，返青期、灌浆中期和成熟期平均较 N1 处理高 15.92%，较 N5 处理高 25.16%。‘郑麦 004’根际土淀粉酶活性在返青期、拔节期和开花期以 N3 处理较高，3 个时期根际土淀粉酶活性平均值分别较 N1 和 N5 处理提高了 11.01%和 28.99%。除‘郑麦 366’

在拔节期、灌浆中期和成熟期不同氮素形态配比处理小麦根际土淀粉酶活性间差异不显著外，同一品种同一生育时期各处理间差异均达显著水平。

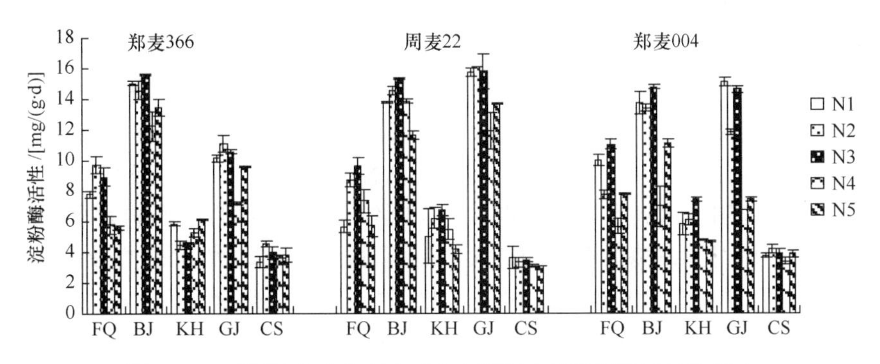

图 3-20　不同氮素形态配比对小麦根际土壤淀粉酶活性的影响

FQ. 返青期；BJ. 拔节期；KH. 开花期；GJ. 灌浆中期；CS. 成熟期；N1、N2、N3、N4、N5 分别表示铵态氮：硝态氮为 0：100、25：75、50：50、75：25、100：0

2. 不同氮素形态配比对小麦非根际土淀粉酶活性的影响

3 种筋型小麦品种非根际土壤淀粉酶活性均随生育进程的推进呈返青后降低，拔节后升高，灌浆中期之后再次降低的变化趋势（图 3-21）。‘郑麦 366’、‘周麦 22’和‘郑麦 004’分别在灌浆中期的 N2 处理、返青期的 N3 处理和返青期的 N5 处理达到峰值，分别为 8.17mg/（g·d）、7.34mg/（g·d）和 10.13mg/（g·d）。固定氮素形态处理考察品种，从返青期到开花期非根际土壤淀粉酶活性，N1 和 N4 处理以‘郑麦 004’最高，而 N2 处理以‘郑麦 366’最高。固定品种考察氮素形态配比处理间差异，就‘郑麦 366’而言，拔节期、开花期、灌浆中期和成熟期均以 N2 处理最高，5 个生育时期的平均值较 N1 和 N5 处理分别提高了 25.5%和 20.4%。‘周麦 22’非根际土壤淀粉酶活性，除拔节期外，其他生育时期均以 N3 处理最高，5 个生育时期的平均值较 N1 处理高 21.42%，较 N5 处理高 22.84%。对于‘郑麦 004’，5 个生育时期的平均值以 N2 处理最高，分别较 N1 和 N5 处理提高了 5.0%和 5.5%。显著性检验结果表明，3 种筋型小麦非根际土淀粉酶活性除‘郑麦 366’在拔节期、灌浆中期和成熟期不同氮素形态配比处理差异不显著外，同一品种同一生育时期各处理间差异均达显著水平。

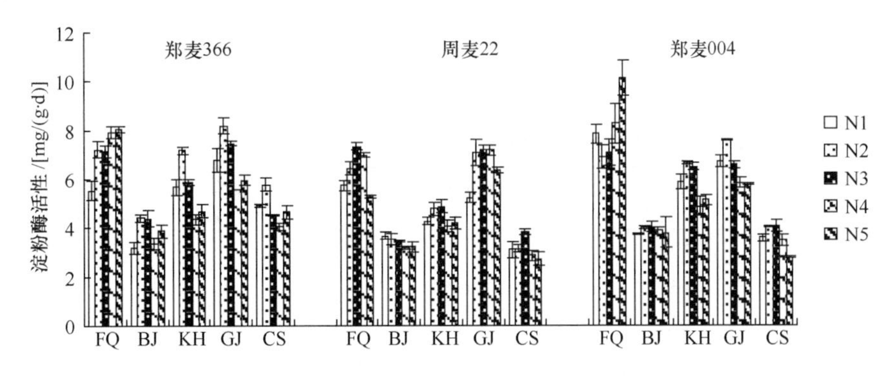

图 3-21　不同氮素形态配比对小麦非根际土壤淀粉酶活性的影响

FQ. 返青期；BJ. 拔节期；KH. 开花期；GJ. 灌浆中期；CS. 成熟期；N1、N2、N3、N4、N5 分别表示铵态氮：硝态氮为 0：100、25：75、50：50、75：25、100：0

二、不同氮素形态配比对小麦根际土酶活性影响的生育时期响应

由表 3-6 可知，‘郑麦 366’根际土酶活性，不同氮素形态配比处理的 F 值、不同生育期的 F 值及其交互效应的 F 值均低于‘郑麦 004’，除‘郑麦 366’根际土淀粉酶活性不同氮素形态配比及其与生育时期的交互作用未达到显著水平外，‘郑麦 366’和‘郑麦 004’根际土壤蛋白酶、脲酶、蔗糖酶、淀粉酶活性在不同氮素形态配比和不同生育时期单独效应及交互作用均达到了极显著水平，但对不同土壤酶活性的影响效应不同，其中，不同氮素形态配比对蛋白酶活性影响最大，生育时期对脲酶活性的影响最大，而交互效应以‘郑麦 366’根际土蛋白酶活性和‘郑麦 004’根际土蔗糖酶活性最大。

表 3-6　不同氮素形态配比和生育时期对土壤酶活性的影响（F 值）

品种	项目	蛋白酶/[mg/（g·d）]	脲酶/[mg/（g·d）]	蔗糖酶/[mg/（g·d）]	淀粉酶/[mg/（g·d）]
郑麦 366	不同氮素形态配比	94.21**	16.90**	7.94**	1.55
	生育时期	1033.69**	1279.51**	167.83**	84.73**
	交互	35.67**	5.18**	8.49**	1.72
郑麦 004	不同氮素形态配比	138.10**	6.71**	28.68**	7.04**
	生育时期	1272.96**	2026.66**	108.01**	21.65**
	交互	15.71**	4.80**	17.47**	8.57**

**极显著相关

三、不同氮素形态配比条件下小麦根际土酶活性与养分含量的相关分析

（一）不同氮素形态配比条件下‘郑麦 366’根际土酶活性与速效养分含量的相关分析

‘郑麦 366’根际土壤酶活性间及其与速效养分含量间存在一定的相关性（表 3-7）。蛋白酶活性与蔗糖酶活性，脲酶活性与淀粉酶活性和过氧化氢酶活性，蔗糖酶活性和淀粉酶活性之间呈显著或极显著正相关关系。根际土碱解氮含量与过氧化氢酶活性显著负相关（–0.46），与其他土壤酶活性呈正相关关系，但差异不显著。根际土速效磷含量与脲酶活性、淀粉酶活性、过氧化氢酶活性呈显著或极显著正相关关系，相关系数分别为 0.83、0.45、0.43。根际土速效钾含量与脲酶活性极显著正相关，与淀粉酶活性显著正相关。

表 3-7　不同氮素形态配比条件下‘郑麦 366’根际土酶活性与速效养分含量的相关分析

指标	碱解氮/（mg/kg）	速效磷/（mg/kg）	速效钾/（mg/kg）	蛋白酶/[mg/（g·d）]	脲酶/[mg/（g·d）]	蔗糖酶/[mg/（g·d）]	淀粉酶/[mg/（g·d）]
蛋白酶/[mg/（g·d）]	0.35	0.15	0.3	1			
脲酶/[mg/（g·d）]	0.33	0.83**	0.94**	0.21	1		
蔗糖酶/[mg/（g·d）]	0.1	0.15	0.1	0.41*	0.15	1	
淀粉酶/[mg/（g·d）]	0.09	0.45*	0.43*	0.36	0.49*	0.83**	1
过氧化氢酶/[mg/（g·d）]	–0.46*	0.43*	0.34	0.18	0.55**	0.3	0.43*

*显著相关，**极显著相关

（二）不同氮素形态配比条件下‘周麦 22’根际土酶活性与速效养分含量的相关分析

表 3-8 结果表明，‘周麦 22’根际土蔗糖酶活性与蛋白酶活性，淀粉酶活性与蛋白酶活性及蔗糖酶活性，脲酶活性与速效磷及速效钾均呈极显著正相关关系，相关系数分别为 0.62、0.60、0.89、0.73 和 0.78；淀粉酶活性与脲酶活性，蛋白酶活性与碱解氮含量均呈显著正相关关系，相关系数分别为 0.45 和 0.44。可见，不同氮素形态配比条件下‘周麦 22’根际土中的酶活性之间及其与土壤养分含量之间存在一定的关系，其中淀粉酶与蛋白酶和蔗糖酶关系密切，而速效磷钾含量高低与脲酶活性高低同步。

表 3-8　不同氮素形态配比下‘周麦 22’根际土酶活性与速效养分含量的相关分析

指标	碱解氮/（mg/kg）	速效磷/（mg/kg）	速效钾/（mg/kg）	蛋白酶/[mg/（g·d）]	脲酶/[mg/（g·d）]	蔗糖酶/[mg/（g·d）]	淀粉酶/[mg/（g·d）]
蛋白酶/[mg/（g·d）]	0.44*	0.19	0.19	1			
脲酶/[mg/（g·d）]	0.05	0.73**	0.78**	0.27	1		
蔗糖酶/[mg/（g·d）]	0.38	0.06	0.07	0.62**	0.34	1	
淀粉酶/[mg/（g·d）]	0.13	0.26	0.22	0.60**	0.45*	0.89**	1
过氧化氢酶/[mg/（g·d）]	0	0.13	0.06	0.35	0.42*	0.29	0.17

*显著相关，**极显著相关

（三）不同氮素形态配比条件下‘郑麦 004’根际土酶活性与速效养分含量的相关分析

由表 3-9 可知，‘郑麦 004’根际土脲酶活性与速效磷含量和速效钾含量间相关系数分别为 0.91 和 0.94，相关性达极显著水平；蔗糖酶活性与淀粉酶活性及过氧化氢酶活性间呈显著正相关关系，相关系数分别为 0.49 和 0.39。‘郑麦 004’根际土中的磷、钾含量同时变化，说明其能同时活化根际土中的磷和钾，使其速效养分含量同步变化，且脲酶活性与速效磷和速效钾含量极显著相关，这可能是脲酶促进了尿素的分解吸收，在影响小麦生长的同时，因作物生长自我调节刺激了根系对根际土中的磷、钾活化和吸收而造成的。

表 3-9　不同氮素形态配比下‘郑麦 004’根际土酶活性与速效养分含量的相关分析

指标	碱解氮/（mg/kg）	速效磷/（mg/kg）	速效钾/（mg/kg）	蛋白酶/[mg/（g·d）]	脲酶/[mg/（g·d）]	蔗糖酶/[mg/（g·d）]	淀粉酶/[mg/（g·d）]
蛋白酶/[mg/（g·d）]	0.03	0.26	0.12	1			
脲酶/[mg/（g·d）]	−0.27	0.91**	0.94**	0.13	1		
蔗糖酶/[mg/（g·d）]	0.3	0.03	0.01	0.23	0.02	1	
淀粉酶/[mg/（g·d）]	0.23	0.28	0.31	0.3	0.37	0.49*	1
过氧化氢酶/[mg/（g·d）]	0.12	0.21	0.25	0.15	0.3	0.39*	0.33

*显著相关，**极显著相关

四、不同氮素形态配比条件下小麦非根际土酶活性与养分含量的相关分析

（一）不同氮素形态配比条件下‘郑麦 366’非根际土酶活性与养分含量的相关分析

表 3-10 表明，‘郑麦 366’非根际土脲酶活性与蛋白酶活性极显著正相关，相关系数为 0.57；蔗糖酶活性和蛋白酶活性显著正相关，相关系数为 0.43。非根际土脲酶活性和全磷、速效磷、速效钾含量，淀粉酶活性与全氮、碱解氮含量极显著正相关，相关系数分别为 0.79、0.82、0.89、0.51 和 0.69；蛋白酶活性与速效钾含量，蔗糖酶活性与全磷含量，过氧化氢酶活性与全氮含量呈显著正相关关系，相关系数分别为 0.45、0.40 和 0.47。可见，非根际土中脲酶活性与土壤养分含量的相关性高于其他酶活性，土壤中养分含量的高低能够反作用于脲酶活性的高低，从而影响其对非根际土中尿素的分解速度。

表 3-10　不同氮素形态配比下‘郑麦 366’非根际土酶活性与养分含量的相关分析

项目	有机质/%	全氮/%	全磷/（mg/kg）	碱解氮/（mg/kg）	速效磷/（mg/kg）	速效钾/（mg/kg）	蛋白酶/[mg/（g·d）]	脲酶/[mg/（g·d）]	蔗糖酶/[mg/（g·d）]	淀粉酶/[mg/（g·d）]
蛋白酶/[mg/（g·d）]	0.13	0.07	0.13	0.02	0.36	0.45*	1			
脲酶/[mg/（g·d）]	0.03	0.36	0.79**	0.09	0.82**	0.89**	0.57**	1		
蔗糖酶/[mg/（g·d）]	0.14	0.28	0.40*	0.38	0.19	0.14	0.43*	0.26	1	
淀粉酶/[mg/（g·d）]	0.12	0.51**	0.26	0.69**	0.15	0.22	0.19	0.02	0.01	1
过氧化氢酶/[mg/（g·d）]	0.19	0.47*	0.09	0.11	0.04	0.06	0.16	0.04	0.1	0.15

*显著相关，**极显著相关

（二）不同氮素形态配比条件下‘周麦 22’非根际土酶活性与养分含量的相关分析

相关分析结果表明（表 3-11），中筋小麦‘周麦 22’非根际土脲酶活性与蛋白酶活性，过氧化氢酶活性与蔗糖酶活性之间的相关系数分别为 0.60 和 0.58，呈极显著正相关关系。进一步分析发现，非根际土蛋白酶活性与速效钾含量，脲酶活性与全氮、全磷、速效磷、速效钾含量极显著正相关，淀粉酶活性与有机质含量间亦呈极显著正相关，相

表 3-11　不同氮素形态配比下‘周麦 22’非根际土酶活性与养分含量的相关分析

项目	有机质/%	全氮/%	全磷/（mg/kg）	碱解氮/（mg/kg）	速效磷/（mg/kg）	速效钾/（mg/kg）	蛋白酶/[mg/（g·d）]	脲酶/[mg/（g·d）]	蔗糖酶/[mg/（g·d）]	淀粉酶/[mg/（g·d）]
蛋白酶/[mg/（g·d）]	0.04	0.34	0.34	0.12	0.45*	0.58**	1			
脲酶/[mg/（g·d）]	0.2	0.77**	0.77**	0.42*	0.67**	0.81**	0.60**	1		
蔗糖酶/[mg/（g·d）]	0.36	0.07	0.07	0.02	0.15	0	0.19	0.14	1	
淀粉酶/[mg/（g·d）]	0.61**	0.28	0.28	0.48*	0.26	0.44*	0.02	0.01	0.27	1
过氧化氢酶/[mg/（g·d）]	0.14	0.09	0.09	–0.49*	0.04	0.03	0.27	0.19	0.58**	0.35

*显著相关，**极显著相关

关系数分别为 0.58、0.77、0.77、0.67、0.81 和 0.61；蛋白酶活性与速效磷含量，脲酶活性与碱解氮含量，淀粉酶活性与碱解氮、速效钾含量呈显著正相关，相关系数分别为 0.45、0.42、0.48 和 0.44；而过氧化氢酶活性与碱解氮含量间显著负相关（–0.49）。说明中筋小麦‘周麦 22’非根际土中不同养分含量和酶活性的变化存在一定的促进或者相互制约的关系，致使其养分含量和主要酶活性之间呈现一定的相关性，但其相关程度因指标或环境的不同而异。

（三）不同氮素形态配比条件下‘郑麦 004’非根际土酶活性与养分含量的相关分析

由表 3-12 可以看出，不同氮素形态配比处理条件下，‘郑麦 004’非根际土所测酶活性之间相关关系不显著，但非根际土脲酶活性与全氮、全磷、速效磷含量，淀粉酶活性与碱解氮含量，蛋白酶活性与速效钾含量之间相关系数分别为 0.55、0.52、0.72、0.50 和 0.59，相关性达极显著水平；蔗糖酶活性与有机质含量，淀粉酶活性与有机质、全磷、速效磷和速效钾含量，过氧化氢酶活性与全氮含量，脲酶活性和速效钾含量，显著正相关，相关系数分别为 0.40、0.40、0.48、0.45、0.45、0.44 和 0.48；而根际土蔗糖酶活性与全磷、速效磷含量，过氧化氢酶活性与碱解氮含量呈显著负相关，相关系数分别为 –0.45、–0.46 和–0.48。

表 3-12　不同氮素形态配比下‘郑麦 004’非根际土酶活性与养分含量的相关分析

项目	有机质/%	全氮/%	全磷/(mg/kg)	碱解氮/(mg/kg)	速效磷/(mg/kg)	速效钾/(mg/kg)	蛋白酶/[mg/(g·d)]	脲酶/[mg/(g·d)]	蔗糖酶/[mg/(g·d)]	淀粉酶/[mg/(g·d)]
蛋白酶/[mg/(g·d)]	0.26	0.25	0.29	0.33	0.34	0.59**	1			
脲酶/[mg/(g·d)]	0.11	0.55**	0.52**	0.36	0.72**	0.48*	0.38	1		
蔗糖酶/[mg/(g·d)]	0.40*	0.23	–0.45*	0.27	–0.46*	0.16	0.31	0.34	1	
淀粉酶/[mg/(g·d)]	0.40*	0.17	0.48*	0.50**	0.45*	0.45*	0.3	0.09	0.28	1
过氧化氢酶/[mg/(g·d)]	0.08	0.44*	0.22	–0.48*	0.21	0.11	0.15	0.27	0.02	0.16

*显著相关，**极显著相关

综上所述，不同处理条件下麦田土壤养分与酶活性的相关性规律总体较为相似，但种植不同品种时存在一定的差异，这可能是因为不同品种对不同氮素形态的吸收利用能力和机制不同，从而影响其地上部和根系的生长发育，地上部和根系的变化又反作用于土壤，改变了其根系生长发育的微环境，从而调节了根系吸收土壤中养分的能力，同时影响根际微生物的活性，因吸收和土壤内部作用导致土壤中养分含量和相关酶活性的变化。

参考文献

罗来超，吕静霞，魏鑫，等. 2013. 氮素形态对小麦不同生育期土壤酶活性的影响. 干旱地区农业研究, 31(6): 99-102, 133

马宗斌，熊淑萍，何建国，等. 2008. 氮素形态对专用小麦中后期根际土壤微生物和酶活性的影响. 生态学报, 28(4): 1544-1551

王小纯，李高飞，安帅，等. 2010. 氮素形态对中后期小麦根际土壤氮转化微生物及酶活性的影响. 水土保持学报, 24(6): 204-207

第四章　氮素形态对小麦生长发育的影响

第一节　不同氮素形态对小麦生长发育的影响

一、不同氮素形态对小麦干物质积累、分配、转运的影响

（一）不同氮素形态对小麦幼苗干物质积累的影响

由表 4-1 可以看出，不同形态氮素对小麦幼苗地上部鲜重有显著的影响，其余各指标中硝态氮与混合氮源差异不显著，与铵态氮和酰胺态氮差异达到显著水平，硝态氮处理地上部干重和总生物量分别比铵态氮高 32%和 39%，比酰胺态氮高 41%和 59%；酰胺态氮总生物量显著小于铵态氮，地上部干重二者之间差异不显著。说明在水培条件下，以硝态氮为氮源，小麦生长速度最快，每盆日增加干物质积累量为 0.039g，优于其他处理，比铵态氮和酰胺态氮的平均值高 34.48%。

表 4-1　不同氮素形态对小麦幼苗生长的影响

氮素形态	地上部鲜重/（g/盆）	地上部干重/（g/盆）	总生物量/（g/盆）	增长速率/（g/天）	偏生产力/（g/天）
酰胺态氮	9.76d	1.16b	1.39c	0.028b	4.72c
硝态氮	14.18b	1.64a	2.21a	0.039a	7.51a
铵态氮	13.32c	1.24b	1.59ba	0.030b	5.42bc
混合态氮	15.84a	1.56a	1.99ab	0.037a	6.77ab

注：混合态氮为 20%硫酸铵和 80%尿素
同一列不同小写字母表示差异达 5%显著水平

氮素形态对不同磷效率小麦幼苗地上部生长的影响结果（表 4-2）表明，硝态氮和硝铵态氮处理对小麦幼苗地上部生长的影响无明显差异，但铵态氮处理明显抑制了小麦地上部的生长，而且对磷低效基因型‘京 411’的抑制程度显著大于对磷高效基因型‘小偃 54’。在处理后 14d，‘小偃 54’在铵态氮处理中的地上部干重为硝态氮处理的 69.6%，‘京 411’仅为 50.0%。在硝态氮、硝铵态氮和铵态氮不同处理中，‘小偃 54’和‘京 411’地上部干重的比分别为 1∶1.13∶0.70 和 1∶0.89∶0.50。随处理时间的延续，至处理后 28d，铵态氮处理对小麦幼苗地上部生长的抑制作用进一步加剧，‘小偃 54’和‘京 411’在铵态氮处理中的干重仅为硝态氮处理的 37.8%和 27.8%。同时，‘京 411’在硝态氮和硝铵态氮处理中的生长也表现出明显差异，在 3 种氮源中的干重比为 1∶0.60∶0.28，‘小偃 54’为 1∶1.05∶0.38。铵态氮对‘京 411’的抑制程度明显大于‘小偃 54’。

表 4-2 不同氮素形态对不同磷效率小麦品种地上部生物量的影响（单位：g/盆）

品种	氮素形态	处理后天数/d			
		14		28	
		地上部干重	相对值	地上部干重	相对值
小偃 54	硝态氮	2.7a	100	8.7a	100
	硝铵态氮	3.0a	113.2	9.2a	105.8
	铵态氮	1.9b	69.6	3.3b	37.8
京 411	硝态氮	3.1a	100	10.0a	100
	硝铵态氮	2.8a	89	6.0b	59.3
	铵态氮	1.6b	50	2.8c	27.8

注：同一列不同小写字母表示差异达 5%显著水平

资料来源：邱慧珍和张福锁，2003

（二）不同氮素形态对小麦花后干物质积累分配的影响

1. 地上部干物质总重

花后是小麦干物质积累的关键时期，也是小麦产量形成的关键时期。由表 4-3 可以看出，小麦花后地上部干物质总量随着生育进程呈逐渐上升趋势。虽然 3 种氮素形态处理下小麦地上部干重不存在显著性差异，但从花后 7d 开始，铵态氮处理下小麦花后地上部干重均高于其他两处理。氮素形态对小麦花后地上部干重增加量有显著影响。铵态氮促进了小麦花后干物质积累，小麦地上部干物质的增加量达到 2965kg/hm^2，显著高于硝态氮和酰胺态氮处理下的干物质增加量（P<0.05）。

表 4-3 不同氮素形态对小麦花后地上部分干物质总重的影响（单位：kg/hm^2）

处理	花后天数/d							
	3	7	11	15	19	23	27	31
酰胺态氮	11 265.3	11 654.8	11 965.7	12 289.6	13 321.8	13 654.9	13 654.9	13 965.1
硝态氮	10 987.2	11 545.2	12 021.6	12 321.0	12 769.4	13 452.7	13 758.4	13 678.3
铵态氮	11 088.5	11 896.8	12 456.5	12 498.1	12 796.3	13 865.8	13 865.8	14 053.6

2. 旗叶干重

总体上，花后小麦旗叶干重随着生育进程而逐渐减小（表 4-4），同时不同氮素形态下小麦花后旗叶干重间存在明显差异。在花后 15d 之前，铵态氮处理下小麦旗叶干重均显著高于其他两处理。从表 4-4 还可以看出，不同氮素形态处理下，小麦花后旗叶干重下降量不同。铵态氮处理下小麦旗叶干重降低最多，分别比硝态氮和酰胺态氮处理高 35.3%和 28.3%，达到了显著水平，说明铵态氮促进了小麦花后旗叶物质运转。

表 4-4 不同氮素形态对小麦花后旗叶干重的影响（单位：kg/hm^2）

处理	花后天数/d							
	3	7	11	15	19	23	27	31
酰胺态氮	705.3b	654.2b	597.1b	456.2a	419.4a	398.7a	394.2a	389.2a
硝态氮	687.4b	621.9b	543.3b	496.5a	413.0a	395.5a	381.1a	375.5a
铵态氮	802.7a	756.0a	698.6a	453.5a	421.2a	386.0a	375.9a	356.0a

注：同一列不同小写字母表示差异达 5%显著水平

3. 穗下节干重

从表 4-5 可以看出，小麦花后穗下节干重随着生育进程也呈下降趋势，且氮素形态对小麦花后穗下节干重影响显著。可以看出，不同氮素形态处理下小麦花后穗下节干重下降量存在显著差异。铵态氮处理下小麦花后穗下节干重下降量最大，显著高于其他两个处理（$P<0.05$），说明较铵态氮和酰胺态氮处理，铵态氮处理促进了花后穗下节干物质转运。

表 4-5 不同氮素形态对小麦花后穗下节干重的影响（单位：kg/hm^2）

处理	花后天数/d							
	3	7	11	15	19	23	27	31
酰胺态氮	1087.5b	865.2b	792.1a	741.0a	687.9b	643.7ab	635.5a	612.7a
硝态氮	1098.2b	896.1ab	795.6a	756.2a	723.3a	694.1a	645.1a	625.0a
铵态氮	1362.0a	945.9a	802.4a	745.5a	694.1b	621.8b	597.0b	543.5b

注：同一列不同小写字母表示差异达 5%显著水平

4. 颖壳干重

从表 4-6 可以看出，不同氮素形态处理下，小麦花后颖壳干重存在较大的差异。花后 15d 之前，铵态氮处理下小麦颖壳干重高于其他两个处理，花后 15d 之后均低于其他两个处理。花后小麦颖壳干重呈下降趋势，且中期下降较快。不同氮素形态处理下，小麦颖壳干重下降量存在显著差异。铵态氮处理下小麦颖壳干重降低最多，分别比铵态氮处理和酰胺态氮处理高 20.2%和 17.1%（$P<0.05$）。这可能是铵态氮加速了小麦颖壳中的干物质向籽粒中转运造成的。

表 4-6 不同氮素形态对小麦花后颖壳干重的影响（单位：kg/hm^2）

处理	花后天数/d							
	3	7	11	15	19	23	27	31
酰胺态氮	1369.0b	1136.8b	1045.7a	961.7a	839.1ab	614.5b	528.6a	408.1a
硝态氮	1396.4b	1256.4ab	1049.1a	964.7a	872.0a	695.5a	513.0a	413.6a
铵态氮	1523.1a	1321.0a	1085.9a	876.0a	795.4b	546.2c	472.2b	396.3a

注：同一列不同小写字母表示差异达 5%显著水平

5. 干物质分配

从表 4-7 可以看出，在小麦灌浆前期，地上部分干物质绝大部分都分配在了营养器官中，分配在籽粒中的很少。但随着生育进程推进，小麦颖壳、旗叶、余叶、穗下节、余节、穗下鞘、余鞘等部分的干物质分配比例逐渐降低，小麦籽粒所占比例相应地逐渐增加，在花后 31d，各处理的小麦籽粒干物质量均占到地上部总干物质量的 60%以上。从表 4-7 还可以看出，氮素形态对小麦花后干物质分配有较大影响。在花后初期，铵态氮处理下籽粒中干物质所占比例明显低于硝态氮处理和酰胺态氮处理，在花后 3d 时，分别为硝态氮和酰胺态氮处理的 64.9%和 91.3%。而铵态氮处理小麦颖壳、旗叶、穗下节和穗下鞘等部分干物质分配比例均高于硝态氮处理和酰胺态氮处理。而后，随着生育进程推进，铵态氮处理小麦籽粒干物质分配比例逐渐高于硝态氮和酰胺态氮处理，从花后19d开始直至收获，3种处理中铵态氮处理籽粒干物质分配比例最高，表明铵态氮促进了小麦花后干物质向籽粒中分配。

表4-7　不同氮素形态对小麦花后不同器官干物质分配的影响（单位：%）

花后天数/d	氮素形态	颖壳	籽粒	旗叶	余叶	穗下节	余节	穗下鞘	余鞘
3	酰胺态氮	21.3	6.9	6.1	10.8	9.4	28.0	7.8	9.2
	硝态氮	22.8	9.7	6.2	10.3	10.0	23.3	8.2	9.3
	铵态氮	23.0	6.3	6.7	10.0	11.8	24.8	8.3	9.1
7	酰胺态氮	21.0	12.6	5.8	9.9	7.2	27.1	7.3	9.1
	硝态氮	20.0	11.5	5.6	9.2	9.0	26.7	7.6	10.2
	铵态氮	20.7	15.4	6.1	9.1	9.1	24.2	7.1	8.5
11	酰胺态氮	18.9	18.1	5.4	4.7	6.6	26.1	6.9	8.2
	硝态氮	16.0	20.0	5.1	8.7	8.4	25.8	6.4	9.6
	铵态氮	17.6	22.6	5.6	8.5	8.7	24.1	6.2	6.8
15	酰胺态氮	14.7	30.6	4.2	9.7	7.1	22.4	6.2	6.1
	硝态氮	14.5	34.6	4.0	5.8	5.6	21.3	6.0	7.1
	铵态氮	13.8	33.9	4.8	6.5	5.0	21.7	6.2	8.2
19	酰胺态氮	13.6	43.4	3.7	4.4	5.3	19.5	4.6	5.5
	硝态氮	13.7	42.5	3.6	3.7	5.1	18.0	4.8	8.5
	铵态氮	13.3	46.2	4.0	5.2	4.3	16.6	5.0	5.2
23	酰胺态氮	12.0	47.7	3.0	3.7	5.1	19.4	4.2	4.7
	硝态氮	11.7	48.1	2.9	2.9	4.7	17.9	4.3	7.3
	铵态氮	11.0	50.8	2.9	3.1	4.1	16.6	4.4	3.0
27	酰胺态氮	11.5	57.3	2.5	3.0	4.6	13.2	3.6	4.3
	硝态氮	11.3	57.4	2.5	2.4	4.0	14.4	3.1	4.7
	铵态氮	11.0	58.4	2.3	2.9	3.6	14.9	3.5	4.2
31	酰胺态氮	10.0	62.4	2.3	2.5	4.3	10.7	3.3	3.7
	硝态氮	10.6	62.2	1.9	1.6	3.6	12.3	2.7	4.4
	铵态氮	10.3	64.9	1.8	2.0	3.5	11.6	2.6	3.4

二、不同氮素形态对小麦籽粒灌浆特性的影响

（一）籽粒干物质重

小麦花后籽粒干重随着生育进程呈逐渐上升趋势。从表4-8可以看出，不同氮素形态处理下小麦籽粒干重存在显著差异。铵态氮处理下籽粒干重最高，硝态氮处理次之，酰胺态氮处理最低。从花后7d开始，铵态氮处理下籽粒干重均显著高于酰胺态氮处理。在成熟期，铵态氮处理下小麦籽粒干重比硝态氮处理高324.8kg/hm^2，比酰胺态氮处理高419.1kg/hm^2，表明铵态氮处理可以明显提高‘豫麦50’的产量。

表 4-8　不同氮素形态对小麦籽粒干物质积累量的影响（单位：kg/hm²）

处理	花后天数/d							
	3	7	11	15	19	23	27	31
酰胺态氮	1032.0a	1265.3b	2364.0b	2856.8b	4124.0b	5321.0b	7215.7b	7156.2b
硝态氮	1056.4a	1325.5b	2415.2b	2964.5ab	4215.2b	5678.6ab	6545.3b	7250.5ab
铵态氮	1065.1a	1564.0a	2756.0a	3245.0a	4964.8a	6213.5a	6974.1a	7575.3a

注：同一列不同小写字母表示差异达 5%显著水平

（二）籽粒灌浆速率

由图 4-1 可知，‘郑麦 9023’和‘郑麦 004’籽粒灌浆速率整体呈现先升高后降低的趋势。但品种间差异较大。对‘郑麦 9023’而言，花后 7d 开始缓慢上升，14d 迅速上升，21d 达最大值后开始下降。‘郑麦 004’整体灌浆速率低于‘郑麦 9023’，花后 14d 出现第一个灌浆峰值，后有所下降，至花后 28d 出现第二个较小峰值，花后 28d 后急速下降。对‘郑麦 9023’而言，N3 处理在整个灌浆期较优，灌浆前期各氮素形态间差异不显著，花后 35d 时 N3 处理显著高于 N1 和 N2 处理，花后 42d 时 N2>N3>N1，N1 处理显著低于 N2 和 N3 处理。对于‘郑麦 004’而言，N1 处理在花后 14d 时极显著高于 N2 处理，花后 21d、42d 显著高于 N3 处理。说明，氮素形态对小麦籽粒灌浆速率的影响因品种而异，对强筋小麦‘郑麦 9023’来说，施用尿素对籽粒后期的灌浆速率的提高不利，而对于弱筋小麦‘郑麦 004’而言，施用尿素可以提高灌浆中期的灌浆速率，且不降低后期的灌浆速率，是生产上适宜的氮素形态。

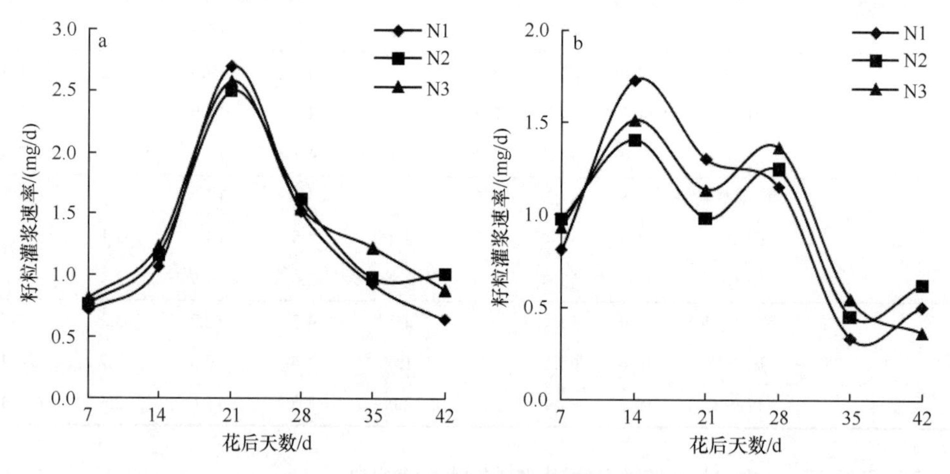

图 4-1　不同氮素形态对‘郑麦 9023’（a）和‘郑麦 004’（b）小麦籽粒灌浆速率的影响
N1. 酰胺态氮；N2. 硝态氮；N3. 铵态氮

三、不同氮素形态对小麦根系特性的影响

（一）不同氮素形态对小麦根系干物质的影响

1. 生物量

从表 4-9 可以看出，氮素形态对不同专用型小麦根系生物量影响的趋势相同，但

强度不等。强筋型品种‘豫麦34’在3种氮素形态处理下，根系生物量差异明显，特别是拔节期至灌浆期，酰胺态氮处理下，根系生物量明显高于铵态氮和硝态氮处理。其中，酰胺态氮处理根系生物量为2.809g/株，分别比铵态氮和硝态氮处理高0.449g/株和0.773g/株。拔节期以前，3种氮素形态处理对中筋型品种‘豫麦49’根系生物量的影响差异不大，之后，出现明显差异，并以铵态氮处理的生物量最高，达3.516g/株，硝态氮处理最低，为2.404g/株，酰胺态氮处理居中，为3.217g/株。除越冬期外，弱筋型品种‘豫麦50’在3种氮素形态处理下，根系生物量差别明显，其大小顺序为酰胺态氮>铵态氮>硝态氮，最大根系生物量分别为3.892g/株、3.422g/株和2.728g/株。通过差异性显著检验可知，3种氮素形态对不同专用型小麦根系生物量的影响达到了显著水平。

表4-9　不同氮素形态对小麦根系干物质积累量的影响（单位：g/株）

品种	氮素形态	生育时期				
		越冬期	拔节期	开花期	灌浆期	成熟期
豫麦34	酰胺态氮	0.554a	1.191a	2.032a	2.809c	1.691a
	硝态氮	0.216b	0.798c	1.695c	2.036c	0.860b
	铵态氮	0.541a	0.973b	1.821b	2.360b	0.810b
豫麦49	酰胺态氮	0.503a	1.028a	2.367b	3.217b	0.509b
	硝态氮	0.328b	1.000a	1.938c	2.404c	0.377c
	铵态氮	0.588a	1.024a	2.764a	3.516a	0.895a
豫麦50	酰胺态氮	0.408a	1.559c	2.950a	3.892 a	2.010a
	硝态氮	0.334b	0.944c	2.071c	2.728c	0.975c
	铵态氮	0.455a	1.382b	2.548b	3.442b	1.752b

注：同一列不同小写字母表示差异达5%显著水平

资料来源：马新明等，2004

2. 根冠比

水培试验结果表明，不同氮素形态对小麦幼苗根系生长的影响与地上部不同（表4-10），小麦幼苗根系的生长从一开始就在3种处理中出现差异。与硝态氮处理相比，硝铵态氮和铵态氮处理对根系生长均有明显的抑制作用。处理后14d，‘小偃54’在硝铵态氮和铵态氮处理中的根系干重只有在硝态氮处理中的78.1%和47.9%，‘京411’仅为65.7%和34.9%。‘小偃54’和‘京411’在硝态氮、硝铵态氮和铵态氮处理中根系干重的比为1∶0.78∶0.48和1∶0.66∶0.39。铵态氮对‘京411’的抑制程度明显大于对‘小偃54’。随生育进程推进，不同处理中小麦根系生长的差异进一步明显，铵态氮对根系生长的抑制作用，尤其是对‘京411’根系生长的抑制作用更加强烈。处理后28d，‘小偃54’和‘京411’在铵态氮处理下根系干重仅为硝态氮处理的33.1%和26.4%。二者在3种氮源中的根系干重比分别为1∶0.65∶0.33和1∶0.39∶0.26。硝态氮处理的小麦根冠比在处理后14d明显大于其他两种处理。至处理后28d时，由于铵态氮对植株生长的抑制作用随生长进程加剧，小麦植株的根冠比在此处理中随之增大，且以磷高效基因型‘小偃54’的增大更为明显，比在处理后14d时增加了29%。

表 4-10　不同氮素形态对小麦根系干物质重及根冠比的影响

品种	氮素形态	处理后天数/d					
		14			28		
		根干重/(g/盆)	相对值	根冠比	根干重/(g/盆)	相对值	根冠比
小偃 54	硝态氮	0.9a	100	0.35	3.1a	100	0.36
	硝铵态氮	0.7b	78.1	0.24	2.0b	64.6	0.22
	铵态氮	0.4c	47.9	0.24	1.0c	33.1	0.31
京 411	硝态氮	0.9a	100	0.33	3.2a	100	0.32
	硝铵态氮	0.6b	65.7	0.23	1.2b	39.3	0.21
	铵态氮	0.3c	39.4	0.24	0.8c	26.4	0.2

注：同一列不同小写字母表示差异达 5%显著水平

资料来源：邱慧珍和张福锁，2003

3. 根干重日变化

由图 4-2 可知，小麦根重随生育期进程的推移呈现单峰曲线变化，在孕穗期出现峰值。5 叶期至开花期，‘秦麦 11 号’的根重大于‘扬农 9817’，且受氮素形态的影响不同，‘秦麦 11 号’的根重由大到小依次为酰胺态氮、铵态氮、硝态氮，‘扬农 9817’依次为酰胺态氮、硝态氮、铵态氮，而且以酰胺态氮效果明显，与氮素形态对根体积的影响趋势一致。两个不同氮效率小麦品种根系的时间分布规律基本一致，但根重的增长速率存在差异，而且受氮素形态影响不同。‘秦麦 11 号’根重增长峰值及负增长峰值均明显高于‘扬农 9817’，且正负增长峰值均以酰胺态氮较为明显，拔节至孕穗期以酰胺态氮‘秦麦 11 号’根重增长幅度最大，峰值过后，下降幅度也最大，但对氮素形态的响应不及根体积明显。‘扬农 9817’根重在酰胺态氮下增长最快，而且比其他两个处理效果明显。

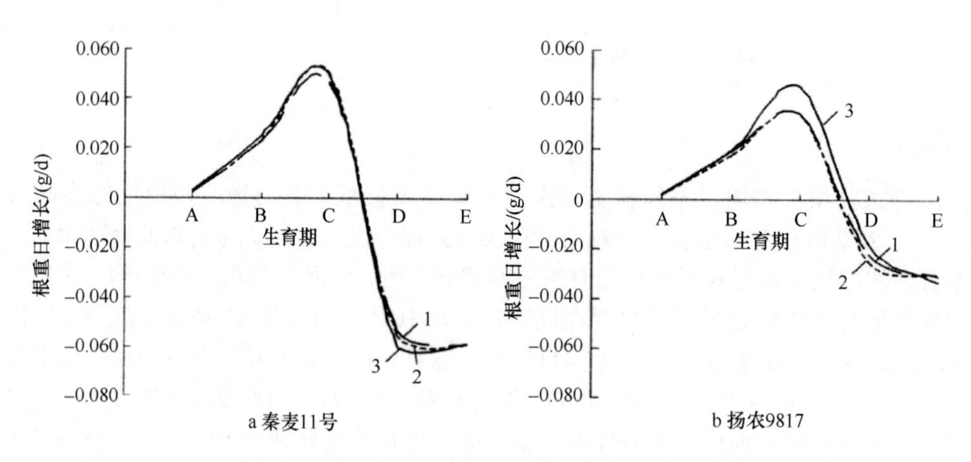

图 4-2　不同氮素形态对小麦根干重日变化的影响

A. 5 叶期；B. 拔节期；C. 孕穗期；D. 开花期；E. 成熟期；1. 硝态氮；2. 铵态氮；3. 酰胺态氮

资料来源：孙敏等，2007

（二）不同氮素形态对小麦根体积的影响

由图 4-3 可知，水培条件下小麦根体积随生育进程的推移呈现单峰曲线变化，在孕穗期达到峰值，之后以较快的速率下降，峰值的大小因品种和氮素形态而异。5 叶期至开花期，‘秦麦 11 号’的根体积大于‘扬农 9817’。同一品种受氮素形态的影响不同，‘秦麦 11 号’根体积由大到小依次为酰胺态氮、铵态氮、硝态氮，且以酰胺态氮效果明显；‘扬农 9817’由大到小依次为酰胺态氮、硝态氮、铵态氮。

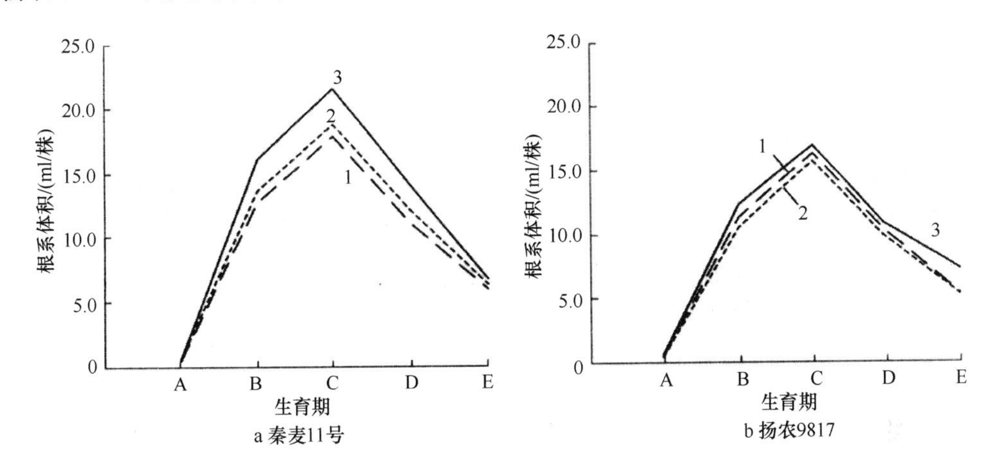

图 4-3　不同氮素形态对小麦根体积的影响

A. 5 叶期；B. 拔节期；C. 孕穗期；D. 开花期；E. 成熟期；1. 硝态氮；2. 铵态氮；3. 酰胺态氮

资料来源：孙敏等，2007

图 4-4 表明，随着生育期的推移，根体积的增长速率表现为苗期比较缓慢，拔节以后增长速度加快，并在孕穗期出现峰值，开花后出现负增长。两个不同氮素吸收效率的小麦品种，根系生长的时间分布规律基本一致，但根体积的增长速率存在差异，且受氮素形态影响明显。‘秦麦 11 号’根体积增长峰值及负增长峰值均明显高于‘扬农 9817’，且正负增长峰值均以酰胺态氮表现明显，即拔节至孕穗期，‘秦麦 11 号’根体积增长幅度以酰胺态氮为最大，峰值过后，下降幅度也最大。而氮素形态对‘扬农 9817’根体积日增长的影响不明显。

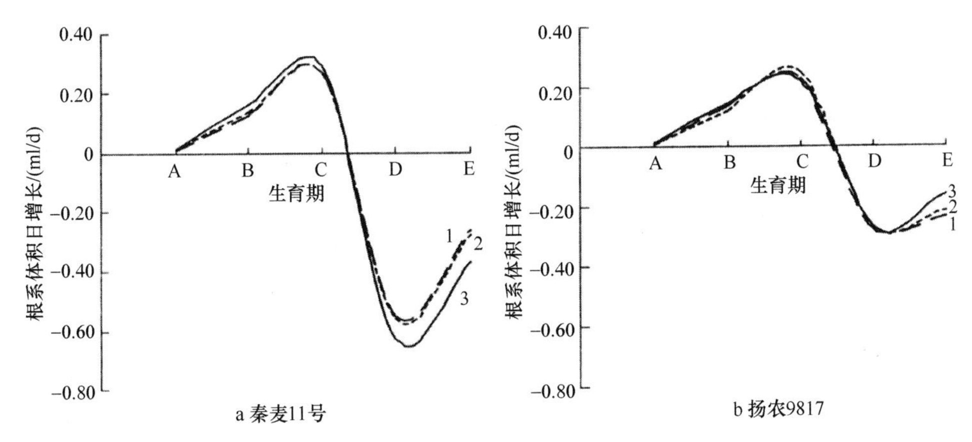

图 4-4　不同氮素形态对小麦根体积日变化的影响

A. 5 叶期；B. 拔节期；C. 孕穗期；D. 开花期；E. 成熟期；1. 硝态氮；2. 铵态氮；3. 酰胺态氮

资料来源：孙敏等，2007

（三）不同氮素形态对小麦根系活力的影响

表4-11结果表明，小麦一生中根系活力的变化趋势是：前期小，拔节期大，之后又小，但是不同专用型小麦在不同氮素形态影响下根系活力不尽相同。强筋型‘豫麦34’的根系活力在越冬期表现为：铵态氮>酰胺态氮>硝态氮，但在拔节期以后，均以酰胺态氮处理最高，铵态氮次之，硝态氮最低；拔节期，酰胺态氮处理根系活力为491.2μgTTC/（g·h），分别比铵态氮和硝态氮高出42.3μgTTC/（g·h）和44.9μgTTC/（g·h）。中筋型‘豫麦49’在铵态氮处理下，越冬期根系活力较小，分别比硝态氮和酰胺态氮处理低157.5μgTTC/（g·h）和102.2μgTTC/（g·h），但拔节期之后，均以铵态氮处理的根系活力最高，酰胺态氮次之，硝态氮最低，其中，拔节期铵态氮处理根活力为663.1μgTTC/（g·h），分别比硝态氮和酰胺态氮处理高126.3μgTTC/（g·h）和104.0μgTTC/（g·h）。弱筋型‘豫麦50’在越冬期根系活力以硝态氮处理最高，酰胺态氮次之，铵态氮处理最低；拔节期以后，3种不同氮素形态对根系活力的影响差异一致，均表现为酰胺态氮>硝态氮>铵态氮；其中，拔节期酰胺态氮处理为767.8μgTTC/（g·h），分别比硝态氮和铵态氮高400.1μgTTC/（g·h）和257.7μgTTC/（g·h）。各专用型小麦品种在不同氮素形态处理下均达到了显著水平。

表4-11　不同氮素形态对小麦根系活力的影响 [单位：μgTTC/（g·h）]

品种	氮素形态	生育时期				
		越冬期	拔节期	开花期	灌浆期	成熟期
豫麦34	酰胺态氮	278.1ab	491.2a	418.7a	114.8a	92.2a
	硝态氮	246.7b	446.3b	378.5c	88.4c	58.3c
	铵态氮	397.9a	448.9b	400.8b	104.8b	70.1b
豫麦49	酰胺态氮	372.7b	529.1b	316.6b	122.1b	103.6b
	硝态氮	428.0a	506.8c	254.5c	116.9b	93.2c
	铵态氮	270.5c	633.1a	354.4a	141.7a	129.8a
豫麦50	酰胺态氮	218.9b	767.8a	265.4a	186.5a	135.2a
	硝态氮	278.6a	510.1b	236.3b	144.6b	109.1b
	铵态氮	126.2c	367.7c	198.7c	135.4b	106.6a

注：同一列不同小写字母表示差异达5%显著水平

资料来源：马新明等，2004

四、不同氮素形态对小麦产量的影响

（一）不同氮素形态对小麦产量的影响

表4-12表明，两种铵态氮肥和两种硝态氮肥对小麦肥效均具有一定程度的差异：有的田块一种氮素形态氮肥效果显著高于另一种；有的田块则相近或相等。两种氮素形态配比也有同样现象。但就总体来看，同一形态两个氮肥品种之间和两种组合之间大多无显著差异，就陕西永寿县11个试验田块平均产量来看，施氯化铵产量4478kg/hm^2，施硫酸铵的产量为4475kg/hm^2，施硝酸钠的产量为4866kg/hm^2，施硝酸钙的产量为4813kg/hm^2，铵态氮肥间无差异，但低于硝态氮肥345～391kg/hm^2，硝态氮肥处理间差异相差53kg/hm^2。由此可见，同一形态的氮肥品种并未明显地影响小麦产量，而不同形态之间却有显著影响，硝态氮肥的产量明显高于铵态氮肥，两种形态氮素配合位于其间。

表 4-12　不同氮素形态对小麦产量的影响（单位：kg/hm^2）

土壤编号	铵态氮		硝态氮		硝态氮与铵态氮 2∶1 组合	
	AC	AS	SN	CN	SN+AS	CN+AS
Y-1	3564a	3682a	4173a	3952b	3884a	3962a
Y-2	3495a	3487a	4186a	4056a	3871a	3783a
Y-3	4106a	3958a	4228b	4518a	4144b	4321a
Y-4	5100a	5078a	5234a	5014a	5032a	5166a
Y-5	5689a	5645a	5722a	5642a	5701a	5693a
Y-6	3776a	3914a	4853a	4710a	3799b	4479a
Y-7	4501b	4944a	4813b	4974a	4801a	4799a
Y-8	5341a	4811b	5425a	5023b	5123a	5189b
Y-9	4428b	4800a	5068a	4908a	5298a	4146b
Y-10	4912a	4832a	5361a	5263a	5385a	4954a
Y-11	4343a	4079a	4465b	4887a	4300b	4702a
L-1	4477b	5733a	5848	—	5210a	4974a
L-2	5481a	4821b	5445	—	5318a	5458a
L-3	4003a	4173a	4143	—	4143a	4251a
L-4	4953b	5234a	4950	—	5394a	4250b
L-5	5174a	4500b	4700	—	4410a	4250a
L-6	4476a	4221a	4852	—	4236a	4860b
L-7	5230b	6038a	5737	—	5560b	6230a

注：AC. 氯化铵；AS. 硫酸铵；SN. 硝酸钠；CN. 硝酸钙：SN+AS. 硝酸钠+硫酸铵；CN+AS. 硝酸钙+硫酸铵；Y. 陕西省永寿县；L. 河南省洛阳市

同一行不同小写字母表示差异达 5%显著水平

资料来源：苗艳芳等，2014

（二）不同氮素形态对小麦产量、增产量和增产率的影响

不同氮素形态对作物生产的影响首先会反映在小麦产量上。陕西省和河南省 18 个试验田块小麦产量平均值显示，几种氮肥形态中，最低为铵态氮肥，平均产量为 4639kg/hm^2；最高为硝态氮肥，平均产量为 4940kg/hm^2；铵态氮与硝态氮配合产量效应居中，平均产量为 4752kg/hm^2（表 4-13）。

表 4-13　不同氮素形态对小麦产量、增产量和增产率的影响

土壤编号	产量/（kg/hm^2）				增产量/（kg/hm^2）			增产率/%		
	CK	AN	NN	AN+NN	AN	NN	AN+NN	AN	NN	AN+NN
Y-1	3194	3623	4062	3923	429	868	729	13.4	27.2	22.8
Y-2	2825	3491	4121	3827	666	1296	1002	23.6	45.9	35.5
Y-3	3569	4032	4373	4233	463	804	664	13.0	22.5	18.6
Y-4	4671	5089	5124	5099	418	453	428	8.9	9.7	9.2
Y-5	5653	5667	5682	5697	14	29	44	0.2	0.5	0.8
Y-6	3069	3843	4782	4137	774	1713	1068	25.2	55.8	34.8
Y-7	4153	4723	4894	4800	570	741	647	13.7	17.8	15.6
Y-8	4321	5076	5224	5156	755	903	835	17.5	20.9	19.3
Y-9	3717	4614	4988	4722	897	1271	1005	24.1	34.2	27.0
Y-10	4184	4872	5312	5165	688	1128	981	16.4	27.0	23.4
Y-11	3564	4211	4676	4501	647	1112	937	18.2	31.2	26.3
L-1	4991	5105	5848	5092	114	857	101	2.3	17.2	2.0

续表

土壤编号	产量/（kg/hm²）				增产量/（kg/hm²）			增产率/%		
	CK	AN	NN	AN+NN	AN	NN	AN+NN	AN	NN	AN+NN
L-2	4520	5151	5445	5388	631	925	868	14.0	20.5	19.2
L-3	3918	4088	4143	4197	170	225	279	4.3	5.7	7.1
L-4	4723	5094	4950	4822	371	227	99	7.9	4.8	2.1
L-5	4317	4837	4700	4330	520	383	13	12.0	8.9	0.3
L-6	4020	4349	4852	4548	329	832	528	8.2	20.7	13.1
L-7	4977	5634	5737	5895	657	760	918	13.2	15.3	18.4
平均	4133	4639	4940	4752	506	807	619	13.2	20.9	16.4

注：CK，对照，不施氮肥；AN，铵态氮；NN，硝态氮；AN+NN，铵态氮+硝态氮

资料来源：苗艳芳等，2014

（三）小麦增产与土壤硝态氮累积量的关系

1. 小麦产量与土壤硝态氮累积量的关系

以小麦产量为因变量，不同土层硝态氮累积量为自变量，拟合作图。由图 4-5 可以看出，不施氮肥，小麦产量随土壤硝态氮累积量的增加而增高，0～40cm、0～60cm、0～80cm、0～100cm 土层硝态氮累积量与小麦产量呈显著线性关系，R^2 分别为 0.287、0.332、0.319 和 0.290，均达到 5%的显著水平。施用铵态氮肥促进了小麦增产，趋势线高于对照；

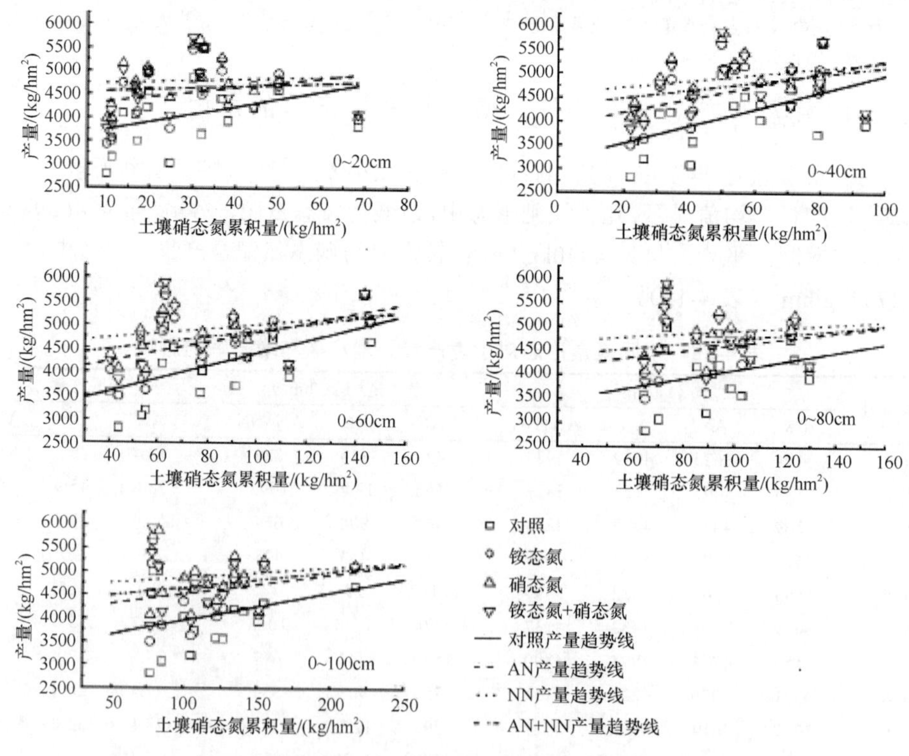

图 4-5　不同氮素形态处理小麦产量与不同土层硝态氮累积量的关系

AN. 铵态氮；NN. 硝态氮

资料来源：苗艳芳等，2014

但增产幅度较小，未改变小麦产量随土壤硝态氮累积量增加而增长的趋势。0～40cm、0～60cm、0～80cm 土层硝态氮累积量与施用铵态氮肥后的小麦产量仍显著相关，R^2 分别为 0.287、0.243 和 0.211，达到或接近 5%的显著水平。与此相反，施用硝态氮肥增产幅度大，趋势线位置最高且增加平缓，表明在任何硝态氮累积的土壤中，施用硝态氮肥均能充分发挥作用，使小麦产量达到较高且比较接近的水平，土壤硝态氮累积量与施用硝态氮肥后的小麦产量之间无显著线性关系。铵态氮和硝态氮肥配合的处理位于其间。

2. 小麦增产量与土壤硝态氮累积量的关系

不同氮素形态氮肥的增产量平均结果表明，与对照不施氮相比，施用硝态氮肥小麦的增产量最高，每公顷增产 807kg；硝态氮、铵态氮肥配合次之，每公顷增产 619kg；铵态氮最低，每公顷增产 507kg。以小麦增产量为因变量，以土壤硝态氮累积量为自变量，拟合作图，直观地揭示两者之间的关系，结果表明，施氮增产量与不同土层硝态氮累积量之间有密切关系（图 4-6），在任何土层中，小麦的施氮增产量均随土壤累积的硝态氮数量增加而显著下降。施用铵态氮肥的截距最低，表明增产量起点低而幅度小；回归系数最小，表明增产量随土壤硝态氮累积量增加而下降平缓。在拟合方程中，除了铵态氮肥的小麦增产量与各土层土壤累积硝态氮量间的相关性不显著外，其他或接近或达显著

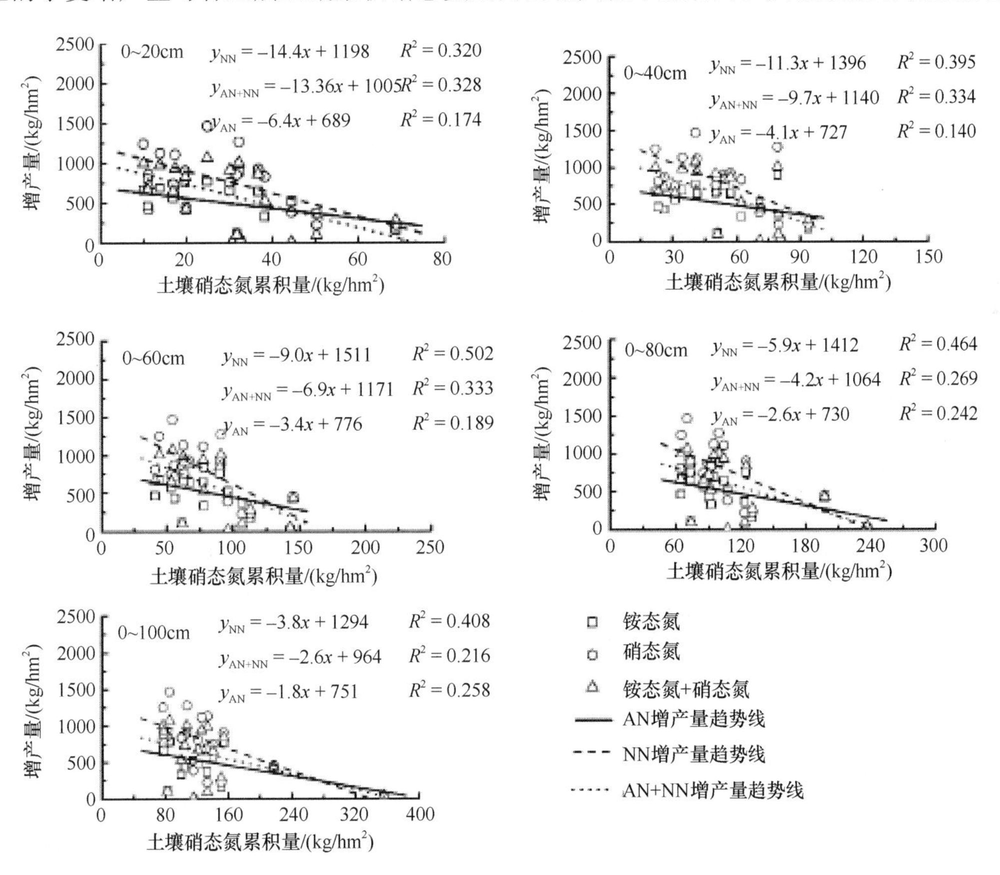

图 4-6　不同氮素形态处理小麦增产量与不同土层硝态氮累积量的关系

AN. 铵态氮；NN. 硝态氮

资料来源：苗艳芳等，2014

甚至极显著水平。与此相反，施用硝态氮肥的截距最高，表明增产量起点高而幅度大；回归系数居首，表明增产量随土壤硝态氮累积量的增加而下降强烈。硝态氮、铵态氮配合者居中。土壤硝态氮累积量与施氮增产量的关系也可用不同累积量下的增产量更清楚地显示出来。根据本试验结果，可将每公顷 0～100cm 土层累积的硝态氮量分为 3 类：硝态氮累积量<100kg/hm^{2}的有 5 个田块，施用铵态氮增产效果最低，平均增产 571kg/hm^2，硝态氮增产效果最突出，平均增产 1050kg/hm^2，铵态氮和硝态氮配合居中，平均增产 792kg/hm^2。硝态氮累积量为 100～200kg/hm^{2}的共有 11 个田块，施氮增产效果较第一类明显下降，硝态氮肥处理下降最突出；3 个施氮处理的增产量依次为 531kg/hm^2、771kg/hm^{2}和 611kg/hm^2。硝态氮累积量>200kg/hm^{2}的有 2 个田块，3 个处理的增产量平均值无差异。由此可见，氮肥的增产效果取决于土壤累积的硝态氮数量，硝态氮的优势也取决于土壤累积的硝态氮量，只有在硝态氮累积量低的土壤上，氮肥才能表现出显著的增产作用，硝态氮也才能表现出较铵态氮更好的效果。

3. 小麦增产率与土壤硝态氮累积量的关系

增产率是广泛用于表征肥料增产效果的另一种方法，优点是排除了增产量绝对值的影响而可用于不同条件下的比较。采用直线回归方程拟合了施氮增产率（y）与不同土层硝态氮累积量（x）的关系（图 4-7）。氮肥的增产率同样随土壤硝态氮累积量的增加而显著下降。施用铵态氮肥的截距和回归系数最低，表明增产率起点低而幅度小，随土壤硝态氮累积量的增加而下降平缓；施用硝态氮肥最高，表明这类形态氮素的增产率最高，增产率随土壤硝态氮累积量增加而下降也最强烈，硝态氮、铵态氮配合的增产率位于其间。与小麦增产量不同的是，在任何土层，所有形态氮素的增产率与土壤硝态氮累积量的关系皆达到显著水平，多数情况下 R^2 高于增产量所得结果。将土壤 0～100cm 土层硝态氮累积量分为 3 类：硝态氮累积量<100kg/hm^2 的有 5 个田块，施用铵态氮增产率为 15.7%，硝态氮增产率 29%，铵态氮和硝态氮配合增产率为 22%；硝态氮累积量为 100～200kg/hm^{2}的，施用铵态氮、硝态氮和铵态氮混合硝态氮肥增产率为 16%、29%、13.5%；硝态氮累积量>200kg/hm^{2}时，相应增产率为 5.0%、5.1%和 4.6%。

五、不同氮素形态对小麦氮素利用效率的影响

氮素利用效率（NUE）和氮收获指数（NHI）分别标志着氮素同化及其在籽粒中分配的效率，收获指数（HI）标志着干物质在籽粒中的分配效率。不同氮素形态处理对不同筋型小麦氮素利用的影响不同（表4-14）。对于强筋小麦‘豫麦34’而言，氮素利用效率酰胺态氮处理最高，铵态氮次之，硝态氮最低，分别为25.47%、25.04%和 23.20%；氮收获指数与氮素利用效率表现趋势相同，其中酰胺态氮为0.60，分别比硝态氮和铵态氮处理增加了0.06和0.03；收获指数表现为硝态氮（0.35）>酰胺态氮（0.33）>铵态氮（0.32）。就中筋型小麦‘豫麦49’而言，施用3种氮素形态肥，氮收获指数和氮素利用效率表现相同的趋势，即铵态氮>硝态氮>酰胺态氮；收获指数在铵态氮下最高，为0.29，硝态氮最低，为0.27，酰胺态氮居中，为0.28。从弱筋型小麦‘豫麦50’来看，收获指数、氮收获指数和氮素利用效率均表现出相同的趋势，酰胺态氮最高，硝态氮次之，铵态氮最低。

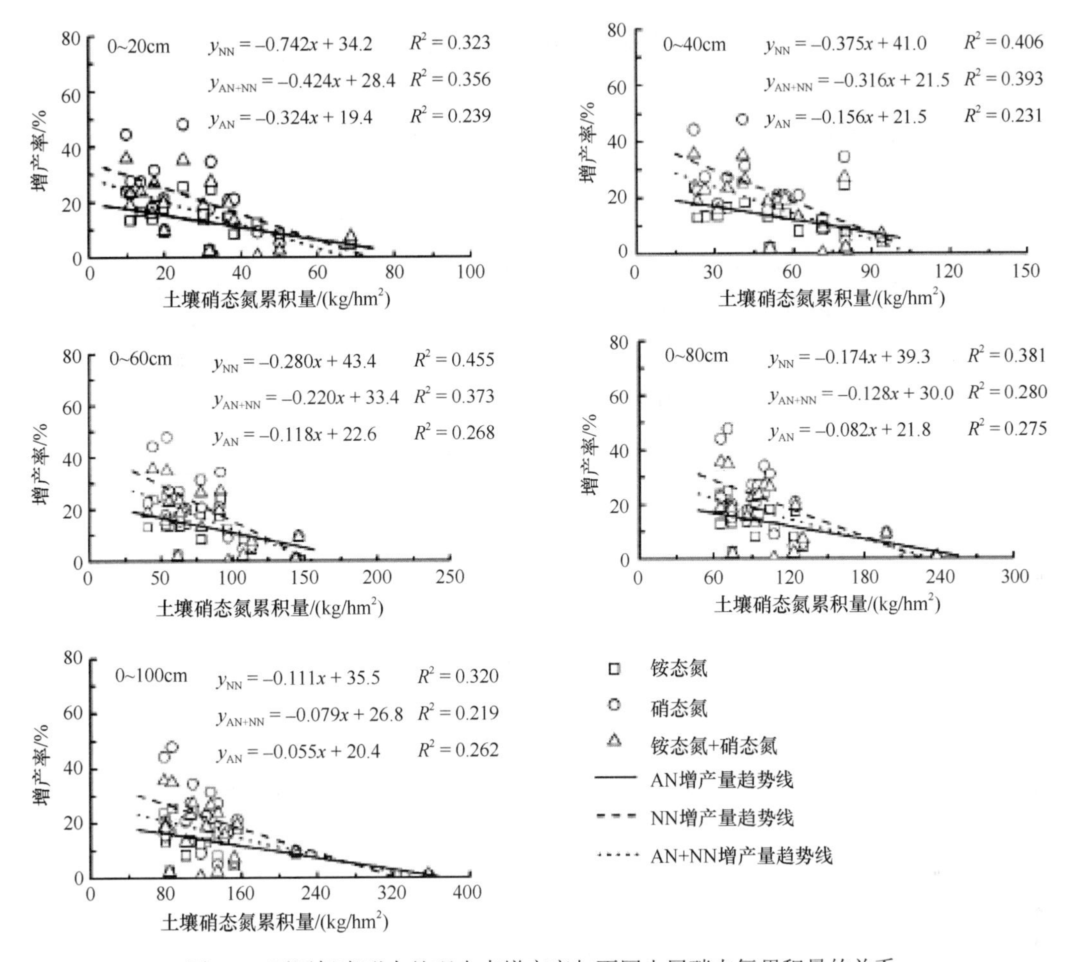

图 4-7　不同氮素形态处理小麦增产率与不同土层硝态氮累积量的关系

AN. 铵态氮；NN. 硝态氮

资料来源：苗艳芳等，2014

表 4-14　不同氮素形态对小麦收获指数、氮素利用效率和氮收获指数的影响

品种	处理	收获指数/%	氮素利用效率/%	氮收获指数/%
豫麦 34	酰胺态氮	0.33a	25.47b	0.60c
	硝态氮	0.35b	23.20a	0.54a
	铵态氮	0.32a	25.04b	0.57b
豫麦 49	酰胺态氮	0.29b	20.53a	0.57a
	硝态氮	0.27a	20.79a	0.58a
	铵态氮	0.28ab	22.72b	0.58a
豫麦 50	酰胺态氮	0.33c	23.24b	0.57b
	硝态氮	0.29b	22.58b	0.53b
	铵态氮	0.27a	20.75a	0.35a

注：同一行不同小写字母表示差异达 5%显著水平

第二节　不同氮素形态配比对小麦生长发育的影响

一、不同氮素形态配比对小麦形态特性的影响

（一）不同氮素形态配比对小麦苗期形态特性的影响

由表 4-15 可以看出，与单一形态氮营养相比，混合氮素形态处理显著增加了叶片、地上部和总干物质积累量，但对茎鞘干物质积累量无影响。混合氮素形态增加 5 叶期植株总干物质积累量的主要原因是促进了叶片的生长。此外，混合氮素形态较单一硝态氮营养显著提高了小麦植株的冠根比。

表 4-15　不同氮素形态配比对小麦 5 叶期干物质和冠根比的影响

硝铵比例	干物质重/（g/株）				冠根比
	叶	茎鞘	地上部	总干重	
100/0	0.085b	0.035a	0.120b	0.186b	1.84b
50/50	0.099a	0.036a	0.136a	0.199a	2.12a
0/100	0.086b	0.033a	0.119b	0.180b	1.96ab

注：同一列不同小写字母表示差异达 5%显著水平

对小麦 5 叶期株高和根长（表 4-16）的分析表明，与单一形态氮营养相比，混合氮素形态处理显著增加了株高，但对根长的增长无影响；单一铵态氮营养处理比其他两种处理显著降低了株高和根长。对单株分蘖数的分析（表 4-16）表明，不同形态氮营养处理对单株分蘖数无显著的影响，但混合氮素形态有促进分蘖的趋势。说明在小麦分蘖初期，适宜比例的铵态氮营养可促进地上部的生长。

表 4-16　不同氮素形态配比对小麦 5 叶期生长和根系的影响

硝铵比例	株高/cm	单株分蘖数/个	根长/cm	根干重/（g/株）
100/0	17.70b	2.50a	32.43a	0.066a
50/50	18.48a	2.59a	33.11a	0.064a
0/100	17.10b	2.43a	31.56a	0.061a

注：同一列不同小写字母表示差异达 5%显著水平

不同处理间干物质在茎鞘中的分配比例无显著差异（表 4-17）。与单一硝态氮营养相比，混合氮素形态显著提高了干物质在叶片中的分配比例，而降低了在根中的分配比例；单一铵态氮营养与单一硝态氮营养之间则无显著差异。进一步说明在 5 叶期混合氮素形态主要促进了叶片的生长。

表 4-17　不同氮素形态配比对小麦 5 叶期干物质分配的影响（单位：%）

硝铵比例	叶	茎鞘	地上部	根
100/0	45.99b	18.65a	64.66b	35.34a
50/50	49.72a	18.03a	67.80a	32.19a
0/100	48.70b	18.31a	66.01ab	33.99ab

注：同一列不同小写字母表示差异达 5%显著水平

对7叶期小麦株高和根长分析表明（表4-18），与单一硝态氮营养相比，混合氮素形态处理显著增加了株高，但对根长的增长无影响；单一铵态氮营养显著降低了根长，但对株高无显著影响。对植株不同器官的干物质积累量的分析表明（表4-19），与单一硝态氮营养相比，混合氮素形态显著增加了叶片、茎鞘、地上部和总干物质积累量，根干物质积累量有降低趋势。说明小麦7叶期混合氮素形态处理增加植株总干物质积累量主要是促进了地上部器官叶片和茎鞘的生长。同时可以看出，与单一硝态氮营养相比，单一铵态氮营养显著降低了叶干重和根干重，这可能是其植株生长缓慢的主要原因。与单一硝态氮营养相比，混合氮素形态和单一铵态氮营养显著增加冠根比，但两种处理的表现不同（表4-19）。混合氮素形态促进了地上部的生长，但对根的生长无显著影响；单一铵态氮营养抑制了地上部生长，然而对根系生长的抑制效应远远超过地上部，故冠根比增加。与单一形态氮营养相比，混合氮素形态显著增加了单株叶面积（表4-19）。叶片是光合作用的重要器官，一定的叶面积是植株生长的基础，因此混合氮素形态促进单株叶面积的增加是小麦干物质积累量特别是地上部干物质积累量增加的主要原因。与单一铵态氮营养相比，虽然混合氮素形态和单一硝态氮营养处理显著增加了单株叶面积，但却显著降低比叶重，可能是因为单一铵态氮营养限制了水分吸收，叶片扩展受阻，含水量降低。与单一硝态氮营养相比，混合氮素形态和单一铵态氮营养显著增加干物质在叶、茎鞘及地上部的分配比例，但降低在根中的分配比例。表明相对于根而言，营养液中铵态氮的存在促进了7叶期地上部的生长，利于干物质在地上部的积累。

表4-18　不同氮素形态配比对小麦7叶期生长和根系的影响

硝铵比例	株高/cm	单株分蘖数/个	根长/cm	根干重/（g/株）
100/0	39.29b	10.17a	41.98a	0.31a
50/50	43.09a	11.14a	43.17a	0.30a
0/100	38.10b	7.31a	33.56b	0.21b

注：同一列不同小写字母表示差异达5%显著水平

表4-19　不同氮素形态配比对小麦7叶期干物质和冠根比的影响

硝铵比例	干物质重/（g/株）				冠根比	单株叶面积	比叶重
	叶	茎鞘	地上部	总干重		/（cm^2/株）	/（mg/cm^2）
100/0	0.70b	0.37b	1.08b	0.186b	1.39b	245.2b	2.89b
50/50	0.85a	0.46a	1.32a	0.199a	1.62a	298.7a	1.89b
0/100	0.58c	0.32b	0.90b	0.180b	1.11a	179.4c	3.28a

注：同一列不同小写字母表示差异达5%显著水平

由表4-20可以看出，不同氮素形态配比对小麦7叶期干物质分配具有一定的影响。与5叶期相比，叶、茎鞘等地上部的比重增加，根的比重下降。单一硝态氮肥显著降低了茎鞘和地上部的比例，增加了根在植株中的比重，有利于根系的生长。

表4-20　不同氮素形态配比对小麦7叶期干物质分配的影响（单位：%）

硝铵比例	叶	茎鞘	地上部	根
100/0	50.65a	26.83b	77.48b	22.53a
50/50	52.73a	28.51a	81.25a	18.77b
0/100	51.96a	28.91a	80.88a	19.12ab

注：同一列不同小写字母表示差异达5%显著水平

（二）不同氮素形态配比对不同小麦品种形态特性的影响

图 4-8 表明，不同小麦品种之间混合氮素形态的效应有明显差异，这是由小麦各自的基因型所决定。不同基因型小麦均在混合形态氮营养处理下响应显著，用 DPS 统计分析程序，根据 14 个品种对混合氮素形态反应敏感度的强弱，对株高、根长、分蘖数、叶干重、茎鞘干重、根干重、总干重、冠根比、叶面积指数 9 个性状指标进行标准化转换后，以离差平方和法聚类分析，将 14 个品种分为 3 类。

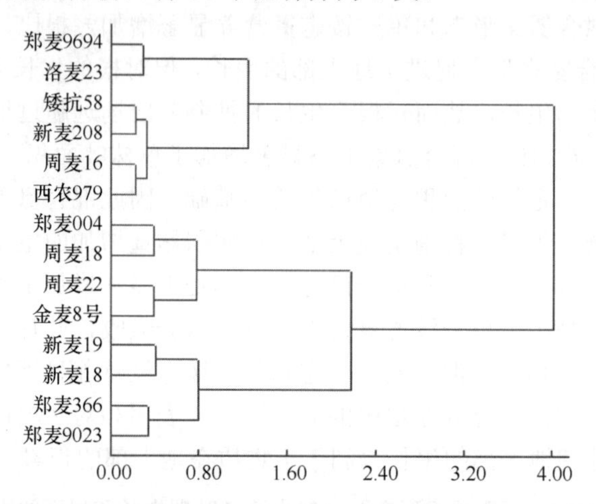

图 4-8　不同氮素形态配比处理下小麦性状指标聚类分析图

第一类：敏感型，包括‘郑麦 004’、‘周麦 22’、‘周麦 18’、‘金麦 8 号’ 4 个品种，占全部供试品种的 28.57%。通过分析可知，混合氮素形态对敏感型小麦品种的株高、分蘖数、叶面积指数、干物质积累及分配等性状指标均有极显著的促进作用。以‘郑麦 004’为例，返青期铵态氮∶硝态氮为 50∶50 处理下分蘖数较铵态氮∶硝态氮为 0∶100（N1）增加了 13.2%，干物质增加了 25.64%。该类型中平均干物质积累比 N1 增长 21.51%，差异极显著。

第二类：次敏感型，包括‘郑麦 9694’、‘洛麦 23’、‘矮抗 58’、‘新麦 208’、‘周麦 16’、‘西农 979’ 6 个品种，占全部供试品种的 42.86%。该类型平均干物质积累量比 N1 增长 12.10%，返青期、拔节期分别增长 11.90%、12.3%，两个时期的增长幅度基本相同。

第三类：钝感型，包括‘新麦 19’、‘新麦 18’、‘郑麦 9023’、‘郑麦 366’共 4 个品种，占供试品种的 28.57%。该类型平均干物质积累量增长为 4.78%，差异不显著。

通过对 3 种类型 14 个小麦品种返青期和拔节期株高、根长、分蘖数、叶干重、叶面积指数的分析，NO_3^-/NH_4^+混合氮素营养对小麦早期生长有显著影响。由表 4-21、表 4-22 可以看出，适当比例的铵态氮肥能够促进小麦返青期、拔节期株高和单株分蘖数的增加，并间接影响到单株叶片数和叶面积的增长，而对根长的影响无明显规律。结果表明，敏感型小麦在 N2 或 N3 处理下所有品种的干物质积累量达到最高，且单株干重与分蘖数和叶面积指数达到极显著相关，且同一水平下，干物质积累的增加自然伴随着氮含量的积累，并促进总氮含量的上升。总氮积累量的增加说明混合氮素形态能够促进敏感型小麦植株对氮源的吸收，而在次敏感型和钝感型小麦中表现不显著。3 种类型的小麦，N5 相比 N1，株高、单株分蘖数、干物质积累等性状均明显降低，对叶面积指数的影响最为显著，可能是由于过量的铵态氮肥造成铵离子毒害，进而影响根系对水分和氮素的吸收。通过对冠根比的分析可知，过量的铵态氮会抑制根系的生长，促进根的伸长但地下部干重降低，可能是铵离子过量影响根系对氮的吸收和转运，从而影响地上部的生长和干物质的积累。结果还表明，硝态氮和铵态氮混合的氮素营养中铵态氮的比例以 25%～50%对小麦返青期、拔节期促进作用最为明显。

表 4-21　不同氮素形态配比对不同类型小麦返青期生长的影响

类型	铵态氮/硝态氮	株高/cm	根长/cm	单株分蘖数/个	叶面积指数	单株干重/（g/株）
敏感型	N1	16.77b	7.75a	4.1ab	1.17c	0.3938ab
	N2	17.08ab	8.74a	4.9a	1.29b	0.5102a
	N3	18.10a	7.30a	4.9a	1.45a	0.4983a
	N4	17.20ab	8.40a	4.3ab	1.21c	0.4388ab
	N5	16.24b	8.66a	3.6b	1.07d	0.3035b
次敏感型	N1	17.65a	8.63a	4.9ab	1.20b	0.5078b
	N2	17.98a	7.48a	5.5a	1.25b	0.5744a
	N3	18.60a	8.08a	5.1a	1.44a	0.5682a
	N4	18.25a	9.04a	4.8ab	1.21b	0.5342ab
	N5	17.48a	8.63a	4.2b	1.04c	0.4272c
钝感型	N1	17.13b	10.59a	3.9a	1.12b	0.4509a
	N2	17.15b	10.73a	3.6a	1.13b	0.4836a
	N3	18.47a	10.73a	3.9a	1.21a	0.4878a
	N4	17.40ab	10.89a	3.9a	1.18a	0.4670a
	N5	16.49b	11.80a	3.8a	1.09b	0.4482a

注：表中数据为不同类型小麦品种的平均值。N1、N2、N3、N4、N5 分别表示铵态氮/硝态氮比例为 0∶100、25∶75、50∶50、75∶25、100∶0

同一类型品种同一列不同小写字母表示差异达 5%显著水平

表 4-22　不同氮素形态配比对不同类型小麦拔节期生长的影响

类型	铵态氮/硝态氮	株高/cm	根长/cm	单株分蘖数/个	叶面积指数	单株干重/（g/株）
敏感型	N1	54.05ab	13.45a	2.0bc	3.03b	2.289ab
	N2	55.88a	14.94a	1.9c	3.12ab	2.329ab
	N3	57.17a	14.29a	2.4a	3.21a	2.613a
	N4	54.17ab	14.29a	2.1b	3.14ab	1.944b
	N5	50.85b	12.50a	1.7d	3.01b	1.974b
次敏感型	N1	54.36ab	13.25a	1.9bc	3.18bc	2.454ab
	N2	55.87a	14.66a	2.8a	3.36a	2.622a
	N3	55.65a	14.00a	2.4ab	3.40a	2.684a
	N4	55.56a	14.17a	2.0bc	3.20b	2.491ab
	N5	52.69b	14.13a	1.6c	3.11c	2.289b
钝感型	N1	57.68a	12.70a	2.3ab	3.13c	2.255a
	N2	55.95a	15.73a	2.3ab	3.17b	2.526a
	N3	54.66a	13.20a	2.4a	3.20a	2.171a
	N4	54.06a	13.77a	2.1c	3.16b	2.139a
	N5	53.69a	13.91a	2.2bc	3.12c	2.092a

注：表中数据为不同类型小麦品种的平均值。N1、N2、N3、N4、N5 分别表示铵态氮/硝态氮比例为 0∶100、25∶75、50∶50、75∶25、100∶0

同一类型品种同一列不同小写字母表示差异达 5%显著水平

从表 4-21、表 4-22 还可以看出，敏感型、次敏感型、钝感型 3 种小麦类型对混合态氮素营养的效应存在显著差异。返青期 N2、N3 处理下敏感型小麦株高分别比 N1 增加了 1.85%、7.93%，次敏感型小麦株高分别比 N1 增加了 1.87%、5.44%，钝感型小麦株高的增加没有规律；N3 处理下敏感型小麦单株分蘖数和单株干重分别比 N1 增加了 19.5%、26.5%，次敏感型小麦则分别比 N1 增加了 4.08%、11.9%，钝感型分别增加了 1.98%、8.18%。由此可以推知混合氮素营养对不同品种小麦单株分蘖数和单株干重的增加均具有促进作用，并存在显著差异；同时混合氮素营养能促进敏感型小麦株高显著增加，而对次敏感型和钝感型小麦株高增加没有显著作用。对表 4-22 分析还可知，拔节期 3 种类型小麦各项指标同样存在显著差异，N2 处理下敏感型、次敏感型、钝感型小麦株高分别较 N1 增加了 3.39%、2.78%、–3.00%；单株分蘖数和根长的变化没有规律，而敏感型和次敏感型小麦叶面积指数分别较 N1 增加了 2.97%、2.52%，同时单株干重分别增加了 1.75%、6.85%。表明拔节期混合氮素营养对小麦叶片数和叶面积增加有显著促进作用。由以上分析可知，敏感型、次敏感型、钝感型小麦对混合氮素营养的效应具有显著差异，且不同时期效应的生长指标不同，返青期内主要促进小麦单株分蘖数的增加和株高增长，拔节期内主要促进小麦叶片数和叶面积的增加。

二、不同氮素形态配比对小麦干物质积累、分配、转运的影响

（一）不同氮素形态配比对返青期、拔节期生长和干物质积累的影响

小麦返青期、拔节期生长速度较快，生物量积累骤增，干物质在根、茎鞘、叶的分配直接影响到器官建成。由表 4-23 可以看出，不同硝铵混合比例氮素营养对干物质分配的影响差异显著，并且不同类型小麦干物质分配对混合氮素形态的效应有显著差异。通过分析可知返青期混合氮素形态使敏感型、次敏感型、钝感型小麦干物质积累最高值分别增加 29.6%、13.1%、6.8%，其中地上部干重分别增加 31.3%、15.5%、8.3%；拔节期干物质积累增加了 14.0%、9.4%、1.4%，地上部干重相应增加 15.8%、10.6%、9.4%。由此可知混合氮素形态主要促进了小麦地上部的生长，将干物质更多地分配到叶片和茎鞘，而对根没有明显影响，同时不同类型的小麦地上部生长和干物质分配对混合氮素营养的效应具有极显著差异。进一步分析可知，拔节期和返青期不同类型小麦干物质分配具有显著差异，返青期敏感型小麦 N1 处理叶干重、茎鞘干重分别占单株干重的 38.1%和 54.7%，N2 处理则分别达到 43.1%和 52.9%；拔节期 N1 处理叶、茎鞘占总干重的比例分别为 23.8%、65.6%，N2 处理则为 29.8%、62.0%。说明混合氮素形态在返青期的促进作用体现在叶和茎鞘两个方面，而在拔节期混合氮素形态的影响是显著促进叶的建成。

相关分析（表 4-24）表明，不同小麦品种各生长性状之间的相关关系在返青期和拔节期存在明显差异，单株分蘖数在返青期与单株干物质积累呈显著正相关，而在拔节期未达到显著水平，可能是返青期混合氮素形态处理干物质的积累主要通过单株分蘖数的增加来实现，而在拔节期，群体的自动调节作用使得分蘖的消长有所变化，干物质的增加不仅与单株分蘖数相关，还与地下部根系的健壮发达程度呈显著正相关。结果还表明，叶面积指数始终与干物质积累呈显著正相关，并且拔节期单株分蘖数与叶面积指数呈显著正相关。

表 4-23　不同氮素形态配比对小麦干物质分配的影响（单位：%）

类型	铵态氮/硝态氮	返青期			拔节期		
		叶	茎鞘	根	叶	茎鞘	根
敏感型	N1	0.15ab	0.21ab	0.04ab	0.54abc	1.60ab	0.24a
	N2	0.20a	0.27a	0.05a	0.69ab	1.63ab	0.19a
	N3	0.18a	0.28a	0.04ab	0.72a	1.71a	0.24a
	N4	0.16ab	0.24ab	0.04ab	0.52bc	1.47b	0.24a
	N5	0.10b	0.17b	0.03b	0.49c	1.48ab	0.21a
次敏感型	N1	0.19b	0.27ab	0.05a	0.59b	1.60a	0.26a
	N2	0.22a	0.31a	0.04a	0.70a	1.62a	0.30a
	N3	0.21ab	0.31a	0.05a	0.72a	1.71a	0.26a
	N4	0.20b	0.29a	0.05a	0.74a	1.42a	0.26a
	N5	0.16c	0.22b	0.05a	0.52b	1.68a	0.28a
钝感型	N1	0.17bc	0.23a	0.05a	0.52a	1.55a	0.18a
	N2	0.19a	0.25a	0.04a	0.57a	1.70a	0.25a
	N3	0.18ab	0.26a	0.05a	0.49a	1.51a	0.16a
	N4	0.18abc	0.25a	0.04a	0.48a	1.40a	0.25a
	N5	0.17c	0.24a	0.04a	0.49a	1.41a	0.19a

注：表中数据为不同类型小麦品种的平均值。N1、N2、N3、N4、N5 分别表示铵态氮/硝态氮比例为 0∶100、25∶75、50∶50、75∶25、100∶0

同一类型品种同一列不同小写字母表示差异达 5%显著水平

表 4-24　不同氮素形态配比条件下小麦生长性状之间的相关分析

生长性状	株高/cm		单株分蘖数/个		单株干重/g		地下部干重/g	
	返青期	拔节期	返青期	拔节期	返青期	拔节期	返青期	拔节期
单株分蘖数/个	0.65	0.82*						
单株干重/g	0.81	0.69	0.87*	0.76				
地下部干重/g	0.57	0.63	0.67	0.68	0.78	0.96**		
叶面积指数	0.96**	0.82*	0.75	0.91*	0.86*	0.81*	0.77	0.76

*显著相关，**极显著相关

（二）不同氮素形态配比对小麦开花后干物质积累转运的影响

不同氮素形态配比对作物的生长发育有明显的影响。不同氮素形态配比虽然对小麦地上鲜重和干重无显著影响，但对叶面积有突出效果。硝态氮∶铵态氮配比为 50∶50 时，叶面积最大，而单供硝态氮和铵态氮时，叶面积较小。叶面积大小与光合作用和有机物质累积有密切关系，因而不同形态氮素配比处理明显影响了收获期生物产量和籽粒产量。收获期考种结果表明（表 4-25），并进生长阶段供给等比例铵态氮、硝态氮，收获时小麦地上部分生物量最高，籽粒产量也最高，而根冠比最小。特别值得注意的是，营养液中的铵态氮、硝态氮比例虽对根干重影响不大，却对根的分布有明显影响。单独供给铵态氮，根最长，差异显著，随着营养液中硝态氮比例增加，根长有减小趋势。这一结果表明，在溶液中，硝态氮仍是作物最好的利用形态，硝态氮浓度高时，分布不大的根系就可获得较为充足的氮素。

表 4-25 不同氮素形态配比对小麦成熟期生物量的影响

处理	根干重/（g/盆）	根长/cm	地上部/（g/盆）	根冠比	粒重/（g/盆）
N1	3.5	19.1	57.6	0.061	16.26
N2	3.53	19.1	51.9	0.068	22.14
N3	3.61	20.8	73.6	0.049	27.72
N4	3.15	21.9	58.1	0.054	16.58
N5	3.61	27.7	61.8	0.058	25.38

注：N1、N2、N3、N4、N5 分别表示铵态氮/硝态氮比例为 0∶100、25∶75、50∶50、75∶25、100∶0

三、不同氮素形态配比对小麦根系活力的影响

根系活力大小在一定程度上反映了作物吸收养分能力的强弱。一般情况下，根系活力越大，吸收养分的能力越强。根系活力的大小受多种因素的影响，其中氮素供应起着重要作用。图 4-9 表明，氮素形态显著影响着根系活力大小，仅施硝态氮肥时，小麦根系活力 5 个处理中最低，加以铵态氮肥后，根系活力升高，在铵硝比例为 50∶50 时根系活力达到最大值，之后随着铵态氮浓度的增加，根系活力显著下降。说明过高的铵态氮和硝态氮降低根系活力，会对小麦根系产生不利的影响。

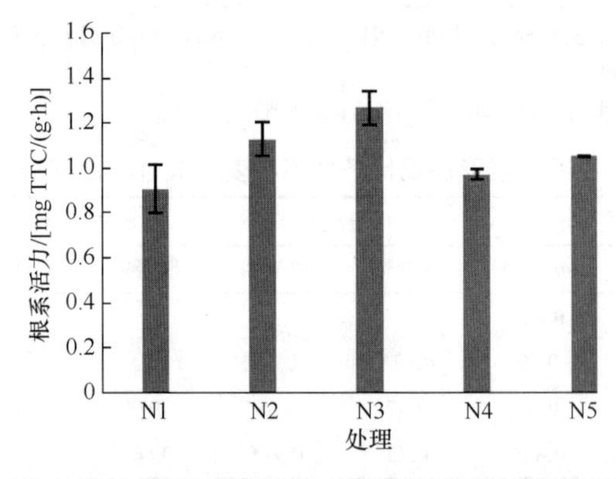

图 4-9 不同氮素形态配比对小麦根系活力的影响

N1、N2、N3、N4、N5 分别表示铵态氮/硝态氮比例为 0∶100、25∶75、50∶50、75∶25、100∶0

四、不同氮素形态配比对小麦产量构成因素的影响

从表 4-26 可以看出，不同氮素形态配比对参试小麦品种产量构成因素的影响具有显著差异，有效穗数、可孕小穗、穗粒数、千粒重均在不同氮素形态处理下差异显著，而穗长和不孕小穗无明显差异。‘郑麦 004’在硝铵比为 25∶75 时增产效果最为显著，而‘郑麦 366’在硝铵比为 100∶0 时产量最高。对‘郑麦 004’而言，相对其他处理，N2 处理的成穗数、千粒重均有不同程度增加；而‘郑麦 366’N5 处理穗粒数最高，分别比 N1、N2、N3 和 N4 增加 17.6%、48.1%、33.3%和 33.3%，但有效穗数最低，分别比 N1、N2、N3 和 N4 降低 52.0%、38.1%、31.9%和 10.6%。说明‘郑麦 004’在 N2 处理下主要促进有效穗数、千粒重的增加，从而使小麦增产，而‘郑麦 366’在 N5 处理下明显增加穗粒数，但有效穗数明显降低，在 N1 处理下则主要促进有效穗数的增加从而增加小麦产量。

表 4-26　不同氮素形态配比对参试小麦品种产量构成因素的影响

品种	铵态氮/硝态氮	有效穗数/（万穗/hm²）	可孕小穗/（个/穗）	不孕小穗/（个/穗）	穗粒数/（粒/穗）	穗长/cm	千粒重/g
郑麦 004	N1	553.82c	16.4a	2.4a	35bc	7.5a	45.0a
	N2	638.79ab	16.0a	2.0a	39ab	6.4a	44.2a
	N3	649.78a	16.3a	2.3a	37abc	6.6a	43.8a
	N4	609.20abc	18.1a	2.2a	40a	7.5a	41.7b
	N5	569.31bc	17.9a	1.7a	34c	8.1a	39.3c
郑麦 366	N1	653.58a	16.2ab	2.6a	34b	7.7a	50.4b
	N2	593.70ab	14.4c	2.5a	27c	7.4a	49.8b
	N3	567.01ab	14.8bc	2.5a	30bc	7.9a	51.4ab
	N4	475.24bc	15.1bc	2.8a	30bc	7.9a	50.8b
	N5	429.86c	17.4a	2.1a	40a	8.1a	52.8a
郑麦 9023	N1	645.28a	15.7a	2.8a	33a	8.7ab	51.7b
	N2	597.80ab	13.3b	3.4a	26b	8.1b	56.6a
	N3	556.01ab	14.7ab	3.3a	30ab	8.3ab	53.3b
	N4	563.81ab	14.7ab	2.9a	30ab	8.4ab	57.8a
	N5	530.02b	15.1a	3.7a	32a	9.0a	56.5a
周麦 22	N1	631.39ab	14.7b	2.0a	33b	6.4c	52.7b
	N2	653.08a	15.0b	1.8a	34ab	6.6c	51.6b
	N3	606.40abc	16.0ab	2.8a	38ab	7.5b	52.9ab
	N4	562.91bc	17.4a	2.0a	42a	8.1a	54.4a
	N5	533.82c	16.4ab	1.9a	41a	6.5c	52.7b
洛麦 23	N1	645.78ab	15.9a	3.8a	29ab	7.6a	44.2c
	N2	666.28a	13.7b	3.8a	26b	7.6a	45.8bc
	N3	649.78ab	15.2ab	2.7a	31a	7.5a	47.3b
	N4	569.81ab	15.7a	3.8a	28ab	7.7a	49.1a
	N5	549.82b	16.7a	3.5a	29ab	7.5a	46.1b
矮抗 58	N1	636.79a	16.4a	2.4a	29a	7.5a	49.3a
	N2	616.46ab	14.9ab	2.4a	29ab	7.4a	43.7b
	N3	604.60b	14.9ab	2.7a	29ab	7.1a	49.5a
	N4	565.31c	14.0b	2.9a	25b	7.3a	44.4b
	N5	558.51c	15.2ab	2.4a	28ab	7.1a	44.6b

注：表中数据为不同类型小麦品种的平均值。N1、N2、N3、N4、N5 分别表示铵态氮/硝态氮比例为 0∶100、25∶75、50∶50、75∶25、100∶0

同一类型品种同一列不同小写字母表示差异达 5%显著水平

由表 4-26 还可以看出，其他几个参试小麦品种在不同处理下产量及其构成因素的表现呈一定的规律。有效穗数‘郑麦 9023’和‘矮抗 58’均在 N1 处理下最高；而‘洛麦 23’和‘周麦 22’在 N2 处理下最高。说明在硝态氮肥的基础上增施适宜比例的铵态氮肥能够有效提高小麦穗数，而过量的铵态氮肥则显著降低小麦有效穗数，进而影响小麦产量。不同氮素形态配比处理对参试小麦品种千粒重的影响亦呈明显规律，‘郑麦 366’和‘郑麦 9023’N1 处理在有效穗数、产量增加的同时，千粒重却相对其他处理显著降低，而在成穗数、产量最低的 N5 处理下，千粒重却比其他处理显著增加。‘郑麦 004’和‘矮抗 58’的千粒重与产量、有效穗数在不同氮素形态配比处理下保持一致的增加或降低趋势，但其他参试小麦品种的千粒重均与有效穗数呈显著负相关。

表 4-26 还表明，不同氮素形态配比显著影响各参试小麦品种的穗粒数，‘郑麦 366’和‘郑麦 9023’在单施硝态氮肥时穗粒数最高，但有效穗数最低，表现为显著负相关。增加铵态氮的比例能够提高所有参试小麦品种的可孕小穗数，同时不同程度地增加了‘周麦 22’、‘矮抗 58’、‘洛麦 23’的穗粒数。

五、不同氮素形态配比对小麦氮素利用效率的影响

从表 4-27 可以看出，不同筋型小麦品种在不同氮素形态配比处理下氮素利用效率（NUE）、氮收获指数（NHI）和收获指数（HI）的表现不同，对氮素的吸收利用亦存在较大差异。‘郑麦 9023’在 N5 处理下的 NUE 和 NHI 最高，其中氮素利用效率比其他 4 个处理均高出 10%以上，NHI 分别比 N4、N3、N2、N1 高 5.6%、22.35%、22.0%、28.3%；‘郑麦 366’N2 处理的 NHI 和 HI 均高于其他处理，土壤中的氮素更多地被小麦吸收，地上部氮素积累量增加。由此可知，施用硝态氮肥能够提高强筋型小麦‘郑麦 9023’和‘郑麦 366’收获指数和氮收获指数，从而提高氮肥利用效率。对于‘郑麦 004’、‘矮抗 58’， N4 处理表现最为突出，HI 和 NUE 均显著高于其他处理，可见硝铵比为 25∶75 的氮素形态能够促进土壤中的氮素向地上部转运，而过量的铵态氮会抑制其转运和小麦对氮素的吸收。‘周麦 22’和‘洛麦 23’各指标的变化规律较为复杂，‘洛麦 23’在 N4 处理下 NUE 最高，‘周麦 22’在 N3 处理下 NUE 最高，说明适当比例的混合形态氮素营养比单一形态氮素营养更能促进‘周麦 22’和‘洛麦 23’对氮素的吸收利用。

表 4-27 不同氮素形态配比对小麦收获指数、氮素利用效率和氮收获指数的影响

品种	指标	处理				
		N1	N2	N3	N4	N5
郑麦 004	收获指数/%	31.77c	39.64b	39.45b	40.92a	39.96ab
	氮素利用效率/（kg/hm^2）	0.26c	0.28b	0.26c	0.28b	0.30a
	氮收获指数/%	32.39c	26.60d	35.53b	39.23a	31.36c
郑麦 366	收获指数/%	36.49c	31.36d	39.89b	29.66d	41.67a
	氮素利用效率/（kg/hm^2）	0.27c	0.28c	0.30b	0.32a	0.27c
	氮收获指数/%	33.76c	39.26a	32.32d	30.51e	37.74b
郑麦 9023	收获指数/%	36.82b	39.30a	38.71a	36.43b	39.09a
	氮素利用效率/（kg/hm^2）	0.27b	0.27b	0.27b	0.27b	0.30a
	氮收获指数/%	30.60d	32.18c	32.08c	37.16b	39.25a
周麦 22	收获指数/%	41.08a	42.66a	36.30c	39.10b	37.86bc
	氮素利用效率/（kg/hm^2）	0.29b	0.28b	0.33a	0.29b	0.28b
	氮收获指数/%	33.45b	29.81c	29.36c	32.87b	36.03a
洛麦 23	收获指数/%	29.20d	42.32a	39.18b	34.66c	37.98b
	氮素利用效率/（kg/hm^2）	0.29c	0.28d	0.31b	0.33a	0.27d
	氮收获指数/%	35.68c	36.09c	37.60b	41.32a	34.14d
矮抗 58	收获指数/%	29.28c	28.61c	32.99b	34.96a	34.41a
	氮素利用效率/（kg/hm^2）	0.27c	0.27c	0.27bc	0.30a	0.28b
	氮收获指数/%	34.08c	35.93b	38.89a	37.96a	33.69c

注：表中数据为不同类型小麦品种的平均值。N1、N2、N3、N4、N5 分别表示铵态氮/硝态氮比例为 0∶100、25∶75、50∶50、75∶25、100∶0

同一类型品种同一列不同小写字母表示差异达 5%显著水平

第三节 水分和氮素形态互作对小麦生长发育的影响

一、水分和氮素形态互作对小麦形态特性的影响

从表 4-28 中可以看出，不同水分和氮素形态对‘郑麦 9023’形态性状的影响存在差异性。在同一氮素形态条件下，随着水分的增加，株高、穗长有所增加，表现为 W1<W3<W2，穗下第一节间长 W1<W3<W2，但处理间差异不显著。说明随着灌水次数的增加，小麦株高、穗长也随之增加。在 W1 处理条件下，株高、穗长、穗下第一节间长在 3 种氮素形态之间差异不显著。在 W2 处理条件下，株高表现为 N3>N2>N1，穗长表现为 N2>N1>N3，穗下第一节间长 N2>N1>N3，N2、N1 之间差异不明显。在 W3 处理条件下，株高表现为 N2>N1>N3、穗长表现为 N2>N1>N3，N2、N1 之间差异不明显，穗下节长 N3>N1>N2，N3、N1 之间差异不明显。表明不同水分和氮素形态处理能够在一定程度上影响株高、穗长、穗下第一节间长。

表 4-28 水分和氮素形态互作对‘郑麦 9023’形态特性的影响

处理	株高/cm	穗长/cm	穗下节长/cm
W1N1	82.43dC	9.28cBC	26.73eD
W1N2	83.7dBC	9.58abcABC	28.37dC
W1N3	84.5cdBC	9.08cC	26.9eD
W2N1	87.12abcAB	9.97abAB	29.88bAB
W2N2	88.17abAB	10.13aA	30.82aA
W2N3	89.3aA	9.42bcABC	29.17bcdBC
W3N1	85.17bcdABCD	9.6abcABC	28.53cdC
W3N2	87.37abcAB	9.65abcABC	28.38dC
W3N3	84.82cdBC	9.2cBC	29.43bcBC

注：W1. 拔节期灌水一次；W2. 拔节期和孕穗期各灌水一次；W3. 拔节期、孕穗期和灌浆期各灌水一次。N1. 酰胺态氮；N2. 硝态氮；N3. 铵态氮

同一列不同小写和大写字母分别表示差异达 5%和 1%显著水平

二、水分和氮素形态互作对小麦干物质积累、分配、转运的影响

（一）水分和氮素形态互作对‘郑麦 9023’开花期器官干物质积累分配的影响

从表 4-29、表 4-30 可以看出，开花期干物质在各器官的分配以茎最多，其余依次为穗部营养体、鞘、其他叶和旗叶。在同一氮素形态处理下，随着水分的增加，各器官干物质积累量也有所增加。在 W1 处理条件下，各器官（除鞘外）干物质积累量表现为 N2>N3>N1，随着灌水次数的增加，旗叶和其他叶片积累的干物质占总干物质量的比例逐渐增加，茎、鞘、穗部营养体积累干物质的比例差异不明显。在 W2 处理条件下，开花期各器官（除旗叶、茎外）干物质积累及其占总干重比例表现为 N2>N1>N3。说明在拔节期和孕穗期灌水的条件下，施用硝态氮肥有利于开花期不同营养器官的干物质积累。

表 4-29　水分和氮素形态互作对‘郑麦 9023’开花期干物质积累量的影响（单位：g/株）

处理	旗叶	其他叶	茎	鞘	穗
W1N1	0.092	0.280	0.756	0.404	0.390
W1N2	0.106	0.336	0.830	0.387	0.452
W1N3	0.100	0.312	0.804	0.385	0.415
W2N1	0.126	0.312	0.685	0.366	0.427
W2N2	0.138	0.341	0.774	0.422	0.442
W2N3	0.129	0.322	0.801	0.405	0.427
W3N1	0.126	0.312	0.685	0.366	0.427
W3N2	0.138	0.341	0.774	0.422	0.442
W3N3	0.129	0.322	0.801	0.405	0.427

注：W1. 拔节期灌水一次；W2. 拔节期和孕穗期各灌水一次；W3. 拔节期、孕穗期和灌浆期各灌水一次。N1. 酰胺态氮；N2. 硝态氮；N3. 铵态氮

表 4-30　水分和氮素形态互作对‘郑麦 9023’开花期干物质分配的影响（单位：%）

处理	旗叶	其他叶	茎	鞘	穗
W1N1	4.59	13.88	37.74	20.17	19.47
W1N2	5.22	16.56	39.63	19.07	22.28
W1N3	4.96	15.47	41.15	19.08	20.56
W2N1	6.51	16.11	35.56	19.07	22.25
W2N2	6.57	16.26	38.44	19.93	20.88
W2N3	6.19	15.45	36.70	19.43	20.49
W3N1	6.57	16.26	35.56	19.07	22.25
W3N2	6.51	16.11	36.56	19.93	20.88
W3N3	6.19	15.45	38.44	19.43	20.49

注：W1. 拔节期灌水一次；W2. 拔节期和孕穗期各灌水一次；W3. 拔节期、孕穗期和灌浆期各灌水一次。N1. 酰胺态氮；N2. 硝态氮；N3. 铵态氮

（二）水分和氮素形态互作对‘郑麦 9023’成熟期干物质积累和分配的影响

从表 4-31、表 4-32 可以看出，不同水分和氮素形态处理对‘郑麦 9023’成熟期营养器官干物质积累量及其分配比例与开花期对应器官的干物质积累量及其分配比例有较大变化。在小麦籽粒成熟期，籽粒积累量和占总重的比例最大，茎、鞘、旗叶和其他叶积累量及所占总积累量的比例与开花期相比均大幅度降低，而穗部营养体积累量变化较小，但占总积累量的比例降低。在 W1 处理条件下，成熟期各器官干物质积累量表现为 N2>N1>N3；在 W2 处理条件下，成熟期各器官干物质积累量表现为 N2>N1>N3。说明开花后干物质主要积累在籽粒中，而茎、叶片、鞘有部分物质向外转运，增加灌水提高了籽粒干物质积累量，但降低了籽粒占总干物质量的比例。综合考虑单株籽粒积累量和籽粒占总干物质量比例，以 W2N2 处理表现最优。

表 4-31　水分和氮素形态互作对‘郑麦 9023’成熟期干物质积累量的影响（单位：g/株）

处理	旗叶	其他叶	茎	鞘	穗轴+颖壳	籽粒
W1N1	0.071	0.165	0.561	0.292	0.383	1.318
W1N2	0.090	0.172	0.631	0.334	0.438	1.365
W1N3	0.067	0.153	0.528	0.286	0.344	1.218
W2N1	0.088	0.184	0.674	0.308	0.404	1.376
W2N2	0.100	0.195	0.678	0.343	0.438	1.380
W2N3	0.079	0.158	0.661	0.291	0.381	1.355
W3N1	0.096	0.208	0.710	0.331	0.424	1.568
W3N2	0.088	0.197	0.681	0.322	0.404	1.446
W3N3	0.081	0.180	0.658	0.312	0.358	1.558

注：W1. 拔节期灌水一次；W2. 拔节期和孕穗期各灌水一次；W3. 拔节期、孕穗期和灌浆期各灌水一次。N1. 酰胺态氮；N2. 硝态氮；N3. 铵态氮

表 4-32　水分和氮素形态互作对‘郑麦 9023’成熟期干物质分配的影响（单位：%）

处理	旗叶	其他叶	茎	鞘	穗轴+颖壳	籽粒
W1N1	2.71	5.86	20.06	10.44	13.69	47.10
W1N2	2.99	5.89	11.10	11.11	14.57	45.39
W1N3	2.40	5.07	10.95	10.95	13.17	46.63
W2N1	2.94	6.15	10.30	10.30	13.51	46.00
W2N2	3.24	6.32	11.12	11.12	14.20	44.75
W2N3	2.66	5.32	9.80	9.80	12.84	26.62
W3N1	2.89	6.27	9.98	9.98	12.78	28.94
W3N2	2.80	6.24	10.21	10.21	12.81	27.90
W3N3	2.57	5.71	9.90	9.90	11.36	25.71

注：W1. 拔节期灌水一次；W2. 拔节期和孕穗期各灌水一次；W3. 拔节期、孕穗期和灌浆期各灌水一次。N1. 酰胺态氮；N2. 硝态氮；N3. 铵态氮

（三）水分和氮素形态互作对‘郑麦 9023’干物质转运及其对籽粒贡献率的影响

1. 水分和氮素形态互作对‘郑麦 9023’干物质转运的影响

小麦成熟期籽粒干物质的来源一部分是开花后生产的光合产物，一部分是开花前各营养器官积累的光合产物向籽粒的再分配。因此增加开花前光合产物的积累量及其向籽粒的运转量，并且提高开花后光合产物的同化量都能够增加小麦籽粒的产量。从表 4-33、表 4-34 可以看出，‘郑麦 9023’营养器官花前干物质的转运量以其他叶和茎最高，其次为鞘和旗叶，穗部营养体处理间差异较大。随着灌水次数的增加，‘郑麦 9023’营养器官花前干物质向籽粒转运量、转运率呈先增加后降低的趋势，以 W2 处理表现最优。说明只有适宜地灌水才能增加各营养器官花前干物质向籽粒的转运量、转运率。不同水分条件下氮素形态对营养器官干物质积累转运的影响不同。在 W1 处理条件下，茎、鞘、其他叶在 N1 处理条件下花前干物质转运量较大；在 W2 处理条件下，N2 处理茎花前干

物质向籽粒转运量最大；在W3处理条件下，N3处理旗叶、鞘、颖壳+穗轴花前干物质转运量最大，且其他叶花前干物质的转运率较大。穗部营养体是距籽粒最近的器官，也是营养物质直接进入籽粒的通道，在不同水分和氮素形态处理条件下其变异较大。说明水分和氮素形态互作能够影响‘郑麦9023’营养器官花前干物质的转运，以W1N3处理条件下‘郑麦9023’营养器官干物质转运量、转运率较优。

表4-33　水分和氮素形态互作对‘郑麦9023’营养器官花前干物质转运量的影响（单位：g/株）

处理	旗叶	其他叶	茎	鞘	颖壳+穗轴
W1N1	0.022	0.183	0.195	0.112	0.032
W1N2	0.039	0.108	0.173	0.053	0.014
W1N3	0.029	0.147	0.302	0.099	0.046
W2N1	0.041	0.154	0.011	0.075	0.023
W2N2	0.038	0.146	0.146	0.079	0.004
W2N3	0.047	0.138	0.140	0.097	0.049
W3N1	0.041	0.154	0.011	0.075	0.023
W3N2	0.038	0.146	0.146	0.079	0.004
W3N3	0.047	0.138	0.140	0.097	0.049

注：W1. 拔节期灌水一次；W2. 拔节期和孕穗期各灌水一次；W3. 拔节期、孕穗期和灌浆期各灌水一次。N1. 酰胺态氮；N2. 硝态氮；N3. 铵态氮

表4-34　水分和氮素形态互作对‘郑麦9023’营养器官花前干物质转运率的影响（单位：%）

处理	旗叶	其他叶	茎	鞘	颖壳+穗轴
W1N1	21.74	54.46	25.79	27.72	7.71
W1N2	36.79	38.57	21.52	13.70	3.10
W1N3	26.00	47.11	36.39	25.71	11.79
W2N1	31.78	49.36	16.06	20.49	5.39
W2N2	27.54	42.81	18.86	18.72	9.05
W2N3	37.30	42.86	17.48	23.95	11.40
W3N1	25.58	33.33	12.41	9.57	5.39
W3N2	41.30	42.22	12.02	23.70	4.07
W3N3	30.16	44.10	17.85	22.96	16.74

注：W1. 拔节期灌水一次；W2. 拔节期和孕穗期各灌水一次；W3. 拔节期、孕穗期和灌浆期各灌水一次。N1. 酰胺态氮；N2. 硝态氮；N3. 铵态氮

2. 水分和氮素形态互作对‘郑麦9023’干物质转运及其对籽粒贡献率的影响

从表4-35可以看出，随着灌水次数的增加，‘郑麦9023’营养器官花前干物质转运对籽粒的贡献率呈先增加后降低的趋势，以W2处理表现最优。说明只有适宜地灌水才能提高营养器官花前干物质转运对籽粒的贡献率。穗部营养体是距籽粒最近的器官，也是营养物质直接进入籽粒的通道，在不同水分和氮素形态处理条件下其变异较大。水分和氮素形态互作能够影响‘郑麦9023’营养器官花前干物质的转运，以W1N3处理条件下‘郑麦9023’营养器官干物质转运对籽粒的贡献率最大。

表 4-35　水分和氮素形态互作对‘郑麦 9023’花前干物质转运对籽粒贡献率的影响（单位：%）

处理	旗叶	其他叶	茎	鞘	颖壳+穗轴
W1N1	1.52	13.88	14.80	8.50	2.43
W1N2	2.86	7.91	12.67	3.88	1.03
W1N3	2.38	12.07	24.79	8.12	3.78
W2N1	2.98	11.19	8.00	5.45	1.67
W2N2	2.75	10.58	10.58	5.72	2.89
W2N3	3.47	10.18	10.33	7.16	3.62
W3N1	2.10	6.63	5.42	2.22	1.47
W3N2	3.94	9.96	6.43	6.91	1.24
W3N3	2.44	9.11	9.18	5.97	1.62

注：W1. 拔节期灌水一次；W2. 拔节期和孕穗期各灌水一次；W. 拔节期、孕穗期和灌浆期各灌水一次。N1. 酰胺态氮；N2. 硝态氮；N3. 铵态氮

由表 4-36 可以看出，不同水分和氮素形态处理条件下，‘郑麦 9023’花前干物质转运率为 14.59%～30.09%，花前干物质转运对籽粒的贡献率为 22.09%～51.55%，花后干物质积累对籽粒的贡献率为 48.85%～77.90%。在 W1 处理条件下，N3 处理花前贮存干物质转运量和转运干物质对籽粒的贡献率最大，但花后积累干物质对籽粒的贡献率最低。在 W3 处理条件下，N2 处理花前贮存干物质转运量和转运干物质对籽粒的贡献率最大，但花后积累干物质对籽粒的贡献率最低。说明水分和氮素形态互作对‘郑麦 9023’干物质积累和转运存在明显的调控效应，增加灌水花后积累量相应增加，花后积累干物质对籽粒的贡献率降低，而花前贮存干物质转运量、转运率及其对籽粒贡献率在不同水分和氮素形态互作条件下存在较大的变异，综合考虑花前贮存干物质转运状况和花前、花后的干物质对籽粒的贡献率，以 W2N3 处理最优。

表 4-36　水分和氮素形态互作对‘郑麦 9023’地上部总干物质积累转运的影响

处理	花前干物质转运量/（g/株）	花前干物质转运率/%	花前干物质转运贡献率/%	花后干物质积累量/（g/株）	花后干物质积累贡献率/%
W1N1	2.003	26.16	39.76	2.797	60.24
W1N2	2.029	19.07	28.35	3.007	71.65
W1N3	2.017	30.09	51.55	2.612	48.85
W2N1	1.919	15.84	22.09	2.991	77.90
W2N2	2.117	19.50	29.92	3.084	70.07
W2N3	2.081	22.48	34.54	2.968	65.24
W3N1	1.896	14.59	33.75	3.317	66.25
W3N2	2.117	23.29	34.09	3.070	65.91
W3N3	2.084	23.42	31.32	3.154	68.68

注：W1. 拔节期灌水一次；W2. 拔节期和孕穗期各灌水一次；W3. 拔节期、孕穗期和灌浆期各灌水一次。N1. 酰胺态氮；N2. 硝态氮；N3. 铵态氮

三、水分和氮素形态互作对小麦籽粒灌浆特性的影响

由表 4-37 可以看出，不同水分和氮素形态对‘郑麦 9023’籽粒灌浆速率的影响未表

现出显著的互作效应；对‘郑麦 004’籽粒灌浆速率的影响仅花后 21d 存在极显著互作效应。固定水分考察氮素形态对籽粒灌浆速率的影响，对于‘郑麦 004’而言，在 W2 处理条件下，N1 处理的灌浆速率在花后 14d 显著大于 N2 处理；在 W3 处理条件下，花后 21d、42d N2 处理均显著高于 N1、N3 处理。固定氮素形态考察水分对籽粒灌浆速率的影响，对于‘郑麦 004’而言，在 N1 处理条件下，W2 处理花后 21d 时极显著高于 W3 处理，花后 42d 极显著大于 W1、W3 处理；在 N2 处理条件下，花后 21d W2 处理显著小于 W3 处理，花后 42d W2 处理极显著大于 W1、W3 处理；在 N3 处理条件下，花后 35d W2 处理显著大于 W1 处理，花后 42d W2 处理显著大于 W3 处理。方差分析结果表明，对于‘郑麦 004’而言，水分处理间花后 35d 差异显著，花后 42d 差异达极显著水平；氮素形态处理间花后 14d 差异显著；水氮互作间在花后 21d 达极显著水平。说明在本试验条件下，水分和氮素形态互作对‘郑麦 9023’籽粒灌浆速率无显著影响，而对‘郑麦 004’籽粒灌浆速率存在一定的互作效应，且水分调控效应大于氮素形态效应。

表 4-37　水分和氮素形态互作对小麦籽粒灌浆速率的影响（单位：mg/d）

品种	处理	花后天数/d					
		7	14	21	28	35	42
郑麦 9023	W1N1	0.72abA	1.11aA	2.71aA	1.55abA	0.74aA	0.92abA
	W1N2	0.83aA	1.25aA	2.56aA	1.6abA	0.67aA	1abA
	W1N3	0.8abA	1.3aA	2.47aA	1.19bA	1.07aA	0.35bA
	W2N1	0.72abA	1.02aA	2.57aA	1.55abA	0.88aA	0.38bA
	W2N2	0.7bA	1.11aA	2.45aA	1.65abA	1.32aA	1.15abA
	W2N3	0.75abA	1.16aA	2.59aA	2.01aA	1.19aA	0.67abA
	W3N1	0.72abA	1.02aA	2.69aA	1.41abA	1.08aA	0.48abA
	W3N2	0.7bA	1.11aA	2.58aA	1.51abA	0.85aA	0.69abA
	W3N3	0.75abA	1.16aA	2.56aA	1.34abA	1.37aA	1.5aA
	W	2.66	1.68	0.2	2.19	1.58	0.24
	N	1.02	2.17	0.7	0.15	1.56	1.11
	W×N	1.03	0.03	0.24	1.27	0.75	2.63
郑麦 004	W1N1	0.9aA	1.61abA	1.29abcAB	0.85aA	0.15bA	0.27cBC
	W1N2	0.93aA	1.43abA	1.08bcAB	1.5aA	0.12bA	0.3cBC
	W1N3	0.94aA	1.58abA	1.17bcAB	1.58aA	0.14bA	0.33bcBC
	W2N1	0.87aA	1.74aA	1.72aA	1.01aA	0.41abA	0.92aA
	W2N2	0.97aA	1.36bA	0.87cB	1.43aA	0.53abA	0.93aA
	W2N3	0.97aA	1.41abA	0.89cB	1.47aA	0.88aA	0.66abABC
	W3N1	0.87aA	1.78aA	0.91cB	1.61aA	0.44abA	0.27cBC
	W3N2	0.97aA	1.42abA	1.49abAB	0.82aA	0.68abA	0.69aAB
	W3N3	0.97aA	1.57abA	0.92cB	1.1aA	0.62abA	0.12cC
	W	0.32	0.43	0.15	0.13	5.53*	25.59**
	N	1.9	5.64*	2.61	0.29	0.91	4.33
	W×N	0.56	0.48	5.13**	1.28	0.55	2.36

注：W1. 拔节期灌水一次；W2. 拔节期和孕穗期各灌水一次；W3. 拔节期、孕穗期和灌浆期各灌水一次。N1. 酰胺态氮；N2. 硝态氮；N3. 铵态氮

同一列不同小写和大写字母分别表示差异达 5%和 1%显著水平；*表示显著，**表示极显著

四、水分和氮素形态互作对小麦产量构成因素的影响

（一）水分和氮素形态互作对强筋小麦‘郑麦 9023’产量及其构成因素的影响

由表 4-38 可以看出，不同水分和氮素形态对‘郑麦 9023’产量及其构成因素的影响规律不同。固定氮素形态考察水分对产量的影响，有效穗数、穗粒数和产量都均表现为 W3>W2>W1，3 种水分处理间差异显著，但千粒重表现为 W1>W3>W2。固定水分考察氮素形态对产量的影响，穗粒数和千粒重 N3 处理均高于 N2 和 N1 处理。从互作效应来看，W3N3 处理虽然千粒重低于 W1 情况下的 3 种氮素形态处理，但差异不显著，而有效穗数、穗粒数和产量均最高，从提高产量方面考虑是最优的水分和氮素形态组合。说明增加灌水可改善产量构成因素中的有效穗数和穗粒数，从而提高产量，而施用铵态氮肥有利于改善产量构成因素和提高小麦产量。在小麦生产上，可通过合理运筹水分和氮素形态肥料调控‘郑麦 9023’产量。

表 4-38　水分和氮素形态互作对‘郑麦 9023’产量及其构成因素的影响

处理	有效穗数/（万穗/hm^2）	穗粒数/粒	千粒重/g	籽粒产量/（kg/hm^2）
W1N1	247.7dC	22cC	45.2abA	3691dC
W1N2	240.6dC	23cC	45.9aA	3811dC
W1N3	239.8dC	23cC	46.3aA	3831dC
W2N1	339.6bcB	28bB	40.4bcC	5235cB
W2N2	348.2bB	28bB	39.1cC	5391cB
W2N3	343.3bcB	29abB	40.7bcC	5508cB
W3N1	345.9bB	30aA	43.6bB	5897bcB
W3N2	357.2aA	31aA	43.6bB	6122bB
W3N3	355.7aA	31aA	44.8abAB	6428aA

注：W1. 拔节期灌水一次；W2. 拔节期和孕穗期各灌水一次；W3. 拔节期、孕穗期和灌浆期各灌水一次。N1. 酰胺态氮；N2. 硝态氮；N3. 铵态氮

同一列不同小写和大写字母表示差异达 5%和 1%显著水平

（二）水分和氮素形态互作对弱筋小麦‘郑麦 004’产量及其构成因素的影响

由表 4-39 可以看出，‘郑麦 004’在施酰胺态氮肥的条件下，W2 处理有效穗数最高，但与 W3 处理差异不显著，而在施铵态氮和硝态氮肥的条件下均表现为 W3 处理最优；穗粒数在施用 3 种氮素形态肥的条件下均以 W3 处理最高；千粒重施酰胺态氮肥条件下 W3 处理最高，而施铵态氮和硝态氮条件下均以 W1 处理最高；产量在施铵态氮和酰胺态氮肥条件下 W3 处理最高。固定水分考察氮素形态对产量及其构成因素的影响，3 种灌水条件下 N1 处理有效穗数和穗粒数最优（W3 处理除外），而 N3 处理千粒重较优。在 W1 条件下，N3 处理产量最高，而在 W2、W3 条件下 N1 处理产量最高。综合来看，W3N1 处理虽有效穗数低于 W2N1 和千粒重低于 W1N3 处理，但差异并不显著，而 W3N1 处理穗粒数显著高于其他处理，是有利于‘郑麦 004’产量提高的最优水分和氮素形态组合。

表 4-39 水分和氮素形态互作对‘郑麦 004’产量及其构成因素的影响

处理	有效穗数/（万穗/hm²）	穗粒数/粒	千粒重/g	籽粒产量/（kg/hm²）
W1N1	594.6abA	37dC	39.7aA	5653cA
W1N2	577.1dA	34eE	40.1aA	5656cA
W1N3	587.4bcA	28dC	41.8aA	5709cA
W2N1	611.6aA	41bA	38.9aA	6065abA
W2N2	597.6abA	40dC	39.6aA	6040abA
W2N3	592.6abA	35dC	40.6aA	5740cA
W3N1	605.7aA	46aA	40.4aA	6186aA
W3N2	632.6abA	35cB	38.6aA	5786bcA
W3N3	600.12abA	37cB	44.9aA	6076abA

注：W1. 拔节期灌水一次；W2. 拔节期和孕穗期各灌水一次；W3. 拔节期、孕穗期和灌浆期各灌水一次。N1. 酰胺态氮；N2. 硝态氮；N3. 铵态氮

同一列不同小写和大写字母表示差异达 5%和 1%显著水平

五、水分和氮素形态互作对小麦氮素利用效率的影响

（一）水分和氮素形态互作对‘郑麦 9023’植株氮素转运的影响

由表 4-40 可以看出，不同水分和氮素形态对‘郑麦 9023’植株氮素转运的影响呈明显规律。花前贮存氮素转运对小麦籽粒氮的贡献率为 61.08%～70.48%。在同一氮素形态下，花前转运氮素贡献率表现为 W3>W2>W1，表明在一定灌溉量条件下，增加灌水次数和灌水量有利于小麦花前营养器官氮素的转运，提高了小麦花前贮存氮素转运率及其对籽粒氮素的贡献率；但花后同化氮素量、花后同化氮对籽粒氮的贡献率随着水分的增加呈降低趋势，说明随水分的增加，减少了花后氮素的积累，从而降低了花后同化氮素对籽粒的贡献率。在仅灌拔节水（W1）的条件下，铵态氮处理（N3）花前贮存氮素转运量、转运氮素贡献率、花前贮存氮素转运率高于硝态氮（N2）和酰胺态氮（N1），而 N2 和 N1 之间花前贮存氮素转运量、转运氮素贡献率、花前贮存氮素转运率无显著差异。N1、N2 处理花后同化氮素量、花后同化氮对籽粒氮的贡献率高于 N3 处理，而 N1 和 N2 处理间花后同化氮素量，花后同化氮对籽粒氮的贡献率的差异不明显。在灌拔节水+孕穗水（W2）的条件下，花后同化氮素量，花后同化氮对籽粒氮的贡献率 N2>N1>N3，而 N1 和 N2 处理间花后同化氮素量、花后同化氮对籽粒氮的贡献率差异不明显；硝态氮处理花前贮存氮素转运量、花前贮存氮素转运率高于酰胺态氮和铵态氮处理，N1 和 N3 处理花前贮存氮素转运量、花前贮存氮素转运率差异不明显，转运氮素对籽粒氮贡献率为 N3>N1>N2。在灌拔节+孕穗+灌浆水（W3）处理下，N2 处理花前贮存氮素转运量、花前贮存氮素转运率高于 N3 和 N1 处理，转运氮素对籽粒氮贡献率 3 种氮素形态之间无显著差异；N2、N3 处理花后同化氮素量高于 N1 处理，N2、N3 处理花后同化氮素量差异不显著，花后同化氮对籽粒氮的贡献率 N3>N2>N1。

表 4-40　水分和氮素形态互作对‘郑麦 9023’花后植株氮素转运和同化的影响

处理	花前贮存氮素转运量/（mg/株）	花前贮存氮素转运率/%	花前贮存氮素转运贡献率/%	花后同化氮素量/（mg/株）	花后同化氮贡献率/%
W1N1	5.10	76.92	61.08	3.25	38.92
W1N2	5.10	78.95	61.15	3.24	38.85
W1N3	5.38	81.89	65.13	2.88	34.87
W2N1	5.65	77.50	67.66	2.70	32.34
W2N2	5.74	78.73	67.21	2.80	32.79
W2N3	5.71	77.48	68.80	2.59	31.20
W3N1	5.61	76.95	70.48	2.35	29.52
W3N2	5.83	79.97	70.24	2.47	29.76
W3N3	5.74	77.88	70.17	2.44	29.83

注：W1. 拔节期灌水 75mm；W2. 拔节期和孕穗期各灌水 75mm；W3. 拔节期、孕穗期和灌浆期各灌水 75mm。N1. 酰胺态氮（NH_2CONH_2）；N2. 硝态氮（$NaNO_3$）；N3. 铵态氮（NH_4HCO_3）

（二）水分和氮素形态互作对‘郑麦 9023’营养器官氮素转运的影响

从表 4-41 可以看出，不同水分和氮素形态对‘郑麦 9023’不同器官花前贮存氮素转运量的影响不同，总体上看，叶（旗叶、其他叶）最高，穗轴+颖壳次之，茎鞘最低。在同一氮素形态下，不同器官花前贮存氮素转运量均随灌水次数的增加而增加，即旗叶、鞘花前贮存氮素转运量为 W3>W2>W1。旗叶、其他叶花前贮存氮素转运量，不同水分处理条件下 3 种氮素形态处理之间差异不显著。在 W1 处理条件下，茎、花前贮存氮素转运量表现为 N3>N1>N2。在 W2 处理条件下，茎花前贮存氮素转运量在 N3 处理下最大，N1 和 N2 处理之间差异不明显；穗轴+颖壳花前贮存氮素转运量在 N2 处理下最小，N3 和 N1 处理之间差异不明显。在 W3 处理条件下，旗叶和鞘花前贮存氮素转运量以 N2 处理最高，N1 和 N3 处理之间差异不明显。

表 4-41　水分和氮素形态互作对‘郑麦 9023’营养器官花前贮存氮素转运量的影响（单位：mg/茎）

处理	旗叶	其他叶	茎	鞘	颖壳+穗轴
W1N1	1.90	1.51	0.43	0.43	0.83
W1N2	1.97	1.40	0.42	0.54	0.77
W1N3	1.95	1.60	0.49	0.52	0.82
W2N1	2.06	1.55	0.54	0.62	0.88
W2N2	2.18	1.57	0.48	0.72	0.79
W2N3	2.02	1.55	0.68	0.62	0.84
W3N1	2.09	1.52	0.53	0.66	0.81
W3N2	2.22	1.55	0.52	0.74	0.80
W3N3	2.11	1.58	0.64	0.66	0.75

注：W1. 拔节期灌水 75mm；W2. 拔节期和孕穗期各灌水 75mm；W3. 拔节期、孕穗期和灌浆期各灌水 75mm。N1. 酰胺态氮（NH_2CONH_2）；N2. 硝态氮（$NaNO_3$）；N3. 铵态氮（NH_4HCO_3）

（三）水分和氮素形态互作对‘郑麦 9023’营养器官花前贮存氮素转运及其籽粒贡献率的影响

从表 4-42 可以看出，旗叶、其他叶、穗轴+颖壳花前贮存氮素转运率高，其次是茎和鞘，不同处理之间旗叶花前贮存氮素转运率差异不明显。在同一氮素形态下，旗叶花前贮存氮素转运率W3>W2>W1（N3除外），其他叶花前贮存氮素转运率为W1处理最高（N2除外），W2、W3处理之间差异不显著；茎花前贮存氮素转运率W1处理最低，W2、W3处理之间差异不显著；鞘花前贮存氮素转运率为W3>W2>W1（N3除外），穗轴+颖壳N1、N2处理下花前贮存氮素转运率为W1>W3>W2。说明增加灌水促进了旗叶和鞘花前氮素的转运，而阻滞了其他叶、茎和穗轴+颖壳中氮素向籽粒中的转运。固定水分考察不同氮素形态处理，在W1处理条件下，旗叶、其他叶、茎、鞘花前贮存氮素转运率为N3>N2>N1；在W2处理条件下，旗叶、其他叶花前贮存氮素转运率为N2>N1>N3；茎花前贮存氮素转运率以N3处理最大，N1、N2处理之间差异不明显；鞘花前贮存氮素转运率为N2>N3>N1，穗轴+颖壳花前贮存氮素为N1>N3>N2。在W3处理条件下，旗叶、其他叶、茎、鞘花前贮存氮素转运率为N2>N3>N1。说明不同氮素形态对‘郑麦9023’营养器官花前氮素转运的影响因水分条件而异，干旱或节水（W1和W2）条件下铵态氮能够促进营养器官中的氮素向籽粒中转运，而在灌浆期灌水的条件下，硝态氮则有利于花前贮存氮素的转运。

表4-42　水分和氮素形态互作对‘郑麦9023’营养器官花前贮存氮素转运率的影响（单位：%）

处理	旗叶	其他叶	茎	鞘	颖壳+穗轴
W1N1	82.97	77.04	64.18	60.56	83.00
W1N2	84.91	80.00	67.74	68.35	78.57
W1N3	85.90	83.33	74.24	70.27	83.67
W2N1	84.42	76.35	67.50	65.96	81.48
W2N2	85.49	80.10	66.67	73.47	73.15
W2N3	82.11	74.52	76.40	68.88	80.77
W3N1	85.66	74.88	66.25	70.21	75.00
W3N2	87.06	79.04	72.22	75.51	74.07
W3N3	85.77	75.96	71.91	73.33	72.11

注：W1. 拔节期灌水75mm；W2. 拔节期和孕穗期各灌水75mm；W3. 拔节期、孕穗期和灌浆期各灌水75mm。N1. 酰胺态氮（NH_2CONH_2）；N2. 硝态氮（$NaNO_3$）；N3. 铵态氮（NH_4HCO_3）

从表4-43可以看出，不同水分和氮素形态对‘郑麦9023’营养器官花前贮存氮素转运对籽粒氮素的贡献率以旗叶最高，穗轴+颖壳其次，鞘、茎再次，说明‘郑麦9023’花前氮素的转运主要来源于叶片。在W1处理条件下，N2处理旗叶花前贮存氮素对籽粒氮素贡献率最大，N1和N3处理之间差异不显著，其他叶花前贮存氮素对籽粒氮素贡献率为N3>N1>N2；穗轴+颖壳花前贮存氮素对籽粒氮素贡献率硝态氮处理最小，N1和N3之间差异不显著。在W2处理条件下，旗叶花前贮存氮素对籽粒氮素贡献率N2处理最大，N1和N3处理之间差异不显著；穗轴+颖壳花前贮存氮素对籽粒氮素贡献率为N1>N3>N2。在W3处理条件下，旗叶花前贮存氮素对籽粒氮素贡献率N3低于N1和N2处理；穗轴+颖壳花前贮存氮素对籽粒氮素贡献率表现为N1>N2>N3。说明不同水分和氮素形态条件下‘郑麦9023’花前贮存氮素对籽粒氮素的贡献率存在明显差异，硝态氮干旱时显著提高旗叶花前贮存氮素对籽粒氮素贡献率，但在适宜供水条件下明显降低了旗叶中氮素向籽粒中转运率，在灌拔节和孕穗水的条件下硝态氮有利于提高贮存氮素对籽粒氮素的贡献率。

表 4-43　水分和氮素形态互作对‘郑麦 9023’营养器官花前贮存氮素对籽粒的贡献率（单位：%）

处理	旗叶	其他叶	茎	鞘	颖壳+穗轴
W1N1	22.75	18.08	5.15	5.15	9.94
W1N2	23.62	16.79	5.04	6.47	9.23
W1N3	23.61	19.37	5.93	6.30	9.93
W2N1	24.67	18.56	6.47	7.42	10.54
W2N2	25.53	18.38	5.62	8.43	9.25
W2N3	24.34	18.67	8.19	7.47	10.12
W3N1	26.26	19.10	6.66	8.29	10.18
W3N2	26.75	18.68	6.27	8.92	9.64
W3N3	25.79	19.31	7.82	8.07	9.17

注：W1. 拔节期灌水 75mm；W2. 拔节期和孕穗期各灌水 75mm；W3. 拔节期、孕穗期和灌浆期各灌水 75mm。N1. 酰胺态氮（NH_2CONH_2）；N2. 硝态氮（$NaNO_3$）；N3. 铵态氮（NH_4HCO_3）

参 考 文 献

曹翠玲，李生秀. 2003. 氮素形态对小麦中后期的生理效应. 作物学报, 29(2): 258-262

罗来超，苗艳芳，李生秀，等. 2013. 氮素形态对小麦幼苗生长及根系生理特性的影响. 河南科技大学学报(自然科学版), 34(4): 81-85

马新明，王志强，王小纯，等. 2004. 氮素形态对不同专用型小麦根系及氮素利用率影响的研究. 应用生态学报, 15(4): 655-658

苗艳芳，李生秀，徐晓峰，等. 2014. 冬小麦对铵态氮和硝态氮的响应. 土壤学报, 51(3): 564-574

邱慧珍，张福锁. 2003. 氮素形态对不同磷效率基因型小麦生长和氮素吸收及基因型差异的影响. 土壤通报, 34(6): 533-538

孙敏，郭文善，孙陶芳，等. 2007. 氮素形态对小麦根系特性影响的初步研究. 扬州大学学报(农业与生命科学版), 28(1): 54-58

第五章　氮素形态对小麦衰老特性的影响

第一节　不同氮素形态对小麦衰老特性的影响

一、不同氮素形态对小麦非酶保护性物质的影响

（一）不同氮素形态对小麦花后旗叶超氧阴离子产生速率的影响

植物衰老的过程实质上是活性氧代谢失调累积的过程。活性氧是反应极强的一类含氧小分子化合物的总称，超氧阴离子（$O_2^-\cdot$）是其最重要的组成部分，主要来源于线粒体、叶绿体和一些酶促反应。当活性氧累积时，易与细胞中众多的生物分子发生反应，使它们失去活性，造成机体损伤，引起衰老，因此常用超氧阴离子来表征活性氧代谢，从而考察植物的衰老特性。由图 5-1 可知，不同筋型小麦品种超氧阴离子产生速率的变化趋势不同。‘郑麦 9023’花后 0～21d 超氧阴离子产生速率缓慢增加，花后 21～28d 迅速降低，之后又迅速升高；‘郑麦 004’则呈现持续上升的变化趋势，花后 0～21d 超氧阴离子产生速率增加缓慢，花后 21d 后迅速上升。不同氮素形态处理间比较，就‘郑麦 9023’而言，N3 处理超氧阴离子产生速率一直处于较低水平，且在花后 0d、14d、21d、35d 显著低于 N2 处理。就‘郑麦 004’而言，除花后 21d 和花后 35d N1 处理超氧阴离子产生速率显著低于 N2 和 N3 处理外，其他时期均以 N2 处理较低。说明施铵态氮肥能有效降低强筋小麦‘郑麦 9023’超氧阴离子产生速率，而施硝态氮肥在灌浆前期、施酰胺态氮肥在灌浆后期对降低弱筋小麦‘郑麦 004’超氧阴离子产生速率较为有利。

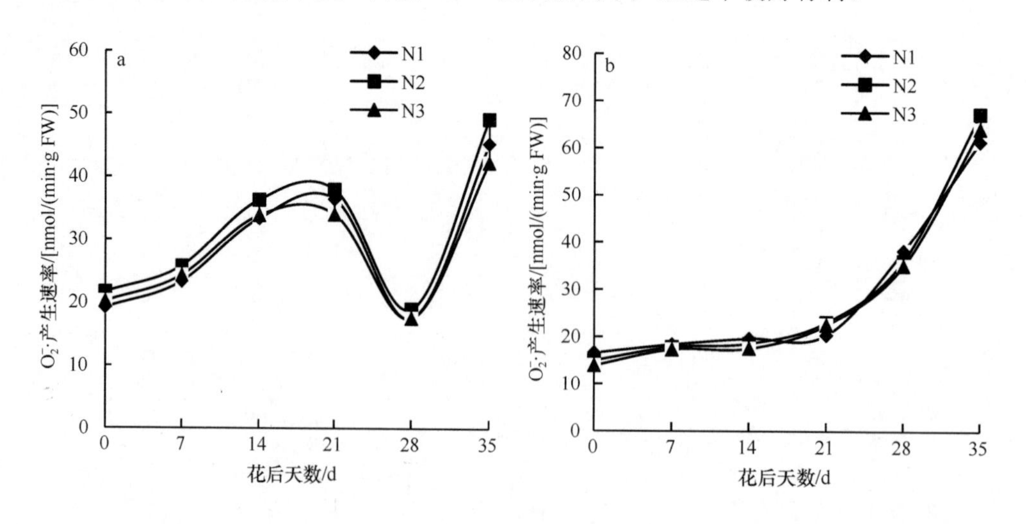

图 5-1　不同氮素形态对‘郑麦 9023’（a）和‘郑麦 004’（b）花后旗叶 $O_2^-\cdot$产生速率的影响

N1. 酰胺态氮；N2. 硝态氮；N3. 铵态氮

（二）不同氮素形态对小麦花后旗叶游离脯氨酸含量的影响

脯氨酸是植物蛋白质的组分之一，并可以游离状态广泛存在于植物体中，除作为植物细胞质内渗透调节物质外，还在稳定生物大分子结构、降低细胞酸性、解除氨毒及作为能量库调节细胞氧化还原势等方面起重要作用，其含量在一定程度上反映了植物的抗逆性。另外，由于脯氨酸亲水性极强，能稳定原生质胶体及组织内的代谢过程，有防止细胞脱水的作用。在植物衰老的过程中，游离脯氨酸含量的高低在一定程度上反映了细胞的稳定性和代谢强弱。由图 5-2 可知，‘郑麦 9023’旗叶游离脯氨酸含量总体呈先升后降的变化趋势，花后 0～7d 各处理游离脯氨酸含量迅速升高，花后 7d 之后下降。‘郑麦 004’变化趋势与‘郑麦 9023’略有不同，‘郑麦 004’旗叶游离脯氨酸含量达到峰值的时间较‘郑麦 9023’延迟 14d，花后 0～7d 不同氮素形态处理旗叶游离脯氨酸含量均有所降低，花后 7～21d 迅速升高，开花 21d 后又迅速降低。不同氮素形态处理之间比较，‘郑麦 9023’除花后 21d、28d N3 处理游离脯氨酸含量显著高于 N2 和 N1 处理外，整个灌浆期 N3 处理旗叶游离脯氨酸含量均较低，并在花后 7d、14d 时极显著低于 N2 处理。‘郑麦 004’花后 0～14d N2 处理显著高于 N1 和 N3 处理，N1 和 N3 处理间无差异。说明‘郑麦 9023’施用铵态氮肥，‘郑麦 004’施用酰胺态氮肥能有效降低灌浆期旗叶游离脯氨酸含量，使小麦在衰老过程中受外界环境胁迫的影响减小，有利于延缓衰老。

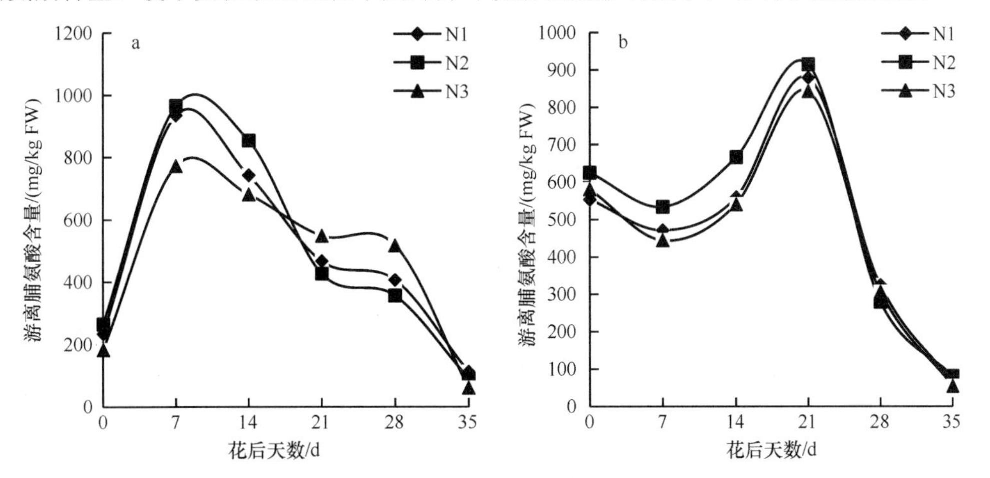

图 5-2　不同氮素形态对‘郑麦 9023’（a）和‘郑麦 004’（b）花后旗叶游离脯氨酸含量的影响

N1. 酰胺态氮；N2. 硝态氮；N3. 铵态氮

（三）不同氮素形态对小麦花后旗叶丙二醛（MDA）含量的影响

丙二醛（MDA）是膜脂过氧化作用的最终分解产物，其含量可以反映植物遭受逆境伤害的程度，MDA 的积累可对膜和细胞造成一定的伤害。植物体通过酶系统与非酶系统产生超氧阴离子攻击生物膜中的不饱和脂肪酸后，引发脂质过氧化作用，形成 MDA 等脂质过氧化物。植物体内的丙二醛含量与其体内的脂质过氧化程度密切相关，MDA 含量的升高说明膜脂过氧化作用加强，衰老加速。图 5-3a 和图 5-3b 表明，不同氮素形态对小麦花后旗叶 MDA 含量具有一定的影响，花后 28d 前一直保持较低水平，之后迅速上升。就‘郑麦 9023’而言，N3 处理旗叶 MDA 含量一直处于较低水平，但花后 14d 后不同氮素形态处理间差异不显著。‘郑麦 004’花后 0～21d 各处理间差异显著，除花后 14d 表现为 N1 处理最高外，其他时期 N1 处理均较低。说明‘郑麦 9023’施用铵态氮肥，‘郑麦 004’施用酰胺态氮肥能够降低灌浆期旗叶 MDA 含量，有效地延缓旗叶的衰老，对小麦籽粒灌浆的顺利进行和产量的形成有利。

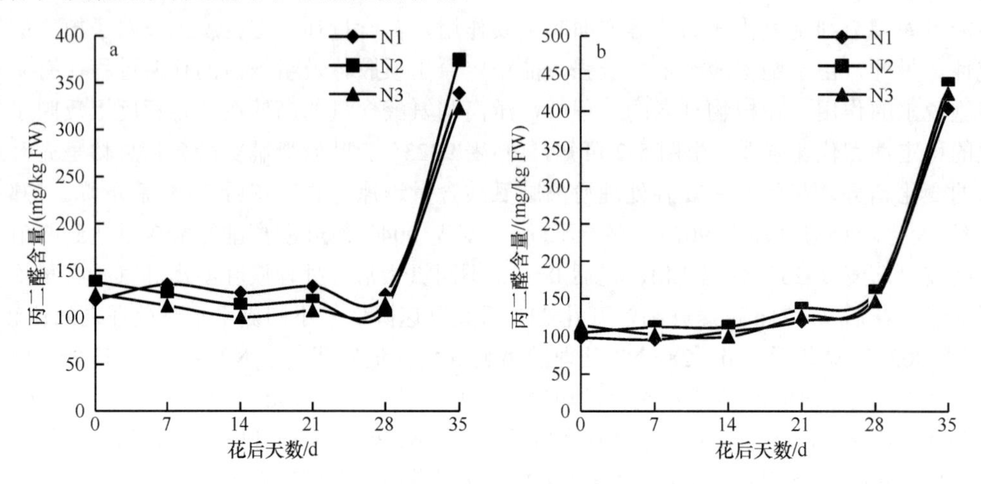

图 5-3　不同氮素形态对‘郑麦 9023’（a）和‘郑麦 004’（b）花后旗叶 MDA 含量的影响

N1．酰胺态氮；N2．硝态氮；N3．铵态氮

（四）不同氮素形态对小麦根系可溶性蛋白、游离氨基酸和可溶性糖含量的影响

蛋白质是生物体内最重要、功能最复杂的生物大分子，参与了几乎所有的生命活动及过程。氨基酸作为蛋白质的基本组成单位，其结构组成、生物化学性质等都将决定着最终所合成的蛋白质的特性和重要功能。氨基酸不仅参与了植物体内的氮代谢途径及碳氮平衡的调节，而且在植物初级和次级代谢中也发挥着重要功能，尤其是一些氨基酸作用于氮源的同化和源库转换，另一些则是次生代谢产物（如激素植物防御相关物质等）合成的前体，在植物营养、生长发育、调控及在应对某些非生物胁迫等方面都具有不可或缺的作用。植物中可溶性糖，不仅为植物的生长发育提供能量和代谢中间产物，而且具有信号功能，在植物的生命周期中具有重要作用，被认为是植物生长发育和基因表达的重要调节因子。由表 5-1 可知，小麦根系可溶性蛋白含量以铵态氮处理最高，显著高于硝态氮和酰胺态氮处理。可溶性糖含量铵态氮处理最低，显著低于硝态氮处理，酰胺态氮处理居于铵态氮处理和硝态氮处理之间，且与二者间差异均不显著。游离氨基酸含量硝态氮处理最低，显著低于铵态氮和酰胺态氮处理，后二者间差异不显著。说明硝态氮处理氮素吸收多，转化快，可溶性蛋白含量低，而可溶性糖含量高，地上转移到地下的光合产物多，利于根系生长及增重。

表 5-1　不同氮素形态对小麦根系可溶性蛋白、可溶性糖和游离氨基酸含量的影响

氮素形态	可溶性蛋白含量/（g/kg FW）	可溶性糖含量/（g/kg FW）	游离氨基酸含量/（mg/kg FW）
酰胺态氮	2.82b	33.53ab	312.4a
硝态氮	2.83b	41.04a	124.9b
铵态氮	3.76a	23.17b	362.3a
混合态氮	3.09a	26.82bc	123.3b

二、不同氮素形态对小麦保护性酶活性的影响

在衰老过程中，小麦体细胞内自由基产生和消除的平衡会遭到破坏，导致积累的自由基对细胞膜系统造成伤害，而自由基的产生和消除由细胞中的保护系统所控制，超氧化物歧化酶作为清除自由基的保护系统酶，较好地反映了小麦的衰老代谢特性。由图 5-4 可知，不同筋型的小麦品种花后旗叶 SOD 活性的变化趋势不同。就‘郑麦 9023’而言，花后 0～14d 旗叶 SOD 活性呈上升趋势，开花 14d 之后逐渐降低；‘郑麦 004’旗叶 SOD 活性表现为花后 0～7d 上升，花后 7～14d 下降，花后 14～21d 再次上升，开花 21d 之后一直下降的趋势。不同氮素形态处理间比较，就‘郑麦 9023’而言，除花后 21d 外，N3 处理旗叶 SOD 活性一直处于较高水平，且在花后 0d、28d、35d 时极显著高于 N1 处理。就‘郑麦 004’而言，N1 处理花后旗叶 SOD 活性一直高于 N2 和 N3 处理，且在多数时期达到显著或极显著水平。说明施铵态氮有效增加了强筋小麦‘郑麦 9023’花后旗叶 SOD 活性，而施酰胺态氮提高了弱筋小麦‘郑麦 004’花后旗叶 SOD 活性，有利于较好地清除衰老过程中产生的活性氧自由基，从而延缓衰老。

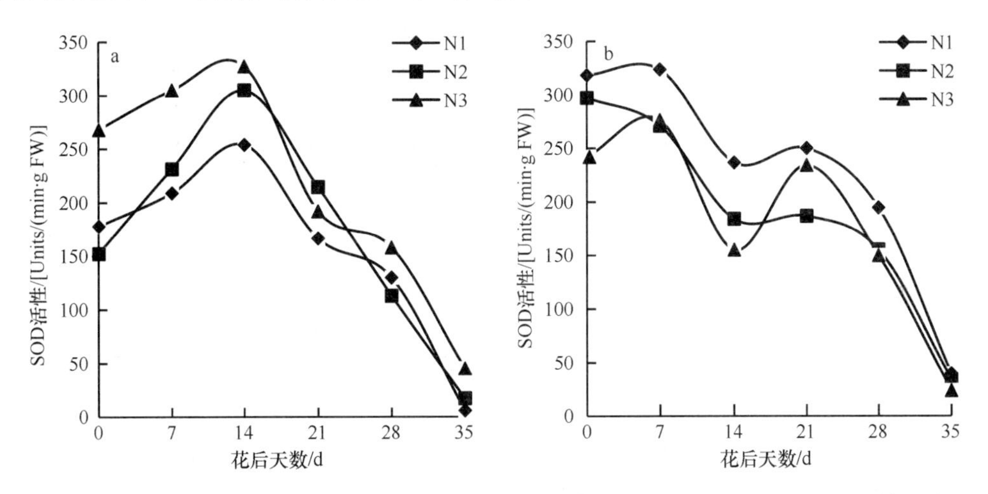

图 5-4　不同氮素形态对‘郑麦 9023’（a）和‘郑麦 004’（b）花后旗叶 SOD 活性的影响
N1. 酰胺态氮；N2. 硝态氮；N3. 铵态氮

第二节　不同氮素形态配比对小麦衰老特性的影响

一、不同氮素形态配比对小麦非酶保护性物质的影响

（一）不同氮素形态配比对小麦花后旗叶游离脯氨酸含量的影响

分析表 5-2 可知，不同氮素形态配比处理对不同品种小麦旗叶游离脯氨酸含量的变化具有明显的调控作用。N2 处理下，‘郑麦 9023’花后 0～6d 旗叶中游离脯氨酸含量显著低于 N1 处理，但花后 6～30d 较 N1 处理高。铵敏感型小麦品种‘郑麦 004’旗叶游离脯氨酸含量的变化趋势颇为复杂，花后 6d、30d N2 旗叶中游离脯氨酸含量比 N1 处理

明显升高，而花后 0d、12d、18d、24d N2 旗叶中游离脯氨酸含量均比 N1 处理显著降低。说明在氮肥中增加铵态氮能够促使灌浆期铵敏感型小麦旗叶中游离脯氨酸含量明显降低。对于铵敏感型小麦品种‘周麦 22’而言，混合氮素形态处理可显著降低其灌浆末期旗叶游离脯氨酸含量。不同氮素形态配比对铵钝感型小麦品种‘郑麦 366’、‘洛麦 23’无明显影响。表明不同氮素形态配比能够影响敏感型小麦灌浆期旗叶游离脯氨酸含量，从而调控旗叶乃至整个植株的衰老进程。

表 5-2　不同氮素形态配比对小麦花后旗叶游离脯氨酸含量的影响（单位：mg/kg FW）

品种	处理	花后天数/d					
		0	6	12	18	24	30
郑麦 9023	N1	157.09	275.54	170.01	150.49	171.11	135.09
	N2	141.34	242.82	182.04	187.41	224.81	137.36
	N3	137.77	254.16	187.13	155.09	221.16	131.48
	N4	142.99	272.73	210.64	159.63	252.65	127.35
	N5	138.39	218.96	166.37	207.89	210.09	138.49
郑麦 366	N1	134.40	208.24	169.46	141.69	184.11	134.26
	N2	134.13	308.41	166.23	161.49	245.29	167.37
	N3	134.13	283.66	160.80	170.63	206.18	150.56
	N4	134.26	213.74	204.39	143.41	245.84	151.69
	N5	137.36	233.19	141.34	164.86	208.99	153.44
郑麦 004	N1	135.78	185.89	156.54	138.94	175.03	164.24
	N2	132.48	200.33	138.04	144.58	152.28	171.53
	N3	130.89	217.04	164.99	129.66	171.73	173.31
	N4	139.21	170.36	144.03	145.47	148.84	154.99
	N5	132.06	168.84	131.03	185.48	169.60	138.39
洛麦 23	N1	164.72	270.66	238.69	177.16	208.58	133.54
	N2	173.45	264.13	211.33	175.44	167.40	131.79
	N3	199.85	341.06	248.46	178.33	259.04	131.27
	N4	154.48	249.28	166.03	182.32	329.93	127.15
	N5	167.68	222.68	192.77	192.98	221.37	134.98
周麦 22	N1	135.84	222.95	152.69	156.61	182.66	170.49
	N2	137.70	193.73	148.43	141.96	250.18	203.91
	N3	137.84	226.46	152.48	126.84	190.16	147.67
	N4	140.52	185.00	138.59	230.65	165.27	151.59
	N5	134.13	186.93	146.64	152.41	192.56	198.13
矮抗 58	N1	133.16	234.29	161.21	170.29	183.63	172.97
	N2	133.85	271.14	160.46	160.04	251.48	148.08
	N3	132.75	257.81	193.25	158.19	249.90	149.42
	N4	135.71	224.88	167.33	180.53	203.01	136.74
	N5	123.13	246.53	170.49	203.77	211.40	168.64

注：N1、N2、N3、N4 和 N5 分别表示 NO_3^-/NH_4^+ 为 100∶0、75∶25、50∶50、25∶75 和 0∶100

（二）不同氮素形态配比对小麦花后旗叶 MDA 含量的影响

由表 5-3 可以看出，6 个小麦品种花后旗叶 MDA 含量变化趋势较为一致，均随灌浆进程的推进表现为升—降—升的变化趋势，开花期较低，之后上升，花后 6d 时达到第一峰值，花后 6～24d 缓慢降低，而花后 24～30d 急剧上升。不同氮素形态配比处理之间比较，N2 处理‘郑麦 9023’花后 6d、24d 时旗叶 MDA 含量较 N1 处理略有降低，而花后 12d、18d、30d 旗叶 MDA 含量均较 N1 处理有不同程度提高，说明混合氮素形态处理能

表 5-3　不同氮素形态配比对小麦花后旗叶 MDA 含量的影响（单位：mmol/g FW）

品种	处理	花后天数/d					
		0	6	12	18	24	30
郑麦 9023	N1	16.03	63.83	26.38	13.00	35.14	115.41
	N2	16.03	52.60	38.31	15.33	30.90	126.88
	N3	12.27	53.89	28.70	18.32	25.29	107.27
	N4	19.45	48.20	27.79	18.43	21.40	84.99
	N5	20.22	60.99	40.11	15.56	43.23	84.24
郑麦 366	N1	11.50	51.11	36.92	10.98	36.14	67.87
	N2	16.03	55.13	35.48	20.97	27.07	100.64
	N3	28.58	34.66	35.81	17.44	22.43	48.56
	N4	16.52	46.16	42.77	15.22	21.50	69.51
	N5	8.28	62.20	31.04	35.61	27.93	63.05
郑麦 004	N1	19.13	56.59	21.33	17.04	22.79	46.68
	N2	10.38	56.75	34.07	8.88	21.91	52.71
	N3	28.58	37.57	31.58	11.80	16.44	47.47
	N4	20.82	52.79	48.69	21.36	22.29	98.38
	N5	10.43	61.61	37.13	28.72	22.05	49.14
洛麦 23	N1	19.48	50.99	46.67	19.41	30.99	76.08
	N2	19.13	59.15	26.56	18.59	42.14	108.22
	N3	7.51	60.33	30.05	20.71	20.91	103.38
	N4	12.94	49.64	44.98	13.94	30.54	120.08
	N5	13.13	46.77	40.61	18.00	32.28	100.07
周麦 22	N1	19.70	60.08	41.24	16.98	23.53	59.47
	N2	16.54	52.39	33.87	18.58	33.75	58.21
	N3	28.58	50.90	34.68	52.16	17.71	58.64
	N4	20.82	54.77	40.76	23.32	9.73	100.65
	N5	10.98	58.82	42.90	25.62	31.03	132.00
矮抗 58	N1	19.13	59.16	35.86	19.98	29.77	93.26
	N2	14.11	52.29	31.14	12.80	9.71	73.03
	N3	7.51	52.56	32.01	20.71	19.66	59.01
	N4	26.85	55.23	41.05	13.67	32.32	130.58
	N5	15.85	64.67	34.90	21.33	27.74	55.20

注：N1、N2、N3、N4 和 N5 分别表示 NO_3^-/NH_4^+ 为 100∶0、75∶25、50∶50、25∶75 和 0∶100

够增加钝感型小麦'郑麦9023'旗叶中MDA含量。敏感型小麦'郑麦004'旗叶MDA含量N2处理除花后6d、12d、30d外，其他时间均显著低于N1处理。说明硝铵比例为75∶25的混合氮素营养处理显著降低了敏感型小麦'郑麦004'旗叶中MDA含量。对于敏感型小麦'周麦22'而言，花后0～12d旗叶MDA含量N2处理显著低于N1处理，灌浆末期时混合氮素形态处理旗叶MDA含量低于N1处理。而不同氮素形态处理对'郑麦366'、'洛麦23'和'矮抗58'旗叶MDA含量的影响未呈明显规律。

（三）不同氮素形态配比对小麦内源硝态氮、铵态氮和酰胺态氮含量的影响

硝态氮进入植物体后，小部分位于代谢库，即细胞质中，而大部分则位于贮存库即液泡中。所以，内源硝态氮的多寡能在一定程度上反映作物吸收硝态氮的能力大小。水培试验结果表明（表5-4），从总体来看，叶片硝态氮含量远高于根系。但不论根系还是叶片，硝态氮含量均受营养液中氮素形态的影响。硝态氮和铵态氮的比例为50∶50时，根中硝态氮含量最高，其次是75∶25，再次是25∶75和全部硝态氮，全部供应铵态氮时最小。叶片硝态氮含量按N5、N3、N1、N4、N2的顺序依次降低。酰胺类化合物是植物体内氨的主要贮存形式，具有解除氨对植物毒害的功能，在植物氮代谢中起着十分重要的作用，因此常被作为植物氮代谢研究中的生化指标。表5-4中的测定结果表明，氮素形态及配比明显地影响着小麦营养和生殖并进生长时期根系和叶片内酰胺态氮的含量。从总体来看，根系的酰胺态含量明显高于叶片；而根系及叶片中含量的多少又均受硝态氮及铵态氮比值的制约。当硝铵态氮比例是50∶50时，根系酰胺态氮含量最高；N1次之；而当二者比值为25∶75和75∶25时，酰胺态氮最低。叶片中的酰胺态氮含量表现为N2>N3>N1>N4>N5。由表5-4还可以看出，叶片铵态氮含量显著高于根系，其高低依次为N5>N2>N3>N1>N4，而根系铵态氮含量随硝铵比例的降低而降低，说明硝态氮可以促进铵态氮的吸收，培养液中铵态氮含量高对小麦的根系有一定毒害作用。

表5-4　不同氮素形态配比对小麦硝态氮、酰胺态氮和铵态氮含量的影响（单位：g/kg）

处理	硝态氮含量		酰胺态氮含量		铵态氮含量	
	叶片	根系	叶片	根系	叶片	根系
N1	139.1	111.2	352.7	650.5	299.9	29.5
N2	99.8	179.4	481.5	534.8	320.8	29.2
N3	148.1	215.1	397.1	1024.6	317.9	27.9
N4	134.6	135.3	304.6	545.3	273.1	24.2
N5	351.1	69.3	116.3	586.3	377.3	24.2

注：N1、N2、N3、N4和N5分别表示NO_3^-/NH_4^+为100∶0、75∶25、50∶50、25∶75和0∶100

二、不同氮素形态配比对小麦保护性酶活性的影响

（一）不同氮素形态配比对小麦花后旗叶SOD活性的影响

分析图5-5可知，不同氮素形态配比处理对6个小麦品种旗叶SOD活性的影响呈明

显规律。铵敏感型品种‘郑麦 004’和‘周麦 22’旗叶 SOD 活性在不同氮素形态配比处理间差异显著，混合氮素形态处理显著增加了‘郑麦 004’和‘周麦 22’花后 24d 时旗叶 SOD 活性，有效地延缓了旗叶衰老。其中‘郑麦 004’旗叶 SOD 活性整个灌浆期 N2 处理都比 N1 处理高，N4、N5 处理除花后 6d 比 N1 处理低外，其他各时期均较 N1 处理高，不同处理对‘郑麦 004’旗叶 SOD 活性提高的影响力大小为 N2>N3>N4>N1>N5。不同氮素形态配比亦能显著调控‘周麦 22’旗叶 SOD 活性：N2 处理花后 6d、12d 旗叶

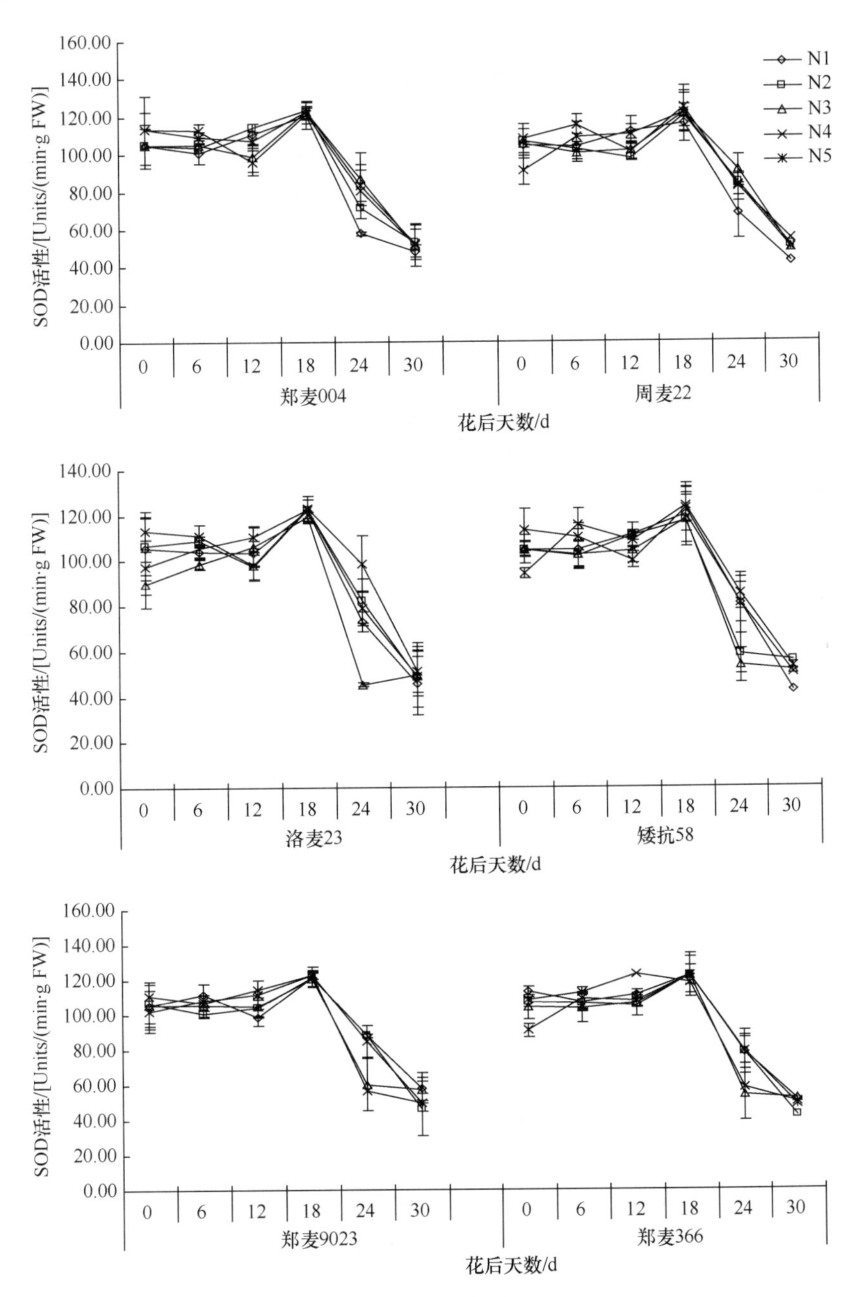

图 5-5 不同氮素形态配比对小麦花后旗叶 SOD 活性的影响

N1、N2、N3、N4 和 N5 分别表示 NO_3^-/NH_4^+为 100∶0、75∶25、50∶50、25∶75 和 0∶100

SOD 活性较 N1 处理低，其他各时期均较 N1 处理显著增加，N3、N4 处理灌浆前期与 N1 处理差异不大，但从花后 18d 开始明显促进旗叶 SOD 活性的提高，N5 处理各时期均较 N1 处理低，‘周麦 22’旗叶 SOD 活性的高低依次为 N2>N3>N4>N1>N5。从图 5-5 还可以看出，不同处理下次敏感型小麦‘洛麦 23’、‘矮抗 58’和钝感型小麦‘郑麦 9023’、‘郑麦 366’旗叶中 SOD 活性在灌浆前期差异不显著，但在灌浆后期，混合氮素形态处理（N2、N3 和 N4）小麦旗叶 SOD 活性均比 N1 处理显著降低。说明合适的氮素形态配比能够显著增加敏感型小麦旗叶灌浆后期 SOD 活性。

（二）不同氮素形态配比对小麦花后旗叶过氧化物酶（POD）活性的影响

由图 5-6 可以看出，不同小麦品种旗叶过氧化物酶（POD）活性在 5 种处理下均呈现出先上升后下降的趋势，花后 18d 时达到峰值，之后呈持续下降的趋势。在同一氮素形态配比处理下，不同类型品种间的差异较大。与单一氮素形态处理相比，敏感型小麦‘郑麦 004’、‘周麦 22’旗叶 POD 活性在混合态氮素形态处理下明显增加，而次敏感型‘洛麦 23’、‘矮抗 58’在混合态氮素形态处理下旗叶 POD 活性增加不显著。进一步分析表明，N2 处理‘郑麦 004’旗叶 POD 活性在整个灌浆期均较 N1 处理显著增加，而 N3 处理仅在开花初期和灌浆末期比 N1 处理略有增加，其他时期两处理间无明显差异，N4 处理则仅在花后 0～12d 表现出了较 N1 处理有显著的促进作用。‘周麦 22’旗叶 POD 活性在 N2、N3 处理与 N1 处理间差异与‘郑麦 004’规律相似，N4 处理旗叶中 POD 活性在灌浆末期比 N1 处理明显提高。从图 5-6 还可以看出，次敏感型品种‘洛麦 23’和‘矮抗 58’旗叶 POD 活性增加对不同氮素形态配比的响应较为复杂。‘洛麦 23’旗叶 POD 活性花后

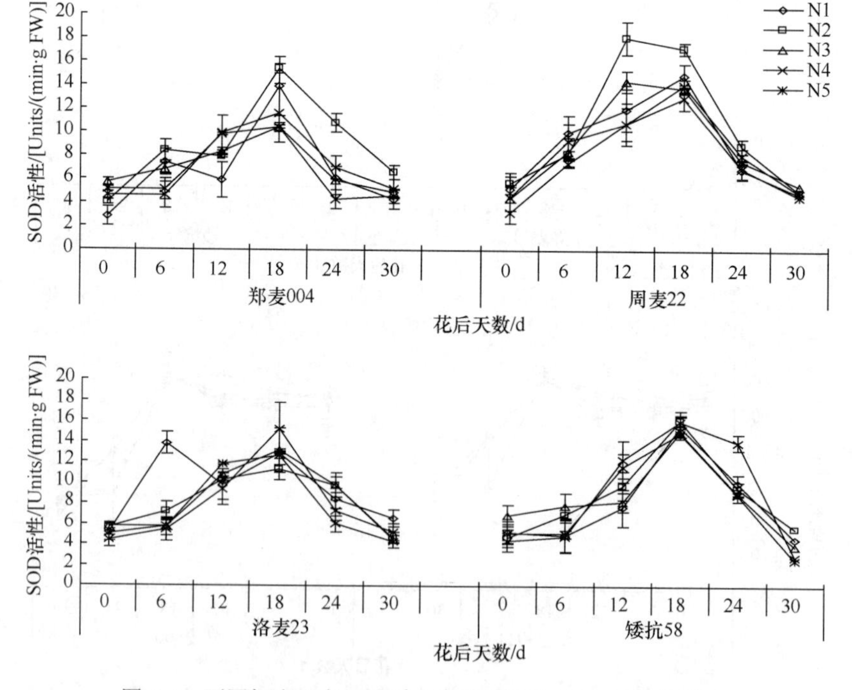

图 5-6　不同氮素形态配比对小麦花后旗叶 POD 活性的影响

N1、N2、N3、N4 和 N5 分别表示 NO_3^-/NH_4^+ 为 100∶0、75∶25、50∶50、25∶75 和 0∶100

12d、24d 时 N2 处理较 N1 处理显著增加，而其他各时期氮素形态配比处理间差异不显著。‘矮抗 58’花后旗叶 POD 活性 N2 处理则在花后 6d、12d、18d 时较 N1 处理显著增加，而其他各时期较 N1 处理有所降低。说明硝铵比为 25∶75 的处理能够增加敏感型小麦‘郑麦 004’、‘周麦 22’整个灌浆期内的旗叶 POD 活性，而铵硝比为 50∶50 和 75∶25 的处理在灌浆末期亦能够提高旗叶 POD 活性。

第三节　水分和氮素形态互作对小麦衰老特性的影响

一、水分和氮素形态互作对小麦非酶保护性物质的影响

（一）水分和氮素形态互作对小麦花后旗叶超氧阴离子产生速率的影响

由表 5-5 可以看出，水分和氮素形态对‘郑麦 9023’和‘郑麦 004’花后旗叶超氧阴离子产生速率的影响不同。不同水分处理间比较，两种筋型小麦超氧阴离子产生速率都随灌水次数增加而降低，除‘郑麦 9023’花后 7d、14d 灌水处理间无差异、‘郑麦 004’花后 21d W1 处理极显著低于 W2、W3 外，W1 处理均极显著高于 W2、W3 处理。说明增加灌水能有效降低‘郑麦 9023’和‘郑麦 004’的超氧阴离子产生速率，延缓了花后旗叶的衰老。固定水分考察氮素形态对超氧阴离子产生速率的影响，强筋小麦‘郑麦 9023’花后 0～21d 以 N3 较低（除 W1 条件下花后 7d 的 N1 处理、W2 条件下花后 21d 的 N2 处理最低外），在 W1、W3 条件下，花后 28d N1 处理显著低于其他氮素形态处理，花后 35d 以 N3 处理最低，而在 W2 条件下以 N1 处理最低。对于弱筋小麦‘郑麦 004’而言，花后 0～14d 以 N2 处理较低，而花后 21d、35d 在 W1 和 W3 条件下则以 N1 处理最低。固定氮素形态考察水分对超氧阴离子产生速率的影响，对于‘郑麦 9023’而言，施用硝态氮和铵态氮肥时，W3 处理超氧阴离子产生速率较低，而施用酰胺态氮肥时，花后 7d、14d 旗叶超氧阴离子产生速率以 W1 和 W2 处理较低。‘郑麦 004’花后旗叶超氧阴离子产生速率除花后 21d 时 W1 处理最低外，其他时期均表现为 W3 处理最低。从水分和氮素形态互作效应看，W3N3 处理能有效降低‘郑麦 9023’超氧阴离子产生速率，W3N2 处理和 W3N1 处理分别降低了‘郑麦 004’灌浆前期和灌浆后期的超氧阴离子产生速率。方差分析结果表明，花后 0d、21d、28d、35d 水分处理和氮素形态处理显著影响‘郑麦 9023’旗叶超氧阴离子产生速率，但仅在花后 21d 表现出了极显著的互作效应。整个灌浆期水分处理显著影响‘郑麦 004’旗叶超氧阴离子产生速率，且多数时期达到极显著水平；除花后 7d、14d 外，氮素形态处理亦显著影响‘郑麦 004’旗叶超氧阴离子产生速率，且花后 0d、28d、35d 表现出了极显著的水分和氮素形态互作效应。综合上述分析，水分和氮素形态互作能够显著影响‘郑麦 9023’和‘郑麦 004’超氧阴离子产生速率，水分和氮素形态对‘郑麦 9023’的影响主要作用于灌浆后期，而灌水效应对‘郑麦 004’超氧阴离子产生速率的影响较氮素形态显著且持久。在生产上可以通过灌水和施用不同氮素形态肥料降低小麦旗叶活性氧自由基产生速率，减轻小麦地上部受逆境的影响，从而延缓衰老。

表 5-5　水分和氮素形态互作对小麦花后旗叶 O_2^-· 产生速率的影响 [单位：μmol/（min·g FW）]

品种	处理	花后天数/d					
		0	7	14	21	28	35
郑麦9023	W1N1	22.8abAB	22.44aA	33.61aA	37.93aA	16.26bcBC	51.89abA
	W1N2	24.53aA	26.12aA	34.91aA	37.50aA	18.57aA	54.00aA
	W1N3	21.36bcAB	26.12aA	33.9aA	36.06abAB	17.51abABC	48.05abcAB
	W2N1	22.08bcAB	23.96aA	34.04aA	37.79aA	16.46bcBC	36.42deBC
	W2N2	20.64bcB	25.69aA	36.35aA	34.04bAB	16.36bcBC	49.68abcA
	W2N3	20.06cB	23.74aA	33.18aA	35.19abAB	15.98cBC	42.77bcdeABC
	W3N1	22.08bcAB	23.96aA	34.04aA	33.04bBC	15.69cC	43.73bcdABC
	W3N2	20.64bcB	25.69aA	36.35aA	37.36aAB	16.36bcBC	41.13cdeABC
	W3N3	20.06cB	23.74aA	33.18aA	29.86cC	17.9aAB	34.22eC
	W	7.05**	0.05	0.10	11.58**	5.75*	13.85**
	N	5.05*	1.22	3.50	7.18**	5.02*	4.31*
	W×N	1.71	0.36	0.27	6.61**	4.54	2.81
郑麦004	W1N1	20.28aA	19.34aA	20.5aA	14.73Cc	45.22aA	64.76bB
	W1N2	17.04bcB	19.63aA	20.64aA	16.89Cc	35.47bcB	70.14aA
	W1N3	17.32bB	19.77aA	20.49aA	17.25Cc	35.13bcB	64.48bB
	W2N1	14.87deC	18.33aA	18.04bcBC	24.1bAB	33.35cB	61.3bB
	W2N2	13.72eC	17.61aA	16.89cC	27.84aA	36.04bcB	54.29Cc
	W2N3	15.74cdBC	17.32aA	18.91bAB	27.99aA	33.25cB	64.67bB
	W3N1	14.87deC	18.33aA	17.61bcBC	21.93bB	33.07cB	55.06Cc
	W3N2	13.72eC	17.61aA	17.33cBC	23.091bB	33.83cB	64.57bB
	W3N3	15.74cdBC	17.32aA	17.68bcBC	22.37bB	37.2bB	64.86bB
	W	55.43**	5.2*	45.46**	76.18**	16.92**	21.74**
	N	13.19**	0.35	2.39	5.03*	4.13*	9.09**
	W×N	5.74*	0.28	1.85	0.79	17.48**	17.87**

注：W1. 拔节期灌水 75mm；W2. 拔节期和孕穗期各灌水 75mm；W3. 拔节期、孕穗期和灌浆期各灌水 75mm。N1. 酰胺态氮（NH_2CONH_2）；N2. 硝态氮（$NaNO_3$）；N3. 铵态氮（NH_4HCO_3）

同一列不同小写和大写字母分别表示差异达 5%和 1%显著水平；*显著，**极显著

（二）水分和氮素形态互作对小麦花后旗叶丙二醛含量的影响

由表 5-6 可以看出，水分和氮素形态及其互作对两种筋型小麦花后旗叶 MDA 含量的影响呈现一定的规律。‘郑麦 9023’和‘郑麦 004’花后旗叶 MDA 含量变化趋势较为一致，均表现为花后 0～28d 维持在相对较低水平，花后 28d 后急速增加。不同水分处理间比较，‘郑麦 9023’旗叶 MDA 含量，花后 0d W1 处理显著低于 W2、W3 处理，花后 14～28d 各水分处理间无差异，花后 35d W1 处理较 W2 和 W3 处理分别高出 18.8%和 22.6%，差异达到极显著水平。‘郑麦 004’花后 0d、7d 表现为 W1 低于 W2、W3 处理，花后 14d 之后 W3 处理一直保持较低水平，且花后 14d、21d、35d W3 处理极显著低于 W1 处理。说明增加灌水能够有效降低两种筋型小麦灌浆末期 MDA 含量，从而对延缓植株衰老有

一定的积极意义。固定水分考察氮素形态对小麦花后旗叶 MDA 含量的影响，强筋小麦‘郑麦 9023’在 3 种水分条件下，N3 处理旗叶 MDA 含量均较低（W1N3 除外）。弱筋小麦‘郑麦 004’在 W1 条件下，花后 21d、28d N1 处理最高，花后 14d 居中，其他时期 N1 处理花后旗叶 MDA 含量均最低；在 W2 条件下，除花后 0d、14d、35d 外，其余时期均以 N1 处理最低；在 W3 条件下，N3 处理旗叶 MDA 含量较 N1、N2 处理高（花后 28d 除外）。固定氮素形态考察水分对两种筋型小麦品种旗叶 MDA 含量影响，对于‘郑麦 9023’而言，施用酰胺态氮肥时，花后 0d、7d 时 W1 处理最低，之后以 W3 处理较低；施用硝态氮肥时，花后 0～14d W1 处理旗叶 MDA 含量低于其他 2 水分处理，开

表 5-6　水分和氮素形态互作对小麦花后旗叶 MDA 含量的影响（单位：mg/kg FW）

品种	处理	花后天数/d					
		0	7	14	21	28	35
郑麦9023	W1N1	112.58cdBC	120.78abA	124.22aA	134.88abA	104.6abA	396.16aA
	W1N2	105.29dC	116.65abA	104.6bcAB	110.97abA	104.14abA	390.65aA
	W1N3	129.55abAB	104.78bA	107.7bcAB	119.4abA	99.79bA	370.47abA
	W2N1	122.84bcAB	135.74aA	119.4abAB	147.96aA	122.04aA	332.62abcA
	W2N2	139.7aA	132.13abA	116.99abAB	101.51abA	97.49bA	345.46abcA
	W2N3	124.56bcAB	122.33abA	98.06cB	117.33abA	109.76abA	295.91bcA
	W3N1	122.84bcAB	135.74aA	119.4abAB	97.72abA	101.16bA	278.94cA
	W3N2	139.7aA	132.13abA	116.99abAB	91.87bA	112.17abA	364.96abcA
	W3N3	124.56bcAB	122.33abA	98.06cB	94.97abA	117.22abA	299.81bcA
	W	10.86**	3.94	0.02	2.95	1.33	6.29**
	N	3.97*	2.53	12.56**	1.99	0.53	2.25
	W×N	8.17**	0.01	1.9	0.43	2.68	0.9
郑麦004	W1N1	97.03bB	92.22cA	113.21aAB	134.88aA	169.75aA	409.24bcdABCD
	W1N2	108.73abAB	92.9bcA	111.49aAB	130.06abA	144.97defBCD	441.35abAB
	W1N3	97.03bB	100.47abcA	120.77aA	119.74abAB	152.77cdABC	438.37abABC
	W2N1	109.07abAB	98.41abcA	114.58aAB	112.17bcAB	147.04cdeBCD	434.7abABC
	W2N2	100.13bB	104.95abA	95.31bBC	130.06abA	154.15bcdABC	449.61aA
	W2N3	120.43aA	105.64aA	86.37bcCD	123.87abAB	159.31abcAB	394.55cdBCD
	W3N1	109.07abAB	98.41abcA	79.48cCD	100.13cB	134.19D	389.73cdCD
	W3N2	100.13bB	104.95abA	73.29cD	119.74abAB	165.85abA	377.81dD
	W3N3	120.43aA	105.64aA	80.51cCD	135.92aA	138.32efCD	423abcABCD
	W	5.38*	4.35*	51.13**	2.25	5.32*	8.31**
	N	5.19*	3.12	3.18	3.70*	1.56	0.89
	W×N	5.9**	0.33	4.41*	5.44**	16.28**	6.67**

注：W1. 拔节期灌水 75mm；W2. 拔节期和孕穗期各灌水 75mm；W3. 拔节期、孕穗期和灌浆期各灌水 75mm。N1. 酰胺态氮（NH_2CONH_2）；N2. 硝态氮（$NaNO_3$）；N3. 铵态氮（NH_4HCO_3）

同一列不同小写和大写字母分别表示差异达 5%和 1%显著水平；*显著，**极显著

花 21d 之后则以 W2 处理最低；施用铵态氮肥时 W3 处理旗叶丙二醛含量在整个灌浆期均低于 W1 和 W2 处理。对于‘郑麦 004’而言，3 种氮素形态处理下，W3 处理旗叶 MDA 含量普遍较低（除施用酰胺态氮肥花后 7d 和施用硝态氮花后 7d、21d W1 条件下 MDA 含量较低及施用铵态氮花后 35d、施用酰胺态氮素花后 28d W2 较低外）。从水分和氮素形态互作效应看，W3N3 处理能有效降低‘郑麦 9023’灌浆期旗叶 MDA 含量，W3N1 处理能有效降低‘郑麦 004’灌浆期旗叶 MDA 含量。不同氮素形态和水分因素及其互作的方差分析结果表明，‘郑麦 9023’花后 0d、35d 水分处理间差异极显著；花后 0d 氮素形态处理间差异显著、14d 氮素形态处理间差异极显著；花后 0d 时互作效应达极显著水平。‘郑麦 004’除花后 21d 外，灌水处理间差异均显著或极显著；氮素形态处理间在花后 0d 差异极显著；不同水分和氮素形态间的互作效应显著或极显著（除花后 7d 外）。说明水分和氮素形态及其互作效应对弱筋小麦‘郑麦 004’旗叶 MDA 含量的影响要大于强筋小麦‘郑麦 9023’，灌水因子和水氮互作效应对‘郑麦 004’旗叶 MDA 含量的影响远大于氮素形态因子。

（三）水分和氮素形态互作对小麦花后旗叶游离脯氨酸含量的影响

表 5-7 结果表明，‘郑麦 9023’和‘郑麦 004’花后旗叶游离脯氨酸含量总体呈先升后降的变化趋势，‘郑麦 9023’在花后 14d 达到峰值，而‘郑麦 004’的峰值出现在花后 21d。固定水分考察氮素形态对花后旗叶游离脯氨酸含量的影响，强筋小麦‘郑麦 9023’除 W1 条件下花后 0d、21d、28d 时 N1 处理最低和 W2 条件下花后 21d、35d 时 N2 处理最低外，N3 处理花后旗叶游离脯氨酸含量在 3 种氮素形态处理中均最低。氮素形态对弱筋小麦‘郑麦 004’旗叶游离脯氨酸含量的影响较为复杂，在仅灌拔节水的条件下，花后 0d、7d、35d N1 处理最低，花后 14d N2 处理最低，花后 21d、28d N3 处理最低。在灌拔节+孕穗水的条件下，除花后 21d、28d 旗叶游离脯氨酸含量以 N1 处理最低外，其他时期均以 N3 处理最低。在灌拔节+孕穗+灌浆水的条件下，花后 0d、14d、21d、28d 均以 N1 处理最高。固定氮素形态考察水分对两种筋型旗叶游离脯氨酸含量的影响，对于‘郑麦 9023’而言，花后 0d、7d、35d 时 W1 处理在施用不同氮素形态氮肥时旗叶游离脯氨酸含量均最低，而 W3 处理则在花后 14d、21d、28d 时最低。当施用酰胺态氮肥时，‘郑麦 004’旗叶游离脯氨酸含量花后 0d、35d 以 W1 处理最低，花后 14～28d 以 W2 处理最低；当施用硝态氮肥时，除花后 14d W1 处理较低外，其他时期均以 W3 处理最低；而在仅施用铵态氮肥的条件下，花后 21d 和花后 28d 以 W1 处理，花后 14d、35d 以 W2 处理，花后 0d、7d 以 W3 处理旗叶游离脯氨酸含量最低。从水分和氮素形态互作效应看，W3N3 处理能有效降低‘郑麦 9023’灌浆期旗叶游离脯氨酸含量，而水分和氮素形态对‘郑麦 004’花后旗叶游离脯氨酸含量的影响较为复杂，因水分和氮素形态的互作效应和测定时期而异。方差分析结果表明，‘郑麦 9023’整个灌浆期灌水处理间、氮素形态间及水氮互作间差异均极显著。‘郑麦 004’除花后 0d 时灌水处理和花后 21d 氮素形态处理对旗叶游离脯氨酸的影响不显著外，其他时期灌水、氮素形态及其互作对旗叶游离脯氨酸的影响均达极显著水平。说明水分和氮素形态能显著影响两种筋型小麦灌浆期旗叶游离脯氨酸含量，从而调控小麦植株的代谢系统，使小麦地上部更好地生长发育。

表 5-7　水分和氮素形态互作对小麦花后旗叶游离脯氨酸含量的影响（单位：mg/kg FW）

品种	处理	花后天数/d					
		0	7	14	21	28	35
郑麦9023	W1N1	111.72E	802.62cC	943.12aA	376.58dC	430.06deC	74.92cdCD
	W1N2	233.5cC	957.66bB	960.56aA	465.08cB	499.82bcB	66.68dD
	W1N3	160.5eD	754.17dC	925.68aA	679.23abA	467.2cdBC	66.76dD
	W2N1	312.3aA	1057.65aA	625.61cC	658.56bA	520.17bB	122.08aA
	W2N2	262.56bB	957.01bB	780.98bB	298.42eD	582.19aA	85.26bBC
	W2N3	215.73dC	797.13cC	598.8cC	687.31aA	469.78cdBC	88.49bB
	W3N1	312.3aA	1057.65aA	625.61cC	279.68eD	225.6D	81.7bcBC
	W3N2	262.56bB	957.01bB	780.98bB	489.15cB	414.87eC	67.01dD
	W3N3	215.73dC	797.13cC	598.8cC	288.41eD	158.42E	69.91dD
	W	413.42**	60.69**	318.64**	410.78**	277.9**	111.82**
	N	125.11**	177.85**	63.86**	201.09**	76.27**	52.8**
	W×N	130.48**	41.55**	9.58**	447.54**	17.83**	10.2**
郑麦004	W1N1	431.82cC	475.74cB	562.79dD	919.22bAB	319.91cC	62.97eE
	W1N2	713.47aA	538.73bA	535.82deDE	892.09bBC	275.02fEF	77.34bcBC
	W1N3	598.8bB	561.34aA	721.71bB	715.08dD	254.67gFG	74.11cdBC
	W2N1	629.17bB	460.38cB	512.89eE	833.3cC	287.13efDE	78.31bcBC
	W2N2	589.11bB	534.69bA	925.36aA	932.02bAB	308.28cdCD	71.37dCD
	W2N3	587.18bB	385.3dC	402.1F	988.99aA	395.01aA	66.2eDE
	W3N1	629.17bB	460.38cB	613.02cC	915.3bAB	344.62bB	79.44bB
	W3N2	589.11bB	534.69bA	549.38dDE	751.58dD	238.36hG	61.35eE
	W3N3	587.18bB	385.3dC	553.26dDE	883.69bcBC	298.6deCD	92.85aA
	W	1.08	90.31**	13.2**	16.21**	67.47**	14.09**
	N	8.82**	148.01**	105.49**	2.59	67.97**	16.45**
	W×N	22.91**	65.64**	333.26**	39.09**	100.12**	55.21**

注：W1. 拔节期灌水 75mm；W2. 拔节期和孕穗期各灌水 75mm；W3. 拔节期、孕穗期和灌浆期各灌水 75mm。N1. 酰胺态氮（NH_2CONH_2）；N2. 硝态氮（$NaNO_3$）；N3. 铵态氮（NH_4HCO_3）

同一列不同小写和大写字母分别表示差异达 5%和 1%显著水平；**极显著

二、水分和氮素形态互作对小麦保护性酶活性的影响

由表 5-8 可以看出，水分和氮素形态对两种筋型小麦 SOD 活性的影响不同。固定水分考察氮素形态对旗叶 SOD 活性的影响，对于强筋小麦‘郑麦 9023’而言，W1 处理花后 7d 以 N2 处理最高、花后 21d 以 N1 处理最高，其他时期均表现为 N3 处理最高。在 W2 条件下，花后 0d、35d 时 N3 处理极显著高于 N1、N2 处理，而花后 7d、14d、21d 则以 N2 处理最高，花后 28d 时以 N1 处理最高。在 W3 处理下，除花后 7d、14d 时 N2 处理较高外，其他时期均以 N3 处理最高，且均极显著高于 N1、N2 处理。对于弱筋小麦‘郑麦 004’，在 W1 条件下，花后 21d 以 N3 处理最高；35d 以 N2 处理最高，但与 N1 处理间差异均不显著，其他时期则均以 N1 处理最高；在 W2 条件下，除花后 7d、14d、28d 外，N2 处理旗叶 SOD 活性均最高；在 W3 条件下，N1 处理旗叶 SOD 活性高于其他两种氮素形态处理（0d 除外）。说明在不同水分条件下，氮素形态对提高‘郑麦 9023’和‘郑麦 004’花后旗叶 SOD 活性的影响效应不同，W1 时以施用铵态氮肥最优，W2 条件下以施用硝态氮更好，而 W3 条件下以施酰胺态氮肥最好。固定氮素形态考察水分对两种筋型小麦花后旗叶 SOD 活性的影响，就‘郑麦 9023’而言，在施用不同形态氮

素时，W3 处理 SOD 活性均较高；就‘郑麦 004’而言，灌浆前期表现以 W1 处理较高，灌浆后期以 W3 处理较高。从水分和氮素形态互作效应看，W3N3 处理能有效提高‘郑麦 9023’灌浆期旗叶 SOD 活性，W3N1 处理则有利于提高‘郑麦 004’旗叶 SOD 活性。方差分析结果表明，水分极显著影响‘郑麦 9023’花后 0d、14d，显著影响花后 35d 时旗叶的 SOD 活性，氮素形态亦能显著或极显著影响‘郑麦 9023’旗叶 SOD 活性（花后 7d、21d、28d 除外）；而花后 7d、14d、28d 时旗叶 SOD 活性极显著受水分和氮素形态互作效应的影响。水分和氮素形态及其互作显著或极显著影响‘郑麦 004’旗叶 SOD 活性（花后 7d 时水分因子，花后 7d、21d、35d 时氮素形态因子，花后 7d、35d 水分和氮素形态互作因子除外）。说明水分和氮素形态能够调控‘郑麦 9023’和‘郑麦 004’旗叶 SOD 活性，且水分因子的调控效应较氮素形态因子更为明显。在小麦生产上可以通过水分和氮素形态互作调控旗叶 SOD 活性，从而延缓灌浆期小麦叶片及植株的衰老，为获得良好的产量提供较好的生理基础保障。

表 5-8 水分和氮素形态互作对小麦花后旗叶 SOD 活性的影响 [单位：units/（min·g FW）]

品种	处理	花后天数/d					
		0	7	14	21	28	35
郑麦 9023	W1N1	136.76dCD	155.67cD	223eE	216.06abcAB	112.91bcB	2.05bC
	W1N2	104.58dD	309.01aA	311.26bB	202.34abcdAB	93.92bcB	3.81bC
	W1N3	246.02bA	292.83aAB	395.06aA	148.17cdB	125.02bcB	10.85bC
	W2N1	195.85cB	238bBC	274.24dD	159.25cdB	195.23abAB	5.51bC
	W2N2	176.12cBC	302.67aA	302.37bcBC	239.03abAB	89.71bcB	10.26bC
	W2N3	291.35aA	200.67bCD	292.6cC	173.61bcdAB	89.5bcB	58.65aA
	W3N1	195.85cB	238bBC	274.24dD	134.74dB	73.79cB	12.91bBC
	W3N2	176.12cBC	302.67aA	302.37bcBC	192.04bcdAB	161.52bcAB	24.96bABC
	W3N3	291.35aA	200.67bCD	292.6cC	272.6aA	271.57aA	50.79aAB
	W	24.02**	0.21	38.29**	0.18	2.76	8.07*
	N	90.12**	53.19**	363.49**	2.36	1.77	15.67**
	W×N	0.79	18.37**	190.71**	5.85	5.97**	2.68
郑麦 004	W1N1	437.19aA	334.7aA	281.69aA	162.23cdBC	224.1aAB	9.45eB
	W1N2	351.76bB	301.02aA	213.58abAB	118.89dC	149.76bcC	13.19cdeB
	W1N3	279.4cC	299.71aA	136.08bcB	200.62bcdBC	137.38bcC	10.89deB
	W2N1	258.12cdC	315.52aA	144.78bcB	217.64bcdBC	118.28cC	30.5bcdB
	W2N2	268.17cdC	259.44aA	130.74bcB	251.06bcABC	147.22bcC	35.26bAB
	W2N3	227.47dC	265.01aA	187.18bcAB	239.01bcABC	171.31bBC	27.75bcdeB
	W3N1	258.12cdC	315.52aA	276.93aA	363.1aA	247.64aA	62.02aA
	W3N2	268.17cdC	259.44aA	202.32abcAB	191.69bcdBC	163.75bC	34.45bAB
	W3N3	227.47dC	265.01aA	119.51cB	277.35abAB	157.46bcC	31.16bcB
	W	61.13**	1.06	4.14*	10.95**	11.01**	23.37**
	N	23.44**	2.32	8.91**	3.34	13.43**	2.69
	W×N	8.12**	0.05	5.15**	3.17*	13.78**	3.37

注：W1. 拔节期灌水 75mm；W2. 拔节期和孕穗期各灌水 75mm；W3. 拔节期、孕穗期和灌浆期各灌水 75mm。N1. 酰胺态氮（NH_2CONH_2）；N2. 硝态氮（$NaNO_3$）；N3. 铵态氮（NH_4HCO_3）

同一列不同小写和大写字母分别表示差异达 5%和 1%显著水平；*显著，**极显著

第六章　氮素形态对小麦碳代谢的影响

第一节　不同氮素形态对小麦碳代谢的影响

一、不同氮素形态对小麦光合特性的影响

（一）不同氮素形态对小麦旗叶叶绿素 a 含量的影响

由图 6-1 可以看出，不同氮素形态对小麦旗叶叶绿素 a 含量的影响呈明显规律，各处理旗叶叶绿素含量随着小麦灌浆进程的推进呈先升后降的趋势，花后 10d 时达到最大值，之后下降。不同处理之间比较，就‘郑麦 9023’而言，叶绿素 a 含量花后 5d 前硝态氮处理高于铵态氮处理，花后 0d 时硝态氮处理比铵态氮处理高出 22.6%，花后 5d 之后铵态氮处理叶绿素 a 含量高于硝态氮处理。就‘矮抗 58’而言，花后 5d 前和花后 20d 之后铵态氮处理比硝态氮处理高，且开花时铵态氮处理比硝态氮处理要高出 22.4%，花后 5～20d 硝态氮处理高于铵态氮处理，花后 10d 硝态氮处理比铵态氮处理高出 13.2%。就‘郑麦 004’而言，叶绿素 a 含量花后 15d 前铵态氮处理高于硝态氮处理，花后 10d 铵态氮处理高出硝态氮处理 22.3%，花后 15d 之后硝态氮处理比铵态氮处理高。说明不同氮素形态对小麦旗叶叶绿素 a 含量的影响差异显著，铵态氮处理有利于小麦旗叶叶绿素 a 含量的提高。

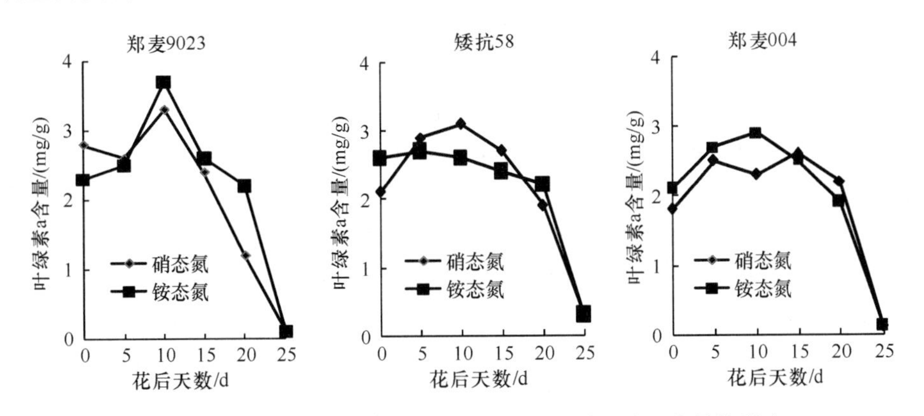

图 6-1　不同氮素形态对不同类型小麦旗叶叶绿素 a 含量的影响

（二）不同氮素形态对小麦旗叶叶绿素 b 含量的影响

由图 6-2 可以看出，各处理旗叶叶绿素 b 含量呈先升后降的趋势，花后 10d 达到最大值，之后下降。不同处理之间比较，就‘郑麦 9023’而言，花后 5d 前硝态氮处理比铵态氮处理高，且花后 0d 时硝态氮处理比铵态氮处理要高出 27.9%，花后 5d 之后铵态氮处理高于硝态氮处理，花后 20d 时铵态氮处理比硝态氮处理高出 34.6%。就‘矮抗 58’

而言，花后 5d 前和花后 20d 之后硝态氮处理比铵态氮处理高，且花后 0d 时硝态氮处理比铵态氮处理高出 25.6%，花后 5～20d 铵态氮处理高于硝态氮处理，花后 10d 铵态氮处理要高出硝态氮处理 16.2%。就‘郑麦 004’而言，花后 15d 前铵态氮处理高于硝态氮处理，花后 10d 铵态氮处理高出硝态氮处理 25.7%，花后 15d 之后硝态氮处理比铵态氮处理高。说明不同氮素形态对小麦旗叶叶绿素 b 含量的影响差异显著，铵态氮处理有利于小麦旗叶叶绿素 b 含量的提高。

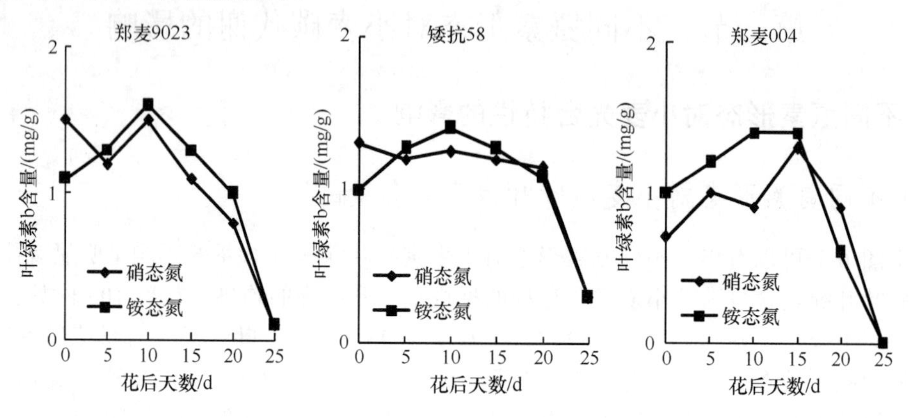

图 6-2　不同氮素形态对不同类型小麦旗叶叶绿素 b 含量的影响

（三）不同氮素形态对小麦旗叶总叶绿素的影响

由图 6-3 可以看出，各处理旗叶叶绿素含量均表现出一个先升后降的过程，在花后 10d 达到最大值，之后下降直至成熟。不同处理之间比较，就‘郑麦 9023’而言，花后 5d 前硝态氮处理比铵态氮处理叶绿素含量高，且开花时硝态氮处理叶绿素含量比铵态氮处理要高出 30.1%，花后 5d 之后铵态氮处理叶绿素含量高于硝态氮处理，花后 20d 铵态氮处理叶绿素含量高出硝态氮处理 31.3%。就‘矮抗 58’而言，花后 5d 前和花后 20d 之后硝态氮处理叶绿素含量比铵态氮处理高，且开花时硝态氮处理比铵态氮处理要高出 23.4%，花后 5～20d 铵态氮处理叶绿素含量高于硝态氮处理，花后 10d 铵态氮处理叶绿素含量要高出硝态氮处理 13.9%。就‘郑麦 004’而言，花后 15d 前铵态氮处理叶绿素含量高于硝态氮处理，花后 10d 铵态氮处理叶绿素含量高出硝态氮处理 23.4%，花后 15d 之后硝态氮处理叶绿素含量比铵态氮处理高。说明不同氮素形态对小麦旗叶叶绿素含量的影响差异显著，铵态氮处理有利于小麦旗叶叶绿素含量的提高。

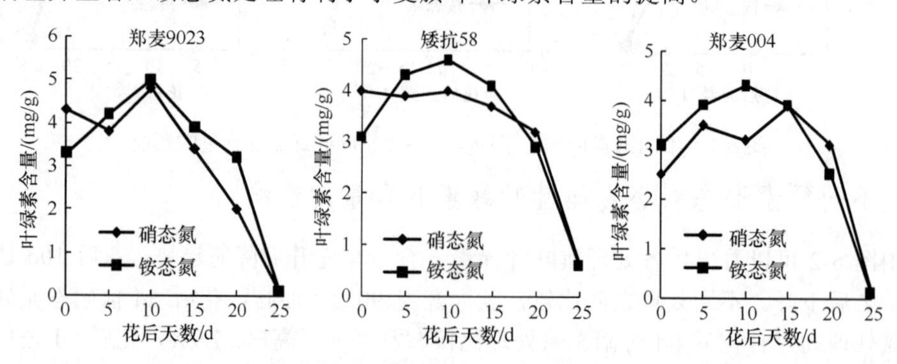

图 6-3　不同氮素形态对不同类型小麦旗叶叶绿素含量的影响

（四）不同氮素形态对小麦旗叶胞间 CO_2 浓度（Ci）和净光合速率（Pn）的影响

胞间 CO_2 浓度是与光合作用密切相关的一个重要指标，其数值高低在很大程度上可以反映光合作用的强弱。从表 6-1 可以看出，随着生育时期的推后，胞间 CO_2 浓度逐渐变大，就不同生育时期而言，强筋型‘豫麦 34’的胞间 CO_2 浓度均表现为铵态氮处理最高，硝态氮处理最低，酰胺态氮处理居中；中筋型品种‘豫麦 49’均表现为硝态氮处理最高，酰胺态氮处理最低，铵态氮处理居中；而弱筋型‘豫麦 50’则表现为铵态氮处理最高，硝态氮处理次之，酰胺态氮处理最低。而小麦旗叶净光合速率在开花期以后呈现下降的趋势，但不同氮素形态对不同专用型小麦的作用强度不同。强筋型‘豫麦 34’在硝态氮处理下，净光合速率下降幅度较小，为 45.38%；铵态氮处理下降幅度最大，为 64.97%。中筋型‘豫麦 49’和弱筋型‘豫麦 50’在酰胺态氮处理下，净光合速率下降幅度较小，分别为 39.84%和 41.96%，在硝态氮处理下下降幅度较大，分别为 54.10%和 50.67%。从不同生育时期来看，开花期‘豫麦 34’的旗叶净光合速率硝态氮处理与其他两个处理相比显著增加，以硝态氮处理最高，铵态氮处理次之，酰胺态氮处理较低，尔后演变为硝态氮处理居高，酰胺态氮处理次之，铵态氮处理较低，多重显著性比较得到，三者之间的差异均达显著水平。中筋型‘豫麦 49’在各生育时期旗叶净光合速率大小顺序均表现为酰胺态氮处理、铵态氮处理和硝态氮处理，而且三者之间的差异均达显著水平。弱筋型‘豫麦 50’在这 3 个生育时期表现为酰胺态氮处理旗叶净光合速率大于硝态氮处理，又大于铵态氮处理，在灌浆后期，酰胺态氮处理较另外两个处理显著增加。旗叶净光合速率与胞间 CO_2 浓度的变化趋势相反，其原因可能是随着小麦生育期的推进，光合器官逐渐衰老，同化 CO_2 的能力下降，光合速率降低，胞间 CO_2 浓度升高。

表 6-1　不同氮素形态对不同专用型小麦旗叶胞间 CO_2 浓度（Ci）和净光合速率（Pn）的影响

品种	氮素形态	开花期		灌浆期		灌浆后期	
		Ci	Pn	Ci	Pn	Ci	Pn
豫麦 34	硝态氮	208b	21.8a	243b	12.6a	333a	12.2a
	铵态氮	250a	19.5b	268a	9.5b	342a	8.2c
	酰胺态氮	233a	18.4b	246b	12.1a	341a	10.4b
豫麦 49	硝态氮	252a	17.1b	271a	12.5b	341a	9.1c
	铵态氮	235a	18.1ab	251b	12.8ab	335b	10.4b
	酰胺态氮	218b	19.6a	242b	13.4a	318b	12.3a
豫麦 50	硝态氮	224ab	21.8a	241ab	15.2a	339ab	12.1b
	铵态氮	233a	20.1b	250a	13.7b	345a	11.6b
	酰胺态氮	217b	22.4a	237b	16.3a	331b	13.9a

注：表中数据为 5 个测定值的平均值，同一列不同小写字母表示差异达 5%显著水平

资料来源：马新明等，2003

（五）不同氮素形态对小麦 PSⅡ活性（Fv/Fo）、PSⅡ原初光能转换效率（Fv/Fm）和实际光化学效率（ΦPSⅡ）的影响

从表 6-2 可以看出，随着小麦生育时期的推进，光系统Ⅱ活性、光系统Ⅱ原初光能

转换效率和实际光化学效率都呈下降趋势，但就不同生育时期而言，各专用型小麦对不同氮素形态的反应不同，特别表现在小麦灌浆后期，强筋型‘豫麦34’的3项指标均表现为硝态氮处理＞酰胺态氮处理＞铵态氮处理，硝态氮处理的光系统Ⅱ活性、光系统Ⅱ原初光能转换效率和实际光化学效率分别为4.38、0.80和0.27，较另外两个处理显著增加。中筋型‘豫麦49’在灌浆后期3项指标均以酰胺态氮处理最高，铵态氮处理次之，硝态氮处理最低，酰胺态氮处理下Fv/Fo、Fv/Fm和ΦPSⅡ分别为4.57、0.83和0.29，比另外两个处理增加显著。弱筋型‘豫麦50’灌浆后期在酰胺态氮影响下光系统Ⅱ活性、光系统Ⅱ原初光能转换效率和实际光化学效率最高，分别为4.41、0.81和0.26，比铵态氮处理增加9.4%、5.2%和23.8%，差异达到显著水平。

表6-2 不同氮素形态对不同专用型小麦Fv/Fo、Fv/Fm和ΦPSⅡ的影响

品种	氮素形态	开花期			灌浆期			灌浆后期		
		Fv/Fo	Fv/Fm	ΦPSⅡ	Fv/Fo	Fv/Fm	ΦPSⅡ	Fv/Fo	Fv/Fm	ΦPSⅡ
豫麦34	硝态氮	4.98a	0.87a	0.47a	4.57a	0.83a	0.39a	4.38a	0.80a	0.27a
	铵态氮	4.27c	0.83b	0.36b	3.91c	0.79b	0.35b	3.82c	0.77b	0.23b
	酰胺态氮	4.63b	0.82b	0.42ab	4.17b	0.52ab	0.34b	4.11b	0.79ab	0.25ab
豫麦49	硝态氮	4.54b	0.85ab	0.34b	4.48b	0.82ab	0.31b	3.81c	0.78b	0.22c
	铵态氮	4.56b	0.82b	0.36b	4.28c	0.81b	0.29b	4.17b	0.80b	0.25b
	酰胺态氮	4.88a	0.87a	0.39a	4.63a	0.84a	0.36a	4.57a	0.83a	0.29a
豫麦50	硝态氮	4.53b	0.83ab	0.41b	4.33b	0.80ab	0.36b	4.12b	0.79ab	0.24ab
	铵态氮	4.25c	0.81b	0.38b	4.23c	0.79b	0.28b	4.03c	0.77b	0.21b
	酰胺态氮	4.81a	0.84a	0.57a	4.55a	0.82a	0.39a	4.41a	0.81a	0.26a

注：表中数据为5个测定值的平均值，同一列不同小写字母表示差异达5%显著水平

资料来源：马新明等，2003

（六）不同氮素形态对小麦光化学猝灭系数（qP）、非光化学猝灭系数（qN）和光抑制程度（1–qP/qN）的影响

光化学猝灭系数（qP）是对PSⅡ原初电子受体QA氧化态的一种量度，代表PSⅡ反应中心开放部分的比例，反映PSⅡ天线色素吸收的光能用于光化学反应的份额。试验结果表明（表6-3），小麦开花期以后，旗叶光化学猝灭系数（qP）呈现下降的趋势，但不同氮素形态对不同专用型小麦的作用强度不等。强筋型‘豫麦34’在硝态氮处理下光化学猝灭系数（qP）明显高于另外两种氮素形态处理，特别是表现在灌浆后期，比另外两个处理显著增加，开花期、灌浆期和灌浆后期分别为0.78、0.71和0.61，比铵态氮处理分别高9.9%、7.6%和35.6%，说明硝态氮处理有利于强筋型‘豫麦34’PSⅡ反应中心维持较高比例的开放程度，减少不能进行稳定电荷分离，不参与光合电子线形传递的PSⅡ反应中心关闭部分的比例。中筋型‘豫麦49’和弱筋型‘豫麦50’在酰胺态氮处理下表现出较高的光化学猝灭系数（qP），均较另外两个处理增加，并达显著水平。非光化学猝灭系数（qN）反映PSⅡ反应中心非辐射能量耗散能力的大小，也就是说它代表PSⅡ天线色素吸收的光能不能用于光合电子传递，而以热的形式耗散掉的光能部分。从表6-3

可以看出，随着生育时期的推进，非光化学猝灭系数（qN）不断增加，这与叶片的衰老有关，不断衰老的叶片不能把捕捉的光能有效地用于光合作用，通过增加非辐射能量的耗散，保护光合器官不至于受到进一步伤害。但不同专用型小麦对氮素形态的响应不同。强筋型‘豫麦 34’在硝态氮处理下非光化学猝灭系数（qN）较低，分别为 0.57、0.74 和 0.87，较另外两个处理显著降低。中筋型‘豫麦 49’非光化学猝灭系数（qN）的高低顺序为硝态氮处理＞铵态氮处理＞酰胺态氮处理。弱筋型‘豫麦 50’在铵态氮下最高，酰胺态氮下最低，硝态氮处理居中，并且三者之间的差异达 5%的显著水平。

表 6-3　氮素形态对不同专用型小麦 qP、qN 和 1–qP/qN 的影响

品种	氮素形态	开花期			灌浆期			灌浆后期		
		qP	qN	1–qP/qN	qP	qN	1–qP/qN	qP	qN	1-qP/qN
豫麦 34	硝态氮	0.78a	0.57b	–0.37c	0.71a	0.74c	0.04c	0.61a	0.87c	0.30c
	铵态氮	0.71c	0.77a	0.08a	0.66b	0.92a	0.28a	0.45c	0.97a	0.54a
	酰胺态氮	0.74b	0.60b	–0.23b	0.69ab	0.84b	0.18b	0.53b	0.92b	0.42b
豫麦 49	硝态氮	0.51b	0.74a	0.31a	0.43b	0.84a	0.49a	0.32b	0.92a	0.65a
	铵态氮	0.62a	0.67b	0.07b	0.52a	0.83a	0.37b	0.34b	0.91ab	0.63a
	酰胺态氮	0.65a	0.56c	–0.16c	0.54a	0.78b	0.31c	0.48a	0.89b	0.46b
豫麦 50	硝态氮	0.75b	0.62a	–0.21b	0.58b	0.76b	0.24b	0.43b	0.94a	0.54b
	铵态氮	0.73b	0.64a	–0.14a	0.49c	0.87a	0.44a	0.37c	0.95a	0.61a
	酰胺态氮	0.80a	0.55b	–0.45c	0.64a	0.72c	0.11c	0.49a	0.88b	0.44c

注：表中数据为 5 个测定值的平均值，同一列不同小写字母表示差异达 5%显著水平

资料来源：马新明等，2003

1–qP/qN 可以作为可能发生光抑制的指标，其值越大，说明发生光抑制的可能性越大。从表 6-3 中可以看出，随着生育时期的推进，1–qP/qN 值越大，发生光抑制的可能性越大，但不同专用型小麦在不同氮素形态影响下表现不同。强筋型‘豫麦 34’在硝态氮处理下 1–qP/qN 值明显较小，分别为–0.37、0.04 和 0.30，较另外两个处理降低值达显著水平，而中筋型‘豫麦 49’和弱筋型‘豫麦 50’在酰胺态氮处理下 1–qP/qN 值较小，分别为–0.16 和–0.45、0.31 和 0.11 与 0.46 和 0.44，均较另外两个处理降低值达显著水平。

二、不同氮素形态对小麦可溶性糖及淀粉合成相关酶活性的影响

（一）不同氮素形态对旗叶蔗糖含量及 SS 和 SPS 活性的影响

试验结果（图 6-4）表明，籽粒灌浆过程中旗叶蔗糖含量、蔗糖合成酶（SS）活性和蔗糖磷酸合成酶（SPS）活性均呈单峰曲线变化，旗叶蔗糖含量和 SPS 活性峰值出现在花后 18d，旗叶 SS 活性花后 6～24d 一直保持较高活性，之后急剧下降。旗叶蔗糖含量花后 6～24d 表现为 NH_2-N＞NH_4^+-N＞NO_3^--N，NO_3^--N 与 NH_2-N 和 NH_4^+-N 间差异达显著水平，花后 24～36d 表现为 NH_4^+-N＞NH_2-N＞NO_3^--N，各处理间差异未达显著水平（图 6-4a）。旗叶 SS 活性 NH_2-N 始终最低，花后 6～12d NH_2-N 与 NH_4^+-N 和 NO_3^--N 差异达显

著水平，开花24d之后差异不显著（图6-4b）。旗叶SPS活性NH_2-N低于NH_4^+-N和NO_3^--N，3处理间差异不显著（图6-4c）。灌浆中前期NH_2-N处理旗叶蔗糖合成酶活性低，蔗糖含量高，表明施酰胺态氮不利于源器官（旗叶）中蔗糖向库器官（籽粒）中运转和营养器官贮存的同化物向籽粒中的再分配。

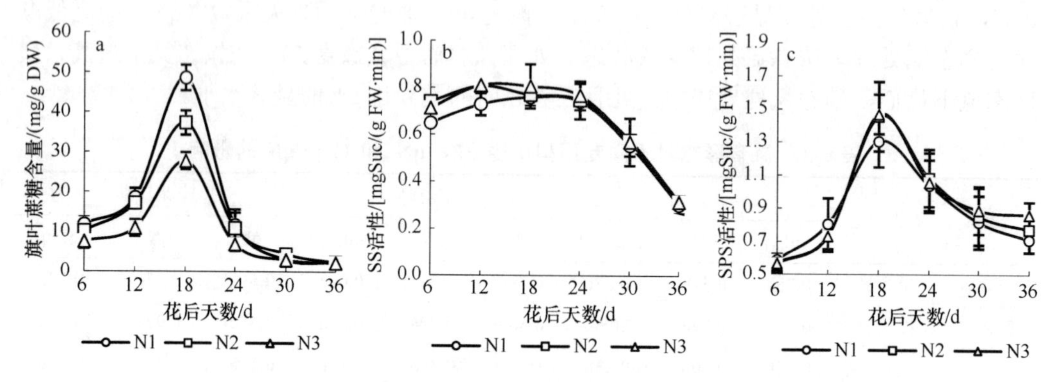

图6-4 不同氮素形态对小麦旗叶蔗糖含量及SS和SPS活性的影响

N1. 酰胺态氮；N2. 铵态氮；N3. 硝态氮

（二）不同氮素形态对籽粒蔗糖含量及SS、可溶性淀粉合成酶（SSS）、颗粒结合型淀粉合成酶（GBSS）活性的影响

1. 籽粒蔗糖含量及SS活性的变化

从图6-5可以看出，籽粒灌浆过程中，籽粒蔗糖含量和SS活性随着灌浆进程的推进逐渐降低。籽粒蔗糖含量花后6～18d下降快，之后下降速度减缓，花后12～36d NH_2-N最低，但各处理间差异不显著（图6-5a）。籽粒SS活性花后12d NH_2-N显著低于NH_4^+-N和NO_3^--N，花后24d NO_3^--N显著高于NH_4^+-N和NH_2-N（图6-5b）。表明施酰胺态氮不利于花后籽粒中蔗糖的积累，并且降低了籽粒中SS酶活性，降解蔗糖的能力下降，不利于籽粒淀粉的积累。

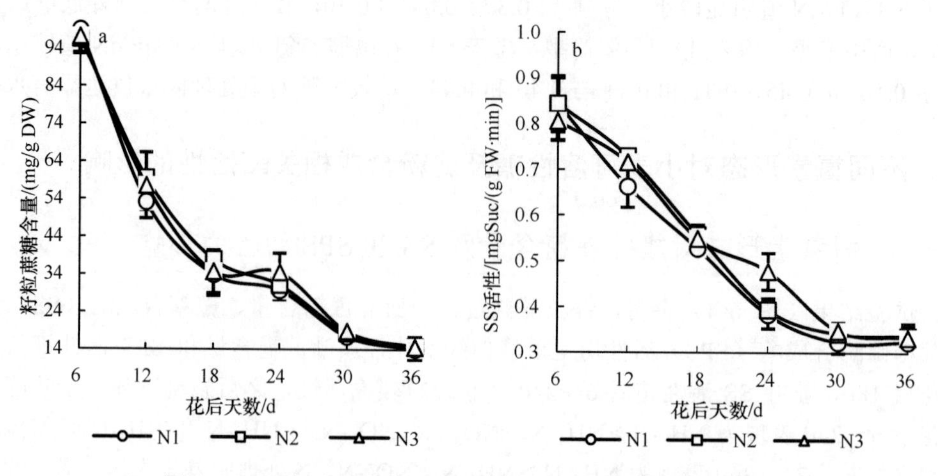

图6-5 不同氮素形态对小麦籽粒蔗糖含量及SS活性的影响

N1. 酰胺态氮；N2. 铵态氮；N3. 硝态氮

2. 籽粒淀粉合成酶（SSS 和 GBSS）活性的变化

灌浆过程中籽粒 SSS 活性呈先升后降的趋势（图 6-6a），花后 24d 达峰值，SSS 活性花后 18～36d 表现为 NH_4^+-N＞NO_3^--N＞NH_2-N，处理间差异达显著水平。由图 6-6b 可以看出，灌浆过程中籽粒 GBSS 活性呈单峰曲线变化，花后 18d 达峰值，GBSS 活性花后 6～12d 表现为 NH_4^+-N＞NH_2-N＞NO_3^--N，处理间差异不显著，花后 18～36d 表现为 NH_2-N＞NO_3^--N＞NH_4^+-N，花后 24～36d NH_2-N 显著高于其他处理。表明施铵态氮和施硝态氮提高了 SSS 酶活性，有利于支链淀粉的合成，而施酰胺态氮提高了 GBSS 酶活性，对直链淀粉的合成有促进作用。

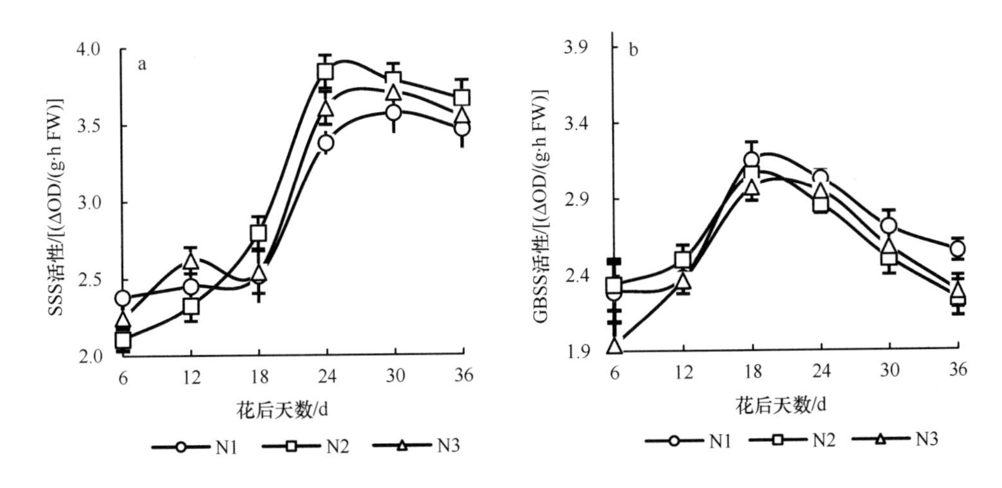

图 6-6　不同氮素形态对小麦籽粒 SSS 和 GBSS 活性的影响

N1. 酰胺态氮；N2. 铵态氮；N3. 硝态氮

第二节　不同氮素形态配比对小麦碳代谢的影响

一、不同氮素形态配比对小麦光合特性的影响

（一）不同氮素形态配比对小麦旗叶叶绿素 a 含量的影响

由表 6-4 可知，5 个处理下，6 个小麦品种旗叶叶绿素 a 含量在花后时期呈现出不同的变化趋势，钝感型‘郑麦 9023’、‘郑麦 366’与次敏感型‘洛麦 23’、‘矮抗 58’呈现出整体下降的趋势，而敏感型‘郑麦 004’、‘周麦 22’则呈现出先升后降的变化趋势，其趋势和升降幅度因不同处理和品种不同而异。不同品种间比较，钝感型‘郑麦 9023’旗叶叶绿素 a 在花后 0～18d 无明显变化，18d 后急剧下降，敏感型小麦‘郑麦 004’在花后 6d 旗叶叶绿素 a 的含量达到峰值，在花后 24d 开始出现下降，但在花后 30d 仍保持着较高的水平。同一品种不同处理下比较，N1 处理下，钝感型‘郑麦 9023’、‘郑麦 366’旗叶叶绿素 a 含量无明显变化，敏感型‘郑麦 004’、‘周麦 22’在花后 6d 旗叶叶绿素 a 含量比 CK 处理增加了 2.58%、6.91%，不同处理中旗叶叶绿素 a 含量随着处理中铵态氮比例增加而增加。

表 6-4 不同处理下不同品种小麦旗叶叶绿素 a 含量（单位：mg/g FW）

品种	处理	花后天数/d					
		0	6	12	18	24	30
郑麦 9023	CK	1.91	1.94	2.04	1.81	0.97	0.02
	N1	2.03	1.91	1.99	1.85	1.24	0.01
	N2	1.87	2.07	1.97	1.99	1.18	0.01
	N3	1.92	2.01	1.85	1.55	1.32	0.00
	N4	1.71	1.94	1.86	1.90	1.53	0.10
郑麦 366	CK	1.86	1.92	1.97	1.77	1.43	0.02
	N1	1.86	1.89	1.88	2.00	1.49	0.06
	N2	1.91	1.94	1.96	1.76	1.35	0.01
	N3	1.98	1.90	2.10	1.85	1.41	0.01
	N4	2.01	1.98	1.96	1.85	1.28	0.01
郑麦 004	CK	1.32	1.94	1.74	2.01	1.60	1.07
	N1	1.48	1.99	2.04	1.71	1.50	0.98
	N2	1.68	1.92	1.97	1.89	1.58	1.03
	N3	1.73	2.01	1.98	1.33	1.89	0.76
	N4	1.59	2.03	1.86	1.93	1.38	0.05
洛麦 23	CK	1.92	0.89	1.93	1.78	0.88	0.01
	N1	2.00	1.79	1.77	1.35	0.86	0.01
	N2	2.01	1.97	1.88	1.78	1.10	0.00
	N3	1.73	1.73	2.06	1.45	1.08	0.06
	N4	2.04	1.93	2.03	1.75	0.94	0.02
周麦 22	CK	1.64	1.88	1.99	2.03	1.97	0.96
	N1	1.65	2.01	2.00	1.88	2.00	0.79
	N2	1.56	2.04	1.93	1.94	1.84	0.27
	N3	1.52	2.01	1.95	2.03	2.05	0.19
	N4	1.64	2.02	1.98	2.00	1.55	1.21
矮抗 58	CK	1.94	2.07	2.06	1.87	1.54	0.31
	N1	2.06	1.87	1.95	1.97	1.51	0.14
	N2	2.11	1.93	2.05	2.06	1.38	0.28
	N3	1.88	1.73	1.95	1.92	1.02	0.01
	N4	1.58	1.97	1.99	2.00	1.66	0.37

注：CK、N1、N2、N3、N4 表示硝态氮/铵态氮分别为 100：0、75：25、50：50、25：75、0：100

（二）不同氮素形态配比对小麦旗叶叶绿素 b 含量的影响

从表 6-5 中可以看出，不同处理下，6 个品种小麦旗叶叶绿素 b 同叶绿素 a 一样，呈现出不同的变化趋势。其中，‘郑麦 9023’、‘洛麦 23’、‘矮抗 58’ 3 个品种旗叶叶绿素 b 含量呈现出持续下降的趋势，而‘郑麦 366’、‘郑麦 004’、‘周麦 22’ 3 个品种则呈现出先升后降的趋势，除与其品种特性有关外，增铵处理也是其趋势变化的重要原因。不同品种间比较，次敏感型‘洛麦 23’旗叶叶绿素 b 含量最高，在 N2 处理下达到 1.11mg/g FW，但下降迅速，在花后 18d 已经下降至较低水平。同一品种不同处理间比较，N1 处理下，花后 6d 钝感型‘郑麦 9023’、‘郑麦 366’旗叶叶绿素 b 含量比 CK 分别下降了 0.08mg/g FW、0.09mg/g FW，次敏感型‘洛麦 23’、‘矮抗 58’比对照分别下降了 0.28mg/g FW、0.08mg/g FW，与此相对应，敏感型‘郑麦 004’、‘周麦 22’比 CK 增加了 0.03mg/g FW、0.29mg/g FW。

表 6-5　不同处理下不同品种小麦旗叶叶绿素 b 含量（单位：mg/g FW）

品种	处理	花后天数/d					
		0	6	12	18	24	30
郑麦 9023	CK	0.95	0.69	0.96	0.60	0.81	0.01
	N1	0.72	0.61	0.62	0.71	0.43	0.00
	N2	0.60	0.66	0.74	0.72	0.41	0.00
	N3	0.62	0.82	1.10	0.56	0.43	0.00
	N4	0.59	0.72	1.32	0.78	0.50	0.04
郑麦 366	CK	0.66	0.73	0.92	1.27	0.51	0.01
	N1	0.77	0.64	0.84	1.06	0.48	0.02
	N2	0.65	0.68	0.69	0.56	0.54	0.00
	N3	0.56	0.83	0.65	0.75	0.53	0.00
	N4	0.71	0.80	0.89	0.63	0.43	0.01
郑麦 004	CK	0.41	0.62	0.55	0.67	0.52	0.39
	N1	0.81	0.65	0.72	0.73	0.51	0.32
	N2	0.57	0.69	1.01	0.69	0.57	0.33
	N3	0.51	0.85	0.68	0.47	0.63	0.25
	N4	0.61	0.77	0.79	0.75	0.49	0.02
洛麦 23	CK	0.61	0.76	0.72	0.72	0.31	0.01
	N1	0.69	0.48	0.65	0.46	0.27	0.01
	N2	0.66	1.11	0.61	0.65	0.38	0.01
	N3	0.62	0.49	0.70	0.45	0.42	0.02
	N4	0.67	0.92	0.90	0.54	0.31	0.01
周麦 22	CK	0.57	0.60	0.83	1.05	0.99	0.31
	N1	0.50	0.89	0.98	0.70	0.63	0.26
	N2	0.49	1.09	1.06	0.73	0.52	0.08
	N3	0.67	1.11	1.02	0.86	0.78	0.06
	N4	0.55	1.08	0.88	0.69	0.75	0.41
矮抗 58	CK	0.76	0.61	0.77	0.66	0.88	0.13
	N1	0.78	0.53	0.85	0.36	0.49	0.05
	N2	0.82	0.88	0.94	0.67	0.46	0.09
	N3	0.44	0.65	0.85	0.69	0.36	0.00
	N4	0.52	0.78	1.10	0.62	0.64	0.12

注：CK、N1、N2、N3、N4 表示硝态氮/铵态氮分别为 100∶0、75∶25、50∶50、25∶75、0∶100

（三）不同氮素形态配比对小麦旗叶叶绿素 a/叶绿素 b 的影响

分析表 6-6 可知，钝感型‘郑麦 9023’、‘郑麦 366’在 5 种处理下旗叶叶绿素 a/叶绿素 b 值的变化范围并不大，基本上在 2～3 的水平，‘郑麦 366’在花后 30d 增铵处理出现了明显的变化，N2、N3、N4 处理下叶绿素 a/叶绿素 b 值分别达到了 8.45、8.73、1.69，可能是增铵处理使叶绿素 a 在灌浆末期迅速降解，叶绿素 b 含量变化不大，从而使叶绿素 a/叶绿素 b 值迅速升高。敏感型‘郑麦 004’、‘周麦 22’两个品种小麦旗叶叶绿素 a/叶绿素 b 值在灌浆末期缓慢升高，且增铵处理使叶绿素 a 含量维持在较高的水平，增加光合能力。

表 6-6　不同处理下不同品种小麦旗叶叶绿素 a/叶绿素 b

品种	处理	花后天数/d					
		0	6	12	18	24	30
郑麦 9023	CK	2.12	2.88	2.26	3.06	1.97	3.42
	N1	2.83	3.15	3.20	2.69	2.91	2.21
	N2	3.11	3.18	2.74	2.78	2.91	2.11
	N3	3.11	2.59	1.96	2.74	3.10	1.49
	N4	2.91	2.74	1.40	2.50	3.07	3.00
郑麦 366	CK	2.81	2.71	2.37	1.40	2.82	2.17
	N1	2.51	2.97	2.40	1.98	3.07	3.29
	N2	2.95	3.13	2.90	3.13	2.50	8.45
	N3	3.56	2.53	3.25	2.51	2.67	8.73
	N4	2.91	2.65	2.34	2.96	2.93	1.69
郑麦 004	CK	3.19	3.26	3.16	2.99	3.06	2.73
	N1	1.84	3.14	2.88	2.35	2.90	3.05
	N2	3.01	2.87	2.16	2.80	2.79	3.10
	N3	3.56	2.40	2.89	2.82	3.01	3.12
	N4	2.64	2.70	2.43	2.59	2.84	3.44
洛麦 23	CK	3.13	4.91	2.90	2.58	2.84	0.73
	N1	2.93	3.69	3.05	2.94	3.18	2.34
	N2	3.04	1.91	3.09	2.73	2.90	1.44
	N3	2.79	3.53	3.03	3.20	2.57	2.88
	N4	3.06	2.20	2.29	3.28	3.04	1.87
周麦 22	CK	2.90	3.15	2.54	2.10	2.10	3.09
	N1	3.34	2.36	2.15	2.73	3.20	3.07
	N2	3.19	1.93	1.89	2.72	3.93	3.31
	N3	2.35	1.93	1.94	2.41	2.61	3.09
	N4	2.97	2.16	2.49	2.90	2.42	3.00
矮抗 58	CK	2.64	3.40	2.75	2.82	2.18	2.29
	N1	2.69	3.53	2.45	5.42	3.08	2.65
	N2	2.63	2.19	2.19	3.07	3.01	3.15
	N3	4.66	2.68	2.62	2.80	2.80	4.90
	N4	3.04	2.71	1.88	3.22	2.59	3.07

注：CK、N1、N2、N3、N4 表示硝态氮/铵态氮分别为 100∶0、75∶25、50∶50、25∶75、0∶100

（四）不同氮素形态配比对小麦旗叶叶绿素总含量的影响

分析图 6-7 可知，敏感型‘郑麦 004’、次敏感型‘洛麦 23’、钝感型‘郑麦 9023’3 种类型小麦叶绿素含量花后变化都呈现出先升高后降低的趋势，且在花后 24～30d 迅速降低。不同品种间比较，‘郑麦 9023’叶绿素总含量在花后 12d 达到最高值，且到花后 24d 都维持在较高水平，而‘郑麦 004’和‘洛麦 23’在花后 12d 叶绿素含量没有‘郑麦 9023’高，这与其品种特性有关。同一品种不同处理间比较，N1 处理下，‘郑麦 004’和‘洛麦 23’旗叶叶绿素总含量在花后各时期明显比 CK 处理高，其中敏感型‘郑麦 004’在开花当天旗叶叶绿素总含量比 CK 高 32.4%，花后 6d 未达到显著水平，花后 12d 增幅为 20.1%。增铵处理下，钝感型‘郑麦 9023’花后 6d 旗叶叶绿素总含量没有明显变化，花后 12d 稍有变化，整个灌浆期中叶绿素总含量没有明显变化。

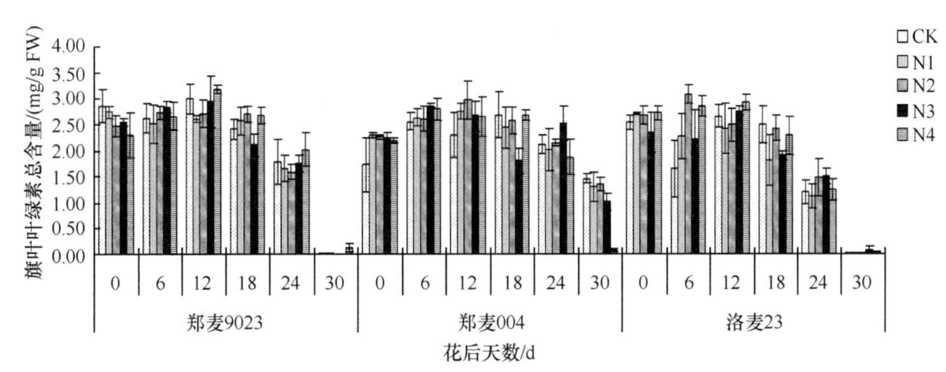

图 6-7 不同氮素形态配比对不同品种小麦旗叶叶绿素总含量的影响

CK、N1、N2、N3、N4 表示硝态氮/铵态氮分别为 100∶0、75∶25、50∶50、25∶75、0∶100

（五）不同氮素形态配比对小麦叶片净光合速率的影响

由表 6-7 可见，不同类型专用小麦叶片 Pn 的变化趋势基本一致，在开花期达到最高值，随后下降，直至成熟。3 种专用小麦比较，‘豫麦 34’在开花期叶片 Pn 高于‘豫麦 49’和‘豫麦 50’，‘豫麦 50’在灌浆后期高于‘豫麦 34’和‘豫麦 49’，这可能是‘豫麦 50’产量高于‘豫麦 34’和‘豫麦 49’的原因之一。

表 6-7 还表明，不同形态氮素配施对专用小麦的叶片 Pn 均有一定的影响。‘豫麦 34’叶片 Pn 在各个时期表现不尽一致。总体表现是 3 个形态氮素单施时，以硝态氮处理较高，单施铵态氮、酰胺态氮较低；3 个铵态氮、硝态氮配施处理，以配施比例为 25∶75 和 50∶50 的处理较高，铵态氮、硝态氮配比 75∶25 的处理较低。经方差分析，在孕穗期，单施酰胺态氮的叶片 Pn 比其他不同形态氮素配施的显著降低。开花期，不同形态氮素配施差异不显著。灌浆前期，单施硝态氮与单施铵态氮、酰胺态氮和铵态氮、硝态氮配比 75∶25 的处理差异显著。灌浆中期，单施硝态氮和铵态氮、硝态氮配比 25∶75 及 50∶50 的叶片 Pn 与单施铵态氮和酰胺态氮差异显著。灌浆后期，单施硝态氮和铵态氮、硝态氮配比 25∶75 及 50∶50 的处理与单施铵态氮、酰胺态氮和铵态氮、硝态氮配比 75∶25 的差异显著，单施硝态氮与铵态氮、硝态氮配比 25∶75 和 50∶50 的处理差异显著。‘豫麦 49’叶片 Pn 在各个时期表现也不一致，总体表现为铵态氮、硝态氮配比 75∶25 的处理

叶片Pn较高，单施铵态氮和硝态氮的较低。经方差分析，孕穗期，不同形态氮素配施差异不显著。开花期，铵态氮、硝态氮配比75∶25和50∶50的叶片Pn与单施铵态氮和硝态氮差异显著。灌浆前期，铵态氮、硝态氮配比75∶25与单施铵态氮和硝态氮及铵态氮、硝态氮配比50∶50的差异显著。灌浆中期，单施铵态氮和铵态氮、硝态氮配比75∶25显著高于铵态氮、硝态氮配比50∶50；灌浆后期，铵态氮、硝态氮配比75∶25和单施酰胺态氮显著高于单施铵态氮和铵态氮、硝态氮配比50∶50。‘豫麦50’叶片Pn在各个时期表现不尽一致，总体表现为铵态氮、硝态氮配比50∶50的处理叶片Pn较高。孕穗期，不同形态氮素配施差异不显著。开花期，铵态氮、硝态氮配比25∶75比单施铵态氮和酰胺态氮及铵态氮、硝态氮配比75∶25的显著增加。灌浆前期，铵态氮、硝态氮配比50∶50与单施铵态氮的处理差异显著。灌浆中期，铵态氮、硝态氮配比50∶50与单施酰胺态氮和铵态氮、硝态氮配比25∶75的差异显著。灌浆后期，单施铵态氮和铵态氮、硝态氮配比25∶75和50∶50的叶片Pn比单施酰胺态氮和硝态氮显著增加。

表6-7 不同形态氮素配施对专用小麦叶片净光合速率的影响

品种	氮素形态	生育时期				
		孕穗期	开花期	灌浆前期	灌浆中期	灌浆后期
豫麦34	NH_2-N	8.98±0.42abc	23.95±0.40a	13.98±0.10cdef	8.95±0.22hij	3.98±0.61hi
	NH_4^+-N	7.32±1.43e	23.77±0.40a	15.30±0.98bcde	9.28±0.50hij	3.75±0.87hi
	NO_3^--N	8.69±0.47abcd	24.18±0.53a	18.63±2.66a	10.83±0.68abcdefg	8.71±0.51de
	75∶25	8.15±0.90bcde	22.78±0.32ab	15.57±1.40bcd	9.84±0.16fghi	3.58±0.58hi
	50∶50	8.80±0.93abcd	24.07±0.94a	16.43±2.08abc	11.03±0.51abcdef	6.83±1.55fg
	25∶75	8.84±0.40abcd	24.08±0.38a	17.23±1.50ab	11.37±0.64abcde	7.00±1.72fg
豫麦49	NH_2-N	9.66±0.21a	17.23±1.27def	15.87±2.18bcd	9.56±0.30fghij	8.94±0.35cde
	NH_4^+-N	8.99±0.42abc	18.75±0.51fg	13.97±1.63cdef	9.93±0.64fghi	2.85±0.58i
	NO_3^--N	8.93±0.44abc	19.13±0.90g	12.30±0.50f	9.45±0.32ghij	7.94±0.39ef
	75∶25	9.56±0.30a	21.50±1.91bc	15.27±1.52ab	10.24±0.32cdefghi	9.08±0.30cde
	50∶50	9.15±0.42ab	20.60±0.87cde	13.37±0.21def	8.26±0.65j	6.37±0.81g
	25∶75	9.65±0.26a	18.82±0.64efg	15.27±0.97bcde	8.83±0.06ij	4.75±0.63cd
豫麦50	NH_2-N	8.05±0.39bcde	17.17±0.12g	15.30±0.44bcde	10.00±0.52defghi	10.17±0.66cd
	NH_4^+-N	7.66±0.20de	19.22±0.44def	12.60±1.10ef	11.80±1.23ab	11.70±0.62ab
	NO_3^--N	7.96±0.84bcde	20.67±2.39bc	15.30±1.95bcde	11.70±0.52abc	9.17±0.81cde
	75∶25	7.83±0.47cde	18.37±1.07fg	16.57±0.40abc	11.46±2.02abcd	10.45±0.98bc
	50∶50	8.51±0.18abcd	20.08±0.64cdef	17.27±1.97ab	12.13±1.70a	12.87±1.29a
	25∶75	8.29±0.65bcde	21.05±0.48c	16.27±1.04abc	10.45±0.13bcdefgh	11.87±0.78ab

注：75∶25、50∶50、25∶75表示NH_4^+/NO_3^-比例
同一列不同小写字母表示差异达5%显著水平
资料来源：马宗斌，2007

（六）不同氮素形态配比对叶片气孔导度（Gs）的影响

表6-8表明，不同类型专用小麦叶片Gs的变化趋势基本一致，在孕穗期和开花期较

低，灌浆前、中期升至最高，到灌浆后期又下降。3 种类型专用小麦比较，‘豫麦 50’叶片 Gs 在灌浆前期明显低于‘豫麦 34’和‘豫麦 49’。

表 6-8　不同形态氮素配施对专用小麦叶片气孔导度（Gs）的影响

品种	氮素形态	生育时期				
		孕穗期	开花期	灌浆前期	灌浆中期	灌浆后期
豫麦 34	NH_2-N	0.18±0.03abc	0.18±0.0.02a	0.15±0.01gh	0.19±0.002f	0.11±0.02g
	NH_4^+-N	0.24±0.01a	0.14±0.01a	0.22±0.02abcde	0.2±0.01ef	0.13±0.02fg
	NO_3^--N	0.17±0.05abcd	0.16±0.01ab	0.27±0.004a	0.32±0.01bc	0.2±0.02bcdef
	75：25	0.21±0.01ab	0.14±0.004bc	0.22±0.003abcdef	0.23±0.02def	0.13±0.01efg
	50：50	0.19±0.03abc	0.14±0.004bc	0.24±0.01abc	0.31±0.02bc	0.25±0.06abc
	25：75	0.19±0.06abcd	0.15±0.01abc	0.22±0.08abcd	0.37±0.03ab	0.24±0.09abcd
豫麦 49	NH_2-N	0.11±0.05bcd	0.08±0.01f	0.22±0.03defgh	0.23±0.03def	0.16±0.06defg
	NH_4^+-N	0.07±0.01d	0.10±0.02ef	0.2±0.02bcdefg	0.23±0.03def	0.1±0.05g
	NO_3^--N	0.15±0.08abcd	0.14±0.02bc	0.17±0.06abcd	0.27±0.04cde	0.23±0.02abcd
	75：25	0.18±0.04abcd	0.11±0.01def	0.26±0.01abc	0.28±0.04cd	0.16±0.02defg
	50：50	0.19±0.0.05abc	0.16±0.02ab	0.23±0.02abcd	0.31±0.04bc	0.23±0.02abcd
	25：75	0.20±0.01cd	0.16±0.04ab	0.25±0.03ab	0.4±0.01a	0.29±0.06a
豫麦 50	NH_2-N	0.09±0.01cd	0.1±0.01ef	0.17±0.04defgh	0.21±0.02def	0.19±0.02cdef
	NH_4^+-N	0.13±0.02abcd	0.1±0.01ef	0.12±0.02h	0.21±0.04def	0.11±0.01g
	NO_3^--N	0.17±0.02abcd	0.1±0.003ef	0.16±0.05fghbcde	0.23±0.03def	0.21±0.02cdefg
	75：25	0.21±0.07ab	0.13±0.003bcd	0.17±0.01defgh	0.22±0.07def	0.18±0.02cdefg
	50：50	0.19±0.11abc	0.12±0.001cde	0.19±0.01cdefg	0.24±0.05def	0.23±0.06abcd
	25：75	0.21±0.10ab	0.17±0.04a	0.16±0.04efgh	0.26±0.05cde	0.27±0.04ab

注：75：25、50：50、25：75 表示 NH_4^+/NO_3^-比例

同一列不同小写字母表示差异达 5%显著水平

资料来源：马宗斌，2007

从表 6-8 还可以看出，不同形态氮素配施对专用小麦的叶片 Gs 均有一定的影响。‘豫麦 34’叶片 Gs 在各个时期表现不尽一致，总体表现为 3 个形态氮素单施时，以硝态氮处理较高，单施铵态氮、酰胺态氮较低；3 个铵态氮、硝态素配施处理，以配施比例为 25：75 和 50：50 的处理较高，铵态氮、硝态氮配比 75：25 的处理较低。经方差分析，孕穗期，不同形态氮素配施差异不显著；灌浆前期，酰胺态氮显著低于其余不同形态氮素配施；灌浆中期，单施硝态氮和铵态氮、硝态氮配比 25：75 和 50：50 与单施铵态氮、酰胺态氮和铵态氮、硝态氮配比 75：25 差异显著；灌浆后期，铵态氮、硝态氮配比 25：75 和 50：50 与单施铵态氮和酰胺态氮及铵态氮、硝态氮配比 75：25 差异显著，单施硝态氮与单施铵态氮、酰胺态氮差异显著。‘豫麦 49’叶片 Gs 总体表现为铵态氮、硝态氮配施和单施硝态氮的处理高于单施铵态氮和酰胺态氮。经方差分析，孕穗期，不同形态氮素配施差异不显著；开花期，单施硝态氮和铵态氮、硝态氮配比 25：75 和 50：50 与单施铵态氮、酰胺态氮和铵态氮、硝态氮配比 75：25 的处理差异显著；灌浆前期，铵态

氮、硝态氮配比 25：75 与单施酰胺态氮差异显著；灌浆中期，铵态氮、硝态氮配比 25：75 与其他形态氮素处理差异显著；灌浆后期，铵态氮、硝态氮配比 25：75 与单施铵态氮、酰胺态氮及铵态氮、硝态氮配比 75：25 差异显著，单施硝态氮和铵态氮、硝态氮配比 50：50 与单施铵态氮差异显著。'豫麦 50' 叶片 Gs 总体表现铵态氮、硝态氮配施和单施硝态氮高于单施铵态氮和酰胺态氮。经方差分析，孕穗期，铵态氮、硝态氮配比 25：75 和 75：25 与单施酰胺态氮处理差异显著；开花期，铵态氮、硝态氮配 75：52、25：75 与单施硝态氮、铵态氮和酰胺态氮差异显著；灌浆前期，铵态氮、硝态氮配比 50：50 与单施铵态氮差异显著；灌浆中期，不同形态氮素配施差异不显著；灌浆后期，铵态氮、硝态氮配比 25：75 与单施铵态氮、硝态氮和酰胺态氮及铵态氮、硝态氮配比 75：25 的差异显著，铵态氮、硝态氮配比 50：50 与单施铵态氮差异显著。

（七）不同氮素形态配比对叶片胞间 CO_2 浓度（Ci）的影响

叶片 Ci 越低说明叶片利用 CO_2 越充分。表 6-9 表明，不同类型专用小麦叶片 Ci 的变化趋势基本一致，在孕穗期较高，开花期最低，进入灌浆期后，一直升高，到灌浆后期达到最大值。3 种专用小麦比较，在孕穗期和灌浆后期，总体表现为'豫麦 34' 明显高于'豫麦 50'。

表 6-9　不同形态氮素配施对专用小麦叶片胞间 CO_2 浓度（Ci）的影响

品种	氮素形态	生育时期				
		孕穗期	开花期	灌浆前期	灌浆中期	灌浆后期
豫麦 34	NH_2-N	244.01±40.73bc	221.46±13.86abc	232.73±12.71abcdef	242.37±3.47bcde	311.67±4.16b
	NH_4^+-N	298.33±13.01a	222.23±3.66abc	235.22±4.91abcde	245.38±6.26abcd	319.67±6.66b
	NO_3^--N	264.67±16.50abc	200.42±7.66c	207.62±10.76g	233.67±7.91de	287.00±1.73c
	75：25	283.67±9.02ab	224.38±10.23ab	238.53±10.71abcd	259.52±3.40a	318.00±2.00b
	50：50	274.01±4.58abc	208.42±16.02abc	232±13.71abcdef	241.37±0.74bcde	312.83±12.27b
	25：75	259.3±20.03abc	204.77±16.42bc	211.63±18.15efg	237.73±9.77abcd	309.67±6.66b
豫麦 49	NH_2-N	227.33±23.18c	232.00±16.52a	246.01±7.76abc	254.3±4.03ab	270.17±6.60d
	NH_4^+-N	247.02±71.92abc	229.88±14.78ab	241.83±9.52abcd	254.3±2.42ab	335.33±6.66a
	NO_3^--N	252.67±25.15abc	204.55±22.38bc	247.63±13.20abcd	241.7±20.76bcde	270.17±3.75e
	75：25	224.23±12.38c	200.87±5.64f	240.48±4.25abcd	230.07±5.42de	255.5±9.26e
	50：50	264.03±28.35abc	209.67±12.22abc	255.01±4.58a	251.97±0.70abc	277.83±6.14c
	25：75	244.57±17.85bc	220.33±19.10abc	223.8±6.30cdefg	259.93±5.62a	288.17±7.97c
豫麦 50	NH_2-N	246.67±9.02abc	227.33±11.02abc	232.43±21.86abcdef	242.23±13.82bcde	257.67±16.26e
	NH_4^+-N	272.00±16.37abc	218.83±5.97abc	249.00±13.58ab	241.31±12.71de	251.67±7.51e
	NO_3^--N	235.33±20.23ab	213.98±26.89abc	227.63±15.19bcdefg	234.66±7.07cde	269.83±4.80d
	75：25	285.00±21.79ab	202.79±10.94c	221.63±15.27defg	237.67±6.49cde	251.33±11.15e
	50：50	224.33±32.13ab	201.83±11.40c	221.67±11.20cdefg	228.27±5.70e	237.17±6.83f
	25：75	236.01±9.54bc	196.07±8.49c	209.16±18.43fg	240.23±3.19bcde	250.67±3.06e

注：75：25、50：50、25：75 表示 NH_4^+/NO_3^- 比例
同一列不同小写字母表示差异达 5%显著水平
资料来源：马宗斌，2007

表 6-9 还表明，不同形态氮素配施对专用小麦叶片 Ci 均有一定的影响。3 个专用小麦品种叶片 Ci 在各个时期表现不尽一致，总体均表现为 3 个形态氮素单施时，以硝态氮处理较低，单施铵态氮、酰胺态氮较高；3 个铵态氮、硝态氮配施处理，以配施比例为 25∶75 和 50∶50 的处理较低，铵态氮、硝态氮配比 75∶25 的处理较高。经方差分析，‘豫麦 34’在孕穗期，单施酰胺态氮的叶片 Ci 显著低于单施铵态氮处理；开花期，单施硝态氮与铵态氮、硝态氮配比 75∶25 的处理差异显著；灌浆前期，单施硝态氮显著低于单施铵态氮和酰胺态氮及铵态氮、硝态氮配比 75∶25 和 50∶50 的处理，铵态氮、硝态氮配比 25∶75 的处理显著低于铵态氮、硝态氮配比 75∶25；灌浆中期，单施硝态氮与铵态氮、硝态氮配比 75∶25 的差异显著；灌浆后期，硝态氮显著低于其余不同形态氮素配施。‘豫麦 49’在孕穗期，不同形态氮素配施间差异不显著；开花期，铵态氮、硝态氮配比 75∶25 与单施酰胺态氮差异显著；灌浆前期，铵态氮、硝态氮配比 25∶75 显著低于铵态氮、硝态氮配比 50∶50 的处理；灌浆中期，铵态氮、硝态氮配比 75∶25 与单施铵态氮和酰胺态氮及铵态氮、硝态氮配比 25∶75 和 50∶50 的差异显著，单施硝态氮与铵态氮、硝态氮配比 25∶75 差异显著；灌浆后期，铵态氮、硝态氮配比 75∶25 和单施硝态氮、酰胺态氮显著低于单施铵态氮及铵态氮、硝态氮配比 25∶75 和 50∶50 的处理。‘豫麦 50’在孕穗期和开花期，不同氮素形态间差异不显著；灌浆前期，铵态氮、硝态氮配施的 3 个处理与单施铵态氮差异显著；灌浆中期，不同氮素形态间差异不显著；灌浆后期，铵态氮、硝态氮配比 50∶50 显著低于其余不同形态氮素配施。

二、不同氮素形态配比对小麦可溶性糖含量的影响

（一）不同氮素形态配比对小麦旗叶可溶性糖含量的影响

由表 6-10 可以看出，5 种 NO_3^-/NH_4^+氮源处理下，花后 0～24d 6 个品种小麦旗叶可溶性糖含量基本都呈上升趋势，而且都在花后 24d 达到最高点，花后 24～36d 逐渐下降。不同品种相比较，旗叶可溶性糖含量的高低与其品种特性有关，花后不同品种小麦旗叶可溶性糖变化趋势虽然保持着相同的趋势，但在同一生长时期内其含量差异显著。花后 24～30d，‘郑麦 9023’旗叶可溶性糖含量急剧下降，这与其早熟特性有关；而‘郑麦 004’旗叶可溶性糖含量减少较为缓慢，一直持续到灌浆末期。

从表 6-10 中还可以看出，增铵营养对不同品种小麦旗叶可溶性糖含量变化的影响有显著差异，敏感型、次敏感型、钝感型品种旗叶可溶性糖含量变化趋势有很大不同。‘郑麦 004’、‘周麦 22’两个敏感型品种旗叶可溶性糖含量在 N2 处理下最高值上升最多，分别比 CK 增长了 13.41%和 7.66%。‘矮抗 58’、‘洛麦 23’旗叶可溶性糖含量对增铵营养的响应较为复杂，不同灌浆阶段不同处理下表现不同。增铵营养对于钝感型品种‘郑麦 9023’、‘郑麦 366’的影响则表现为抑制作用，特别是‘郑麦 9023’，花后 24d 时增铵处理比 CK 处理可溶性糖含量最高下降了 29.19%。但从整体上分析，花后 0～24d 对增铵营养钝感的品种，在 24～36d 增铵处理下小麦旗叶可溶性糖含量下降缓慢，这可能是增铵处理使得旗叶中可溶性糖不能转运至籽粒而在叶片中累积的缘故。

表 6-10　不同处理对不同品种小麦旗叶可溶性糖的影响（单位：mg/g FW）

品种	处理	花后天数/d					
		6	12	18	24	30	36
郑麦 9023	CK	21.15b	27.97a	38.14ab	55.71a	17.30bc	12.05ab
	N1	22.69b	26.95a	36.93ab	42.90ab	23.44a	10.83ab
	N2	23.91b	28.20a	38.75a	43.88ab	18.14ab	12.66a
	N3	29.01a	23.01b	35.88ab	44.75ab	11.41c	9.79ab
	N4	28.40a	18.05c	34.90b	39.45b	22.14ab	8.80b
郑麦 366	CK	21.96b	32.90a	40.70b	39.22b	12.05c	14.60b
	N1	22.51b	22.66ab	39.68b	49.74ab	14.08bc	13.58b
	N2	26.72a	28.98a	44.06a	59.31a	14.64bc	17.96a
	N3	23.76ab	32.32a	30.49d	44.99b	15.44b	4.39d
	N4	24.25ab	13.27b	37.30c	39.07b	18.89a	11.21c
郑麦 004	CK	21.53b	25.27a	38.69a	41.97b	28.31ab	12.60a
	N1	22.86ab	19.18ab	35.42ab	41.68bc	27.59ab	9.32ab
	N2	22.37ab	18.22ab	32.52b	47.60a	41.39a	6.42b
	N3	23.53ab	21.50ab	38.23a	38.78c	16.72b	12.13a
	N4	25.01a	11.87b	36.58ab	46.90a	23.09ab	10.48ab
洛麦 23	CK	20.49b	22.11bc	39.13ab	48.78a	13.32bc	13.03ab
	N1	21.85b	29.65a	40.14a	48.47a	15.21ab	14.05a
	N2	28.02a	25.73ab	36.37b	51.48a	11.90c	10.28b
	N3	29.97a	23.12bc	40.70a	46.70ab	12.69c	14.60a
	N4	27.82a	18.80c	36.14b	34.93b	16.15a	10.05b
周麦 22	CK	18.57c	18.77ab	36.23a	39.68ab	16.22b	10.13a
	N1	17.01c	21.79ab	33.74ab	40.03ab	27.53a	7.64abc
	N2	25.36a	23.76a	32.43b	42.72a	16.86b	6.34c
	N3	23.18ab	9.76c	33.59ab	38.81b	16.37b	7.50bc
	N4	22.40b	15.01bc	35.39ab	40.75ab	17.09b	9.29ab
矮抗 58	CK	29.88a	23.24b	38.17b	50.38bc	17.59ab	16.02ab
	N1	29.68a	22.14b	48.47a	60.67ab	16.14bc	22.37a
	N2	23.07b	31.30a	37.36b	53.48abc	20.05a	8.37c
	N3	23.07b	23.33b	35.27b	67.72a	15.90bc	9.18bc
	N4	21.62b	17.61b	38.78b	42.99c	14.77c	12.69bc

注：CK、N1、N2、N3、N4 表示硝态氮/铵态氮分别为 100∶0、75∶25、50∶50、25∶75、0∶100

同一列不同小写字母表示差异达 5%显著水平

（二）不同氮素形态配比对小麦籽粒可溶性糖含量的影响

从表 6-11 可以明显看出，在不同 NO_3^-/NH_4^+氮源处理下，0～24d 不同品种小麦籽粒可溶性糖含量在灌浆期间呈下降趋势，花后 30d 略有回升，灌浆末期再次下降。这可能与旗叶可溶性糖转运有关，从表 6-10 中可知，6 个品种小麦旗叶可溶性糖含量在 30d 达到最高值，而籽粒中可溶性糖含量在 24d 比在 18d、30d 都低，表现为一个局部低谷，这是灌浆中期旗叶中可溶性糖转运至籽粒中，使得籽粒中可溶性糖含量迅速增加。

表 6-11　不同处理对不同品种小麦籽粒可溶性糖的影响（单位：mg/g FW）

品种	处理	花后天数					
		6	12	18	24	30	36
郑麦 9023	CK	558.24b	394.27b	396.88a	295.10a	429.06a	174.19b
	N1	753.96a	398.61b	289.45b	296.84a	416.45ab	173.75b
	N2	766.13a	411.66b	322.94b	299.89a	404.70ab	168.97b
	N3	628.69b	403.40b	337.72ab	239.43b	362.52b	147.22b
	N4	628.26b	495.61a	288.14b	278.14ab	369.04b	245.95a
郑麦 366	CK	605.64c	408.62b	368.60b	247.69b	392.53ab	136.79b
	N1	603.90c	377.74bc	401.22ab	261.61ab	390.35ab	138.09b
	N2	686.54b	397.75bc	257.70c	250.74b	407.31ab	164.19a
	N3	767.00a	339.90c	435.15a	233.34b	442.54a	169.84a
	N4	736.12ab	533.88a	381.22b	302.93a	368.60b	131.13b
郑麦 004	CK	710.03bc	499.95b	461.25ab	342.94a	386.44c	156.79bc
	N1	728.73bc	647.40ab	452.55ab	347.73a	424.71a	161.58bc
	N2	780.49b	622.61ab	422.10b	324.68ab	413.84ab	186.80b
	N3	896.18a	522.57b	481.69a	312.06ab	399.05bc	135.05c
	N4	693.93c	853.12a	484.30a	244.21b	399.48bc	233.78a
洛麦 23	CK	579.98b	379.04b	263.79b	292.49a	345.55ab	135.92b
	N1	583.90b	396.01b	331.64a	279.88ab	418.19a	150.27b
	N2	621.30b	395.14b	332.07a	235.08b	398.18a	185.93b
	N3	735.25a	430.80ab	336.85a	241.17b	354.69ab	165.49b
	N4	780.49a	524.75a	315.98a	309.89a	309.89b	281.62a
周麦 22	CK	810.50b	531.70bc	467.33ab	290.75ab	427.32a	135.48b
	N1	867.47a	581.72b	382.96b	335.11a	429.50a	149.40b
	N2	890.52a	455.16c	371.21b	230.73b	398.18ab	159.84b
	N3	853.12ab	803.54a	382.96b	302.49ab	368.60b	154.62b
	N4	862.25ab	543.01bc	495.17a	289.01ab	368.60b	247.26a
矮抗 58	CK	783.10ab	397.75c	359.91ab	316.01a	365.13b	170.71b
	N1	781.36ab	469.94b	353.38abc	279.88ab	387.74ab	187.24b
	N2	676.10b	509.96ab	337.29bc	262.48b	413.84a	153.31b
	N3	750.48ab	482.56b	382.96a	252.04b	378.17b	158.53b
	N4	848.77a	547.36a	310.32c	252.04b	378.17b	257.26a

注：CK、N1、N2、N3、N4 表示硝态氮/铵态氮分别为 100∶0、75∶25、50∶50、25∶75、0∶100
同一列不同小写字母表示差异达 5%显著水平

分析可知，增铵营养对不同品种小麦籽粒可溶性糖含量变化的影响有显著差异，同一品种不同处理之间籽粒可溶性糖含量也因氮源比例不同而异。N1 处理下，‘郑麦 9023’在 0～18d 籽粒可溶性糖含量迅速下降，降幅为 61.61%，而‘郑麦 004’降幅为 37.90%。在灌浆末期，‘郑麦 9023’在各处理中籽粒可溶性糖含量差异显著，为 N4＞CK＞N1＞N2＞N3，而‘郑麦 004’为 N4＞N2＞N1＞N3＞CK，其他品种除‘郑麦 366’外均表现为 N4 处理下籽粒可溶性糖含量最高，且增铵营养处理比对照显著增加。全部铵态氮处理下籽粒可溶性糖含量显著增加是因为可溶性糖为籽粒制造淀粉提供碳源的同时，也是一种重要的逆境渗透调节物质，过量的铵态氮肥对植株产生毒害，使得籽粒中可溶性糖累积，不能迅速转化为淀粉。

（三）不同氮素形态配比下小麦旗叶可溶性糖与籽粒可溶性糖的关系

从图 6-8 中可以看出，增铵营养对敏感型小麦‘郑麦 004’旗叶可溶性糖和籽粒可溶性糖的积累转化具有显著作用，从变化趋势分析，N1 处理下，花后 12d 旗叶中可溶性糖含量比 CK 处理下显著降低，降幅为 24.1%，同期籽粒中可溶性糖含量比 CK 处理增长了 29.5%，可知增铵营养可以促进敏感型小麦‘郑麦 004’旗叶中可溶性糖向籽粒中快速转运，从而使籽粒中可溶性糖含量增加。从整体变化趋势看，增铵营养的促进作用主要在灌浆中期，即花后 6～30d。

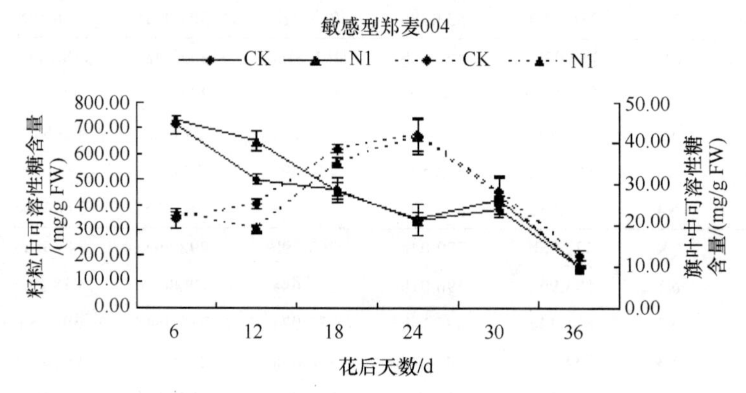

图 6-8　不同处理下‘郑麦 004’旗叶可溶性糖（虚线）与籽粒可溶性糖（实线）的关系
CK、N1 分别表示 NO_3^-/NH_4^+为 100：0、75：25

图 6-9 中，增铵处理后，次敏感型小麦‘洛麦 23’旗叶可溶性糖含量在花后 12d 变化较为显著，比 CK 增加了 34.1%，同期籽粒中可溶性糖含量比 CK 仅增加 4.5%。其他各时期‘洛麦 23’旗叶可溶性糖含量增铵处理变化不显著，而籽粒中可溶性糖含量在花后 18d、30d 变化显著，且比 CK 显著降低了 25.7%、21.0%，可能是增铵处理能够促进籽粒中可溶性糖转化为淀粉。

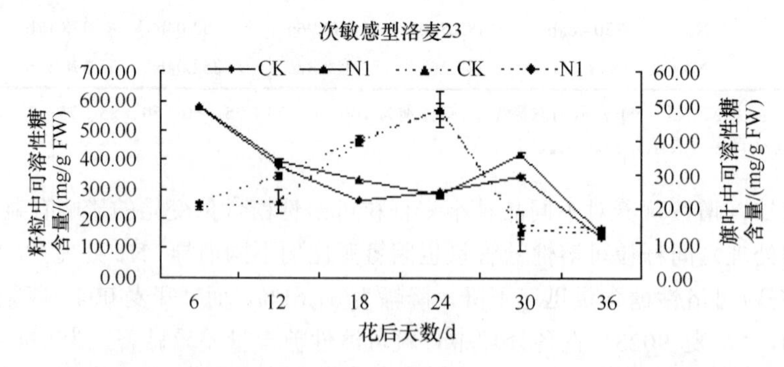

图 6-9　不同处理下‘洛麦 23’旗叶可溶性糖（虚线）与籽粒可溶性糖（实线）的关系
CK、N1 分别表示 NO_3^-/NH_4^+为 100：0、75：25

图 6-10 中，钝感型小麦‘郑麦 9023’增铵处理后旗叶可溶性糖含量显著降低，花后 24d 降幅为 23.0%，但同期籽粒中可溶性糖含量没有明显变化。花后 6d，‘郑麦 9023’籽粒中可溶性糖含量比 CK 增加了 35.0%，但花后 6～18d，‘郑麦 9023’籽粒可溶性糖含量急剧下降，至 18d，比对照下降了 27.1%，可能是增铵处理能够促进钝感型‘郑麦 9023’籽粒可溶性糖转化为淀粉，却不能使旗叶中可溶性糖高效地转运至籽粒中，从而使籽粒中可溶性糖含量较低。

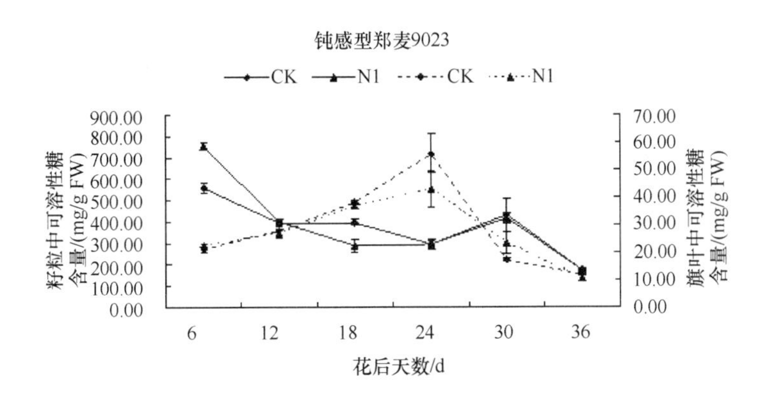

图 6-10 不同处理下‘郑麦 9023’旗叶可溶性糖（虚线）与籽粒可溶性糖（实线）的关系
CK、N1 分别表示 NO_3^-/NH_4^+为 100∶0、75∶25

从图 6-8、图 6-9、图 6-10 综合分析可知，小麦旗叶中可溶性糖含量与籽粒中可溶性糖含量是一种动态平衡关系，特别是在花后 24d 表现显著。这是因为灌浆中期是小麦籽粒灌浆的快速增长期，旗叶中可溶性糖含量快速增加达到最高值，而籽粒中可溶性糖尽可能地转化为淀粉，从而维持在较低的水平，以利于旗叶向籽粒的转运。而不同小麦品种可溶性糖在旗叶和籽粒中的转运对增铵营养的效应具有显著差异，增铵营养能够促进敏感型小麦‘郑麦 004’、次敏感型小麦‘洛麦 23’旗叶可溶性糖含量增加，并使籽粒中可溶性糖快速转化。而钝感型小麦‘郑麦 9023’在增铵处理下旗叶中可溶性糖含量增加，却不能快速转运至籽粒中。

第三节 水分和氮素形态互作对小麦碳代谢的影响

一、水分和氮素形态互作对小麦光合特性的影响

（一）水分和氮素形态互作对小麦叶绿素含量的影响

小麦在衰老期间，发生一系列不可逆的生理生化变化，叶片失绿变黄是叶片衰老过程中最直接、最显著的特征。小麦衰老过程中每个原生质体的许多叶绿体丧失，叶绿素相继降解，其完整性丧失，叶绿素含量降低，绿色器官逐渐变黄，叶绿体膜蛋白分解。

对施不同形态氮素和不同灌水处理小麦非叶片光合器官叶绿素含量的测定（图 6-11，图 6-12）表明，花后随着衰老进程的推进，不同灌水处理和不同形态氮素处理小麦各非

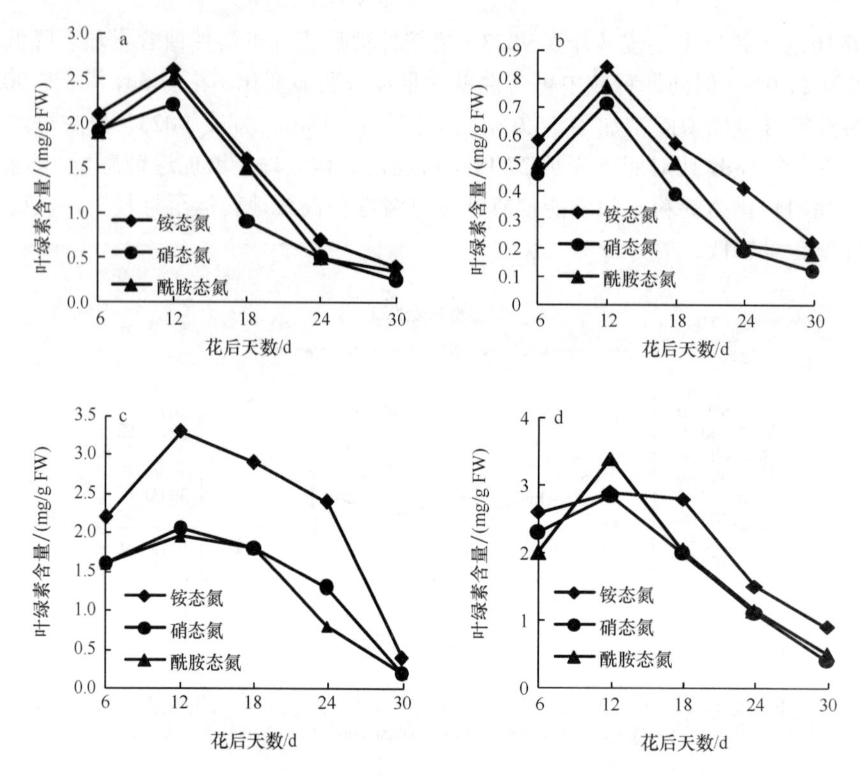

图 6-11　相同水分下小麦非叶片光合器官的叶绿素含量变化

a. 麦芒；b. 穗部护颖；c. 穗下节间；d. 旗叶鞘

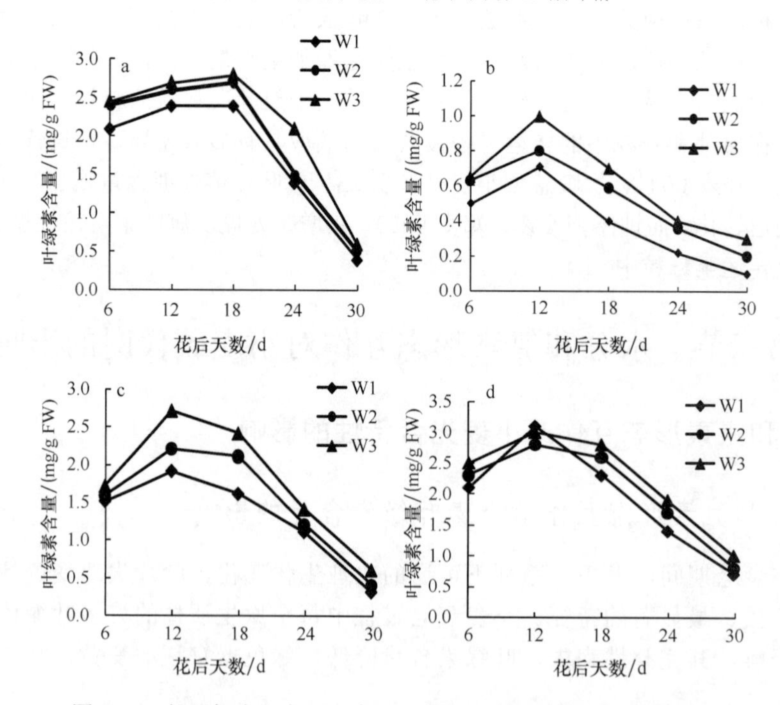

图 6-12　相同氮素形态下小麦非叶片光合器官叶绿素含量的变化

a. 麦芒；b. 穗部护颖；c. 穗下节间；d. 旗叶鞘。W1. 拔节期灌水一次；W2. 拔节期和孕穗期各灌水一次；W3. 拔节期、孕穗期和灌浆期各灌水一次

叶片光合器官叶绿素含量均呈现先升后降的趋势。不同灌水处理和施不同形态氮素处理小麦非叶片光合器官叶绿素含量的变化趋势基本一致，在小麦开花初期，非叶片光合器官叶绿素含量均呈上升趋势，至花后 12d 达到最高值，此时旗叶鞘的叶绿素含量以酰胺态氮和 W1 最高，而麦芒、颖片和穗下节间均以施铵态氮和 W3 的小麦为最高。开花 12d 后，不同灌水处理和施不同形态氮素的小麦非叶片光合器官叶绿素含量均快速下降，其中施硝态氮和 W2 的小麦下降幅度最大。

由图 6-11、图 6-12 还可以看出，在各个生育进程中，同一灌水处理和同一氮素形态不同非叶片光合器官叶绿素含量水平是旗叶鞘＞穗下节间＞麦芒＞穗部护颖。小麦开花 18d 以后非叶片光合器官叶绿素含量从施氮素情况看，硝态氮＞酰胺态氮＞铵态氮，从灌水来看，W3＞W2＞W1。麦芒和穗下节间从花后 6d 开始，施酰胺态氮和 W3 的小麦叶绿素含量就一直居于最高，尤以穗下节间最为突出。

（二）水分和氮素形态互作对类胡萝卜素含量的影响

类胡萝卜素含量的变化与叶绿素含量的变化趋势相似，花后随着衰老进程的推进，各非叶片光合器官的类胡萝卜素含量均明显下降。

对小麦在不同形态氮素和不同灌水处理下非叶片光合器官类胡萝卜素含量的测定（图 6-13，图 6-14）表明，花后随着衰老进程的变化，小麦各非叶片光合器官类胡萝卜素含量明显下降。与叶绿素变化不同的是，小麦各非叶片光合器官类胡萝卜素含量在花后 6d 最大，之后均呈急剧下降趋势，其中施酰胺态氮和 W1 下小麦穗部颖片与旗叶鞘的类胡萝卜素含量下降幅度最大。试验结果表明，花后 6d 时穗部颖片与旗叶鞘的类胡萝卜素含量均以施酰胺态氮素形态和 W1 最高，铵态氮和 W2 次之，施硝态氮和 W3 最低，而麦芒和穗下节间均以施铵态氮素形态和 W3 最低。由图 6-13 可以看出，花后同一形态氮素和同一灌水处理下小麦不同器官类胡萝卜素含量旗叶鞘＞穗下节间＞麦芒＞穗部颖片。但是酰胺态氮和 W3 及铵态氮和 W3 的穗下节间类胡萝卜素含量在开花 6d 后下降幅度较大，花后 12d 时类胡萝卜素含量小于麦芒，并且在 12～18d 期间，类胡萝卜素含量又有上升趋势，酰胺态氮和 W1 一直呈下降趋势，而铵态氮和 W2 在后期又有短暂的上升阶段。

（三）水分和氮素形态互作对叶绿素 a/叶绿素 b（Chla/ Chlb）值的影响

因为 Chla 分解得比 Chlb 快，所以 Chla 和 Chlb 比值（Chla/Chlb）的变化可作为一个衰老指标。随着衰老进程，Chla/Chlb 的值逐渐降低。在遮阴环境中生长的植物具有阴生叶片的特性，即有较低的 Chla/Chlb 值。研究表明，叶绿素 b 增高，相应的光系统Ⅱ活性增强。因为叶绿体色素复合体的功能主要是捕获光能，而它又高度密集于垛叠的基粒片层膜上，从而更有效地吸收光量子，提高光能的转化效率，因此，Chla/Chlb 的值一直被认为是植物对光强适应程度的敏感指标。

不同形态氮素和不同灌水处理的小麦各非叶片光合器官 Chla/Chlb 值在开花 6d 以后均呈下降趋势（图 6-15，图 6-16），并且在花后 6～12d 期间急剧下降，12d 以后下降较为缓慢。其中以酰胺态氮和 W3 的穗部颖片 Chla/Chlb 值下降幅度最大，麦芒下降幅度最小。花后 6d 穗部颖片和旗叶鞘的 Chla/Chlb 值均以酰胺态氮和 W3 为最大，硝态氮和 W2

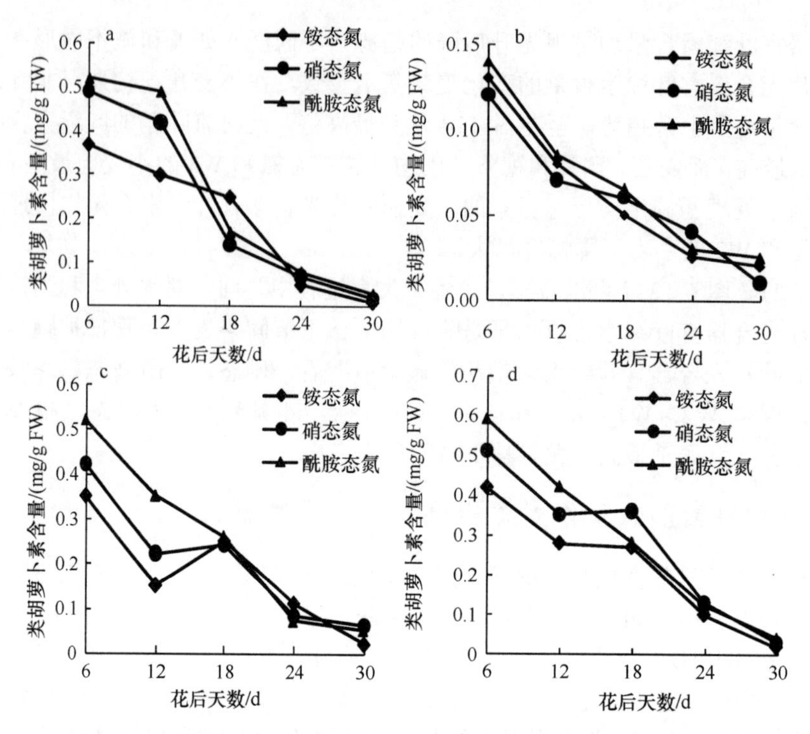

图 6-13　相同水分下小麦非叶片光合器官类胡萝卜素含量的变化

a. 麦芒；b. 穗部护颖；c. 穗下节间；d. 旗叶鞘

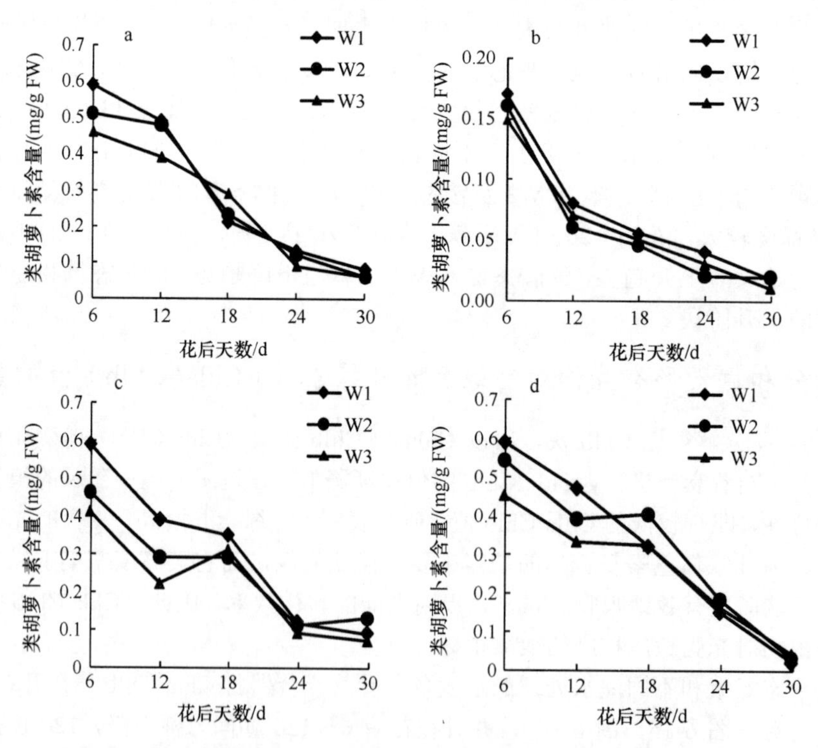

图 6-14　相同氮素形态下小麦非叶片光合器官类胡萝卜素的含量变化

a. 麦芒；b. 穗部护颖；c. 穗下节间；d. 旗叶鞘。W1. 拔节期灌水一次；W2. 拔节期和孕穗期各灌水一次；W3. 拔节期、孕穗期和灌浆期各灌水一次

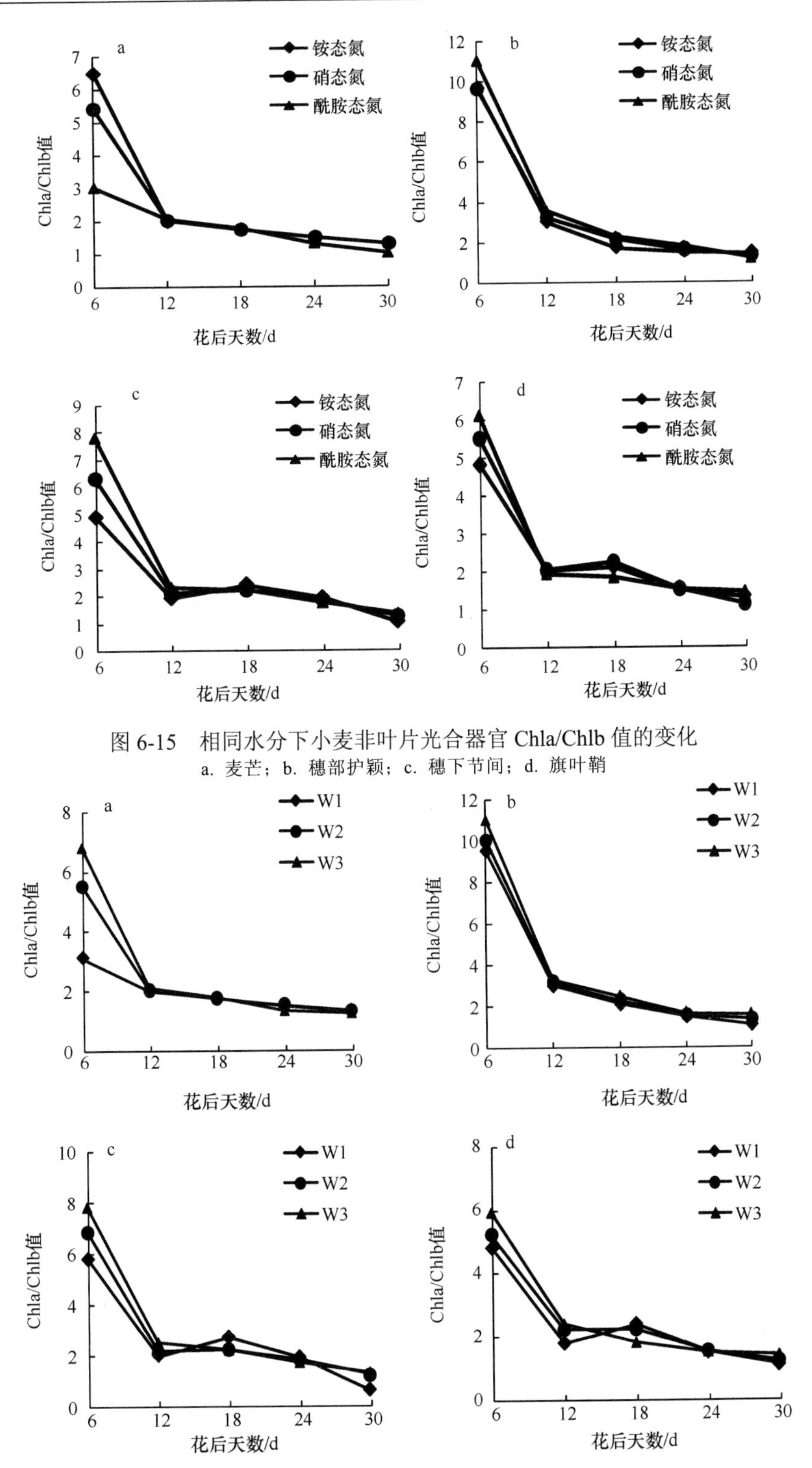

图 6-15　相同水分下小麦非叶片光合器官 Chla/Chlb 值的变化

a. 麦芒；b. 穗部护颖；c. 穗下节间；d. 旗叶鞘

图 6-16　相同氮素形态下小麦非叶片光合器官 C hla/Chlb 值的变化

a. 麦芒；b. 穗部护颖；c. 穗下节间；d. 旗叶鞘。W1. 拔节期灌水一次；W2. 拔节期和孕穗期各灌水一次；W3. 拔节期、孕穗期和灌浆期各灌水一次

次之，铵态氮和 W1 最小，在花后 6～12d 的下降幅度依次为酰胺态氮＞硝态氮＞铵态氮，W3＞W2＞W1。麦芒则以酰胺态氮和 W1 下降幅度最小，开花 12d 以后各非叶片光合器官 Chla/Chlb 值的下降幅度基本一致，但是铵态氮和 W1 的穗下节间在花后 12～18d 期间有上升趋势，之后又下降，并且下降幅度较大。由图 6-15、图 6-16 可以看出，在各个生育进程中，同种形态氮素和同种灌水处理的小麦不同非叶片光合器官 Chla/Chlb 值最大的是穗部颖片。

各非叶片光合器官中，穗部颖片的叶绿素含量和类胡萝卜素含量均为最低，而 Chla/Chlb 值在花后每个时期均为最高，说明穗部颖片更加适应于高光强。

（四）水分和氮素形态互作对旗叶净光合速率（Pn）的影响

由图 6-17 可知，不同处理的旗叶净光合速率花后 7d 时达到峰值，之后下降，花后 28d 达到第二峰值，之后迅速下降。不同水分处理之间比较，旗叶净光合速率在整个灌浆期均呈随灌水增加而升高的趋势，W1 处理低于 W2 和 W3 处理。W2 和 W3 处理花后 7～21d 差异不显著，花后 21d 之后 W3 处理显著高于 W2 和 W1 处理。不同氮素处理之间比较，除花后 14d 时 N3 低于 N1 和 N2 处理外，N3 处理旗叶净光合速率一直处于较高水平，并且在花后 7d、21d、35d 极显著高于 N1 处理。说明增加灌水和施用铵态氮肥能改善‘郑麦 9023’旗叶光合性能，有效提高旗叶净光合速率。

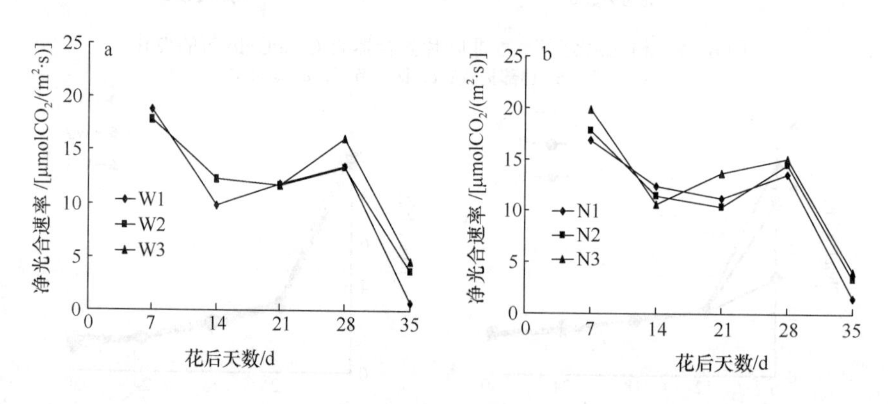

图 6-17　不同水分（a）和氮素形态（b）对‘郑麦 9023’花后旗叶净光合速率的影响

N1. 酰胺态氮；N2. 硝态氮；N3. 铵态氮。W1. 拔节期灌水一次；W2. 拔节期和孕穗期各灌水一次；W3. 拔节期、孕穗期和灌浆期各灌水一次

由表6-12可以看出，水分和氮素形态对‘郑麦9023’旗叶净光合速率的影响存在明显规律。固定氮素形态考察水分对旗叶净光合速率的影响，W1处理旗叶净光合速率低于W2和 W3处理，且花后28d 之后与 W3处理间差异达显著水平。分析变异系数结果表明，水分处理在花后14d、28d、35d 存在极显著差异，氮素形态处理间除28d 外其他时期差异均达显著或极显著水平，N3处理旗叶净光合速率一直处于较高水平，且在花后7d、21d、35d 极显著高于 N1处理，而水氮互作处理仅在花后7d 时达显著水平。说明水分和氮素形态能够显著调控‘郑麦9023’旗叶净光合速率，但水分和氮素形态互作对旗叶净光合速率的调控效应不明显。

表 6-12　不同水分和氮素形态互作对‘郑麦 9023’花后旗叶净光合速率的影响 [单位：μmol CO_2/（m^2·s）]

处理	花后天数/d				
	7	14	21	28	35
W1N1	21.24Aab	10.09Bc	12.13ABbc	12.97Bcd	0.62Cc
W1N2	13.13Cc	9.87Bc	10.04Bd	13.33ABbcd	0.86Cbc
W1N3	22.00Aa	9.49Bc	13.37Aab	14.2ABbcd	0.62Cc
W2N1	19.11ABab	13.46Aa	10.71Bcd	12.23Bd	1.83BCbc
W2N2	18.75ABb	12.28ABab	10.55Bd	13.06Bcd	3.64ABCab
W2N3	15.66BCc	11.16ABbc	13.77Aa	14.81ABabcd	5.65ABa
W3N1	19.11ABab	13.46Aa	10.71Bcd	15.33ABab	2.24ABCbc
W3N2	18.75ABb	12.28ABab	10.55Bd	17.05Aa	5.55ABa
W3N3	15.66BCc	11.16ABbc	13.77Aa	16.08ABab	6.15Aa
W	1.06	14.7**	0.12	10.21**	16.17**
N	8.03**	5.35*	38.14**	2.44	6.63**
W×N	14.37**	0.58	1.72	0.76	1.82

注：W1. 拔节期灌水一次；W2. 拔节期和孕穗期各灌水一次；W3. 拔节期、孕穗期和灌浆期各灌水一次。N1. 酰胺态氮；N2. 硝态氮；N3. 铵态氮。W. 灌水处理；N. 氮素处理；W×N. 灌水处理和氮素处理互作

同一列同一品种不同小写和大写字母分别表示差异达 5%和 1%显著水平；*和**分别表示差异达 5%和 1%的显著水平

（五）水分和氮素形态互作对小麦荧光日变化的影响

由图 6-18 可知，不同品种小麦花后旗叶实际光化学效率（ΦPSⅡ）及原初光能转化效率（Fv/Fm）日变化的趋势均呈倒抛物线状，且与光强存在一定关系，在 12:00～14:00 出现光抑制。水分对小麦花后旗叶实际光化学效率（ΦPSⅡ）及原初光能转化效率（Fv/Fm）的影响明显存在品种间差异。对‘郑麦 9023’而言，W1 处理下的 ΦPSⅡ在一天中的多数时间均处于较高水平（8:00、18:00 除外）；‘郑麦 004’则呈现 W3 与 W2 交替最高的现象，14:00 前 W3 较高，之后 W2 的 ΦPSⅡ转而最高。‘郑麦 9023’在 10:00 W3 小于 W1，‘郑麦 004’在 12:00 W3 大于 W2，其他时间各水分处理差异不显著。原初光能转化效率（Fv/Fm）的变化趋势与 ΦPSⅡ变化较为相近，相同水分条件下的最低点相同，均出现在 12:00～14:00。在 12:00～14:00 的光抑制阶段，对‘郑麦 9023’，ΦPSⅡ与 Fv/Fm 均以 W3 最低，‘郑麦 004’则分别以 W1 和 W2 较低，但各水分间无差异。

由图 6-19 可知，氮素形态对不同品种小麦花后旗叶实际光化学效率（ΦPSⅡ）及原初光能转化效率（Fv/Fm）的日变化趋势的影响趋势相近，大体呈倒抛物线趋势。光抑制下的最低值均出现在 14:00（N1 处理下的‘郑麦 9023’及 N2 处理下的‘郑麦 004’除外）。对于‘郑麦 9023’的实际光化学效率而言，N1 在日变化中均处于较低水平，N3 在 12:00～16:00 最高，其他时间 N2 较高。而其原初光能转化效率则除 N1 在日变化中绝大多数时间处于较低水平外；N2 与 N3 呈现交替较高的变化趋势，并在 16:00 显著大于 NI，与 N3 无差异。对‘郑麦 004’而言，实际光化学效率及原初光能转化效率均表现出 N3 处理下一直处于较低水平，且 N1 与 N3 多数时间重合。氮素形态间差异不显著。

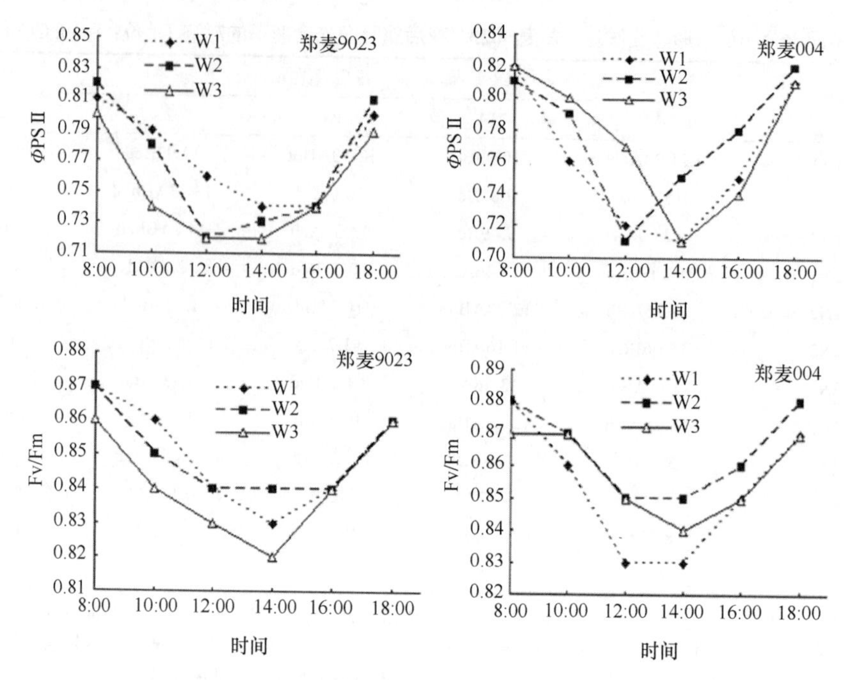

图 6-18　不同水分对两种筋型小麦 ΦPS II 和 Fv/Fm 日变化的影响

W1. 拔节期灌水一次；W2. 拔节期和孕穗期各灌水一次；W3. 拔节期、孕穗期和灌浆期各灌水一次

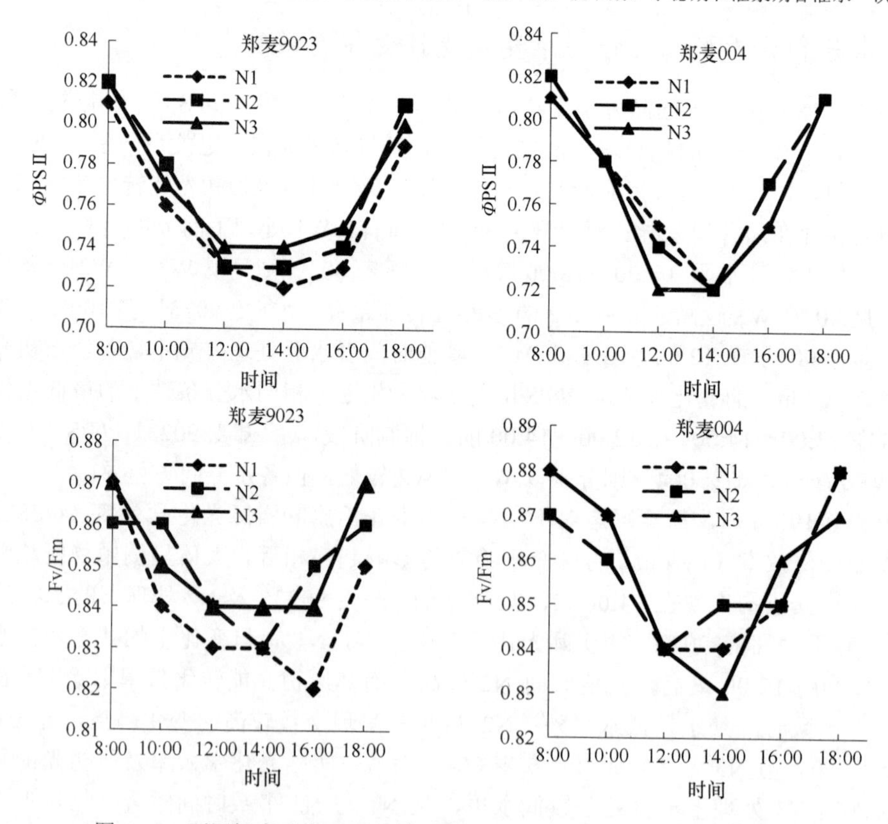

图 6-19　不同氮素形态对两种筋型小麦 ΦPS II 和 Fv/Fm 日变化的影响

N1. 酰胺态氮；N2. 硝态氮；N3. 铵态氮

由表 6-13 可以看出，不同水分和氮素形态对‘郑麦 9023’旗叶原初光能转化效率（Fv/Fm）日变化的影响中互作效应在个别时间差异达显著水平。固定水分考察氮素形态对‘郑麦 9023’旗叶 Fv/Fm 日变化的影响，各灌水处理内不同氮素形态间无差异；固定氮素形态考察水分对‘郑麦 9023’旗叶 Fv/Fm 日变化的影响，N1 处理内 10:00 W1 显著大于 W3，12:00，W1 显著大于 W2；N3 处理内 10:00 W3 显著小于 W1、W2，且与 W1 的差异达到极显著水平。从水分和氮素形态互作效应看，W1N3 旗叶 Fv/Fm 较高。分析变异系数结果表明，水分间在 10:00 存在极显著差异，12:00 有较显著的水氮互作效应。对于‘郑麦 004’来说，固定水分考察氮素形态对其旗叶 Fv/Fm 日变化的影响，各灌水处理内不同氮素形态间无差异，固定氮素形态考察水分，N1 处理内 14:00 W2 显著大于 W3，16:00 W2 显著大于 W1；N2、N3 处理内水分间无差异。总体看来，水分和施氮形态对‘郑麦 9023’和‘郑麦 004’花后旗叶 Fv/Fm 日变化影响不大。

表 6-13　水分和氮素形态耦合对两种筋型小麦灌浆中期旗叶 Fv/Fm 日变化的影响

品种	处理	时间					
		8:00	10:00	12:00	14:00	16:00	18:00
郑麦 9023	W1N1	0.87aA	0.86abAB	0.85aA	0.84aA	0.84abA	0.86aA
	W1N2	0.86aA	0.86abAB	0.82abA	0.81aA	0.83abA	0.87aA
	W1N3	0.88aA	0.87aA	0.85aA	0.85aA	0.84abA	0.86aA
	W2N1	0.87aA	0.84bcdAB	0.81bA	0.82aA	0.81bA	0.85aA
	W2N2	0.87aA	0.86abcAB	0.86aA	0.84aA	0.86aA	0.84aA
	W2N3	0.87aA	0.86abAB	0.85aA	0.86aA	0.85abA	0.88aA
	W3N1	0.85aA	0.83cdB	0.84abA	0.82aA	0.82bA	0.85aA
	W3N2	0.86aA	0.85abcdAB	0.83abA	0.83aA	0.85abA	0.86aA
	W3N3	0.86aA	0.83cdB	0.82abA	0.81aA	0.84abA	0.87aA
	W	3.04	8.71**	1.15	1.27	0.05	0.55
	N	0.23	1.87	0.48	0.5	3.02	1.35
	W×N	0.71	1.54	3.97*	1.63	1.88	1.23
郑麦 004	W1N1	0.88aA	0.86abA	0.84aA	0.83abA	0.84bA	0.87aA
	W1N2	0.88aA	0.85bA	0.82aA	0.83abA	0.85abA	0.86aA
	W1N3	0.88aA	0.88abA	0.84aA	0.85abA	0.86abA	0.87aA
	W2N1	0.89aA	0.88aA	0.85aA	0.87aA	0.87aA	0.88aA
	W2N2	0.88aA	0.87abA	0.86aA	0.85abA	0.85abA	0.89aA
	W2N3	0.88aA	0.85abA	0.83aA	0.83abA	0.87abA	0.87aA
	W3N1	0.87aA	0.87abA	0.85aA	0.82bA	0.85abA	0.88aA
	W3N2	0.87aA	0.86abA	0.85aA	0.86aA	0.86abA	0.88aA
	W3N3	0.88aA	0.88abA	0.84aA	0.83abA	0.84abA	0.86aA
	W	1.31	0.23	1.01	0.99	1.65	1.52
	N	0.9	1.94	0.18	1.03	0.05	0.43
	W×N	0.24	2.01	0.5	2.85	2.35	0.72

注：W1. 拔节期灌水一次；W2. 拔节期和孕穗期各灌水一次；W3. 拔节期、孕穗期和灌浆期各灌水一次。N1. 酰胺态氮；N2. 硝态氮；N3. 铵态氮。W. 灌水处理；N. 氮素处理；W×N. 灌水处理和氮素处理互作

同一列同一品种不同小写和大写字母分别表示差异达 5%和 1%显著水平；*和**分别表示差异达 5%和 1%的显著水平

由表 6-14 可以看出，不同水分和氮素形态对‘郑麦 9023’旗叶实际光化学效率（ΦPSⅡ）日变化的影响中互作效应未达显著差异。固定水分考察氮素形态对‘郑麦 9023’旗叶 ΦPSⅡ日变化的影响，各灌水处理内不同氮素形态间无差异；固定氮素形态考察水分对‘郑麦 9023’旗叶 ΦPSⅡ日变化的影响，各氮素形态处理内不同水分间无差异。同样，由表 6-14 可知，固定水分考察氮素形态对‘郑麦 004’旗叶 ΦPSⅡ日变化的影响，W2 处理内 12:00 N1 显著大于 N3，W3 处理内 10:00 N3 显著大于 N1；固定氮素形态考察水分对‘郑麦 004’旗叶 ΦPSⅡ日变化的影响，N3 处理内 12:00 W3 显著大于 W2，分析变异系数结果表明，不同处理下的‘郑麦 004’旗叶 ΦPSⅡ日变化在 12:00 存在水分间的显著差异。总体看来，水分和施氮形态对‘郑麦 9023’和‘郑麦 004’花后旗叶 ΦPSⅡ日变化影响不大。

表 6-14 水分和氮素形态耦合对两种筋型小麦灌浆中期旗叶 ΦPSⅡ日变化的影响

品种	处理	时间					
		8:00	10:00	12:00	14:00	16:00	18:00
郑麦9023	W1N1	0.8aA	0.77aA	0.77aA	0.75aA	0.73aA	0.81abA
	W1N2	0.82aA	0.79aA	0.74aA	0.73aA	0.75aA	0.8abA
	W1N3	0.82aA	0.79aA	0.77aA	0.74aA	0.73aA	0.8abA
	W2N1	0.82aA	0.78aA	0.69aA	0.69aA	0.73aA	0.8abA
	W2N2	0.83aA	0.78aA	0.74aA	0.76aA	0.74aA	0.81aA
	W2N3	0.82aA	0.78aA	0.74aA	0.75aA	0.75aA	0.8abA
	W3N1	0.8aA	0.72aA	0.73aA	0.72aA	0.73aA	0.78bA
	W3N2	0.8aA	0.78aA	0.72aA	0.71aA	0.74aA	0.81abA
	W3N3	0.81aA	0.73aA	0.73aA	0.73aA	0.76aA	0.8abA
	W	2.43	3.51	1.29	0.36	0.03	0.89
	N	0.82	1.13	0.29	0.57	0.37	0.89
	W×N	0.31	0.51	0.64	0.86	0.23	1.14
郑麦004	W1N1	0.81aA	0.77abA	0.71abAB	0.7aA	0.75aA	0.8aA
	W1N2	0.81aA	0.75bA	0.72abAB	0.73aA	0.76aA	0.81aA
	W1N3	0.83aA	0.77abA	0.73abAB	0.7aA	0.73aA	0.81aA
	W2N1	0.81aA	0.79abA	0.75aAB	0.77aA	0.79aA	0.82aA
	W2N2	0.83aA	0.8abA	0.72abAB	0.73aA	0.77aA	0.82aA
	W2N3	0.8aA	0.77abA	0.67bB	0.74aA	0.78aA	0.82aA
	W3N1	0.82aA	0.78abA	0.78aA	0.69aA	0.72aA	0.8aA
	W3N2	0.82aA	0.8abA	0.79aA	0.71aA	0.77aA	0.82aA
	W3N3	0.81aA	0.81aA	0.75aAB	0.72aA	0.72aA	0.81aA
	W	0.07	3.47	5.71*	2.04	2.02	1.08
	N	0.26	0.04	1.41	0.02	0.44	0.26
	W×N	1.23	1.16	1.26	0.48	0.44	0.34

注：W1. 拔节期灌水一次；W2. 拔节期和孕穗期各灌水一次；W3. 拔节期、孕穗期和灌浆期各灌水一次。N1. 酰胺态氮；N2. 硝态氮；N3. 铵态氮。W. 灌水处理；N. 氮素处理；W×N. 灌水处理和氮素处理互作

同一列同一品种不同小写和大写字母分别表示差异达 5%和 1%显著水平；*和**分别表示差异达 5%和 1%的显著水平

（六）水分和氮素形态互作对小麦非叶片光合器官荧光参数的影响

1. 小麦非叶片光合器官 Fv/Fm 的变化

Fv/Fm 是暗反应下 PSⅡ最大光化学效率，反映了 PSⅡ反应中心原初光能转换效率。不同形态氮素和灌水处理下小麦各非叶片光合器官 Fv/Fm 值在花后均呈现下降趋势，但下降幅度不同（图 6-20，图 6-21）。其中硝态氮和 W2 及铵态氮和 W3 穗部护颖和旗叶鞘在花后各个时期的变化幅度均较小，硝态氮旗叶鞘的 Fv/Fm 值在成熟期急剧下降。而不同形态氮素和不同灌水处理的麦芒和穗下节间 Fv/Fm 值在开花期、籽粒形成期和灌浆期的变化趋势与幅度均较一致，但到成熟期，硝态氮和 W3 穗下节的 Fv/Fm 值有缓慢上升。在开花期和籽粒形成期，不同氮素形态和灌水处理不同器官 Fv/Fm 值都基本相同，穗部护颖的 Fv/Fm 变化幅度较大，并且数值也比较一致。

2. 小麦非叶片光合器官 *Φ*PSⅡ的变化

*Φ*PSⅡ是 PSⅡ实际光化学效率，它反映了在照光条件下 PSⅡ反应中心部分关闭情况下的光化学效率，表示光化学反应消耗的能量比例。由试验结果（图 6-22，图 6-23）可看出，对于小麦的不同非叶片光合器官，酰胺态氮和铵态氮及 W1 和 W2 的变化趋势基本相同，只是变化幅度不同，其中它们都在籽粒形成期 *Φ*PSⅡ值最大，以后逐渐下降，而硝态氮的变化趋势不尽一致，其中麦芒和旗叶鞘的变化趋势一致，均在灌浆期 *Φ*PSⅡ值达到最大，以后急剧下降。穗部和穗下节间的变化趋势基本一致，但后期下降幅度不同，穗下节间下降幅度大于穗部，且呈急剧下降状态。

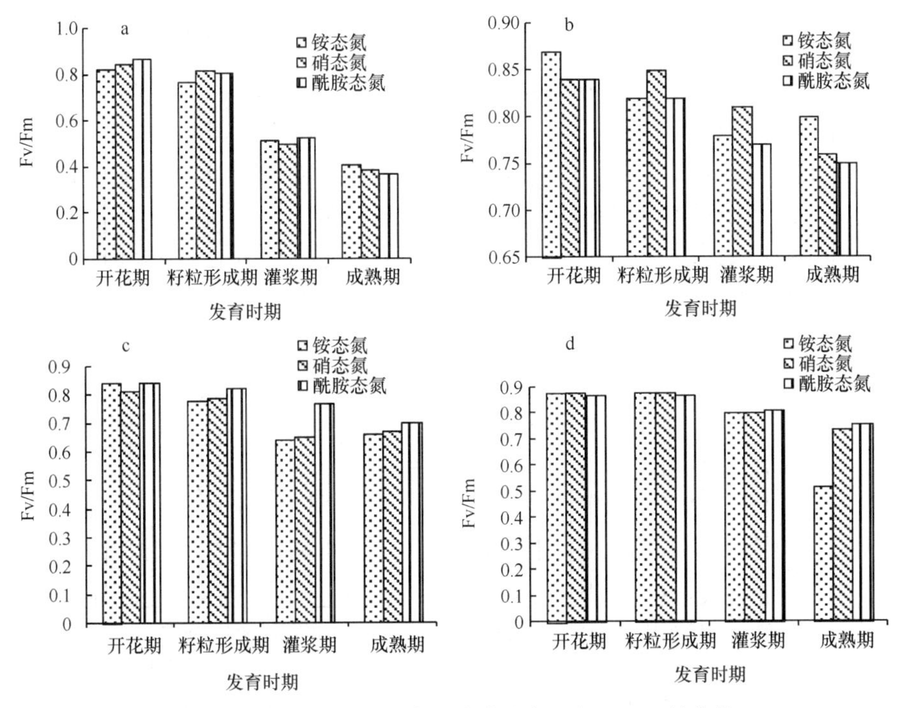

图 6-20　相同水分下小麦非叶片光合器官 Fv/Fm 的变化

a. 麦芒；b. 穗部护颖；c. 穗下节间；d. 旗叶鞘

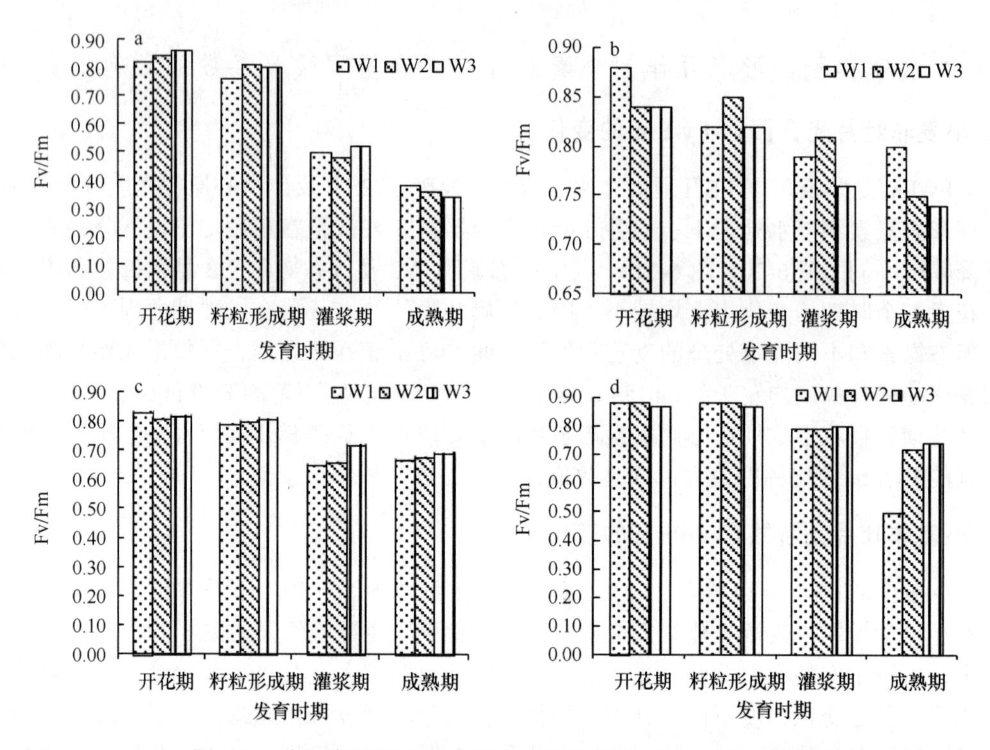

图 6-21　相同氮素形态下小麦非叶片光合器官 Fv/Fm 的变化

a. 麦芒；b. 穗部护颖；c. 穗下节间；d. 旗叶鞘。W1. 拔节期灌水一次；W2. 拔节期和孕穗期各灌水一次；W3. 拔节期、孕穗期和灌浆期各灌水一次

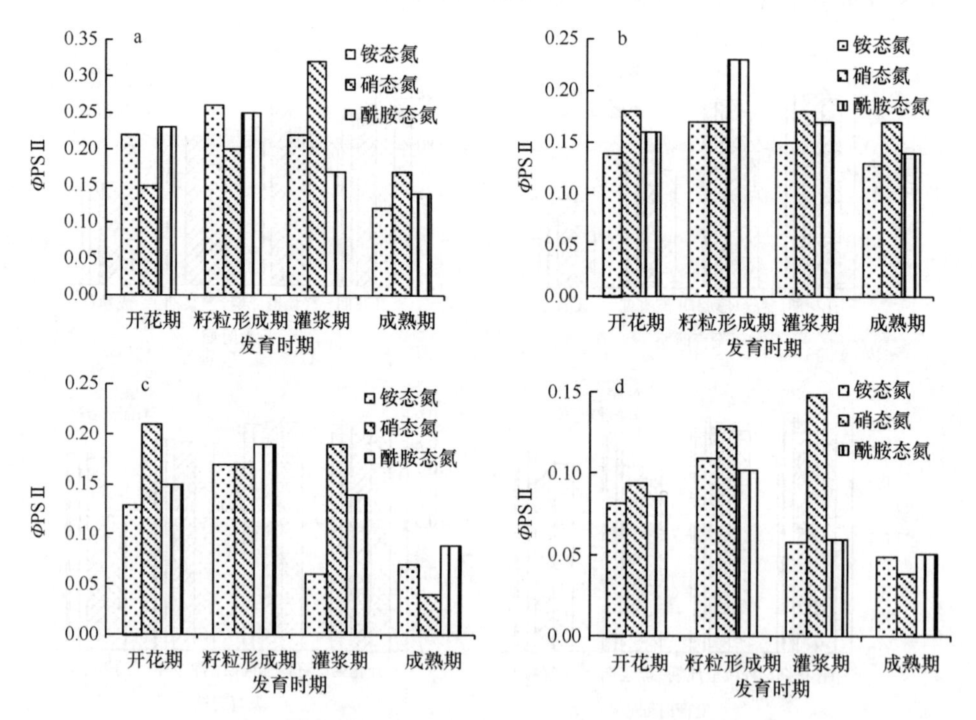

图 6-22　相同水分下小麦非叶片光合器官 ΦPSⅡ的变化

a. 麦芒；b. 穗部护颖；c. 穗下节间；d. 旗叶鞘

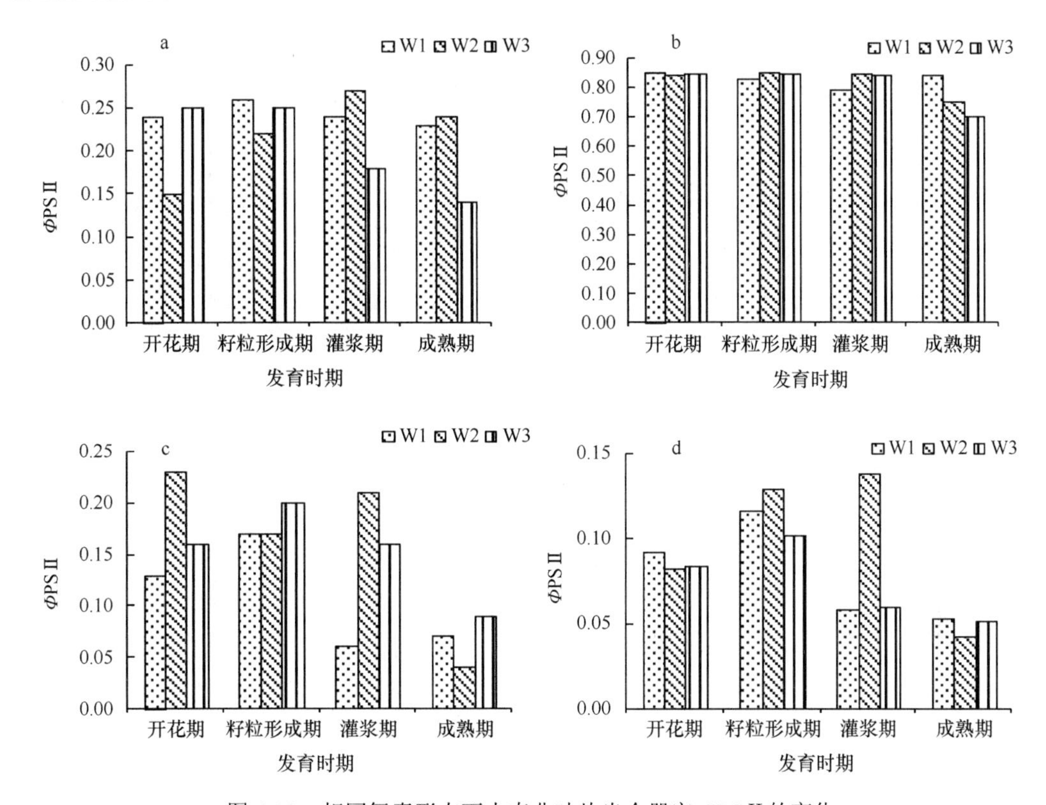

图 6-23　相同氮素形态下小麦非叶片光合器官 ΦPS II 的变化

a. 麦芒；b. 穗部护颖；c. 穗下节间；d. 旗叶鞘。W1. 拔节期灌水一次；W2. 拔节期和孕穗期各灌水一次；W3. 拔节期、孕穗期和灌浆期各灌水一次

3. 小麦非叶片光合器官 qP 的变化

光化学猝灭系数（qP）代表被开放的 PS II 反应中心捕获并转化为化学能的光能比例，它主要是由于 QA 通过非循环电子传递以极高的速率进行再氧化，因此，qP 越高，表明越多的 QA 处于氧化状态，PS II 反应中心的光能转换效率越高。

由图 6-24、图 6-25 可以看出，铵态氮和酰胺态氮小麦不同的非叶片光合器官 qP 的变化总体趋势相同，都呈上升趋势，只是在不同生育时期变化幅度有所不同，其中，麦芒和旗叶鞘在整个生育时期的上升幅度很小，变化较缓慢。而穗下节间在衰老后期 qP 上升幅度较大，穗部在衰老后期则有缓慢下降趋势。从麦芒和穗下节间的 qP 值来看，在各生育时期酰胺态氮＞铵态氮，W3＞W1，硝态氮和 W2 不同部位的 qP 值在各个生育时期变化趋势基本相同，均在灌浆期较大，之后急剧下降。

4. 小麦非叶片光合器官非光化学猝灭系数（NPQ）的变化

在小麦衰老过程中，光合能力明显下降，而 PS II 光化学效率变化较小，这会使衰老叶片暴露于过剩激发能下，过剩激发能如果不能安全耗散，可能会由于反应中心的过度还原而导致 PS II 的光破坏。

由图 6-26、图 6-27 可以看出，各非叶片光合器官的 NPQ 在开花时最低，随着发育时期的推进，各部位的 NPQ 都有所增加，但在不同生育时期增长幅度不同。开花期至灌

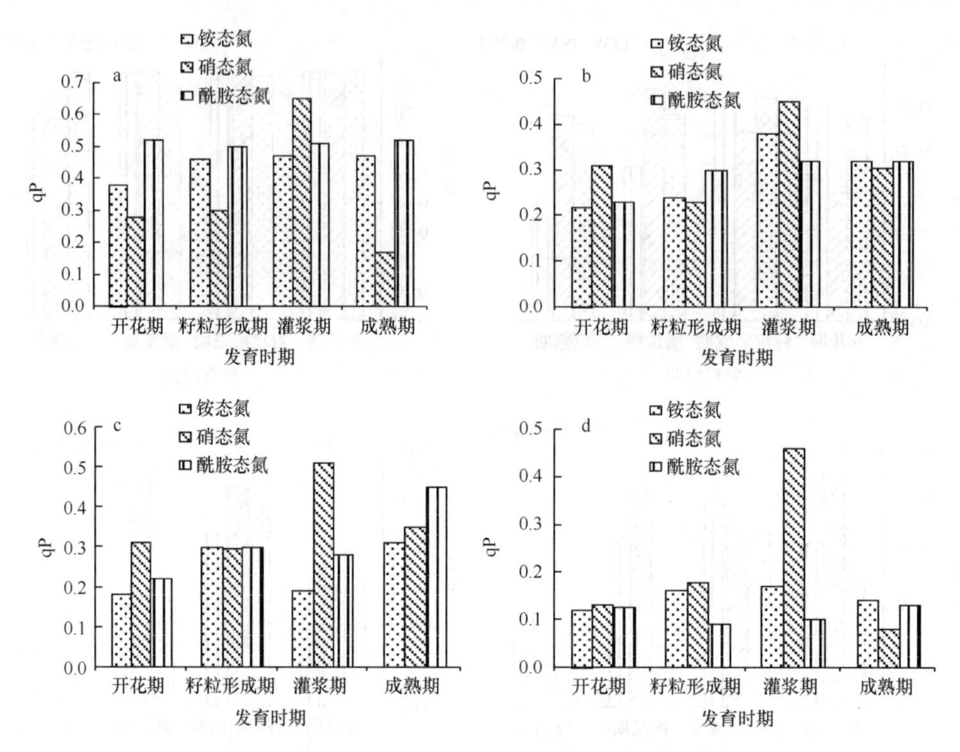

图 6-24　相同水分下小麦非叶片光合器官 qP 的变化

a. 麦芒；b. 穗部护颖；c. 穗下节间；d. 旗叶鞘

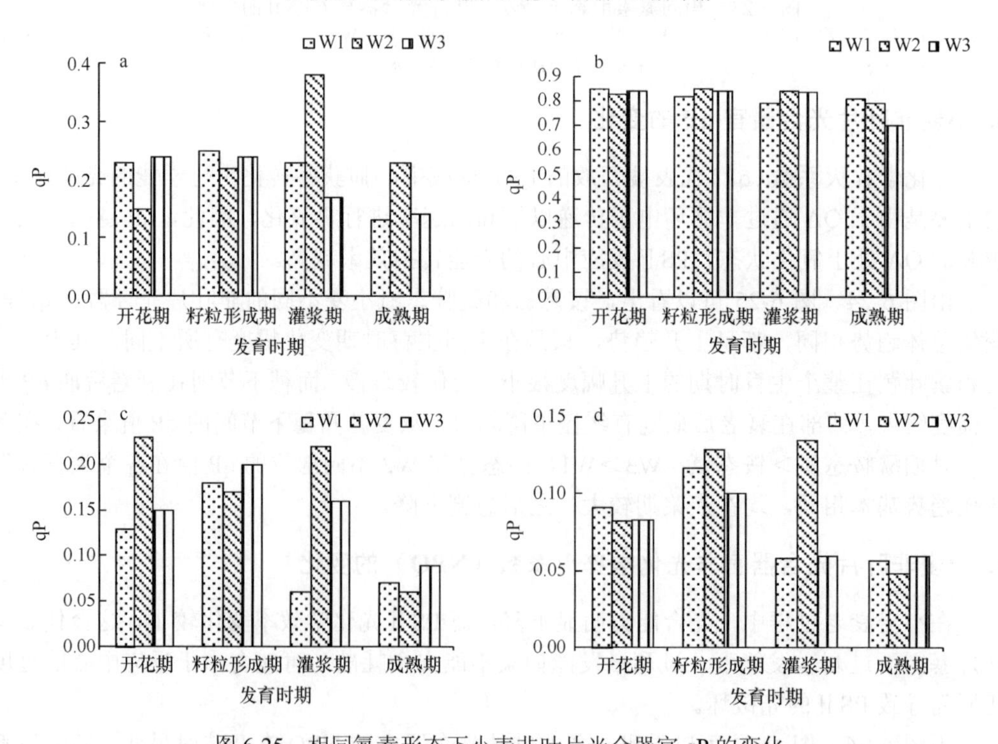

图 6-25　相同氮素形态下小麦非叶片光合器官 qP 的变化

a. 麦芒；b. 穗部护颖；c. 穗下节间；d. 旗叶鞘。W1. 拔节期灌水一次；W2. 拔节期和孕穗期各灌水一次；W3. 拔节期、孕穗期和灌浆期各灌水一次

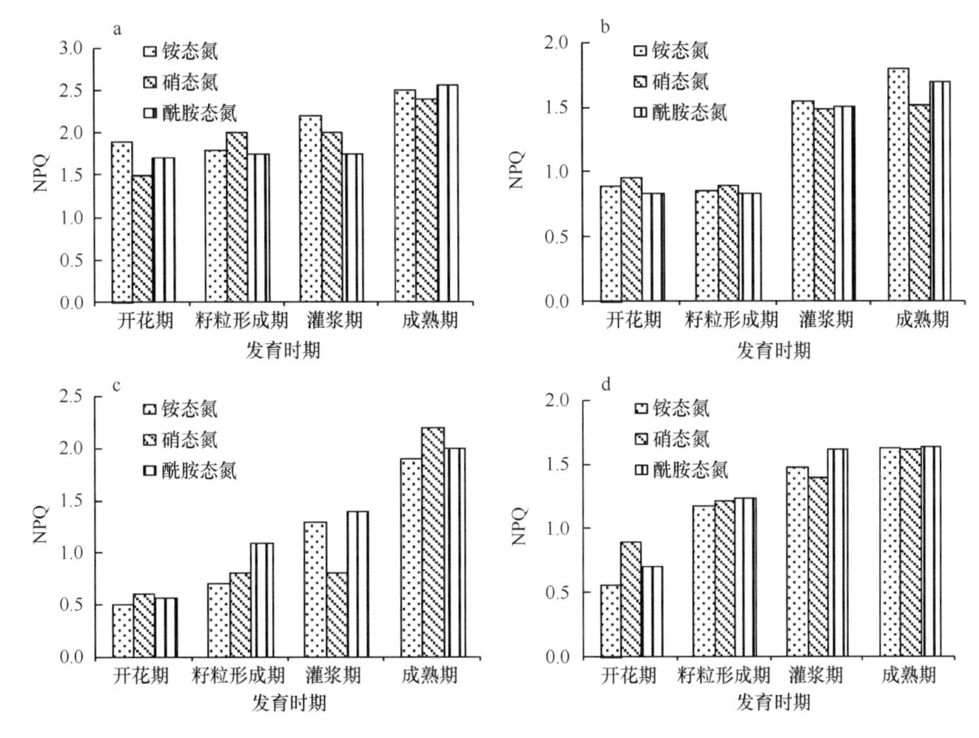

图 6-26　相同水分下小麦非叶片光合器官 NPQ 的变化

a. 麦芒；b. 穗部护颖；c. 穗下节间；d. 旗叶鞘

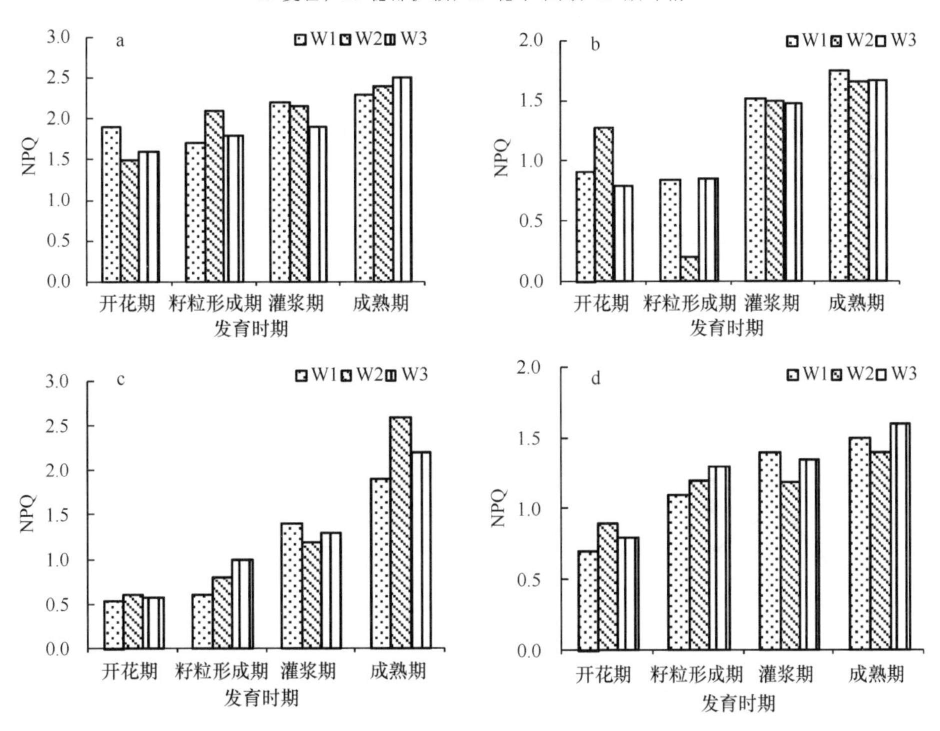

图 6-27　相同氮素形态下小麦非叶片光合器官 NPQ 的变化

a. 麦芒；b. 穗部护颖；c. 穗下节间；d. 旗叶鞘。W1. 拔节期灌水一次；W2. 拔节期和孕穗期各灌水一次；W3. 拔节期、孕穗期和灌浆期各灌水一次

浆期，旗叶鞘 NPQ 值增长幅度最大，其余部位增幅都很小。从籽粒形成期到灌浆期，穗部护颖 NPQ 值大幅度增长。而在灌浆期后，穗下节间 NPQ 值则增幅最大，其次是麦芒。同一部位的不同形态氮素和不同灌水处理各时期的增幅相差不大，小麦花后的各个生育时期麦芒 NPQ 值均最大。

二、水分和氮素形态互作对小麦可溶性糖含量的影响

（一）水分和氮素形态互作对小麦旗叶可溶性糖含量的影响

由图 6-28 可知，不同筋型的小麦品种‘郑麦 9023’和‘郑麦 004’花后旗叶可溶性糖含量均呈单峰变化趋势，然‘郑麦 9023’较‘郑麦 004’峰值出现时期较晚，且可溶性糖含量高值期维持时间较短。不同水分处理间比较，就‘郑麦 9023’而言，花后 0～28d 各处理旗叶可溶性糖含量均缓慢上升，花后 0d、14d W1 极显著高于 W2、W3，花后 28d 3 种灌水处理旗叶可溶性糖含量均达到峰值，W3＞W1＞W2，W3 与 W2 差异达极显著水平。花后 28～35d W3、W1 下降速率高于 W2，并于 35d 极显著小于 W2。就‘郑麦 004’而言，花后 0～14d 各处理旗叶可溶性糖含量呈逐步上升趋势，花后 14d W1 极显著大于 W2、W3，花后 14～21d 各处理可溶性糖含量上升速率明显放缓（W1 除外），并

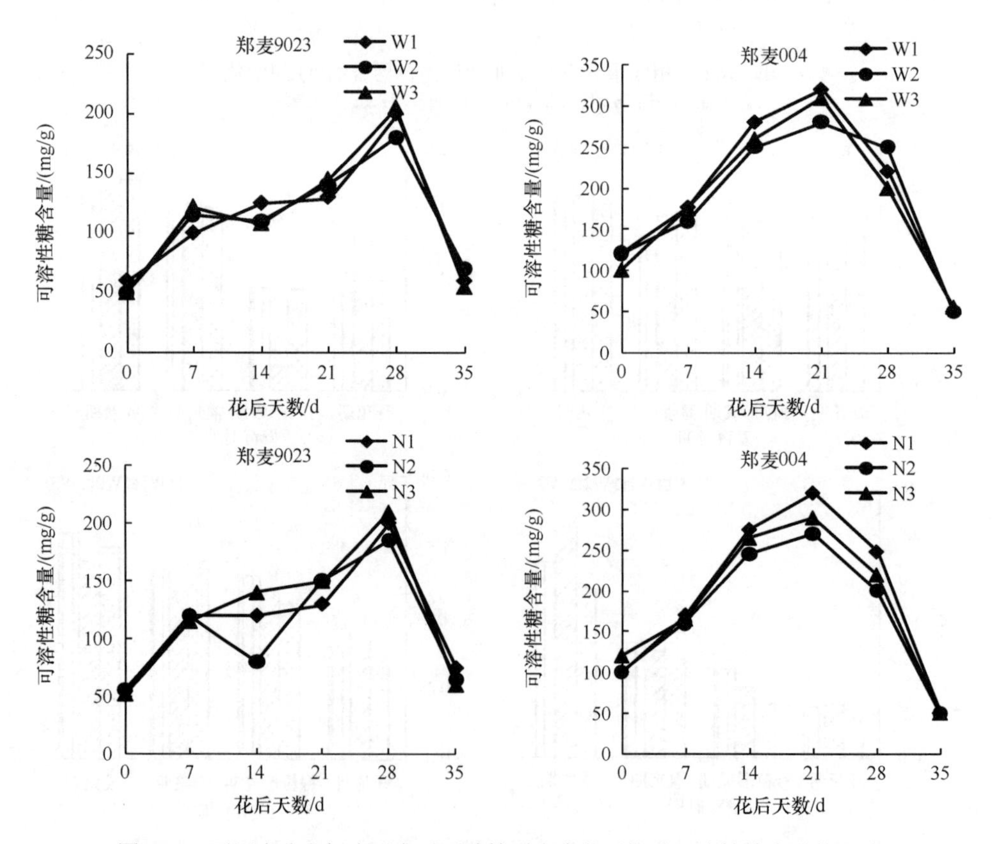

图 6-28 不同水分和氮素形态对两种筋型小麦花后旗叶可溶性糖含量的影响

W1. 拔节期灌水一次；W2. 拔节期和孕穗期各灌水一次；W3. 拔节期、孕穗期和灌浆期各灌水一次。N1. 酰胺态氮；N2. 硝态氮；N3. 铵态氮

于花后 21d 时达到峰值，W1、W3 极显著高于 W2，花后 28d，W2＞W1＞W3。说明灌水能增加不同筋型小麦旗叶光合产物，提高可溶性糖含量峰值，并能增加灌浆中期旗叶可溶性糖产生速率，延长‘郑麦 004’产糖高值期。不同施氮形态间比较，‘郑麦 9023’花后 0d、7d 各处理间旗叶可溶性糖含量无差异，花后 7～28d N3 持续较高，花后 28d N3 较 N2、N1 分别高 7.6%和 2.3%，花后 35d N3 显著小于 N2、N1，并与 N1 差异达极显著水平。‘郑麦 004’花后 0～7d N3 旗叶可溶性糖含量较高，花后 7d 后 N1 一直处于较高水平，且于花后 21d 各处理含量达到峰值时，N1 较 N2、N3 分别高 12.2%和 7.8%。说明施铵态氮能有效提高强筋小麦‘郑麦 9023’花后旗叶可溶性糖含量，施酰胺态氮对提高弱筋小麦‘郑麦 004’花后旗叶可溶性糖含量较为有利。

由表 6-15 可以看出，水分和氮素形态对两种筋型小麦旗叶可溶性糖含量在灌浆多数时期都有极显著的互作效应。固定水分考察氮素形态对旗叶可溶性糖含量的影响，强筋小麦‘郑麦 9023’W1 条件下花后 7d、21d 时 N2 较高，花后 0d、14d、28d N3 较高，35d N1 较高；W2 条件下花后 0d N2 较高，花后 7d、28d、35d N1 较高；W3 条件下花后

表 6-15　不同水分和氮素形态互作对花后旗叶可溶性糖含量的影响（单位：mg/g）

品种	处理	花后天数/d					
		0	7	14	21	28	35
郑麦9023	W1N1	59.34abAB	90.28cB	128.98aA	116.95dD	191.24bBC	73.38dC
	W1N2	58.82abcAB	116.58abAB	119.7abAB	147.21bB	197.78bB	67.13eD
	W1N3	62.26aA	100.59bcAB	120.05abAB	142.39bB	226.59aA	67.88eD
	W2N1	54cdeBC	127.75aA	109.73bB	130.02cC	199.98bB	97.04aA
	W2N2	55.21bcdABC	111.94abAB	89.44cC	158.21aA	198.05bB	87.2bB
	W2N3	49.02eC	113.83abAB	132.77aA	161.99aA	175.98cC	78.33cC
	W3N1	54cdeBC	127.75aA	109.73bB	130.02cC	220.4aA	78.61cC
	W3N2	55.21bcdABC	111.94abAB	89.44cC	158.21aA	186.29bcBC	74.69cdC
	W3N3	49.02eC	113.83abAB	132.77aA	161.99aA	223.56aA	74.21dC
	W	20.79**	5.3*	9.02**	32.83**	16.35**	150.59**
	N	2.4	0.6	38.1**	133.47**	9.66**	42.97**
	W×N	1.67	3.35*	9.97**	1.04	22.79**	9.93**
郑麦004	W1N1	84.78dD	175.54bAB	250.72bcAB	326.65abAB	252.22bcAB	53.38cC
	W1N2	90.45cCD	168.33cB	244.19cB	301.38deBCDE	199.78dCD	63.83aA
	W1N3	96.98bBC	159.73dC	252.1bcAB	304.82cdeBCD	159.21eD	56.68bcABC
	W2N1	116.58aA	159.73dC	252.39bcAB	314.62bcdABC	261.33abAB	56.6bcABC
	W2N2	102.14bB	174.34bAB	245.86cB	276.11fE	196.35dCD	61.56abAB
	W2N3	116.24aA	180.87aA	253.77bcAB	279.03fDE	286.25aA	55.16cBC
	W3N1	116.58aA	159.73dC	310.02aA	335.76aA	203.99dCD	53.1cC
	W3N2	102.14bB	174.34bAB	261.2bcAB	293.82efCDE	216.11dBC	40.17dD
	W3N3	116.24aA	180.87aA	290.76abAB	322.35abcAB	225.15cdBC	54.13cBC
	W	139.54**	5.12*	8.24**	18.18**	14.22**	27.7**
	N	33.27**	23.94**	2	28.52**	8.33**	0.29
	W×N	10.97**	41.15**	0.87	2.05	15.77**	18.03**

注：W1. 拔节期灌水一次；W2. 拔节期和孕穗期各灌水一次；W3. 拔节期、孕穗期和灌浆期各灌水一次。N1. 酰胺态氮；N2. 硝态氮；N3. 铵态氮。W. 灌水处理；N. 氮素处理；W×N. 灌水处理和氮素处理互作

同一列同一品种不同小写和大写字母分别表示差异达 5%和 1%显著水平；*和**分别表示差异达 5%和 1%的显著水平

0d N2 较高，7d、35d N1 较高，其他时期 N3 较高。弱筋小麦‘郑麦 004’花后旗叶可溶性糖含量 W1 条件下花后 7d、21d、28d N1 显著高于 N3，W2 条件下花后 21d N1 极显著高于其他两种氮素形态，W3 条件下灌浆前期和后期 N3 较高，而中期 N1 显著高于 N2 且与 N3 无差异。这说明不同水分条件下，不同形态氮素对小麦花后旗叶可溶性糖含量的影响有很大差异。固定氮素形态考察水分对旗叶可溶性糖含量影响，‘郑麦 9023’不同氮素形态下均表现出花后 0d W1 灌水处理较高、花后 35d W2 较高，其他时期 W3 普遍较高。‘郑麦 004’的 3 种施氮素形态处理均表现出花后 0d W2 灌水条件较优，花后 14d W3 较优，而花后 35（N1 除外）则以 W1 较优。分析变异系数结果表明，‘郑麦 9023’氮素形态处理间花后 0d、7d 和水氮互作花后 0d、21d 无差异，其他时期水分处理间和氮素形态处理间及水氮互作差异基本都达到显著或极显著水平。‘郑麦 004’除氮素形态间花后 14d、35d 和水氮互作花后 14d、21d 外，其他时期水分处理间和氮素形态处理间及水氮互作差异基本都达到显著或极显著水平。

（二）水分和氮素形态互作对小麦籽粒可溶性糖含量的影响

由图 6-29 可知，不同筋型的小麦品种‘郑麦 9023’和‘郑麦 004’籽粒可溶性糖含量均逐渐下降，然‘郑麦 9023’较‘郑麦 004’下降速率缓慢，‘郑麦 004’花后 14d 籽粒可溶性糖含量与‘郑麦 9023’花后 28d 时相近。不同水分处理间比较，就‘郑麦 9023’而言，花后 7～21d W1 显著高于 W2、W3，花后 28d 后 W1 可溶性糖含量持续低于 W3。就‘郑麦 004’而言，各处理可溶性糖含量花后 7～14d 迅速降至较低水平，花后 7d W2、W3 显著高于 W1，花后 7～14d W3 下降速率明显高于 W1、W2，花后 14d W3 明显小于 W1、W2 并与其差异达极显著水平，花后 21d 各处理无差异，花后 21d 后 W1 较 W2、W3 可溶性糖含量略高，并保持到最终。说明灌水能增加不同筋型小麦灌浆前期籽粒可溶性糖下降速率，并于灌浆后期增加强筋小麦和降低弱筋小麦可溶性糖含量。不同施氮形态间比较，‘郑麦 9023’花后 7～28d，N2 可溶性糖高于 N1、N3，且于花后 7d 达到极显著水平。‘郑麦 004’花后 7d、21d、35d N3 籽粒可溶性糖含量较高并和其他处理差异显著，花后 14d N2 显著高于 N3，其他时期各氮素形态间无差异。

由表 6-16 可以看出，水分和氮素形态对‘郑麦 9023’籽粒可溶性糖含量有互作效应，对‘郑麦 004’灌浆整个时期均无显著互作效应。固定水分考察氮素形态对籽粒可溶性糖含量影响，强筋小麦‘郑麦 9023’W1 条件下花后 7d、28d 时 N2 较高，花后 14d、42d N1 较高，21d、35 d N3 较高；W2 条件下花后 7d、14d、28、42d N2 较高，花后 21d N1 较高，35d N3 较高；W3 条件下花后 7～21d N2 较高，其他时期 N1 较高。弱筋小麦‘郑麦 004’W1 条件下 N3 普遍较高；W2 条件下除花后 14d、28d N2 较高外，其他时期 N3 较高（花后 42d 除外）；W3 条件下花后 7d、21d N3 高，花后 14d、28d N1 高，花后 35d、42d N2 高。这说明不同水分条件下，小麦对不同形态氮素的利用有很大差异。固定氮素形态考察水分对籽粒可溶性糖含量影响，‘郑麦 9023’施用不同形态氮素，灌浆前期 W1 多数时期较高，灌浆后期 W3 多数时期较高；‘郑麦 004’施用 3 种氮素形态时，灌浆初期 W2 多数时期较高，灌浆后期 W1 较高。分析变异系数结果表明，‘郑麦 9023’氮素形态处理间在花后 21～35d 及水氮互作间花后 7d、28d 均无差异，其他时期水分处理间和氮素形态处理间及水氮互作差异基本都达到显著或极显著水平。‘郑麦 004’灌水处理间花后 14d、35d、42d 差异极显著，氮素形态间除花后 28d、42d 外，其他时期差异显著或极显著，各处理间无互作效应。

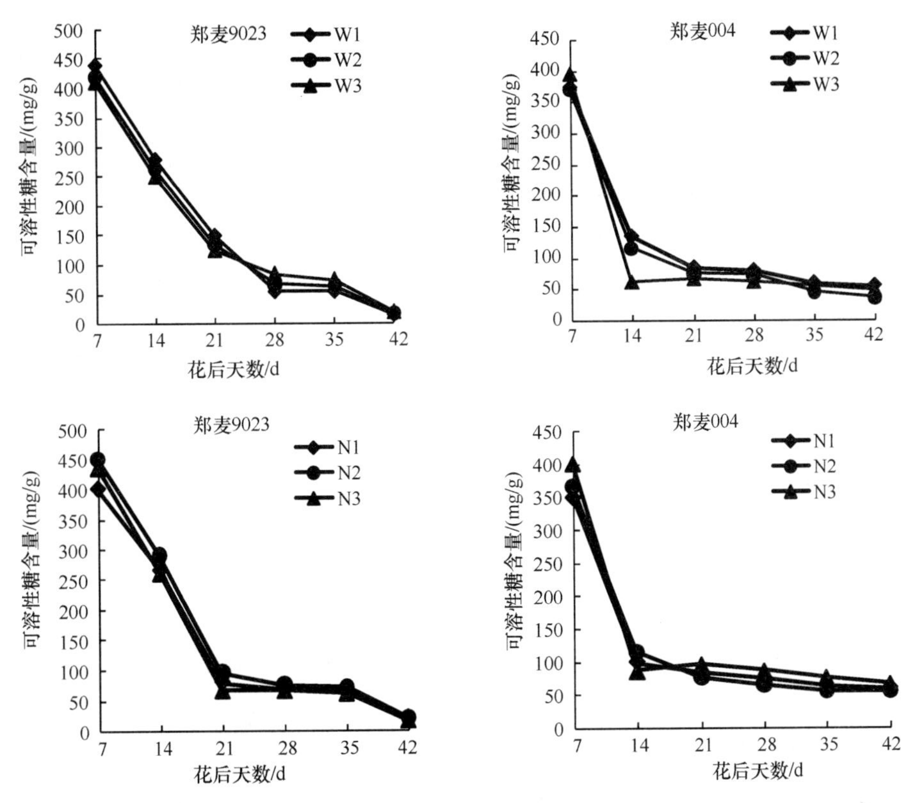

图 6-29　水分和氮素形态对两种筋型小麦籽粒可溶性糖含量的影响

W1. 拔节期灌水一次；W2. 拔节期和孕穗期各灌水一次；W3. 拔节期、孕穗期和灌浆期各灌水一次。N1. 酰胺态氮；N2. 硝态氮；N3. 铵态氮

表 6-16　不同水分和氮素形态互作对花后籽粒可溶性糖含量的影响（单位：mg/g）

品种	处理	花后天数/d					
		7	14	21	28	35	42
郑麦9023	W1N1	416abAB	298aA	118cCD	53cB	56cB	24bB
	W1N2	454aA	263cBCD	144aAB	62bcAB	58bcB	19cC
	W1N3	438aAB	280bABC	150aA	58cB	62bcB	15dD
	W2N1	387bB	252cD	124bcBCD	65abcAB	63bB	18cC
	W2N2	425abAB	286abAB	108cD	70abAB	58bcB	19cC
	W2N3	424abAB	257cCD	112cCD	69abAB	75aA	19cC
	W3N1	387bB	252cD	137abABC	72aA	77aA	27aA
	W3N2	425abAB	286abAB	137abABC	67abAB	71aA	19cC
	W3N3	424abAB	254cD	119cCD	70abAB	60bcB	18cC
	W	3.82*	8.5**	13.63**	12.9**	26.38**	15.13**
	N	8.59**	5.91*	0.35	0.12	2.44	69.82**
	W×N	0.18	13.9**	7.8**	1.19	21.93**	26.14**

续表

品种	处理	花后天数/d					
		7	14	21	28	35	42
郑麦 004	W1N1	366.2bB	123.8abA	71.7cB	81.6aA	61.6bcBC	68.4abAB
	W1N2	376.7bB	138.2aA	71.4cB	72.4aA	71.9abAB	62.5abcAB
	W1N3	376.7bB	118.6abA	82.6abA	91aA	86.1aA	71aA
	W2N1	373.2bB	110.4bA	77.3bcAB	75.8aA	44dC	65.7abcAB
	W2N2	374.2bB	132.3abA	74.7cAB	78.1aA	50.8cdBC	57.8cB
	W2N3	426.8aA	109.1bA	83.2abA	71.2aA	51.6cdBC	60.3bcAB
	W3N1	373.2bB	71.1cB	75.5cAB	90.7aA	53.6cdBC	57.1cB
	W3N2	374.2bB	68.7cB	76.5bcAB	72.6aA	56.9bcdBC	63.2abcAB
	W3N3	426.8aA	51.9cB	84.5aA	74.7aA	55.9bcdBC	58.3cB
	W	2.61	63.51**	2.58	1	17.58**	6.88**
	N	10.99**	5.47*	17.71**	1.53	3.66*	0.75
	W×N	2.06	0.77	0.48	2.13	1.32	2.77

注：W1. 拔节期灌水一次；W2. 拔节期和孕穗期各灌水一次；W3. 拔节期、孕穗期和灌浆期各灌水一次。N1. 酰胺态氮；N2. 硝态氮；N3. 铵态氮。W. 灌水处理；N. 氮素处理；W×N. 灌水处理和氮素处理互作

同一列同一品种不同小写和大写字母分别表示差异达 5%和 1%显著水平；*和**分别表示差异达 5%和 1%的显著水平

（三）水分和氮素形态互作对小麦花后旗叶蔗糖含量的影响

由图 6-30 可知，两种筋型小麦花后旗叶蔗糖含量整体呈现先升高后降低的趋势。但品种间差异显著。对‘郑麦 9023’而言，各灌水处理下旗叶蔗糖含量花后 28d 前持续升高，后急速下降，W3 在整个灌浆期整体表现较优，并在花后 28d 分别比 W1、W2 高出 26%和 8.7%。‘郑麦 004’则在花后 0～7d 急速升高，花后 7～21d 升速相对减慢，花后 21d 达最大值后开始下降，W3 整体表现较优，在花后 28d 含量分别比 W1、W2 高出 69%和 11.6%。各品种花后旗叶蔗糖含量在氮素形态下的变化趋势与水分下的变化趋势相同。但不同品种较优氮素的形态不一。‘郑麦 9023’较优的 N3 在花后 28d，分别比 N1、N2 高出 9.3%和 9.9%。‘郑麦 004’各时期 N1 均优于其他处理。

由表 6-17 可知，水分与氮素形态对两种筋型小麦花后旗叶蔗糖含量的影响存在显著互作效应。对‘郑麦 9023’而言，固定水分考察氮素形态对小麦花后旗叶蔗糖含量的影响，W1、W2 灌水处理内，均表现为灌浆前期 N1 较优，灌浆后期 N3 整体为优。固定氮素形态考察水分对小麦花后旗叶蔗糖含量的影响，N1 施氮条件下，W3 在灌浆中后期表现较优，W1 最差。N2、N3 施氮条件下，均表现出灌浆中期 W3 较优，灌浆前期 W1 表现最差的特点。分析变异系数结果表明，水分处理间花后 0d、28d 存在极显著差异；氮素形态处理间花后 0d 差异显著，花后 35d 差异极显著；水氮互作间在花后 0d、28d 差异达极显著水平，后互作效应有所减弱，但仍达显著水平。对‘郑麦 004’而言，固定水分考察氮素形态对小麦花后旗叶蔗糖含量的影响，各灌水处理内均以 N1 施氮形态表现为优。固定氮素形态考察水分对小麦花后旗叶蔗糖含量的影响，N1、N3 施氮条件下，均以 W3 灌水处理多数时期最优。N2 则以 W1 较优。分析变异系数结果表明，水分处理间、氮素形态处理间、水氮互作间多数时期差异达极显著水平，且尤以灌浆中后期表现

集中。说明本实验处理条件下，水分和氮素形态对‘郑麦 9023’小麦花后旗叶蔗糖含量的影响主要表现在灌浆初期、末期，而对‘郑麦 004’则在绝大多数时间都有差异影响，且在灌浆中后期较为集中。

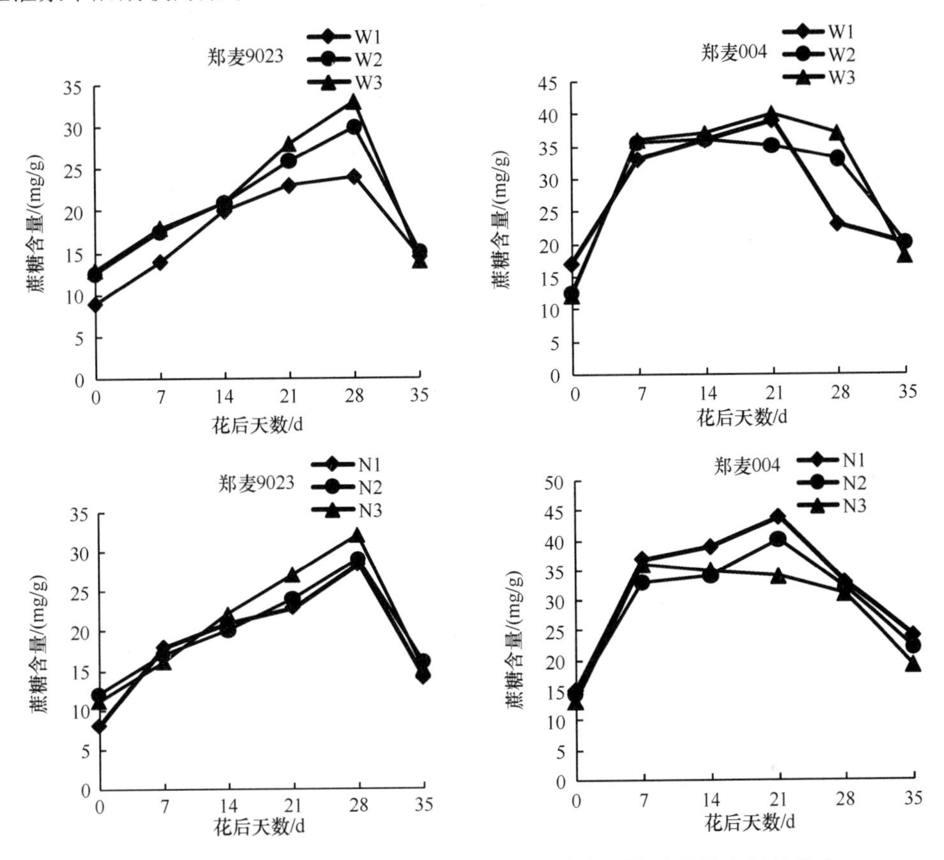

图 6-30　不同水分和氮素形态对两种筋型小麦花后旗叶蔗糖含量的影响

W1. 拔节期灌水一次；W2. 拔节期和孕穗期各灌水一次；W3. 拔节期、孕穗期和灌浆期各灌水一次。N1. 酰胺态氮；N2. 硝态氮；N3. 铵态氮

表 6-17　不同水分和氮素形态互作对小麦花后旗叶蔗糖含量的影响（单位：mg/g）

品种	处理	花后天数/d					
		0	7	14	21	28	35
郑麦 9023	W1N1	11.19bcBC	18.51aA	18.79bA	24.14aA	30.70bcdeABC	15.56bAB
	W1N2	8.88cdC	14.01aA	22.77abA	23.08aA	24.46eC	18.64abA
	W1N3	8.36cdC	13.41aA	21.45abA	27.92aA	24.56eC	17.49abAB
	W2N1	9.16cdC	18.59aA	23.71aA	25.64aA	26.83deBC	12.14cB
	W2N2	16.52aA	18.82aA	20.06abA	23.88aA	27.29cdeBC	20.28aA
	W2N3	13.49bAB	18.66aA	23.38aA	28.12aA	38.81aA	17.73abAB
	W3N1	9.16cdC	18.59aA	23.71aA	27.75aA	31.08bcdABC	15.92bAB
	W3N2	16.52aA	18.82aA	20.06abA	31.72aA	36.41abAB	15.79bAB
	W3N3	13.49bAB	18.66aA	23.38aA	29.01aA	33.56abcABC	16.61abAB
	W	20.51**	3.72	1.28	3	11.56**	0.86
	N	4.73*	0.76	1.62	1.09	2.44	10.11**
	W×N	11.05**	0.89	3.32	0.75	8.65**	4.09*

续表

品种	处理	花后天数/d					
		0	7	14	21	28	35
郑麦004	W1N1	19.57aA	35.88aA	36.92abA	36.11cB	23.25eDF	23.39abAB
	W1N2	15.33cBC	33.32aA	35.50abA	46.40aA	24.45eCD	19.77cAB
	W1N3	17.64bAB	32.51aA	35.42abA	37.86bcB	19.65fE	22.54abcAB
	W2N1	13.51dCD	37.63aA	40.46aA	29.50dC	37.68bAB	24.68aA
	W2N2	10.53fEF	32.28aA	32.87bA	40.63bcAB	35.93bcB	21.29bcAB
	W2N3	11.04efEF	37.20aA	34.99bA	38.91bcB	28.85dC	19.35cB
	W3N1	13.51dCD	37.63aA	41.36aA	39.45bcAB	41.85aA	22.36abcAB
	W3N2	10.53fEF	32.28aA	33.77bA	42.29abAB	34.12cB	13.26dC
	W3N3	11.04efEF	37.20aA	35.89bA	41.66bAB	38.46bAB	21.02bcAB
	W	169.37**	1.15	0.01	10.21**	223.46**	9.89**
	N	8.3*	5.44*	10.57**	26.31**	7.63*	22.35**
	W×N	15.28**	0.97	1.39	5.14*	20.32**	8.61**

注：W1. 拔节期灌水一次；W2. 拔节期和孕穗期各灌水一次；W3. 拔节期、孕穗期和灌浆期各灌水一次。N1. 酰胺态氮；N2. 硝态氮；N3. 铵态氮。W. 灌水处理；N. 氮素处理；W×N. 灌水处理和氮素处理互作

同一列同一品种不同小写和大写字母分别表示差异达 5%和 1%显著水平；*和**分别表示差异达 5%和 1%的显著水平

（四）水分和氮素形态互作对小麦花后籽粒蔗糖含量的影响

由图 6-31 可知，不同筋型小麦花后籽粒蔗糖含量均呈下降趋势。品种间差异明显。‘郑麦 9023’籽粒蔗糖含量斜坡式直线下降，‘郑麦 004’则在花后 7～14d 急速下降，后降速缓慢。‘郑麦 9023’W1 灌水处理在灌浆初期显著低于 W2、W3，N3 则在整个灌浆期整体表现较优。‘郑麦 004’整体较优的 W3 在花后 28d 高于 W1、W2。各品种花后籽粒蔗糖含量在氮素形态下的变化趋势与水分下的变化趋势相同。但不同品种较优氮素的形态不一。‘郑麦 9023’、‘郑麦 004’分别以 N3、N1 施氮形态为优。

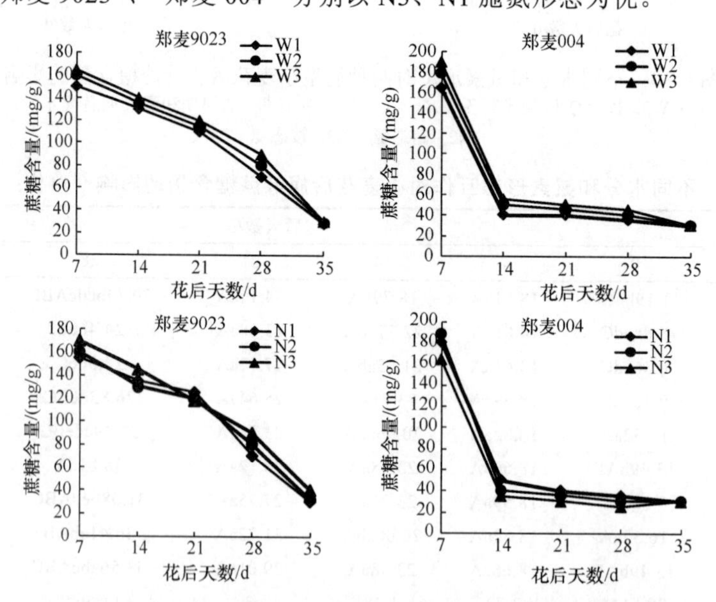

图 6-31 水分和氮素形态对两种筋型小麦籽粒蔗糖含量的影响

W1. 拔节期灌水一次；W2. 拔节期和孕穗期各灌水一次；W3. 拔节期、孕穗期和灌浆期各灌水一次。N1. 酰胺态氮；N2. 硝态氮；N3. 铵态氮

由表 6-18 可知，水分与氮素形态对两种筋型小麦花后籽粒蔗糖含量的影响均仅在极个别时期存在较显著的互作效应。对‘郑麦 9023’而言，固定水分考察氮素形态对小麦籽粒蔗糖含量的影响，W1 灌水下灌浆前期 N3 表现最优，后期则以 N1 最优（花后 28d 除外）；W2 灌水下，花后 7d N2 最优，35d N1 最优；而 W3 灌水下则早期以 N2 为优，后期 N3 最优。固定氮素形态考察水分对小麦籽粒蔗糖含量的影响，不同施氮条件下均以 W3 灌水绝大多数时间最优。分析变异系数结果表明，水分处理间除花后 21d、35d 外，整个灌浆期均达显著或极显著差异；氮素形态处理间除花后 0d、35d 外，其余各时期差异均达显著或极显著水平；水氮互作间仅在花后 14d、28d 存在显著或极显著差异。对‘郑麦 004’而言，固定水分考察氮素形态对小麦花后籽粒蔗糖含量的影响，W1 灌水处理内，灌浆中期，N1 施氮形态较优；W2 灌水处理内灌浆中期以 N2 为优；W3 除花后 14d、21d 外，N1 一直处于较优水平。固定氮素形态考察水分对小麦花后籽粒蔗糖含量的影响，N1 施氮条件下，花后 7～21d，W2 较优，28～35d，W3 较优；N2 施氮条件下，花后 21～28d，W2 较优，14d、35d，W2 较优；N3 施氮条件下，W3 灌水处理一直最优。 分析变异系数结果表明，水分处理间灌浆中期差异极显著；氮素形态处理间花后 14d、28d 差异显著或极显著；水氮互作间仅在花后 28d 达极显著差异水平。

表 6-18　不同水分和氮素形态互作对小麦花后籽粒蔗糖含量的影响（单位：mg/g）

品种	处理	花后天数/d				
		7	14	21	28	35
郑麦 9023	W1N1	147.72abA	135.3bcdAB	119.97aA	73.44cBC	22.64abA
	W1N2	135.9bA	135.29bcdAB	112.38abA	67.27cC	19.9bA
	W1N3	153.61abA	143.27aA	107.43bA	80.5bAB	19.75bA
	W2N1	148.92abA	141.11abA	117.29abA	70.13cC	22.64abA
	W2N2	169.59aA	129.73cdB	119.64abA	81.67bAB	19.9bA
	W2N3	165.53aA	135.81bcAB	111.21bA	88.82aA	19.75bA
	W3N1	148.92abA	141.11abA	121.29abA	75.13cC	22.28abA
	W3N2	169.59aA	129.73cdB	123.64abA	93.67bAB	20.79abA
	W3N3	165.53aA	135.81bcAB	115.21bA	103.82aA	24.65aA
	W	7.48*	6.65*	0.13	9.52**	2.51
	N	0.89	11.6**	5.51*	38.13**	3.09
	W×N	1.8	4.82*	0.77	6.13**	1.92
郑麦 004	W1N1	176.14abA	46.9bA	38.66bA	38.44dC	32.02aA
	W1N2	182.02abA	46.42bA	38.56bA	39.8cdBC	32.76aA
	W1N3	171.34bA	39.86	38.46bA	32.64eD	35.04aA
	W2N1	185.74aA	50.02abA	43.38abA	39.28cdC	34.86aA
	W2N2	178.5abA	50.9abA	45.56aA	41.54bcBC	33.30aA
	W2N3	182.7aA	47.78bA	44.46aA	38.744cdC	34.18aA
	W3N1	185.74aA	47.32bA	42.134abA	46.8aA	36.14aA
	W3N2	178.5abA	52.92aA	43.56abA	38.6cdC	34.94aA
	W3N3	182.7aA	49.86abA	46.02aA	43.84bAB	35.38aA
	W	3.37	16.87**	12.9**	39.1**	1.45
	N	1.1	7.78*	0.82	9.99**	0.42
	W×N	2.2	3.55	0.61	18.54**	0.46

注：W1. 拔节期灌水一次；W2. 拔节期和孕穗期各灌水一次；W3. 拔节期、孕穗期和灌浆期各灌水一次。N1. 酰胺态氮；N2. 硝态氮；N3. 铵态氮。W. 灌水处理；N. 氮素处理；W×N. 灌水处理和氮素处理互作

同一列同一品种不同小写和大写字母分别表示差异达 5%和 1%显著水平；*和**分别表示差异达 5%和 1%的显著水平

三、水分和氮素形态互作对小麦淀粉合成相关酶活性的影响

（一）水分和氮素形态互作对小麦花后旗叶蔗糖合成酶（SS）活性的影响

由图 6-32 可知，两种筋型小麦灌浆期旗叶 SS 活性均呈单峰变化趋势，峰期出现在花后 14d。不同水分处理之间比较，就‘郑麦 9023’而言，花后 0～14d W1 处理旗叶 SS 活性持续处于较低水平，且于花后 0d、21d 与 W2、W3 处理差异达显著水平，花后 14d 后 W3 处理持续较高，表现为 W3＞W2＞W1，W3 与 W1 处理在不同时期差异均达极显著水平。就‘郑麦 004’而言，花后 0d W1 灌水处理旗叶 SS 活性显著大于 W2、W3，花后 7d 各灌水处理间差异不显著，花后 14～28d W3 处理一直较高，并于花后 14d、28d 极显著大于 W1、W2。说明增加灌水能有效提高灌浆中后期强、弱两种筋型小麦旗叶 SS 活性。不同施氮形态间比较，‘郑麦 9023’花后 0d 各氮素处理间差异不显著，花后 7d N1 处理旗叶 SS 活性显著大于 N3，花后 7d 后 N3 处理持续较高，且分别于花后 14d、28d 极显著大于 N1 和花后 21d 极显著大于 N2。‘郑麦 004’花后 0～14d N1 显著大于 N2、N3，花后 21d N2 极显著大于其他处理，21d 后各处理间差异不显著。说明施铵态氮有利于提高‘郑麦 9023’灌浆中后期旗叶 SS 活性，而施酰胺态氮能提高‘郑麦 004’灌浆前期旗叶 SS 活性。

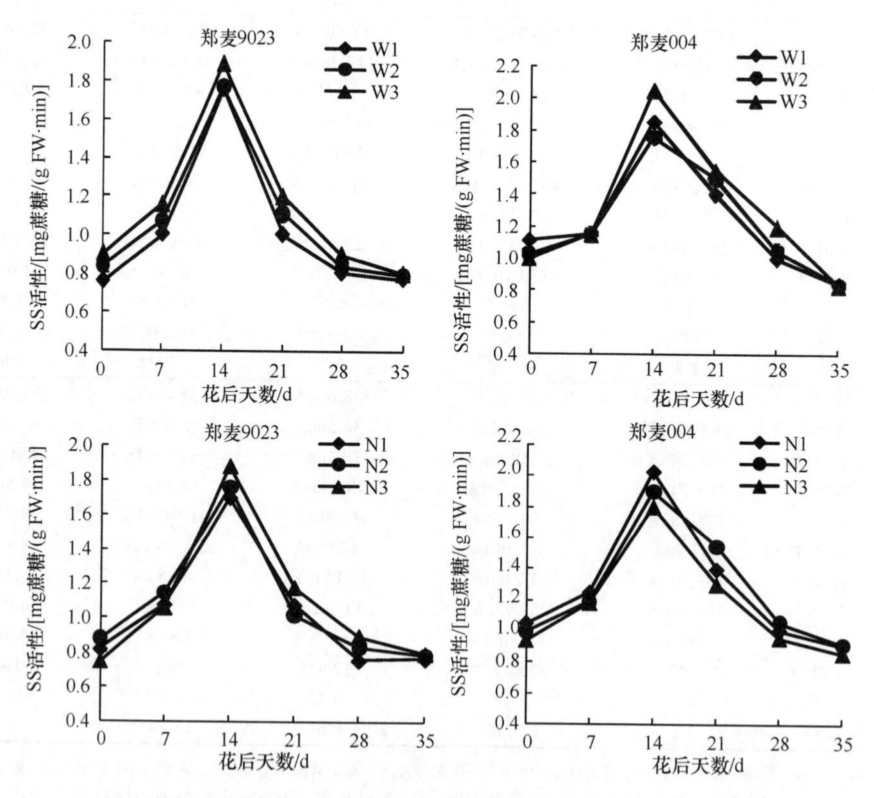

图 6-32　水分和氮素形态对两种筋型小麦花后旗叶 SS 活性的影响

W1. 拔节期灌水一次；W2. 拔节期和孕穗期各灌水一次；W3. 拔节期、孕穗期和灌浆期各灌水一次。N1. 酰胺态氮；N2. 硝态氮；N3. 铵态氮

由表 6-19 可以看出，固定水分考察氮素形态对旗叶 SS 活性的影响，强筋小麦‘郑麦 9023’，W1 条件下花后 0d N2 最高，花后 7d、21d N1 最高，其他时期表现为 N3 最高，且与 N1 差异均达到显著水平；W2、W3 条件下，除花后 7d、35d 时 N2 较高外，其他时期均为 N3 最高，并于花后 28d 与其他处理差异达极显著水平。弱筋小麦‘郑麦 004’W1 处理条件下，除花后 21d N2 较高外，其他时期均表现为 N1 最高，除花后 0d 外，各氮素处理间差异不显著；W2 条件下，除花后 21d N2 SS 活性较高，35d N3 SS 活性较高外，其他时期 N1 普遍较高；而 W3 条件下，除花后 21d、35d N2 较高外，N1 普遍较高。说明‘郑麦 9023’和‘郑麦 004’两种筋型小麦，分别施用铵态氮和酰胺态氮能有效提高灌浆期旗叶 SS 活性。固定氮素形态考察水分对 SS 活性的影响，‘郑麦 9023’在施用不同氮素形态时，多数时期表现为 W3 SS 活性较高；‘郑麦 004’施用不同氮素形态时灌

表 6-19　不同水分和氮素形态互作对小麦花后旗叶 SS 活性的影响 [单位：mg 蔗糖/（g FW·min）]

品种	处理	花后天数/d					
		0	7	14	21	28	35
郑麦 9023	W1N1	0.42cdAB	0.72aA	1.27bB	0.66dDE	0.38dC	0.33cC
	W1N2	0.43bcdAB	0.68aA	1.33abAB	0.6eE	0.43bcBC	0.35cBC
	W1N3	0.41dB	0.67aA	1.35aAB	0.64deDE	0.45bcB	0.39bAB
	W2N1	0.44abcAB	0.73aA	1.33abAB	0.69dCD	0.42cBC	0.4abA
	W2N2	0.45aA	0.73aA	1.37aAB	0.66dDE	0.44bcB	0.43aA
	W2N3	0.45abA	0.68aA	1.39aA	0.78bcAB	0.45bcB	0.42abA
	W3N1	0.44abcAB	0.73aA	1.33abAB	0.82abAB	0.43bcBC	0.4abA
	W3N2	0.45aA	0.73aA	1.37aAB	0.75cBC	0.47bB	0.43aA
	W3N3	0.45abA	0.68aA	1.39aA	0.83aA	0.53aA	0.41aA
	W	16.77**	0.81	5.36**	88.65**	21.35**	40.66**
	N	3.21	4.97*	9.48**	22.71**	28.41**	9.63**
	W×N	0.46	0.84	0.05	3.56	3.59	2.34
郑麦 004	W1N1	0.65aA	0.81aA	1.46cBC	1.09aAB	0.57deCD	0.46aA
	W1N2	0.61bAB	0.77abA	1.43cC	1.14aA	0.57deCD	0.46aA
	W1N3	0.6bcAB	0.79abA	1.45cBC	1.06aAB	0.55eD	0.43aA
	W2N1	0.57cdB	0.81aA	1.73aA	0.9bB	0.66bcABC	0.45aA
	W2N2	0.57cdB	0.76bA	1.2dD	1.12aA	0.63cdBCD	0.42aA
	W2N3	0.56dB	0.78abA	1.52bcBC	0.9bB	0.58deCD	0.46aA
	W3N1	0.57cdB	0.81aA	1.74aA	1.11aA	0.75aA	0.43aA
	W3N2	0.57cdB	0.76bA	1.61bAB	1.18aA	0.7abAB	0.44aA
	W3N3	0.56dB	0.78abA	1.59bAB	1.08aAB	0.74aA	0.42aA
	W	25.47**	0.5	37.02**	12.86**	62.25**	0.94
	N	3.65	13.59**	42.24**	10.8**	2.9	0.24
	W×N	1.33	0.14	19.86**	1.76	2.16	2.08

注：W1. 拔节期灌水一次；W2. 拔节期和孕穗期各灌水一次；W3. 拔节期、孕穗期和灌浆期各灌水一次。N1. 酰胺态氮；N2. 硝态氮；N3. 铵态氮。W. 灌水处理；N. 氮素处理；W×N. 灌水处理和氮素处理互作

同一列同一品种不同小写和大写字母分别表示差异达 5%和 1%显著水平；*和**分别表示差异达 5%和 1%的显著水平

浆前期表现为 W1 SS 普遍较高，灌浆后期 W3 SS 活性在多数时期较高。说明‘郑麦 9023’在施用不同形态氮素的情况下，增加灌水能有效提高整个灌浆期旗叶 SS 活性；而‘郑麦 004’增加灌水有利于提高灌浆后期旗叶 SS 活性。从水分和氮素形态互作效应看，W3N3 处理能有效提高‘郑麦 9023’灌浆期旗叶 SS 活性，W3N1 则能有效提高‘郑麦 004’灌浆期旗叶 SS 活性。分析变异系数结果表明，‘郑麦 9023’除花后 7d 外，其他时期水分处理间有极显著差异；除花后 0d 外，其他时期氮素形态处理间差异显著且多数时期达极显著水平。‘郑麦 004’除花后 7d、35d 外，灌水处理间差异极显著；氮素形态处理间在花后 7d、14d、21d 差异极显著，仅花后 14d 各组合间有极显著的互作效应。说明灌水和氮素形态效应能显著影响‘郑麦 9023’和‘郑麦 004’旗叶 SS 活性。

（二）水分和氮素形态互作对小麦籽粒腺苷二磷酸葡萄糖焦磷酸化酶（AGPP）活性的影响

由图 6-33 可知，不同水分处理之间比较，就‘郑麦 9023’而言，花后 7～21d W1 处理籽粒 AGPP 活性持续处于较高水平，且于花后 7d、21d 与 W2 处理差异极显著，花后 21d 后 W3 处理持续较高，花后 21d W2 处理极显著小于 W3、W1，花后 28d、35d W3＞W2＞W1，W3 于花后 35d 与其他处理差异均达极显著水平。就‘郑麦 004’而言，花后 7d W1 灌水处理籽粒 AGPP 活性显著小于 W2、W3，花后 14d、21d W1＞W3＞W2，但各灌水处理间差异不显著，花后 21d 后 W3 处理一直较高，且与其他处理差异显著。说明增加灌水能有效提高灌浆后期强、弱两种筋型小麦籽粒 AGPP 活性。不同施氮形态

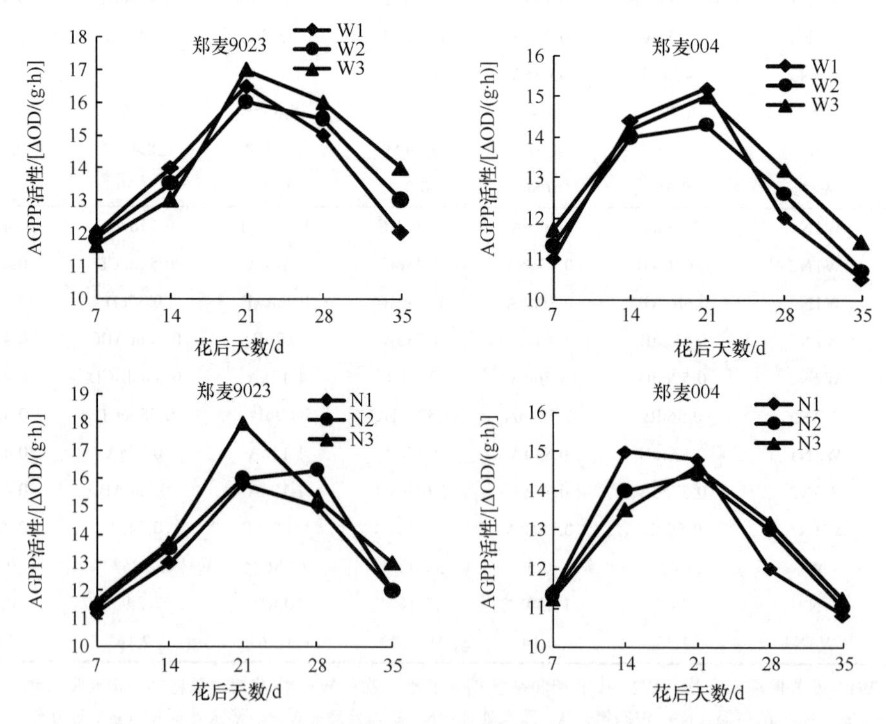

图 6-33　不同水分和氮素形态对两种筋型小麦籽粒 AGPP 活性的影响

W1. 拔节期灌水一次；W2. 拔节期和孕穗期各灌水一次；W3. 拔节期、孕穗期和灌浆期各灌水一次。N1. 酰胺态氮；N2. 硝态氮；N3. 铵态氮

间比较，‘郑麦 9023’除花后 14d 各氮素处理间差异不显著和花后 28d N2 较高外，其他时期 N3 处理均显著较高。‘郑麦 004’花后 7d、28d N1 处理籽粒 AGPP 活性较低，花后 14d N1 极显著高于 N3，花后 21d、35d 各氮素处理间差异不显著。说明施铵态氮有利于提高‘郑麦 9023’灌浆期籽粒 AGPP 活性。

由表 6-20 可以看出，固定水分考察氮素形态对籽粒 AGPP 活性的影响，强筋小麦‘郑麦 9023’，W1 条件下花后 7d、14d N2 最高，花后 21d、28d N1 最高，花后 35d N3 最高；W2、W3 条件下，除花后 28d N2 较高外，其他时期均为 N3 最高，并大部分与 N2 差异显著。弱筋小麦‘郑麦 004’不同灌水处理内氮素形态对籽粒 AGPP 活性的影响差异很大。固定氮素形态考察水分对 AGPP 活性的影响，‘郑麦 9023’在施用酰胺态氮时，花后 7d、14d W1 灌水处理籽粒 AGPP 活性较高，其他时期 W3 较高；施用硝态氮时，花后 7～21d W1 处理较高；施用铵态氮时，花后 7d、14d、35d W3 较高。‘郑麦 004’施用不同氮素形态时灌浆后期均表现为 W3 AGPP 普遍较高。说明增加灌水有利于提高‘郑麦 004’灌浆后期籽粒 AGPP 活性，而‘郑麦 9023’情况比较复杂。从水分和氮素形态互

表 6-20　不同水分和氮素形态互作对小麦花后籽粒 AGPP 活性的影响 [单位：ΔOD/（g·h）]

品种	处理	花后天数/d				
		7	14	21	28	35
郑麦 9023	W1N1	11.88aAB	14.89abAB	18.08abA	15.49bcAB	11.75dC
	W1N2	12.16aA	15.72aA	17.44bAB	15.47bcAB	11.58dC
	W1N3	11.56abABC	13.1cB	17.09bcAB	15.25bcAB	12.37cdBC
	W2N1	11.18bcBC	13.8bcAB	15.5dB	14.15cB	11.53dC
	W2N2	10.89cC	13.89bcAB	15.9cdB	18.07aA	12.52cdBC
	W2N3	11.73abABC	15.1abAB	19aA	15.97abcAB	14.87abA
	W3N1	11.18bcBC	13.8bcAB	17.17bcAB	16.89abAB	14.1abAB
	W3N2	10.89cC	13.89bcAB	17.25bAB	17.38abAB	13.64bcABC
	W3N3	11.73abABC	15.1abAB	18.94aA	15.4bcAB	15.42aA
	W	12.02**	0.61	5.31*	2.57	24.31**
	N	3.44	0.62	14.32**	5.36*	15.08**
	W×N	5.8*	8.9**	9.5**	3.64	2.79
郑麦 004	W1N1	11.81aAB	15.21aA	15.2abcA	11.54dB	10.11bC
	W1N2	10.93bB	14.18abAB	14.73abcA	12.14cdAB	11.78aAB
	W1N3	10.93bB	14.24abAB	15.96aA	12.09cdAB	9.91bC
	W2N1	11bAB	15.34aA	14.38bcA	12.18cdAB	10.15bC
	W2N2	11.74aAB	14.36abAB	14.94abcA	13abcAB	10.27bC
	W2N3	12.06aA	13.17bB	14.18cA	12.64bcAB	10.67bBC
	W3N1	11bAB	14.88aAB	15.82abA	12.97abcAB	12.02aA
	W3N2	11.74aAB	14.29abAB	14.51abcA	13.38abA	10.33bC
	W3N3	12.06aA	14.05abAB	14.7abcA	13.69aA	12.09aA
	W	3.52	0.36	2.88	17.65**	14.37**
	N	3.18	9.81**	0.73	4.09	0.19
	W×N	8.94**	1.24	2.7	0.33	14.52**

注：W1. 拔节期灌水一次；W2. 拔节期和孕穗期各灌水一次；W3. 拔节期、孕穗期和灌浆期各灌水一次。N1. 酰胺态氮；N2. 硝态氮；N3. 铵态氮。W. 灌水处理；N. 氮素处理；W×N. 灌水处理和氮素处理互作

同一列同一品种不同小写和大写字母分别表示差异达 5%和 1%显著水平；*和**分别表示差异达 5%和 1%的显著水平

作效应看，W3N3 和 W3N1 处理能分别有效提高‘郑麦 9023’和‘郑麦 004’灌浆后期籽粒 AGPP 活性。分析变异系数结果表明，‘郑麦 9023’花后 7d、21d、35d 水分处理间有显著或极显著差异；除花后 7d、14d 外，其他时期氮素形态处理间差异显著或极显著；花后 7d、14d、21d 有显著或极显著的互作效应。‘郑麦 004’花后 28d、35d 灌水处理间差异极显著；氮素形态处理间仅在花后 14d 有极显著差异，仅花后 7d、35d 各组合间有极显著的互作效应。

（三）水分和氮素形态互作对小麦籽粒可溶性淀粉合成酶（SSS）活性的影响

由图 6-34 可知，‘郑麦 9023’和‘郑麦 004’两种筋型小麦灌浆期籽粒 SSS 活性均呈单峰变化趋势，‘郑麦 9023’峰期出现在花后 21～28d，而‘郑麦 004’峰期在花后 28d。不同水分处理之间比较，就‘郑麦 9023’而言，除花后 7d W2 处理籽粒 SSS 活性显著大于 W1、W3 外，其他时期 W1 持续较低，而 W3 一直较高，且于花后 14d、21d、28d 与 W2、W1 差异极显著。就‘郑麦 004’而言，花后 21d W3 灌水处理籽粒 SSS 活性较高，但与 W1、W2 差异不显著，其他时期均表现为 W3 较高，且于花后 7d、14d、35d 极显著大于 W1。说明增加灌水能有效提高灌浆期强、弱两种筋型小麦籽粒 SSS 活性。不同施氮形态间比较，‘郑麦 9023’花后 7d N1＞N2＞N3，且各氮素处理间差异达极显著水平，花后 21d N3 极显著大于其他处理，其他时期 N3 均较高，但与其他氮素处理间差异不显著。‘郑麦 004’花后 21d、35d N1 极显著小于 N2、N3，N3 在灌浆后期籽粒 SSS 活性较高。说明施铵态氮有利于提高‘郑麦 9023’灌浆期籽粒 SSS 活性，而施酰胺态氮能提高‘郑麦 004’灌浆前期籽粒 SSS 活性。

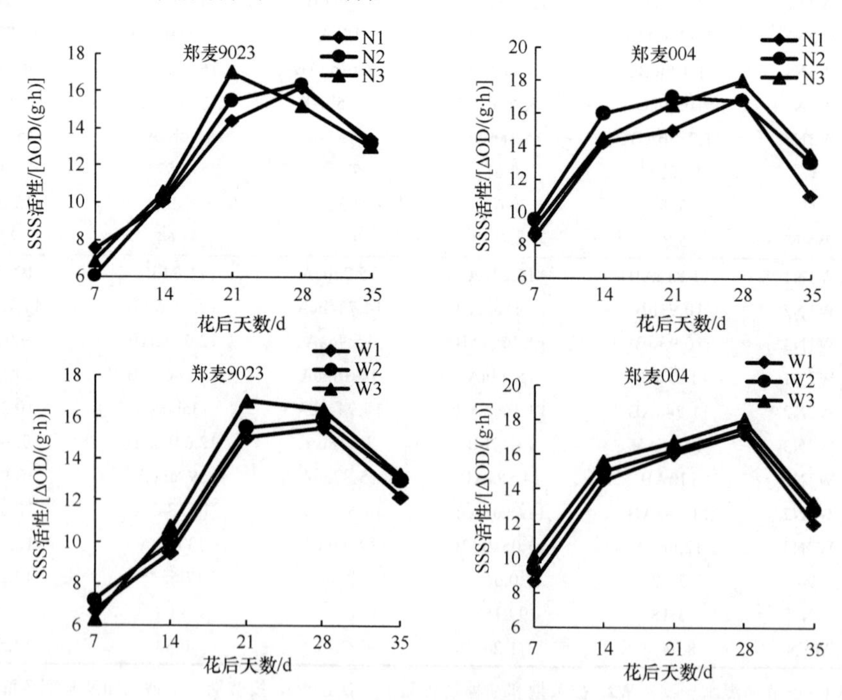

图 6-34　水分和氮素形态对两种筋型小麦籽粒 SSS 活性的影响

W1. 拔节期灌水一次；W2. 拔节期和孕穗期各灌水一次；W3. 拔节期、孕穗期和灌浆期各灌水一次。N1. 酰胺态氮；N2. 硝态氮；N3. 铵态氮

由表 6-21 可以看出，固定水分考察氮素形态对籽粒 SSS 活性的影响，强筋小麦‘郑麦 9023’，在 W2、W3 条件下灌浆中后期，多数以 N3 处理较高。弱筋小麦‘郑麦 004’不同灌水处理条件下，灌浆中期 N1 处理较高，灌浆后期 N3 处理较优。说明‘郑麦 9023’在灌水较多情况下施用铵态氮能有效提高灌浆中后期籽粒 SSS 活性，‘郑麦 004’施用酰胺态氮和铵态氮能分别提高灌浆中期和后期籽粒 SSS 活性。固定氮素形态考察水分对 SSS 活性的影响，‘郑麦 9023’在施用不同形态氮素时，多数时期表现为 W3 SSS 活性较高；‘郑麦 004’除施用酰胺态氮花后 21d、施用硝态氮花后 28d 和施用铵态氮花后 7d、21d W1 处理 SSS 活性较高外，其他时期多以 W3 处理较高。说明在施用不同形态氮素的情况下，增加灌水能有效提高两种筋型小麦灌浆期籽粒 SSS 活性。从水分和氮素形态互作效应看，W3N3 处理能有效提高‘郑麦 9023’灌浆期中期籽粒 SSS 活性，W3N1 则能

表 6-21　不同水分和氮素形态互作对小麦花后籽粒 SSS 活性的影响 [单位：ΔOD/（g·h）]

品种	处理	花后天数/d				
		7	14	21	28	35
郑麦9023	W1N1	7.28bAB	10.54aA	14.55cdC	15.66cdA	12.26dC
	W1N2	6.86cB	10.2aA	15.55cdBC	17.23aA	13.69abcABC
	W1N3	6.9bcB	9.12bB	16cABC	15.93bcdA	12.28dC
	W2N1	7.76aA	10.43aA	14.19dC	17abA	12.86cdABC
	W2N2	5.75dC	10.36aA	15.57cdBC	15.45dA	13.08bcdABC
	W2N3	6.78cB	10.88aA	17.59abAB	15.87bcdA	14.17abAB
	W3N1	7.76aA	10.43aA	16cABC	16.78abcA	14.41aA
	W3N2	5.75dC	10.36aA	16.12bcABC	16.65abcdA	12.53cdBC
	W3N3	6.78cB	10.88aA	18.34aA	15.78bcdA	14.48aA
	W	4.35	9.28*	7.79*	0.5	6.93*
	N	112.36**	0.73	20.62**	2.77	2.09
	W×N	14.67**	8.69**	1.79	4.85*	8.6**
郑麦004	W1N1	7.95cC	15.54bABC	18.69aA	17.27bA	10.93fD
	W1N2	8.92bB	13.89dD	14.97eE	17.87bA	13.13cdAB
	W1N3	10.08aA	14.82cCD	17.61bAB	18.23abA	13.42bcAB
	W2N1	8.95bB	16.31aA	17.44bABC	17.36bA	11.74eCD
	W2N2	10.05aA	14.94bcC	15.84deDE	17.48bA	14.11abA
	W2N3	9.05bB	14.78cCD	16.4cdBCDE	18.46abA	13.97abcA
	W3N1	8.95bB	16.45aA	17.28bcABCD	17.75bA	12.5deBC
	W3N2	10.05aA	15.38bcBC	15.97dCDE	16.8bA	13.45bcAB
	W3N3	9.05bB	15.11bcC	17.36bcABCD	20aA	14.39aA
	W	17.8**	15.16**	2.45	0.47	12.95**
	N	116.95**	40.47**	45.04**	6.31*	70.38**
	W×N	63.85**	2.83	6.35*	1.62	2.77

注：W1. 拔节期灌水一次；W2. 拔节期和孕穗期各灌水一次；W3. 拔节期、孕穗期和灌浆期各灌水一次。N1. 酰胺态氮；N2. 硝态氮；N3. 铵态氮。W. 灌水处理；N. 氮素处理；W×N. 灌水处理和氮素处理互作

同一列同一品种不同小写和大写字母分别表示差异达 5%和 1%显著水平；*和**分别表示差异达 5%和 1%的显著水平

有效提高‘郑麦004’灌浆期中期籽粒SSS活性，而W3N3对提高灌浆后期籽粒SSS活性较有利。分析变异系数结果表明，‘郑麦9023’除花后7d、28d外，其他时期水分处理间均有显著差异；花后7d、21d氮素形态处理间差异达极显著水平；除花后21d外，其他时期都有显著或极显著的互作效应。‘郑麦004’除花后21d、28d外，灌水处理间差异极显著；氮素形态处理间在整个灌浆期差异均达显著或极显著水平；仅花后7d、21d各组合间有显著或极显著的互作效应。说明灌水和氮素形态效应能显著影响‘郑麦9023’和‘郑麦004’籽粒SSS活性。

(四)水分和氮素形态互作对小麦籽粒结合态淀粉合成酶(GBSS)活性的影响

由图6-35可知，两种筋型小麦灌浆期籽粒GBSS活性均呈单峰变化趋势，峰期出现在花后21d。不同水分处理之间比较，就‘郑麦9023’而言，花后7d、35d W1处理籽粒GBSS活性极显著大于W2、W3；花后14～28d W3处理一直较高，但仅于花后28d时显著大于其他处理。就‘郑麦004’而言，花后7d、14d W1灌水处理籽粒GBSS活性较高且与W2、W3差异显著；花后21d、28d W1处理极显著低于W2、W3，W2和W3处理间差异不显著；花后35d W3极显著大于其他处理。说明干旱条件下有助于灌浆前期不同筋型小麦籽粒GBSS活性提高，而增加灌水能有效提高灌浆中后期强、弱两种筋

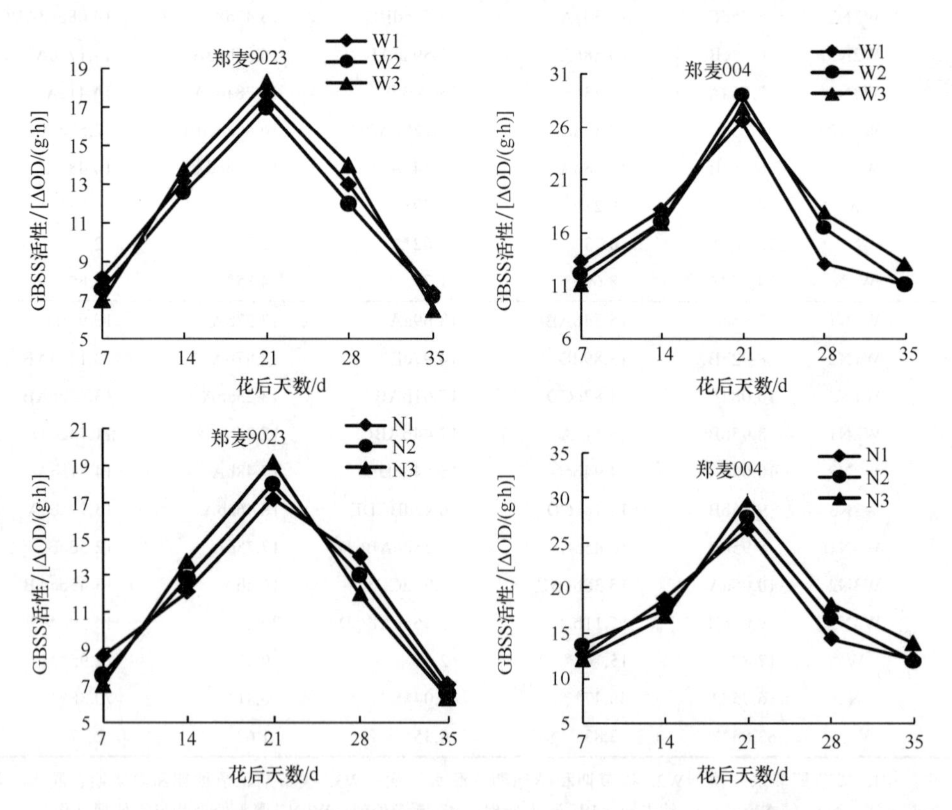

图6-35　水分和氮素形态对两种筋型小麦籽粒GBSS活性的影响

W1. 拔节期灌水一次；W2. 拔节期和孕穗期各灌水一次；W3. 拔节期、孕穗期和灌浆期各灌水一次。N1. 酰胺态氮；N2. 硝态氮；N3. 铵态氮

型小麦籽粒 GBSS 活性。不同施氮形态间比较，‘郑麦 9023’花后 7d、28d N1＞N2＞N3，且各氮素处理间差异达显著水平，花后 14d、21d N3 大于其他处理，并于花后 21d 差异达显著水平。‘郑麦 004’花后 7d N2 处理极显著大于 N1、N3；花后 14d N1 处理又极显著大于 N2、N3；花后 14d 后，N3 处理持续较高，并于花后 21d、35d 显著大于其他处理。说明施铵态氮有利于提高‘郑麦 9023’灌浆中期和‘郑麦 004’灌浆后期籽粒 GBSS 活性，而施酰胺态氮能提高‘郑麦 004’灌浆前期籽粒 GBSS 活性，但不利于其灌浆后期籽粒 GBSS 活性的提高。

由表 6-22 可以看出，固定水分考察氮素形态对籽粒 GBSS 活性的影响，强筋小麦‘郑麦 9023’，不同灌水条件下，花后 7d、28d N1 处理较高，其他时期则以 N3 普遍较高。弱筋小麦‘郑麦 004’不同灌水处理条件下，花后 7d、21d N1 处理普遍较高，其他时期则以 N3 普遍较高。说明不同灌水条件下，施用酰胺态氮和铵态氮能提高强、弱两种筋型小麦不同时期籽粒的 GBSS 活性。固定氮素形态考察水分对籽粒 GBSS 活性的影响，‘郑麦 9023’在施用不同形态氮素时，多数时期表现为 W3 GBSS 活性较高，‘郑麦 004’

表 6-22 不同水分和氮素形态互作对小麦花后籽粒 GBSS 活性的影响 [单位：ΔOD/（g·h）]

品种	处理	花后天数/d				
		7	14	21	28	35
	W1N1	8.28aA	13.08aA	15.79dC	13.67abAB	7.52abAB
	W1N2	8.28aA	13.04aA	18.62bAB	12.61bcdAB	6.37dCD
	W1N3	6.93cB	13.19aA	20.41aA	11.36cdB	8.05aA
	W2N1	8.4aA	13.18aA	17.22cBC	13.01acbAB	7.34bcAB
	W2N2	7.19bB	13.24aA	18.12bcAB	11.12cdB	5.19eE
郑麦 9023	W2N3	6.96bcB	14.12aA	19.11bAB	11.04dB	7.99aA
	W3N1	8.4aA	13.18aA	18.9bAB	14.8aA	6.82cdBC
	W3N2	7.19bB	13.24aA	18.56bcAB	13.98abAB	5.64eDE
	W3N3	6.96bcB	14.12aA	18.69bAB	12.21bcdAB	7.99aA
	W	21.06**	0.79	1.7	9.28**	8.25*
	N	319.39**	1.95	21.27**	12.92**	141.05**
	W×N	31.99**	0.32	9.72**	0.63	4.44*
	W1N1	13.28bB	19.98aA	25.55dB	12.1dC	10.94deCD
	W1N2	14.54aA	19aAB	27.4abcAB	13.26cC	10.76eCD
	W1N3	10.29dE	17.03bC	26.9cdAB	15.33bB	11.82cdBCD
	W2N1	11.79cD	17.45bBC	29.12aA	15.61bB	10.46eD
	W2N2	12.1cCD	16.34bC	26.62cdAB	17.99aA	11.18deCD
郑麦 004	W2N3	12.79bBC	16.8bC	29.03abA	18.83aA	12.11bcBC
	W3N1	11.79cD	17.45bBC	28.12abcAB	16.25bB	12.88bB
	W3N2	12.1cCD	16.34bC	27.36bcAB	18.22aA	12.86bB
	W3N3	12.79bBC	16.8bC	28.03abcAB	17.76aA	14.52aA
	W	6.66*	30.41**	8.88**	150.81**	68.69**
	N	20.91**	15.2**	2.29	55.48**	24.2**
	W×N	66.96**	5.81*	5.21*	4.97*	1.34

注：W1. 拔节期灌水一次；W2. 拔节期和孕穗期各灌水一次；W3. 拔节期、孕穗期和灌浆期各灌水一次。N1. 酰胺态氮；N2. 硝态氮；N3. 铵态氮。W. 灌水处理；N. 氮素处理；W×N. 灌水处理和氮素处理互作

同一列同一品种不同小写和大写字母分别表示差异达 5%和 1%显著水平；*和**分别表示差异达 5%和 1%的显著水平

则表现为灌浆前期 W1 处理较高，而灌浆后期 W3 处理较高。说明在施用不同形态氮素的情况下，增加灌水能有效提高两种筋型小麦灌浆后期籽粒 GBSS 活性。从水分和氮素形态互作效应看，W3N3 处理能有效提高‘郑麦 9023’灌浆期籽粒 GBSS 活性，W3N1 和 W3N3 则能分别提高‘郑麦 004’灌浆中期和灌浆后期籽粒 GBSS 活性。分析变异系数结果表明，‘郑麦 9023’除花后 14d、21d 外，其他时期水分处理间均有显著或极显著差异；除花后 14d 外，其他时期氮素形态处理间均有极显著差异；除花后 14d、28d 外，其他时期都有显著或极显著的互作效应。‘郑麦 004’除花后 21d 氮素形态处理间差异不显著外，其他时期灌水处理和氮素形态间差异多数极显著；除花后 35d 外，各组合间有显著或极显著的互作效应。说明灌水和氮素形态效应能显著影响‘郑麦 9023’和‘郑麦 004’籽粒 GBSS 活性，且对弱筋小麦的影响较强筋小麦要持久。

参 考 文 献

马新明, 王小纯, 王志强. 2003. 氮素形态对不同专用型小麦生育后期光合特性及穗部性状的影响. 生态学报, 23(12): 2587-2593

马宗斌. 2007. 不同形态氮素配施对专用小麦籽粒产量和品质形成的调控研究. 郑州: 河南农业大学博士学位论文

吴金芝, 李友军, 黄明, 等. 2008. 不同形态氮素对弱筋小麦籽粒淀粉积累及其相关酶活性的影响. 麦类作物学报, 28(1): 118-123

第七章　氮素形态对小麦氮代谢的影响

第一节　不同氮素形态对小麦氮代谢的影响

一、不同氮素形态对小麦氮素同化特性的影响

（一）不同氮素形态对小麦不同器官游离氨基酸含量的影响

1. 叶片游离氨基酸含量的变化

由表 7-1 可以看出，各施氮处理叶片中游离氨基酸含量均呈现以开花期为最高、之后持续降低的变化趋势。在开花及开花后各个时期，不同叶位叶片中游离氨基酸含量

表 7-1　氮素形态对小麦各器官游离氨基酸含量的影响（单位：mg/g）

氮素形态	器官	花后天数/d			
		0	10	20	30
硝态氮	旗叶	0.717b	0.672b	0.453b	0.344a
	倒二叶	0.424c	0.364f	0.295f	0.201bc
	倒三叶	0.310d	0.235m	0.229f	0.164d
	倒四叶	0.245efg	0.193lo	0.151hi	0.094l
	茎	0.217fghl	0.158pq	0.131il	0.129efgh
	叶鞘	0.197gh	0.161pq	0.133il	0.120fghl
	穗轴和颖壳	0.216fghl	0.283hl	0.237f	0.158d
铵态氮	旗叶	0.734b	0.568d	0.464b	0.343a
	倒二叶	0.437c	0.338g	0.270c	0.217b
	倒三叶	0.279de	0.216mn	0.159hi	0.147def
	倒四叶	0.210ghl	0.179op	0.158hi	0.114ghl
	茎	0.208ghl	0.168pq	0.131il	0.127efgh
	叶鞘	0210ghl	0.152q	0.115l	0.109gh
	穗轴和颖壳	0.186gh	0.289hl	0.201g	0.154de
酰胺态氮	旗叶	0.899a	0.777a	0.546g	0.327a
	倒二叶	0.461c	0.405e	0.365c	0.192c
	倒三叶	0.307d	0.265l	0.244ef	0.123fgh
	倒四叶	0.226fghl	0.212mn	0.178gh	0.103gh
	茎	0.230fgh	0.203lo	0.140il	0.105gh
	叶鞘	0.257d	0.196lo	0.151hi	0.108gh
	穗轴和颖壳	0.184l	0.301h	0.267e	0.139defg

注：同一列不同小写字母表示差异达 5%显著水平

大小均表现为旗叶＞倒二叶＞倒三叶＞倒四叶，差异显著。除花后 30d 外，其他时期中酰胺态氮处理旗叶、倒二叶中游离氨基酸含量最高。花后 20d 后，旗叶、倒二叶含量下降迅速，酰胺态氮处理比硝态氮处理多下降 0.110mg/g 和 0.078mg/g，比铵态氮处理多下降 0.098mg/g 和 0.120mg/g。倒三叶中，开花期硝态氮处理游离氨基酸含量最高，酰胺态氮处理次之，在花后 10d、20d 酰胺态氮处理游离氨基酸含量最高，花后 20d 后迅速下降，降幅较大，其他两个处理下降幅度较小。倒四叶中游离氨基酸含量变化趋势与倒三叶相似。说明酰胺态氮肥能够提高小麦灌浆前、中期叶片中游离氨基酸的积累，后期大量游离氨基酸含量的减少表明有更多的氮素向籽粒运转，有利于籽粒蛋白质的合成。

2. 茎和叶鞘游离氨基酸含量的变化

茎和叶鞘中游离氨基酸含量的变化趋势与叶片相似，但整体降低幅度较小（表7-1）。茎中游离氨基酸含量、硝态氮处理和铵态氮处理在花后20～30d 变化较小，酰胺态氮处理整体变化趋势明显，下降幅度较大。叶鞘中游离氨基酸含量，酰胺态氮处理相对于其他两个处理在开花期至花后10d，下降幅度较小，之后含量迅速下降。表明酰胺态氮处理下小麦茎和叶鞘中游离氨基酸后期滞留较少，向籽粒中的转移程度高，促进了籽粒蛋白质的合成。

3. 穗轴和颖壳游离氨基酸含量的变化

由表 7-1 可以看出，穗轴和颖壳中游离氨基酸含量的变化趋势表现为开花期之后逐渐升高，至花后 10d 达到最大值，之后下降。处理间游离氨基酸含量比较，开花期硝态氮处理最高，酰胺态氮处理最低，之后升高，在花后 10d 各处理含量均达到最高，之后逐渐下降，在花后 30d 达到最低。其中，酰胺态氮处理在花后 10～20d 较高，花后 20～30d 迅速下降。

4. 籽粒游离氨基酸含量的变化

试验结果（表 7-2）表明，花后 10d 籽粒中游离氨基酸含量最高，此后一直呈下降趋势，花后 20～30d 下降趋势变缓，随后又迅速下降，3 个处理下降趋势基本一致。同一时期不同处理之间游离氨基酸含量动态变化存在差异。花后 10～20d，以酰胺态氮处理的游离氨基酸含量最高；花后 20d 酰胺态氮处理游离氨基酸含量下降较缓，花后 40d 时高于其他处理，说明酰胺态氮处理在籽粒发育后期可为蛋白质合成提供较多的氮源。

5. 氮素形态对小麦籽粒全氮含量的影响

从表 7-2 可以看出，3 个施氮处理的籽粒全氮含量在发育过程中都呈现“高—低—高”的变化趋势，在花后 20d 处于最低值，同期处理之间全氮含量存在差异。在整个籽粒发育过程中酰胺态氮处理的全氮含量在灌浆中后期一直最高，铵态氮处理的全氮含量一直最低。酰胺态氮处理在花后 20d 之前，全氮含量比铵态氮处理低，后期全氮含量高于铵态氮处理，这和籽粒发育后期酰胺态氮处理有较高浓度游离氨基酸含量相一致。

表 7-2　氮素形态对小麦籽粒游离氨基酸含量和全氮含量的影响

指标	氮素形态	花后天数/d			
		10	20	30	40
游离氨基酸含量/（mg/g）	硝态氮	17.766b	10.270c	8.091b	3.851b
	铵态氮	17.850b	11.499b	11.394a	4.032b
	酰胺态氮	19.443a	12.568a	10.796a	4.861a
全氮含量/%	硝态氮	2.416b	1.613b	2.763ab	2.989b
	铵态氮	2.902a	1.493b	2.496b	2.919b
	酰胺态氮	2.451b	1.866a	3.211a	3.284a

注：同一列不同小写字母表示差异达 5%显著水平

资料来源：郭鹏旭等，2010

（二）不同氮素形态对小麦旗叶和籽粒可溶性蛋白含量的影响

由图 7-1a 可以看出，强筋小麦‘郑麦 9023’旗叶可溶性蛋白含量随生育进程的推进呈先增后减的趋势，花后 14d 时达到高峰，之后迅速下降。不同氮素形态之间比较，开花后 7d、14d 酰胺态氮处理旗叶可溶性蛋白含量高于硝态氮处理和铵态氮处理，开花 28d 后低于硝态氮处理和铵态氮处理；硝态氮处理花后 7d 高于铵态氮处理，低于酰胺态氮处理，花后 21d、28d 明显高于其他两处理。

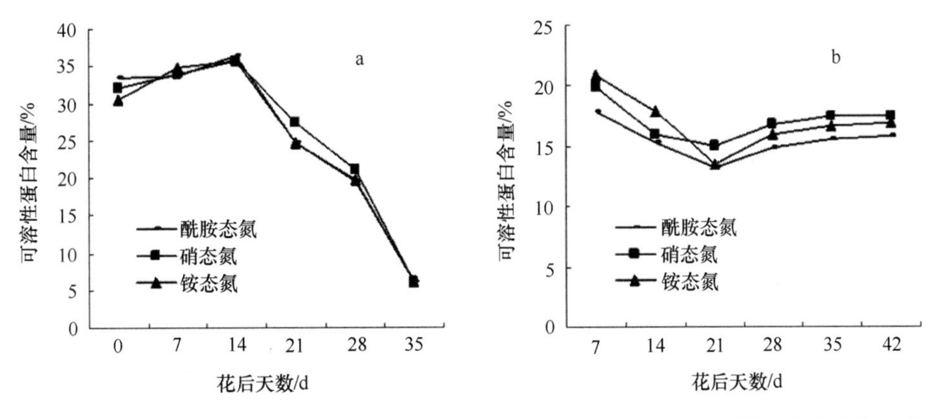

图 7-1　氮素形态对强筋小麦‘郑麦 9023’旗叶（a）和籽粒（b）可溶性蛋白含量的影响

由图 7-1b 可知，强筋小麦‘郑麦 9023’籽粒可溶性蛋白含量随生育进程的推进呈先减后增的趋势，开花期较高，在籽粒灌浆前期逐渐降低，花后 21d 降到最低值，之后逐渐升高直至成熟。不同氮素处理之间比较，开花后 14d 前铵态氮处理最高，硝态氮处理次之，酰胺态氮处理最低；花后 21d 之后则为硝态氮处理最高，铵态氮处理次之，酰胺态氮处理最低。成熟期硝态氮处理分别比铵态氮处理和酰胺态氮处理提高了 2.91%和 10.33%。说明硝态氮处理能够有效提高强筋小麦‘郑麦 9023’的籽粒可溶性蛋白含量。

（三）不同氮素形态对小麦不同器官核酸含量的影响

1. 对小麦旗叶和籽粒总核酸含量的影响

由图 7-2 可以看出，强筋小麦‘郑麦 9023’旗叶和籽粒总核酸含量均随灌浆进程的推进逐渐下降，说明核酸代谢强度随灌浆的推进而减弱。不同氮素处理之间比较，整个灌浆期旗叶和籽粒中核酸总量均以硝态氮处理最高，铵态氮处理次之，酰胺态氮处理最低。说明施用硝态氮肥可以提高强筋小麦‘郑麦 9023’花后旗叶和籽粒的核酸代谢活性。

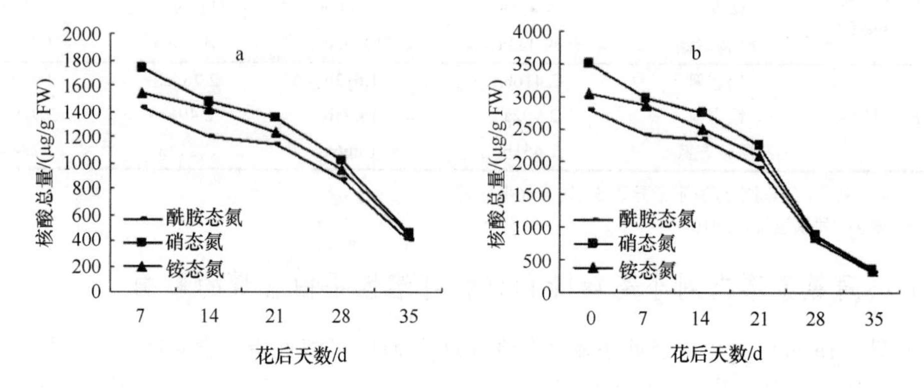

图 7-2 氮素形态对强筋小麦‘郑麦 9023’旗叶（a）和籽粒（b）总核酸含量的影响

2. 对旗叶和籽粒 DNA 含量的影响

由图7-3可知，强筋小麦‘郑麦9023’旗叶和籽粒中 DNA 含量随小麦生育进程的推进先缓慢降低，花后21d 后迅速降低，且在籽粒灌浆过程中均以硝态氮处理最高，铵态氮处理次之，酰胺态氮处理最低。开花期籽粒 DNA 含量硝态氮处理分别比铵态氮处理和酰胺态氮处理提高了14.94%和25.37%，开花期旗叶 DNA 含量硝态氮处理分别比铵态氮处理和酰胺态氮处理提高了1.40%和11.72%。说明施用硝态氮处理能够提高‘郑麦9023’旗叶和籽粒中 DNA 含量。

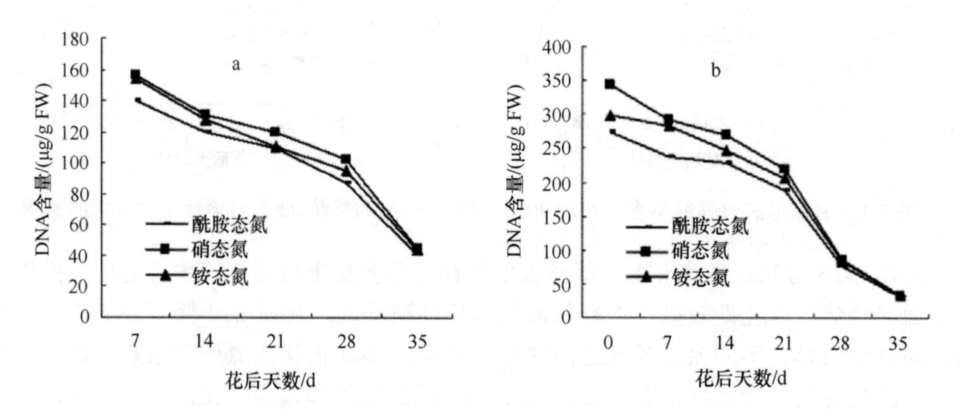

图 7-3 氮素形态对强筋小麦‘郑麦 9023’旗叶（a）和籽粒（b）DNA 含量的影响

3. 对小麦旗叶和籽粒 RNA 含量的影响

由图 7-4 可以看出，‘郑麦 9023’旗叶和籽粒中 RNA 含量在灌浆前期缓慢降低，灌浆后期迅速降低。不同氮素处理之间比较，旗叶和籽粒中 RNA 含量在整个灌浆过程中均以硝态氮处理最高，铵态氮处理次之，酰胺态氮处理最低。说明施用硝态氮处理能够提高‘郑麦 9023’旗叶和籽粒中 RNA 含量，施用铵态氮肥也能够在一定程度上增强‘郑麦 9023’旗叶和籽粒中的 RNA 含量，从而增加‘郑麦 9023’的核酸代谢强度。

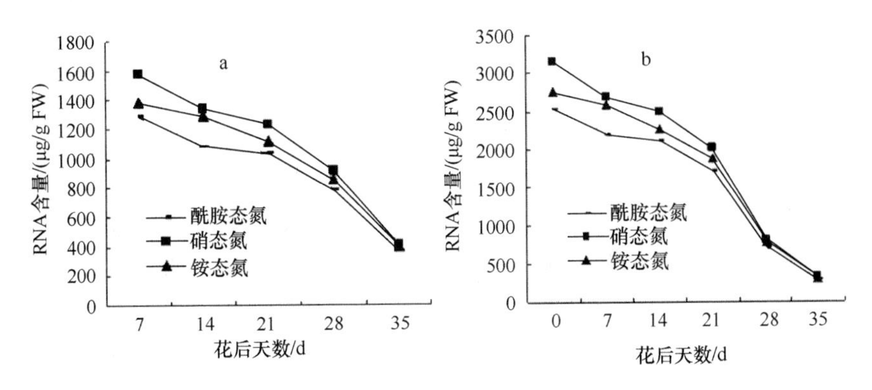

图 7-4　氮素形态对强筋小麦‘郑麦 9023’旗叶（a）和籽粒（b）RNA 含量的影响

二、不同氮素形态对小麦氮代谢关键酶活性的影响

（一）对花后旗叶硝酸还原酶（NR）活性的影响

从图 7-5 可以看出，不同筋力小麦品种对氮素形态的反应不同。强筋型小麦‘郑麦 9023’在酰胺态氮处理下，除开花后 21d、28d 外，旗叶中 NR 活性相对其他两种处理处在较高水平，铵态氮处理活性最低，硝态氮处理居中。弱筋型小麦‘郑麦 004’在铵态氮处理下旗叶 NR 活性较另外两个处理显著增加（花后 28d 除外），另外两种氮素形态处理下旗叶 NR 活性表现不一。

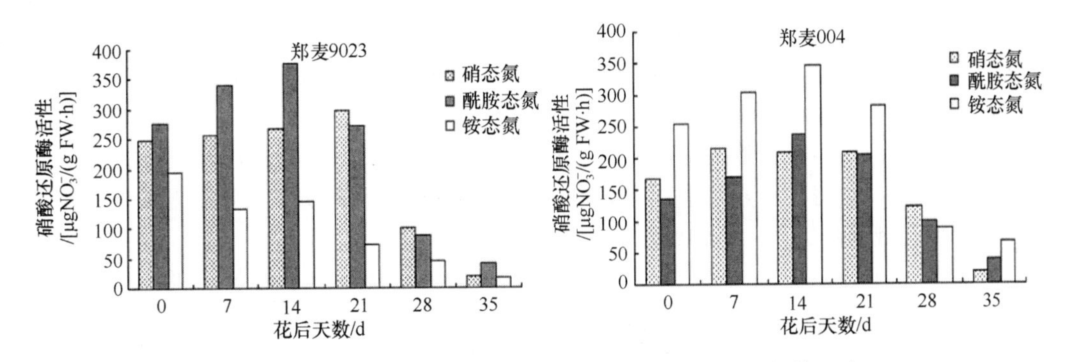

图 7-5　不同氮素形态对不同筋型小麦花后旗叶 NR 活性的影响

（二）对花后旗叶谷氨酰胺合成酶（GS）活性的影响

由图 7-6 可以看出，不同专用型小麦旗叶的 GS 活性受氮素形态的影响有明显的不同。强筋型小麦‘郑麦 9023’在酰胺态氮处理下，旗叶中 GS 活性相对其他两种处理处在较高水平，除花后 28d 差异不显著外，其余时期均存在显著性差异；铵态氮处理 GS 活性居中，硝态氮处理最低，但两种处理差异不显著。弱筋型小麦‘郑麦 004’在不同氮素形态处理下旗叶的 GS 活性表现相对复杂，开花当天和 7d 时，硝态氮最高，酰胺态氮最

低，铵态氮居中；而花后 14～35d 酰胺态氮处理下的旗叶 GS 活性最高，铵态氮居中，硝态氮最低。

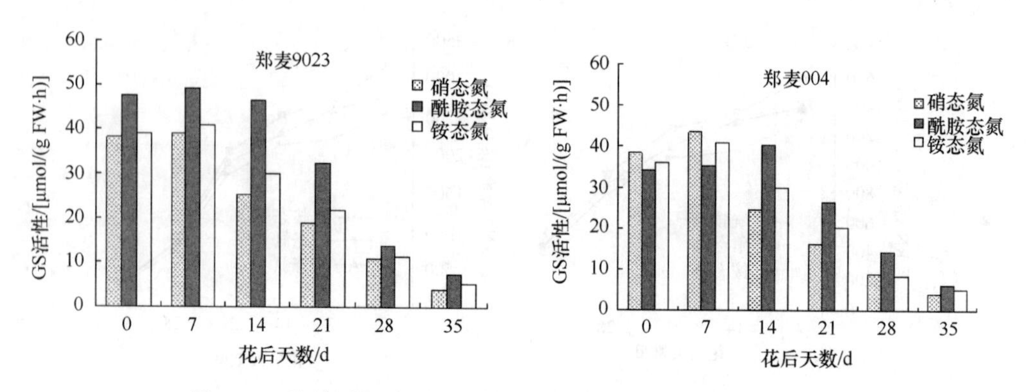

图 7-6　不同氮素形态对不同筋型小麦花后旗叶 GS 活性的影响

从图中还可以看出，每个处理的 GS 活性均呈单峰状，除‘郑麦 004’的酰胺态氮处理峰值出现在花后 14d 外，其余处理的峰值均出现在花后 7d 时。说明花后 7d 时小麦旗叶的氮素同化效率最高，‘郑麦 004’在酰胺态氮处理下氮素同化效率最高期延迟。

（三）对花后旗叶谷氨酸合酶（GOGAT）活性的影响

由图 7-7 可以看出，强筋型小麦‘郑麦 9023’在酰胺态氮处理下，旗叶中 GOGAT 活性相对其他两种处理处在较高水平。除开花当天所测值铵态氮相对硝态氮较小外，铵态氮处理 GOGAT 活性一直居中，硝态氮处理最低，且两两之间在花后 7d、14d、21d、28d 及 35d 时存在显著性差异；对每种氮素形态而言，酰胺态氮和铵态氮在花后这段时期里呈现抛物线状，且最大值均出现在花后 14d，而硝态氮则自花后随时间的变化持续下降。弱筋型小麦‘郑麦 004’在不同氮素形态处理下旗叶的 GOGAT 活性表现得相对复杂，虽然在整个花后时期里，酰胺态氮一直处于最高值，但在开花当天和花后 7d 时与硝态氮相比并不存在显著性差异，另外硝态氮与铵态氮相比，其处理的旗叶 GOGAT 活性也是先高后低；对每种氮素形态而言，则表现为相同的变化趋势——开花当天直到花后 35d 一直呈递减趋势。

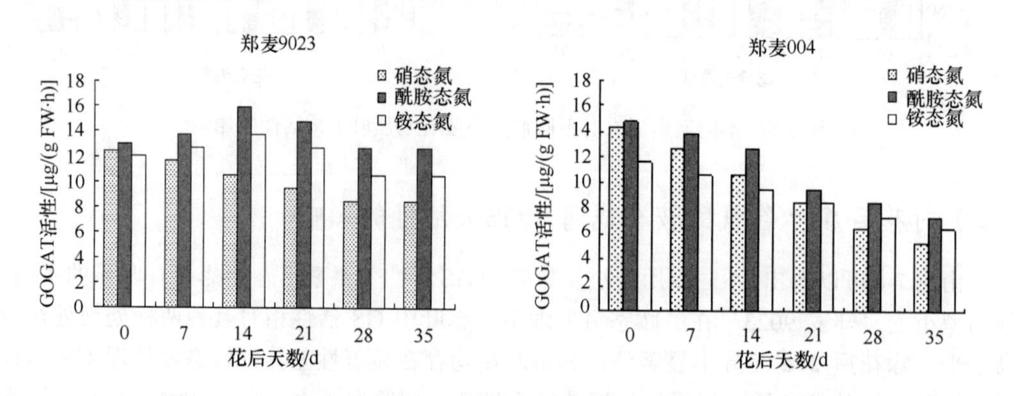

图 7-7　不同氮素形态对不同筋型小麦花后旗叶 GOGAT 活性的影响

第二节　不同氮素形态配比对小麦氮代谢的影响

一、不同氮素形态配比对小麦氮素同化特性的影响

（一）不同氮素形态配比对小麦不同器官氨基酸含量的影响

1. 旗叶游离氨基酸含量的变化

由表 7-3 可见，小麦旗叶游离氨基酸含量在开花后持续增加，至花后 14d 达到最大值，之后开始下降。不同专用小麦的旗叶游离氨基酸含量不同，在花后 7d、14d，总体表现为‘豫麦 34’最高，而至花后 35d，‘豫麦 50’的旗叶游离氨基酸含量最高。

表 7-3　不同形态氮素配施对旗叶游离氨基酸含量的影响（单位：g/kg FW）

品种	氮素形态	花后天数/d				
		7	14	21	28	35
豫麦 34	NH_2-N	0.48±0.02a	0.60±0.03ab	0.43±0.02bc	0.34±0.02a	0.17±0.02defi
	NH_4^+-N	0.46±0.01ab	0.64±0.04a	0.49±0.01a	0.31±0.02a	0.18±0.0.02cde
	NO_3^--N	0.35±0.01fgh	0.45±0.02f	0.34±0.01e	0.27±0.01bc	0.17±0.02efg
	75：25	0.44±0.01abc	0.53±0.04cde	0.34±0.01e	0.25±0.03cd	0.17±0.02def
	50：50	0.43±0.02bcd	0.57±0.01bcd	0.34±0.01e	0.22±0.02cdef	60.11±0.01h
	25：75	0.40±0.02cde	0.48±0.04ef	0.34±0.01e	0.25±0.02cd	0.14±0.02efgh
豫麦 49	NH_2-N	0.40±0.02cde	0.48±0.02ef	0.34±0.01e	0.24±0.02cde	0.16±0.02efg
	NH_4^+-N	0.39±0.02def	0.43±0.02f	0.32±0.01ef	0.26±0.01cd	0.13±0.01fgh
	NO_3^--N	0.34±0.02fgh	0.44±0.02f	0.32±0.02e	0.18±0.01f	0.14±0.0.02efgh
	75：25	0.34±0.02gh	0.45±0.02f	0.25±0.02fg	0.19±0.02ef	0.12±0.03h
	50：50	0.34±0.02gh	0.46±0.02f	0.29±0.02fg	0.21±0.02def	0.13±0.01fgh
	25：75	0.32±0.02h	0.35±0.01g	0.28±0.02fg	0.23±0.02cde	0.12±0.02gh
豫麦 50	NH_2-N	0.37±0.02efg	0.58±0.02bcd	0.42±0.01bcd	0.30±0.02ab	0.27±0.02a
	NH_4^+-N	0.40±0.03cde	0.58±0.02ab	0.45±0.01b	0.35±0.02a	0.24±0.02a
	NO_3^--N	0.37±0.02efg	0.45±0.02f	0.39±0.01d	0.31±0.03ab	0.24±0.01ab
	75：25	0.31±0.02h	0.53±0.02de	0.39±0.03d	0.24±0.02cd	0.21±0.03bcd
	50：50	0.35±0.02fgh	0.49±0.02ef	0.41±0.02cd	0.25±0.02cd	0.17±0.02def
	25：75	0.35±0.02fgh	0.45±0.03f	0.42±0.02bcd	0.25±0.02cd	0.22±0.02bc

注：75：25、50：50、25：75 为 NH_4^+-N：NO_3^--N

同一列不同小写字母表示差异达 5%显著水平

资料来源：马宗斌，2007

不同形态氮素配施的旗叶游离氨基酸含量表现出一定差异。3 个专用小麦均表现为单施铵态氮和酰胺态氮时较高。方差分析表明，‘豫麦 34’在花后 7d，单施铵态氮和酰胺态氮与单施硝态氮及铵态氮、硝态氮配比 25：75 的旗叶游离氨基酸含量差异显著；花后 14d，单施铵态氮与单施硝态氮及铵态氮、硝态氮配施的 3 个处理差异显著，单施酰胺态氮与单施硝态氮及铵态氮、硝态氮配比 25：75 和 75：25 的差异显著；花后 21d 和 28d，单施铵态氮和酰胺态氮与单施硝态氮和铵态氮、硝态氮配施的 3 个处理差异显著；

花后 35d，单施铵态氮、酰胺态氮与铵态氮、硝态氮配比 50：50 的差异显著。‘豫麦 49’在花后 7d，单施铵态氮和酰胺态氮与单施硝态氮和铵态氮、硝态氮配施的 3 个处理差异显著；花后 14d，铵态氮、硝态氮配比 25：75 比其余不同形态氮素配施显著降低；花后 21d，单施硝态氮和酰胺态氮与铵态氮、硝态氮配施的 3 个处理差异显著；花后 28d，单施铵态氮与单施硝态氮和铵态氮、硝态氮配比 75：25 的差异显著；花后 35d，单施酰胺态氮与铵态氮、硝态氮配比 75：25 的差异显著。‘豫麦 50’在花后 7d，单施铵态氮与铵态氮、硝态氮配施的 3 个处理差异显著；花后 14d，单施铵态氮、酰胺态氮与单施硝态氮及铵态氮、硝态氮配比 25：75 和 50：50 的差异显著；花后 21d，不同形态氮素配施差异不显著；花后 28d，单施铵态氮、酰胺态氮与铵态氮、硝态氮配施的 3 个处理差异显著；花后 35d，单施铵态氮和酰胺态氮与铵态氮、硝态氮配比 50：50 的差异显著。

2. 根系游离氨基酸含量的变化

作物根系是合成氨基酸的重要场所。由表 7-4 可知，小麦开花后，根系中游离氨基酸含量呈下降趋势，直至成熟。不同专用小麦根系游离氨基酸含量不同，总体表现为‘豫麦 34’最高，‘豫麦 50’最低，‘豫麦 49’居中。

表 7-4　不同形态氮素配施对根系中游离氨基酸含量的影响（单位：g/kg FW）

品种	氮素形态	花后天数/d				
		7	14	21	28	35
豫麦 34	NH_2-N	1.17±0.09a	0.89±0.02a	0.61±0.03a	0.44±0.03a	0.24±0.02b
	NH_4^+-N	1.18±0.10a	0.91±0.01a	0.60±0.03a	0.45±0.04a	0.30±0.02a
	NO_3^--N	0.79±0.04cd	0.41±0.02hj	0.29±0.03efg	0.26±0.03fg	0.20±0.02bcde
	75：25	1.08±0.007a	0.77±0.03b	0.35±0.03de	0.30±0.02cdef	0.29±0.03a
	50：50	0.92±0.06a	0.59±0.03cd	0.30±0.02efg	0.30±0.03cdef	0.31±0.02a
	25：75	0.80±0.04b	0.50±0.02f	0.27±0.02fg	0.28±0.04def	0.24±0.02b
豫麦 49	NH_2-N	0.72±0.06cde	0.56±0.04de	0.42±0.03bc	0.31±0.03cdef	0.24±0.03b
	NH_4^+-N	0.69±0.04def	0.53±0.03ef	0.42±0.02bc	0.31±0.03cdef	0.23±0.02bc
	NO_3^--N	0.52±0.02h	0.38±0.02j	0.26±0.03g	0.22±0.03gh	0.21±0.03bcd
	75：25	0.64±0.04efg	0.41±0.03hj	0.33±0.03ef	0.27±0.02ef	0.20±0.02bcde
	50：50	0.64±0.004efg	0.48±0.03hj	0.34±0.003def	0.32±0.02bcd	0.17±0.01def
	25：75	0.59±0.003fgh	0.41±0.03hj	0.28±0.02efg	0.22±0.02gh	0.18±0.01cdef
豫麦 50	NH_2-N	0.77±0.03cd	0.64±0.04c	0.48±0.04b	0.35±0.03bc	0.20±0.01bcde
	NH_4^+-N	0.64±0.002efg	0.56±0.04de	0.40±0.04cd	0.36±0.02b	0.20±0.02bcde
	NO_3^--N	0.52±0.003h	0.36±0.02j	0.30±0.02efg	0.20±0.01h	0.14±0.02f
	75：25	0.54±0.02gh	0.44±0.03gh	0.33±0.03efg	0.32±0.02bcde	0.20±0.02bcde
	50：50	0.52±0.03gh	0.39±0.03hj	0.32±0.03efg	0.21±0.01gh	0.16±0.02ef
	25：75	0.52±0.03gh	0.40±0.03hj	0.32±0.02efg	0.21±0.01h	0.13±0.03f

注：75：25、50：50、25：75 为 NH_4^+：NO_3^-比例

同一列不同小写字母表示差异达 5%显著水平

资料来源：马宗斌，2007

根系游离氨基酸含量对不同形态氮素配施的反应不同（表 7-4）。专用小麦的根系游离氨基酸含量总体表现为单施铵态氮和酰胺态氮处理较高。经方差分析，‘豫麦 34’在花后 14d、21d 和 28d，单施铵态氮和酰胺态氮与单施硝态氮和铵态氮、硝态氮配施的 3 个处理间差异达显著水平；花后 35d，单施铵态氮及铵态氮、硝态氮配比 75∶25 和 50∶50 比单施酰胺态氮、硝态氮及铵态氮、硝态氮配比 25∶75 的增加显著。‘豫麦 49’在花后 7d，单施酰胺态氮与单施硝态氮和铵态氮、硝态氮配比 25∶75 的差异显著；花后 14d，单施铵态氮和酰胺态氮与单施硝态氮及铵态氮、硝态氮配施的 3 个处理间的差异显著；花后 21d，单施铵态氮和酰胺态氮与单施硝态氮及铵态氮、硝态氮配施的 3 个处理差异显著；花后 28d，单施铵态氮和酰胺态氮与单施硝态氮和铵态氮、硝态氮配比 25∶75 的差异显著；花后 35d，单施酰胺态氮与铵态氮、硝态氮配比 25∶75 和 50∶50 的差异达显著水平。‘豫麦 50’在花后 7d，单施酰胺态氮比其余不同形态氮素配施显著增加，单施铵态氮与单施硝态氮处理差异显著；花后 14d 和 21d，单施铵态氮和酰胺态氮与单施硝态氮和铵态氮、硝态氮配施的 3 个处理间差异达显著水平；花后 28d，单施铵态氮和酰胺态氮与单施硝态氮及铵态氮、硝态氮配比 25∶75 和 50∶50 的差异显著；花后 35d，单施铵态氮和酰胺态氮与单施硝态氮及铵态氮、硝态氮配比 25∶75 的差异显著。

3. 籽粒游离氨基酸含量的变化

由图 7-8 可以看出，小麦籽粒游离氨基酸在整个灌浆期总体呈现下降的趋势。灌浆初期籽粒就有大量的游离氨基酸积累，随着灌浆进程的推进，游离氨基酸用于蛋白质等的合成，含量迅速下降。

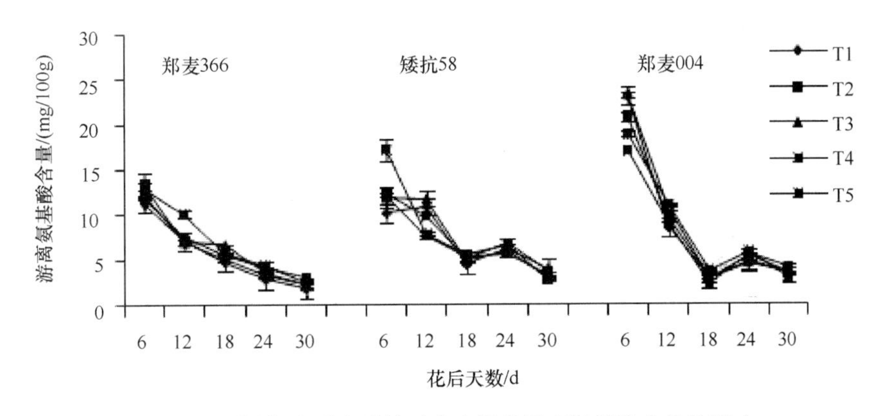

图 7-8　不同氮素形态配施对小麦籽粒游离氨基酸含量的影响

T1、T2、T3、T4、T5 表示硝态氮和铵态氮的比例分别为 100∶0、75∶25、50∶50、25∶75、0∶100

方差分析结果表明（表 7-5），对‘郑麦 366’而言，灌浆初期籽粒游离氨基酸含量表现为 N5＞N2＞N3＞N4＞N1，N2、N3、N4、N5 处理间差异不显著，N2、N3、N5 与 N1 处理差异显著，成熟期表现为 N4＞N2＞N5＞N3＞N1。对‘矮抗 58’而言，灌浆初期表现为 N5＞N2＞N3＞N4＞N1，成熟期表现为 N1＞N4＞N2＞N3＞N5。对‘郑麦 004’而言，灌浆初期表现为 N3＞N1＞N2＞N5＞N4，成熟期表现为 N4＞N2＞N1＞N3＞N5。

表 7-5　不同氮素形态配施对小麦游离氨基酸含量的影响（单位：mg/100g）

品种	处理	花后天数/d				
		6	12	18	24	30
郑麦 366	N1	10.99b	7.13b	4.8c	2.87d	1.94b
	N2	12.87a	7.01b	5.2bc	3.35c	2.59ab
	N3	12.31a	7.08b	6.7a	3.43c	2.06b
	N4	11.91ab	7.44b	5.46bc	4.04b	3.12a
	N5	12.89a	10.18a	5.79b	4.5a	2.58ab
矮抗 58	N1	9.81c	9.72c	4.49b	6.22b	3.99a
	N2	12.21b	11.75a	5.33a	5.61c	3.43ab
	N3	12.41b	7.69d	5.03ab	5.41c	2.89b
	N4	12.16b	10.89b	5.18ab	6.7a	3.68a
	N5	17.66a	7.92d	5.56a	6.27b	2.87b
郑麦 004	N1	18.86c	8.61c	2.82b	4.59c	3.5ab
	N2	20.74b	9.75b	2.97b	5.86a	3.58ab
	N3	23.18a	10.66a	2.97b	5.41b	3.48ab
	N4	16.96d	8.99bc	2.21b	5.56ab	4.11a
	N5	23.06a	11.12a	3.78a	5.79ab	3.05b
F 值	V	275.79**	283.19**	1214.15**	76.70**	56.22**
	N	13.00**	17.84**	8.93**	15.75**	5.35**
	V×N	24.61**	27.10**	3.94**	2.42*	2.22

注：V，品种；N，处理；V×N，品种与处理互作，N1、N2、N3、N4、N5 表示硝态氮和铵态氮的比例分别为 100∶0、75∶25、50∶50、25∶75、0∶100

同一列不同小写字母表示差异达 5%显著水平；*和**分别表示差异达 5%和 1%显著水平

（二）不同氮素形态配比对小麦内源硝态氮、铵态氮和酰胺态氮含量的影响

硝态氮进入植物体后，小部分位于代谢库即细胞质中，大部分则位于贮藏库即液泡中。所以，内源硝态氮的多寡能在一定程度上反映作物吸收硝态氮的能力大小。试验结果表明（表 7-6），从总体来看，叶片硝态氮含量远高于根系。但不论根系还是叶片，硝态氮含量均受营养液中氮素形态的影响。铵态氮、硝态氮的比例为 50∶50 时，根中硝态氮含量最高，其次是 25∶75，再次是 75∶25 和全部硝态氮，全部供应铵态氮或尿素时最小。叶片硝态氮含量按 100∶0、尿素、50∶50、75∶25、0∶100、25∶75 的顺序依次降低。天冬酰胺、谷氨酰胺、谷氨酸和精氨酸是氮素的主要运输化合物。而谷氨酰胺和天冬酰胺又分别是谷氨酸、天冬氨酸和游离氨结合的直接产物。酰胺类化合物是植物体内氨的主要贮存形式，具有解除氨对植物毒害的功能，在植物氮代谢中起着十分重要的作用，因此常被作为植物氮代谢研究中的生化指标。测定结果表明（表 7-6），氮素形态及配比明显地影响着小麦营养和生殖并进生长时期根系和叶片内酰胺态氮的含量。从总体来看，根系的酰胺态氮含量明显高于叶片，而根系及叶片中酰胺态氮含量的多少又均受硝态氮及铵态氮比值的制约。当铵态氮、硝态氮比例是 50∶50 时，根系酰胺态氮含量最高；仅供给尿素或硝态氮者次之；而当二者比值为 25∶75 和 75∶25

时，酰胺态氮最低。叶片中的酰胺态氮含量以仅供尿素时最高，铵态氮、硝态氮比值为 25∶75、50∶50、0∶100、75∶25 和 100∶0 时，依次降低。内源铵态氮一部分是作物由土壤吸收而得，一部分是硝态氮还原的产物。不论作物吸收的铵态氮，还是硝态氮还原产生的铵态氮，在被同化为有机态氮之前，都会在植物体内暂时累积或贮存，因而作物体内有较高的含量。本试验结果表明，外界氮素形态显著地影响着铵态氮含量。不论供应哪种形态氮素，也不论是哪种组合，叶片铵态氮含量总高于根系。从变化趋势上看，单独供给铵态氮时，叶片铵态氮含量最高；铵态氮、硝态氮配比 25∶75 和 50∶50 时次之；单独供给尿素时，叶片中的铵态氮含量最低。根系的情况与此相反，单独供给尿素时，铵态氮含量最高；同时供给铵态氮、硝态氮时，铵态氮含量则随硝态氮比例的增加而增加。

表 7-6　不同氮素形态配施对叶片和根系硝态氮、铵态氮和酰胺态氮含量的影响

氮素形态（NH_4^+∶NO_3^-）	硝态氮含量/（μg/g FW）		酰胺态氮含量/（μg/g FW）		铵态氮含量/（μg/g FW）	
	叶片	根系	叶片	根系	叶片	根系
100∶0	351.1±7.9	69.3±8.8	116.3±25.0	586.3±27.5	377.3±0.0	24.2±1.6
75∶25	134.6±13.2	135.3±13.2	304.6±25.0	545.3±41.5	273.1±20.4	24.2±1.7
50∶50	148.1±20.9	215.0±16.5	397.1±12.4	1024.6±27.5	317.9±41.7	27.9±1.8
25∶75	99.8±9.7	179.4±2.6	481.5±0.0	534.8±8.0	320.8±3.7	29.2±0.0
0∶100	133.4±9.7	111.2±44.0	352.7±25.0	650.5±14.0	299.9±17.5	29.5±1.3
尿素	139.0±35.2	65.6±15.8	662.7±18.7g	630.7±22.5	258.1±0.8	40.8±0.4

资料来源：曹翠玲和李生秀，2003

（三）不同氮素形态配比对小麦不同器官可溶性蛋白含量的影响

1. 小麦旗叶可溶性蛋白含量的变化

从表 7-7 中可以看出，在 5 种 NO_3^-/ NH_4^+氮源处理下，灌浆期 6 个品种小麦旗叶中可溶性蛋白含量呈下降趋势，且不同品种旗叶中可溶性蛋白含量差异显著。值得注意的是，6 个品种在 N3、N4 处理下灌浆初期旗叶可溶性蛋白含量均表现出显著增加的趋势，其中‘郑麦 9023’分别增加了 6.1%和 24.4%，‘郑麦 004’分别增加了 3.3%和 24.4%，‘洛麦 23’分别增加了 24.1%、14.9%。这可能是过量的铵态氮肥对于不同小麦品种都是属于逆境物质，使得旗叶中可溶性蛋白含量显著增加。同一增铵处理下不同品种间比较，N1 处理中，‘郑麦 004’、‘洛麦 23’旗叶中可溶性蛋白含量比 CK 处理显著增加。

表 7-7　不同氮素形态配施对不同品种小麦旗叶可溶性蛋白的影响（单位：mg/g）

品种	处理	花后天数/d					
		0	6	12	18	24	30
郑麦 9023	CK	9.74b	6.72a	6.22b	6.00ab	3.98bc	1.08c
	N1	9.74b	5.31b	7.03ab	6.66a	4.97ab	1.19c
	N2	9.62b	7.60a	10.18a	5.17b	5.38a	1.64ab
	N3	10.34b	7.42a	5.34b	5.44ab	5.19a	1.23bc
	N4	12.12a	7.88a	6.43b	5.07b	3.21c	1.69a

续表

品种	处理	花后天数/d					
		0	6	12	18	24	30
郑麦 366	CK	9.72b	7.08b	6.85ab	5.28b	5.56a	0.61d
	N1	9.74b	7.47ab	7.04ab	8.42a	5.24a	1.36c
	N2	9.75b	7.87a	7.47a	5.20b	5.11a	3.10a
	N3	10.18b	8.18a	5.97b	5.78b	4.74a	2.31b
	N4	12.33a	7.94a	7.35ab	4.17b	3.30b	1.88bc
郑麦 004	CK	10.18b	5.29b	6.28b	6.10a	4.59a	1.88c
	N1	10.07b	6.64a	7.71a	6.00abc	5.02a	2.28bc
	N2	10.08b	5.99ab	6.25b	6.05ab	4.64a	2.77b
	N3	10.51b	6.25ab	6.29b	4.32bc	3.79b	3.78a
	N4	12.66a	6.80a	6.88ab	4.30c	4.28ab	2.22bc
洛麦 23	CK	10.44ab	6.39b	6.78ab	5.44ab	3.85ab	0.68c
	N1	10.13b	6.43b	7.50a	7.23a	4.46a	1.28bc
	N2	11.60a	7.24ab	7.34ab	4.73b	3.64ab	1.85b
	N3	10.13b	7.39a	7.24ab	0.78c	2.96b	2.05b
	N4	10.93ab	7.51a	6.35b	3.39bc	3.52b	3.28a
周麦 22	CK	9.29ab	5.86b	8.41a	7.03b	5.93a	1.36b
	N1	8.54b	7.53a	6.07b	6.52b	4.43ab	1.83b
	N2	10.01a	8.23a	6.63b	8.31a	5.68a	1.85b
	N3	8.54b	8.10a	6.83b	3.15c	4.11b	1.84b
	N4	9.34ab	7.94a	7.01ab	4.99d	4.48ab	2.91a
矮抗 58	CK	9.29b	5.94b	8.17ab	6.69a	4.81ab	1.43c
	N1	10.94ab	7.29ab	8.76a	5.45a	4.48ab	2.00b
	N2	10.82ab	7.43ab	5.60c	6.14a	5.10a	1.85bc
	N3	11.53a	7.85a	6.17bc	2.02b	4.25b	1.68bc
	N4	10.68ab	7.65a	6.93abc	5.44a	4.40b	3.73a

注：CK、N1、N2、N3、N4 表示 NO_3^-/NH_4^+分别为 100：0、75：25、50：50、25：75、0：100
同一列不同小写字母表示差异达 5%显著水平

2. 小麦籽粒可溶性蛋白的变化

表 7-8 中，不同 NO_3^-/NH_4^+氮源处理下，6 个品种小麦籽粒可溶性蛋白含量呈现出先升后降再升的变化趋势，在花后 18～24d 达到最高，然后迅速下降，在花后 30d 达到最低，尔后又逐步攀升。同一增铵处理中，不同品种小麦表现不同，其中敏感型小麦‘郑麦 004’、‘周麦 22’籽粒可溶性蛋白含量最高值均出现在花后 36d，灌浆过程中除花后 0～24d 呈现出迅速增加的趋势外，花后 24～36d 变化趋势较为缓和。而次敏感型小麦‘洛麦 23’、‘矮抗 58’和钝感型小麦‘郑麦 9023’、‘郑麦 366’籽粒可溶性蛋白含量最高值出现在花后 24d，且花后 24～30d 变化显著。

表 7-8　不同氮素形态配施对不同品种小麦籽粒可溶性蛋白的影响（单位：mg/g）

品种	处理	花后天数/d					
		6	12	18	24	30	36
郑麦 9023	CK	2.11b	2.39a	7.56a	8.57a	3.46bc	8.30a
	N1	1.92b	2.08ab	7.15a	6.38b	2.33c	7.60a
	N2	3.78a	2.23ab	4.31b	6.72ab	4.89a	8.02a
	N3	3.55a	2.17ab	4.31b	7.18ab	4.27ab	7.09a
	N4	3.57a	1.78b	4.07b	7.56ab	4.88a	7.09a
郑麦 366	CK	1.88b	2.21a	7.17a	8.53a	3.42b	8.03a
	N1	2.71ab	2.28a	5.26b	7.46a	2.62b	7.12ab
	N2	3.45ab	2.04a	3.76c	6.92a	5.03a	7.70a
	N3	4.00a	2.32a	3.22c	7.24a	5.20a	6.45b
	N4	3.14ab	2.03a	5.01b	8.87a	5.15a	6.16b
郑麦 004	CK	1.70b	2.07ab	7.06a	7.26ab	3.18bc	7.92a
	N1	1.86b	1.99ab	6.68a	6.75ab	2.11c	7.79a
	N2	3.17a	2.49a	3.21b	6.05b	4.88ab	7.78a
	N3	3.04a	2.36a	2.95b	7.73a	5.28a	7.16ab
	N4	3.50a	1.77b	3.67b	8.07a	5.17a	6.86b
洛麦 23	CK	1.76c	2.41a	7.80a	7.61a	2.89b	8.49a
	N1	2.36bc	2.41a	8.23a	7.20a	2.40b	8.02ab
	N2	3.38ab	2.13ab	3.66b	7.30a	5.01a	7.50abc
	N3	3.48a	1.95b	4.62b	8.44a	4.91a	6.48bc
	N4	3.49a	2.32a	4.45b	8.12a	4.10a	6.04c
周麦 22	CK	1.60b	1.89a	6.25a	6.73a	2.85c	6.96ab
	N1	2.98a	1.67a	4.02b	6.27a	4.74ab	6.03b
	N2	3.11a	2.14a	3.54b	6.64a	4.85ab	7.58a
	N3	2.80a	1.90a	3.85b	7.49a	5.19a	6.55ab
	N4	3.26a	1.95a	4.13b	7.53a	4.19b	6.59ab
矮抗 58	CK	1.79b	2.22ab	7.37a	7.82ab	3.19b	8.65a
	N1	3.37a	2.46a	3.77c	7.87ab	4.99a	7.93ab
	N2	2.96a	2.37ab	3.15c	5.93b	5.04a	6.73b
	N3	2.89a	2.07b	3.15c	8.71a	4.68a	6.77b
	N4	3.26a	2.26ab	5.57b	8.17ab	4.25ab	3.48c

注：CK、N1、N2、N3、N4 表示 NO_3^-/ NH_4^+分别为 100∶0、75∶25、50∶50、25∶75、0∶100
同一列不同小写字母表示差异达 5%显著水平

二、不同氮素形态配比对小麦氮代谢关键酶活性的影响

（一）对旗叶硝酸还原酶（NR）活性的影响

表 7-9 表明，不同类型专用小麦的旗叶 NR 活性均呈单峰曲线，在开花后 14d 达到高峰。3 种类型小麦比较，开花期至花后 14d，‘豫麦 50’的旗叶 NR 活性最高，‘豫麦

34’最低，‘豫麦 49’居中。开花 14d 之后，‘豫麦 34’下降较慢，而‘豫麦 50’下降最快，‘豫麦 34’的旗叶 NR 活性高于‘豫麦 50’，‘豫麦 49’居中。

表 7-9　不同形态氮素配施对专用小麦旗叶 NR 活性的影响［单位：μmol NO_2^-/(g·h)］

品种	氮素形态	花后天数/d				
		0	7	14	21	28
豫麦 34	NH_2-N	31.91±2.59i	87.46±5.38b	293.73±19.71def	131.41±12.64defg	61.82±1034abcd
	NH_4^+-N	32.05±2.39i	85.21±11.76b	173.20±11.76h	133.30±9.49def	56.01±8.33abcde
	NO_3^--N	42.26±0.71abc	113.40±12.35defg	316.37±19.90ab	152.21±7.14a	64.50±15.17abc
	75∶25	36.91±4.29defg	89.63±15.30h	297.46±14.43cdef	143.53±7.24bc	62.04±10.03abcd
	50∶50	39.11±6.04cde	95.84±10.64gh	294.07±15.80def	135.90±14.60cde	68.56±7.18ab
	25∶75	38.50±6.54cde	108.57±10.39efg	304.30±21.80bcdeg	151.89±7.10a	72.91±11.02a
豫麦 49	NH_2-N	33.60±2.94ghi	96.54±2.80gh	284.78±17079fg	122.65±17.33hi	37.17±8.66ef
	NH_4^+-N	32.39±2.20hi	95.25±4041gh	269.43±8.51h	120.74±8.44i	38.63±3.79def
	NO_3^--N	41.74±2.20bc	123.25±5.97bcde	308.08±11.57bc	146.11±13.60ab	55.76±10.20abcde
	75∶25	37.61±3.60def	117.02±10.02def	291.39±18.46ef	125.42±7.29fghi	56.95±12.51abcde
	50∶50	40.35±4.16bcd	119.10±6.94de	296.20±140.10cdef	124.57±8.98ghi	44.95±14.68bcdef
	25∶75	39.68±1.95cde	121.93±11.27cde	307.27±16.69bcd	137.72±3.23cd	52.95±13.78abcdef
豫麦 50	NH_2-N	33.98±3.17fghi	111.92±10.24defg	287.92±11.30f	108.52±10.81j	29.16±7.64f
	NH_4^+-N	33.53±0.98ghi	100.74±5.09fgh	288.25±16.74f	107.14±13.38j	31.35±3.68f
	NO_3^--N	43.64±4.15ab	141.93±14.82a	314.80±16.81ab	128.31±6.79efghi	43.40±12.10cdef
	75∶25	35.95±5.87efgh	129.00±13.12abcd	306.42±32.60bcd	113.40±7.96j	42.40±14.19cdef
	50∶50	40.54±4.15bcd	140.19±8.95abc	321.99±26.13a	129.23±8.56efgh	42.79±17.69cdef
	25∶75	45.76±4.22a	138.42±10.96abc	322.00±10.23a	129.76±8.56defgh	41.89±8.80cdef

注：75∶25、50∶50、25∶75 为 NH_4^+/NO_3^-比例

同一列不同小写字母表示差异达 5%显著水平

资料来源：马宗斌，2007

专用小麦的旗叶 NR 活性对不同形态氮素配施的反应不同。除‘豫麦 50’的旗叶 NR 活性在铵态氮、硝态氮配比 25∶75 处理最高外，专用小麦的旗叶 NR 活性均表现为在单施硝态氮下最高，单施铵态氮和酰胺态氮最低，铵态氮、硝态氮配施的 3 个处理居中。经方差分析，‘豫麦 34’的旗叶 NR 活性在开花期和花后 7d 时，单施硝态氮与单施铵态氮、酰胺态氮及铵态氮、硝态氮配比 75∶25 的差异显著；花后 14d，单施硝态氮与单施铵态氮、酰胺态氮及铵态氮、硝态氮配比 75∶25 和 50∶50 的差异显著；花后 21d，单施硝态氮和铵态氮、硝态氮配比 25∶75 与单施铵态氮、酰胺态氮及铵态氮、硝态氮配比 75∶25 和 50∶50 差异显著；花后 28d，不同形态氮素配施差异不显著。‘豫麦 49’在开花期和花后 7d，旗叶 NR 活性表现为单施硝态氮和铵态氮、硝态氮配施的 3 个处理与单施铵态氮、酰胺态氮差异显著；花后 14d，单施硝态氮和铵态氮、硝态氮配比 25∶75 与单施铵态氮、酰胺态氮及铵态氮、硝态氮配比 75∶25 差异显著；花后 21d，单施硝态氮和铵态氮、硝态氮配比 25∶75 与单施铵态氮、酰胺态氮及铵态氮、硝态氮配比 75∶25 和 50∶50 差异显著；花后 28d，不同形态氮素配施差异不显著。‘豫麦 50’在开花期，旗叶 NR 活性在单施硝态氮及铵态氮、硝态氮配比 25∶75 和 50∶50 与单施铵态氮、酰

胺态氮及铵态氮、硝态氮配比 75∶25 差异显著；花后 7d，单施硝态氮及铵态氮、硝态氮配比 25∶75 和 50∶50 与单施铵态氮、酰胺态氮差异显著；花后 14d，单施硝态氮和铵态氮、硝态氮配施的 3 个处理与单施铵态氮、酰胺态氮差异显著；花后 21d，单施硝态氮及铵态氮、硝态氮配比 25∶75 和 50∶50 与单施铵态氮、酰胺态氮及铵态氮、硝态氮配比 75∶25 差异显著；花后 28d，不同形态氮素配施差异不显著。

（二）不同形态氮素配施对专用小麦中后期叶片 GS 活性的影响

由表 7-10 可知，不同专用小麦叶片的 GS 活性在拔节期后上升，在开花期和花后 7d 先后达到最大值，随后再下降。不同专用小麦比较，除花后 21d 以‘豫麦 50’在硝态氮处理和开花期‘豫麦 49’在酰胺态氮处理外，不同形态氮素处理下旗叶的 GS 活性均表现为‘豫麦 34’＞‘豫麦 50’＞‘豫麦 49’，专用小麦叶片 GS 活性表现出一定差异。‘豫麦 34’在拔节期、开花期及花后 7d 和 14d，以铵态氮下 GS 活性最高；花后 21d 后铵态氮 GS 活性最低。经方差分析，花后 7d，铵态氮处理的叶片 GS 活性显著高于硝态氮处理；花后 28d，酰胺态氮和硝态氮处理显著高于铵态氮处理。‘豫麦 49’GS 活性在拔节期和开花期以酰胺态氮处理最高，硝态氮处理最低，铵态氮处理居中；开花 7d 后均以铵态氮处理下最高，以硝态氮处理最低（花后 28d 除外），酰胺态氮处理居中；叶片 GS 活性在花后 7d，酰胺态氮和铵态氮处理显著高于硝态氮处理。‘豫麦 50’叶片 GS 活性在拔节期、开花期和花后 21d、28d 以铵态氮处理最高，酰胺态氮处理居中（除花后 14d 外），以硝态氮处理最低（除花后 7d 外）。方差分析表明，花后 21d，铵态氮处理显著高于酰胺态氮和硝态氮处理；花后 28d，铵态氮处理显著高于硝态氮处理。

表 7-10　不同形态氮素对专用小麦叶片 GS 活性的影响［单位：ΔOD/（g FW·h）］

品种	氮素形态	拔节期	开花期	花后天数/d			
				7	14	21	28
豫麦 34	酰胺态氮	0.8573ab	0.9715ab	0.9613ab	0.8649ab	0.7418ab	0.5763a
	铵态氮	0.8873a	1.0028a	1.0870a	0.9453a	0.7388ab	0.4593b
	硝态氮	0.8787a	0.9728ab	0.9370b	0.8890ab	0.7711a	0.5750a
豫麦 49	酰胺态氮	0.7996ab	0.8768abc	0.7783c	0.6903cd	0.5128d	0.2508c
	铵态氮	0.7478abc	0.8243bc	0.8075bc	0.6940cd	0.5954cd	0.2933de
	硝态氮	0.7110b	0.7195c	0.6232d	0.5870d	0.3735c	0.2773de
豫麦 50	酰胺态氮	0.8253ab	0.8482abc	0.8894bc	0.8660ab	0.6623bc	0.3597cd
	铵态氮	0.8257ab	0.8689abc	0.8351bc	0.8097bc	0.8060a	0.4371bc
	硝态氮	0.6995b	0.8392abc	0.9000bc	0.7278cd	0.5720cd	0.3288de

注：同一列不同小写字母表示差异达 5%显著水平

资料来源：马宗斌，2007

三、不同氮素形态配比对小麦蛋白质形成规律的影响

由图 7-9 可以看出，3 个小麦品种籽粒花后蛋白质均呈现“高—低—高”的“V”形变化规律，但其籽粒蛋白质含量在不同时期存在差异。‘郑麦 366’和‘郑麦 004’花后 6d 蛋白质含量无差异，但均极显著高于‘矮抗 58’。花后 6～12d 蛋白质含量呈迅速下降趋势，其中‘郑麦 004’下降幅度最大，但差异没有达到极显著水平。花后 18d 至成熟

期，3 个品种小麦籽粒蛋白质含量均呈现上升趋势，不同品种之间蛋白质含量存在极显著差异，且这种差异从灌浆中期一直持续到小麦籽粒成熟。成熟期时 3 个品种蛋白质含量表现为‘郑麦 366’>‘矮抗 58’>‘郑麦 004’，‘郑麦 366’籽粒蛋白质含量比‘矮抗 58’高 3.45%，比‘郑麦 004’高 24.35%，差异均达极显著水平。

由表 7-11 可知，硝态氮、铵态氮及其配施对小麦品种籽粒蛋白质的含量的影响不同，‘郑麦 366’灌浆初期的蛋白质含量较高。不同处理之间，籽粒蛋白质含量以 N3 处

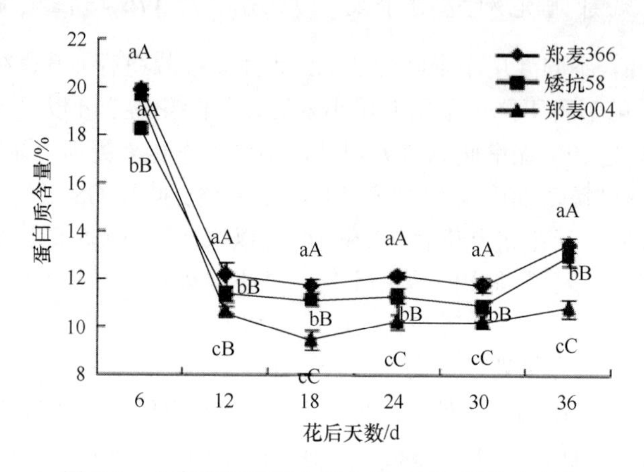

图 7-9　小麦灌浆期蛋白质含量（%）的动态变化

不同小写和大写字母分别表示差异达 5%和 1%显著水平

表 7-11　不同氮素形态配施对小麦灌浆期蛋白质含量的影响（单位：%）

品种	处理	花后天数/d					
		6	12	18	24	30	36
郑麦 366	N1	21.84±0.06bB	12.44±0.14abA	12.18±0.11aAB	12.37±0.17aA	12.35±0.04aA	13.95±0.35bB
	N2	21.71±0.28bB	12.61±0.04aA	12.27±0.15aA	12.40±0.06aA	11.74±0.09bB	13.84±0.15bB
	N3	22.90±0.06aA	12.18±0.19bA	11.93±0.11abAB	12.44±0.13aA	12.44±0.08aA	15.52±0.04aA
	N4	16.93±0.21cC	12.52±0.11abA	11.67±0.17bB	12.16±0.24aAB	11.23±0.06cB	11.81±0.15cC
	N5	16.28±0.25dD	11.31±0.11cB	10.71±0.15cC	11.65±0.07bB	11.18±0.23cB	12.27±0.08cC
矮抗 58	N1	18.92±0.06bB	9.31±0.06dC	10.88±0.22bB	10.25±0.10cC	10.50±0.31bB	12.95±0.09bA
	N2	17.58±0.19cC	12.35±0.04bA	10.91±0.09bB	11.59±0.11aAB	11.03±0.15aAB	13.37±0.10abA
	N3	19.96±0.13aA	12.84±0.11aA	11.52±0.04aA	11.95±0.15aA	11.08±0.07aAB	13.52±0.08abA
	N4	17.74±0.13cC	11.27±0.04cB	11.57±0.06aA	11.84±0.20aA	11.16±0.09aA	13.57±0.36aA
	N5	17.30±0.11cC	11.08±0.07cB	11.10±0.17bAB	11.14±0.15bB	10.88±0.20abAB	11.74±0.20cB
郑麦 004	N1	19.95±0.03cC	11.09±0.08bBC	10.03±0.13aAB	10.16±0.06bBC	10.18±0.16bcB	10.90±0.15bB
	N2	20.91±0.13bB	11.28±0.18bB	9.52±0.08bBC	10.78±0.09aA	10.80±0.11aA	11.81±0.02aA
	N3	21.66±0.08aA	12.31±0.19aA	10.12±0.16aA	10.57±0.07abAB	10.40±0.12abAB	10.71±0.02bB
	N4	18.27±0.15dD	10.69±0.04cCD	9.08±0.13cCD	10.16±0.19bBC	10.14±0.14baB	9.71±0.31cC
	N5	18.71±0.07dD	10.52±0.15cD	8.74±0.06cD	9.61±0.04cC	9.91±0.09cB	11.05±0.08bB
F-值	V	435.25**	219.88**	507.31**	912.13**	108.05**	1154.67**
	T	372.60**	80.30**	33.02**	21.5**	17.45**	52.88**
	V×T	80.55**	45.05**	6.55**	8.11**	3.28*	20.98**

注：V. 品种；T. 处理；V×T. 品种与处理互作；N1、N2、N3、N4、N5 表示硝态氮和铵态氮的比例分别为 100∶0、75∶25、50∶50、25∶75、0∶100

同一列不同小写和大写字母分别表示差异达 5%和 1%显著水平；*和**分别表示差异达 5%和 1%显著水平

理表现最高，显著高于其他处理。混合形态氮素配比处理下‘郑麦 366’籽粒蛋白质含量明显高于单一形态氮素的处理，成熟期 N3 处理比其他 4 个处理的平均值高 16.43%。‘矮抗 58’籽粒蛋白质含量的影响与‘郑麦 366’呈现相似的规律，花后 6～18d N3 处理对籽粒蛋白质含量的促进作用更为明显，成熟期籽粒蛋白质含量 N2、N3、N4 处理间差异不显著，但与单一形态氮素处理 N5 之间差异显著。‘郑麦 004’籽粒蛋白质含量花后 0～12d 时 N3 处理显著高于其他处理；成熟期，N2 处理籽粒蛋白质含量最高，N4 处理下籽粒蛋白质含量最低。

第三节　水分和氮素形态互作对小麦氮代谢的影响

一、水分和氮素形态互作对小麦氮素同化特性的影响

（一）水分和氮素形态互作对小麦游离氨基酸含量的影响

小麦开花后，营养器官中的含氮物以氨基酸形态转运到籽粒，它直接形成蛋白质或先转化成其他氨基酸后再形成蛋白质。小麦籽粒发育过程中游离氨基酸含量变化对蛋白质形成起重要作用。游离氨基酸是蛋白质合成的底物，籽粒中游离氨基酸含量的高低直接影响着蛋白质合成的多少。由图 7-10 可以看出，花后籽粒中游离氨基酸含量逐渐降低。开花后 7d 小麦籽粒中含有大量的游离氨基酸，随着籽粒的灌浆充实，成熟期小麦籽粒中游离氨基酸含量很少。同一氮素形态下，随着灌水次数的增加，小麦籽粒中游离氨基酸逐渐降低，这表明水分的增加对蛋白质的含量具有稀释效应，从而降低游离氨基酸的含量。在 W1 处理条件下，N1、N3 从花后 7～35d 小麦籽粒游离氨基酸含量变化差异不明显，但高于 N2 处理。表明拔节期灌水，铵态氮和酰胺态氮有利于氨基酸的转运。在 W2 处理条件下，从花后 14～21d，小麦籽粒游离氨基酸含量变化为 N3＞N1＞N2；花后 21～35d，小麦籽粒游离氨基酸含量变化 N2＞N3＞N1，到成熟期小麦籽粒游离氨基酸含量降到最低。在 W3 处理条件下，3 种氮素形态之间差异不显著。

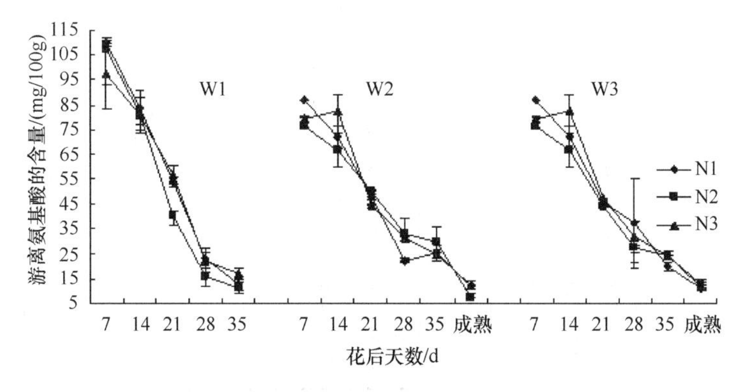

图 7-10　不同处理对‘郑麦 9023’游离氨基酸含量的影响

W1. 拔节期灌水一次；W2. 拔节期和孕穗期各灌水一次；W3. 拔节期、孕穗期和灌浆期各灌水一次。

N1. 酰胺态氮；N2. 硝态氮；N3. 铵态氮

（二）水分和氮素形态互作对小麦不同器官可溶性蛋白含量的影响

1. 旗叶可溶性蛋白含量的变化

从图 7-11 可以看出，开花后小麦旗叶可溶性蛋白含量逐渐下降。在同一氮素形态下，随着水分的增加，小麦旗叶可溶性蛋白也随着水分的增加而增加，即 W3＞W2＞W1。在 W1 处理条件下，从开花到花后 21d，小麦旗叶可溶性蛋白含量变化为 N2＞N1，N1、N3 两种氮素形态差异不明显，即在拔节期灌一水，硝态氮肥可以提高小麦旗叶可溶性蛋白的含量。在 W2 处理条件下，从开花到花后 14d，小麦旗叶可溶性蛋白含量变化为 N3＞N2＞N1，从花后 21～28d，小麦旗叶可溶性蛋白含量变化为 N1＞N3＞N2。在 W3 处理条件下，从开花到小麦籽粒成熟，小麦旗叶可溶性蛋白质含量变化为 N3＞N2＞N1。

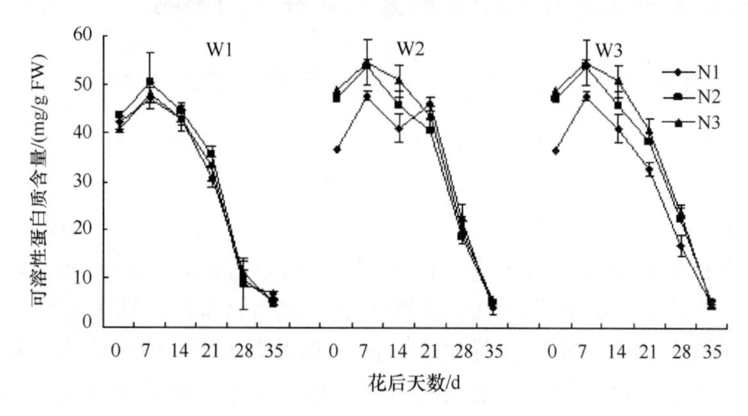

图 7-11　不同处理对‘郑麦 9023’旗叶可溶性蛋白质含量的影响

W1. 拔节期灌水一次；W2. 拔节期和孕穗期各灌水一次；W3. 拔节期、孕穗期和灌浆期各灌水一次。N1. 酰胺态氮；N2. 硝态氮；N3. 铵态氮

2. 籽粒可溶性蛋白质含量的变化

从图 7-12 可以看出，不同水分和氮素形态对‘郑麦 9023’籽粒可溶性蛋白含量从花后 7～14d 含量较高，然后迅速降低，随着水分的增加，小麦籽粒可溶性蛋白含量的降低趋势缓慢。在 W1 处理条件下，从花后 14～21d，小麦籽粒可溶性蛋白含量的变化为 N1＞

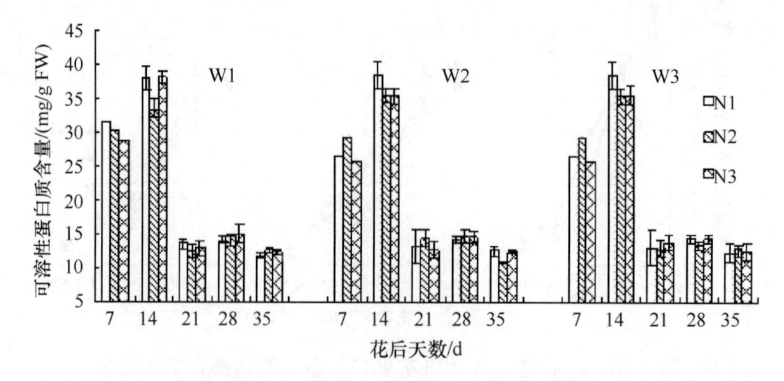

图 7-12　不同处理对‘郑麦 9023’籽粒可溶性蛋白质含量的影响

W1. 拔节期灌水一次；W2. 拔节期和孕穗期各灌水一次；W3. 拔节期、孕穗期和灌浆期各灌水一次。N1. 酰胺态氮；N2. 硝态氮；N3. 铵态氮

N2＞N3。在 W2 处理条件下，从开花到小麦籽粒成熟，3 种氮素形态之间差异不明显。在 W3 处理条件下，从花后 21～28d，小麦籽粒可溶性蛋白含量的变化为 N3＞N2＞N1，在小麦籽粒成熟期，小麦籽粒可溶性蛋白含量的变化为 N2＞N3＞N1。

二、水分和氮素形态互作对小麦氮代谢关键酶活性的影响

（一）水分和氮素形态互作对旗叶硝酸还原酶（NR）活性的影响

硝酸还原酶是植物体内氮同化的第一个关键酶。硝酸还原酶是催化植物体内的硝酸盐转化为氨基酸的第一步反应，其活性大小直接影响着硝酸盐转化的速度，它参与整个氮同化，与蛋白质合成水平密切相关。

由图 7-13 可以看出，从开花至成熟，旗叶硝酸还原酶活性逐渐降低。在同一氮素水平下随着水分的增加，前期小麦旗叶硝酸还原酶活性较高。在 W1 处理条件下，从开花到花后 28d，小麦旗叶硝酸还原酶活性变化为 N2＞N3、N1，N3、N1 两种氮素形态之间差异不明显，到小麦籽粒成熟表现为 N1＞N2＞N3。在 W2 处理条件下，从开花到花后的 14d，小麦旗叶硝酸还原酶活性变化为 N2＞N1＞N3，从花后 14～21d，硝酸还原酶活性变化为 N2、N1＞N3，N2、N1 两氮素形态之差异不明显，从花后 21d 到成熟，小麦旗叶硝酸还原酶活性变化为 N2＞N3＞N1。在 W3 处理条件下，从花后 21d 到成熟，小麦旗叶硝酸还原酶活性变化为：N1 高于 N2、N3，N2、N3 两种氮素形态之间差异不明显。

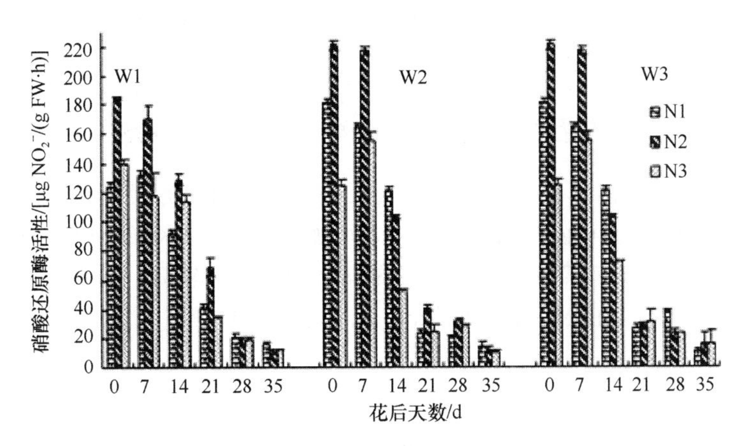

图 7-13　不同处理对‘郑麦 9023’旗叶硝酸还原酶活性的影响

W1. 拔节期灌水一次；W2. 拔节期和孕穗期各灌水一次；W3. 拔节期、孕穗期和灌浆期各灌水一次。

N1. 酰胺态氮；N2. 硝态氮；N3. 铵态氮

（二）水分和氮素形态互作对旗叶谷氨酰胺合成酶（GS）活性的影响

谷氨酰胺合成酶是处于氮代谢中心的多功能酶。谷氨酰胺合成酶是植物体内氨同化的关键酶之一，在 ATP 和镁离子的存在下，谷氨酰胺合成酶催化植物体内谷氨酸形成谷氨酰胺。它参与多种氮代谢的调节，在高等植物体内 95%以上的 NH_4^+通过 GS/ GOGAT 循环同化，提高谷氨酰胺合成酶活性，可以带动氮代谢运转增强，促进氨基酸的合成和转化。

由图 7-14 可以看出，小麦开花后旗叶谷氨酰胺合成酶活性呈逐渐下降的趋势，其中前期下降速率小，后期迅速下降。在同一氮素形态下，随着灌水次数的增加，小麦旗叶谷氨

酰胺合成酶活性增加，以上表明水分的增加可以提高酶活性。在 W1 处理条件下，开花期小麦旗叶谷氨酰胺合成酶活性较高，表现为 N2>N3>N1；花后 7～21d，N1 处理下小麦旗叶谷氨酰胺合成酶活性变化比较平稳，与 N2 之间差异显著；花后 21～28d，小麦旗叶谷氨酰胺合成酶活性迅速下降，表现为 N1>N3>N2，到小麦籽粒成熟 3 种氮素形态之间差异不明显。在 W2 处理条件下，花后 7～21d，小麦旗叶谷氨酰胺合成酶活性变化为 N1>N2，N1 与 N3，N2 与 N3 之间差异不显著；花后 21～28d，小麦旗叶谷氨酰胺合成酶活性变化为 N1>N3>N2。在 W3 处理条件下，花后 14～21d，小麦旗叶谷氨酰胺合成酶活性变化为 N2>N1>N3，到籽粒成熟小麦旗叶谷氨酰胺合成酶活性变化为 N1>N3>N2。

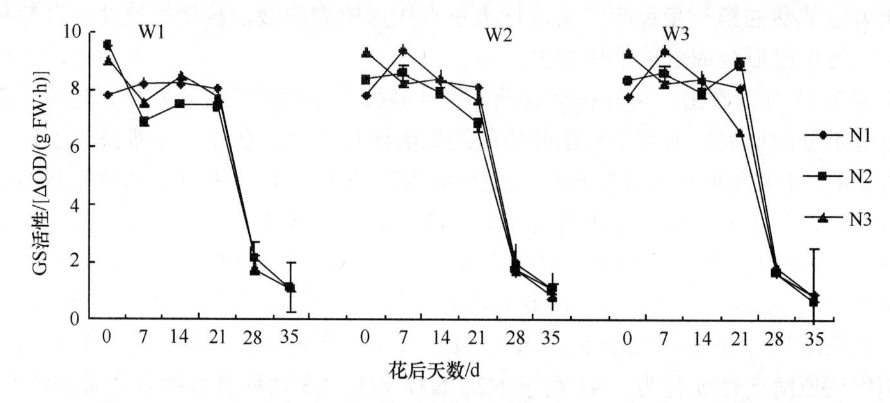

图 7-14　不同处理对‘郑麦 9023’旗叶谷氨酰胺合成酶（GS）活性的影响

W1. 拔节期灌水一次；W2. 拔节期和孕穗期各灌水一次；W3. 拔节期、孕穗期和灌浆期各灌水一次。

N1. 酰胺态氮；N2. 硝态氮；N3. 铵态氮

（三）水分和氮素形态互作对籽粒谷氨酰胺合成酶（GS）活性的影响

由图 7-15 可以看出，小麦籽粒谷氨酰胺合成酶在同一氮素形态下，随着灌水次数的增加，小麦籽粒谷氨酰胺合成酶活性随之增加，但 3 种水分处理之间差异不明显。在 W1 处理条件下，开花期小麦籽粒谷氨酰胺合成酶活性较高，随着小麦籽粒灌浆进程的加进，其活性降低。在 W2 处理条件下，成熟期小麦籽粒谷氨酰胺合成酶活性为 N1>

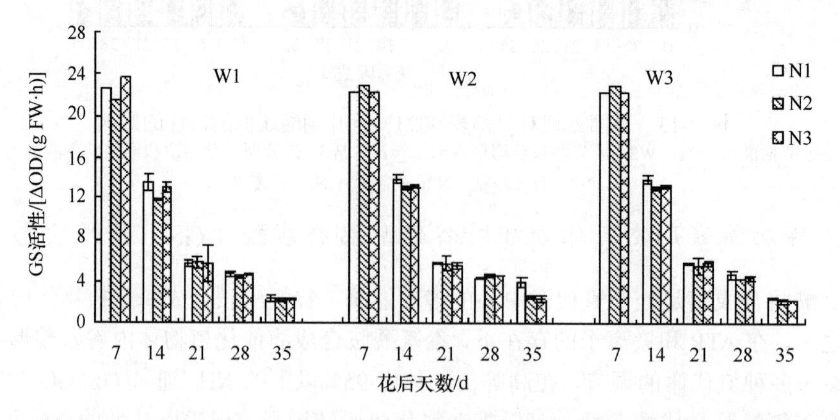

图 7-15　不同处理对‘郑麦 9023’籽粒谷氨酰胺合成酶（GS）活性的影响

W1. 拔节期灌水一次；W2. 拔节期和孕穗期各灌水一次；W3. 拔节期、孕穗期和灌浆期各灌水一次。

N1. 酰胺态氮；N2. 硝态氮；N3. 铵态氮

N2＞N3。在 W3 处理条件下，从花后 21d 到成熟，小麦籽粒谷氨酰胺合成酶活性表现为 N1＞N2＞N3。

（四）水分和氮素形态互作对旗叶蛋白酶活性的影响

蛋白酶的活性变化与蛋白质的降解密切相关，开花后蛋白质在蛋白酶的作用下，将其水解为氨基酸并通过运输系统将其送往籽粒中再合成蛋白质。

由图 7-16 可以看出，在同一氮素形态下，随着水分增加，内肽酶的活性呈降低趋势，这可能是水分的增加促进有机物质的运输，使小麦保持较长的绿叶时间，从而延缓了旗叶的衰老。在 W1 处理条件下，0～7d，小麦旗叶内肽酶活性表现为 N3＞N2，N1 的活性较低；花后 21d，N1 处理下小麦旗叶内肽酶活性迅速增加，然后迅速下降，直到成熟，N2、N3 处理下小麦旗叶内肽酶活性迅速下降，随着小麦籽粒成熟，其活性又迅速上升。在 W2 处理条件下，从开花到小麦籽粒成熟，小麦旗叶内肽酶活性变化为 N3＞N1＞N2。在 W3 处理条件下，花后 21d，3 种氮素形态处理迅速下降，且 N1＞N3＞N2，这可能与增加灌水延长叶片的功能期有关。随着小麦籽粒灌浆进程推进，小麦内肽酶的活性又逐渐升高。

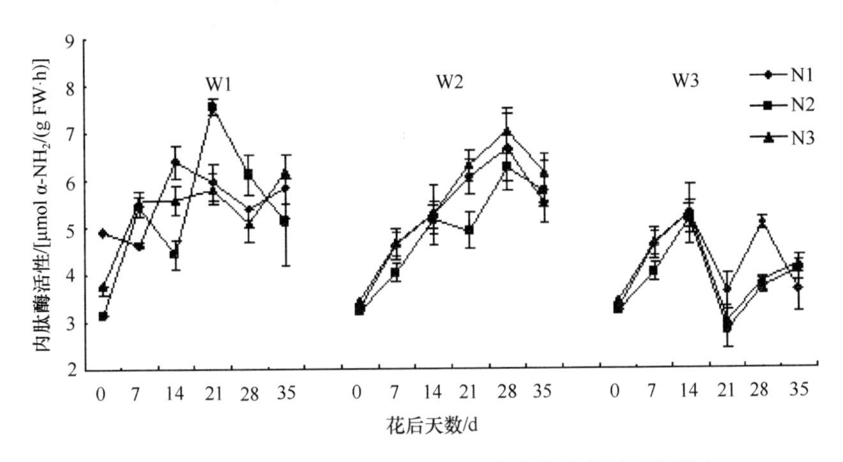

图 7-16 不同处理对‘郑麦 9023’旗叶内肽酶活性的影响

W1. 拔节期灌水一次；W2. 拔节期和孕穗期各灌水一次；W3. 拔节期、孕穗期和灌浆期各灌水一次。

N1. 酰胺态氮；N2. 硝态氮；N3. 铵态氮

参考文献

曹翠玲，李生秀. 2003. 氮素形态对小麦中后期的生理效应. 作物学报, 29(2): 258-262

郭鹏旭，熊淑萍，杜少勇，等. 2010. 氮素形态对豫麦 34 地上器官游离氨基酸和籽粒蛋白质含量的影响. 麦类作物学报, 30(2): 326-329

马宗斌. 2007. 不同形态氮素配施对专用小麦籽粒产量和品质形成的调控研究. 郑州：河南农业大博士学位论文

第八章　氮素形态对小麦氮素积累、分配及转运的影响

第一节　不同氮素形态对小麦氮素积累、分配及转运的影响

一、不同氮素形态对小麦营养器官氮素积累的影响

（一）不同氮素形态对小麦植株含氮量的影响

表 8-1 结果表明，氮素形态对小麦植株的氮素含量有很大影响。NH_4NO_3 处理可明显提高植株地上部的含氮量，NH_4^+-N 处理有利于提高根系含氮量。

表 8-1　氮素形态对小麦幼苗氮素吸收的影响

处理时间/d	基因型	氮素形态	氮含量/%		植株吸氮量/（mg N/25 株）	氮吸收效率/（mg N/g 根）
			地上部	根系		
14	小偃 54	NO_3^--N	4.88±0.11b	3.89±0.00b	170.34±10.21b	177.06±6.22b
		NH_4NO_3	5.37±0.09a	3.89±0.11b	194.94±17.21a	261.23±21.34a
		NH_4^+-N	4.96±0.03b	4.11±0.07a	113.14±9.47c	246.40±8.94a
	京 411	NO_3^--N	5.27±0.06a	3.39±0.01c	203.95±2.29a	193.35±9.40b
		NH_4NO_3	5.30±0.10a	4.43±0.08b	178.43±14.73b	274.62±22.26s
		NH_4^+-N	5.25±0.02a	4.93±0.06a	103.77±2.17c	267.43±2.90s
28	小偃 54	NO_3^--N	3.54±0.11b	2.23±0.02b	367.20±11.32b	118.40±14.46b
		NH_4NO_3	4.21±0.03a	3.27±0.03a	456.00±20.15a	226.41±13.37s
		NH_4^+-N	3.55±0.15b	3.27±0.20a	151.55±3.09c	146.41±11.23b
	京 411	NO_3^--N	3.62±0.05b	2.28±0.03b	446.44±17.23s	137.41±8.01b
		NH_4NO_3	3.89±0.07a	3.42±0.01a	280.43±15.49b	219.49±12.62a
		NH_4^+-N	3.36±0.01c	3.41±0.12a	125.19±1.92c	146.51±5.84b

注：同一列不同小字母表示差异达 5%显著水平

资料来源：邱慧珍和张福锁，2003

（二）不同氮素形态对小麦吸氮量和氮吸收效率的影响

氮素形态对不同磷效率基因型小麦吸氮量的影响明显不同（表 8-1）。‘小偃 54’在 NH_4NO_3 处理中的植株吸氮量最高，‘京 411’则以 NO_3^--N 处理的最高，‘小偃 54’和‘京 411’在处理后 14d 的植株氮吸收效率在 NH_4NO_3 处理中最高，但与 NH_4^+-N 处理之间的差异不显著，说明 NH_4^+-N 处理抑制了根系的生长，但未影响其对氮素的吸收。至处理后 28d，‘小偃 54’和‘京 411’的植株氮吸收效率仍然以 NH_4NO_3 处理的最高，NH_4^+-N 处理的氮吸收效率则降低至 NO_3^--N 处理的水平。

（三）不同氮素形态对氮素吸收速率的影响

图 8-1 显示了小麦幼苗对 NO_3^-、NH_4^+及 EAN（NH_4^+/NO_3^-=50/50）吸收速率的差异。3 个小麦品种的幼苗对 3 种 N 源的吸收速率均随溶液 N 浓度的增高而增高，但对 NO_3^-的吸收速率明显低于 NH_4^+和 EAN。在较低的 N 浓度下，单一 NH_4^+处理下幼苗的 N 素吸收速率明显高于 EAN，且在 1.0mmol/L 的浓度下吸收速率接近最大。随着溶液 N 浓度的增加，植株对 EAN 的吸收速率呈显著上升趋势，最终逐渐接近或超过单一 NH_4^+营养。由此表明，在较低的 N 浓度下，小麦对单一 NH_4^+具有吸收优势，而在较高的浓度下，增铵营养表现为较强的吸收优势；此外，生长介质中 NH_4^+的存在明显促进了小麦幼苗对 N 的吸收。

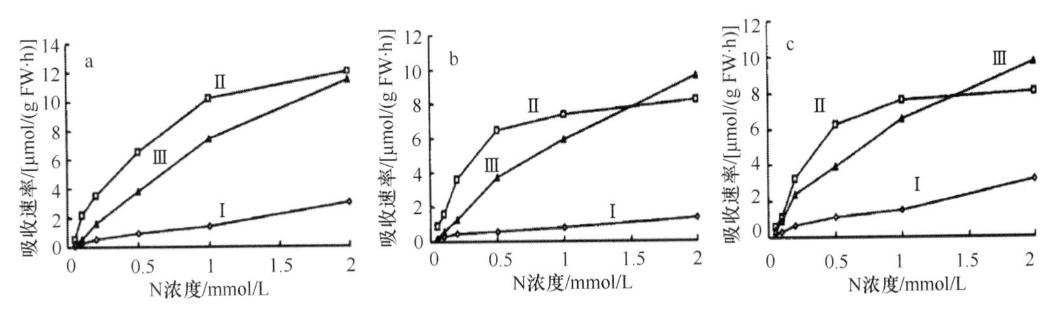

图 8-1　小麦幼苗对 3 种形态 N 素吸收速率的差异（戴廷波等，2001）

Ⅰ. 硝态氮；Ⅱ. 铵态氮；Ⅲ. 增铵营养（NH_4^+/NO_3^-=50∶50）

a. 扬麦 158；b. 莱州 953；c. 江东门

（四）不同氮素形态对氮素积累的影响

表 8-2 结果表明，小麦整株和地上部 N 积累量以 EAN 为最高，NO_3^-营养次之，NH_4^+营养最低。其中，EAN 下‘扬麦 158’和‘莱州 953’的 N 积累量显著高于 NO_3^-和 NH_4^+营养，而‘江东门’的 N 积累量在各处理之间差异较小。根系 N 积累量在 NO_3^-营养和 EAN 间无明显差异，但二者显著高于 NH_4^+营养。因此，EAN 下不同小麦品种 N 积累量的差异反映了不同基因型对增铵营养反应的敏感性强弱。EAN 下较高的 N 吸收速率和积累量有利于小麦的生长。

表 8-2　不同氮素形态对小麦 N 积累的影响

基因型	处理	积累		
		整株	地上部	根
扬麦 158	NO_3^-	58.66b	46.97b	11.69a
	EAN	87.14a	74.00a	13.14a
	NH_4^+	41.95b	35.44b	6.51b
莱州 953	NO_3^-	55.94b	43.22b	12.72a
	EAN	70.37a	58.68a	11.69a
	NH_4^+	51.79b	41.93b	9.86b
江东门	NO_3^-	55.76a	43.11a	12.65a
	EAN	67.53a	56.63a	10.90a

续表

基因型	处理	积累		
		整株	地上部	根
江东门	NH_4^+	48.82a	40.21a	8.61b
平均	NO_3^-	56.03b	44.68b	11.91a
	EAN	75.01a	63.10a	11.91a
	NH_4^+	47.52b	39.19b	8.33b

注：EAN. 增铵营养（NH_4^+/ NO_3^-=50/50）
同一列不同小字母表示差异达 5%显著水平
资料来源：戴廷波等，2001

（五）不同氮素形态对小麦不同器官全氮含量的影响

由表 8-3 可以看出，不同氮素形态对开花期小麦各营养器官全氮含量的影响表现为，酰胺态氮处理小麦旗叶、倒 2，3 叶和余叶的全氮含量均大于铵态氮处理和硝态氮处理。说明酰胺态氮处理可以提高开花期小麦叶片氮含量。由旗叶鞘、2，3 鞘、2，3 茎、穗部营养体、余茎和余鞘各器官开花期全氮含量可以看出，铵态氮处理各器官全氮含量高于酰胺态氮处理和销态氮处理，而硝态氮处理开花期各器官氮含量最低。结合小麦植株平均含氮量看，开花期小麦全氮含量铵态氮处理最高，酰胺态氮处理次之，硝态氮处理最低。由此可见，酰胺态氮处理有利于提高花前小麦叶片氮含量，铵态氮处理有利于提高花前小麦茎、鞘与穗部营养体氮含量，而硝态氮处理不利于花前各器官氮积累。成熟期小麦各器官全氮含量硝态氮处理最高，铵态氮处理次之，酰胺态氮处理最低。说明铵态氮处理和酰胺态氮处理有利于提高花前植株各器官氮含量，并且有利于灌浆过程中植株体内的氮素向籽粒运转，为籽粒的充实提供了丰富的氮源；而硝态氮处理则相反。

表 8-3　不同氮素形态对小麦各器官氮含量的影响（单位：%）

项目	铵态氮			酰胺态氮			硝态氮		
	开花期	成熟期	差值	开花期	成熟期	差值	开花期	成熟期	差值
旗叶	7.79	1.56	6.23	8.26	1.55	6.71	7.74	1.80	5.94
旗叶茎	4.84	0.59	4.25	3.29	0.64	2.65	3.32	0.69	2.63
旗叶鞘	3.94	0.81	3.13	3.80	0.77	3.03	3.57	0.91	2.66
倒 2，3 叶	6.26	1.27	4.99	6.35	0.96	5.39	5.98	1.36	4.62
2，3 茎	2.72	0.63	2.09	2.54	0.52	2.02	2.43	0.65	1.78
2，3 鞘	3.13	0.92	2.21	3.02	0.76	2.26	3.30	1.21	2.09
余叶	4.00	0.97	3.03	4.01	0.83	3.18	3.88	0.92	2.96
余茎	2.60	0.73	1.87	2.34	0.55	1.79	2.42	0.70	1.72
余鞘	2.24	0.60	1.64	2.23	0.36	1.87	2.27	0.77	1.50
穗部营养体	2.46	0.75	1.71	2.42	0.74	1.68	2.39	0.72	1.69
籽粒	0	13.43	13.43	0	13.44	13.44	0	12.60	12.60

二、不同氮素形态对小麦氮素分配和转运的影响

氮素利用率（NUE）和氮收获指数（NHI）分别标志着氮素同化及其在籽粒中分配的效率，收获指数（HI）标志着干物质在籽粒中的分配效率。不同专用型小麦品种在不同氮素形态处理下，NUE、NHI 和 HI 的表现不同（表 8-4）。在酰胺态氮处理下，强筋型小麦‘豫麦 34’的 NUE 最高，铵态氮次之，硝态氮最低，分别为 25.47%、25.04%和 23.20%；NHI 与 NUE 表现趋势相同，其中酰胺态氮为 0.596，分别比硝态氮和铵态氮处理增加了 0.053 和 0.031；收获指数（HI）表现为硝态氮（0.35）＞酰胺态氮（0.33）＞铵态氮（0.32）。中筋型小麦‘豫麦 49’在 3 种不同氮素形态下，NHI 和 NUE 表现相同的趋势（表 8-4），即铵态氮＞硝态氮＞酰胺态氮；收获指数在酰胺态氮下最高，为 0.29，硝态氮最低，为 0.27，铵态氮居中，为 0.28。弱筋型小麦‘豫麦 50’在 3 种氮素形态条件下，NUE、NHI 和 HI 均表现出相同的趋势，酰胺态氮最高，硝态氮次之，铵态氮最低。

表 8-4　氮素形态对不同专用型小麦收获指数、氮素利用率和氮收获指数的影响

品种	氮素形态	收获指数	氮素利用率/%	氮收获指数
豫麦 34	NO_3^--N	0.35b	23.20a	0.543a
	NH_4^+-N	0.32a	25.04b	0.565b
	NH_2^+-N	0.33a	25.47b	0.596c
豫麦 49	NO_3^--N	0.27a	20.79a	0.577a
	NH_4^+-N	0.28ab	22.72b	0.580a
	NH_2^+-N	0.29b	20.53a	0.574a
豫麦 50	NO_3^--N	0.29b	22.58b	0.531b
	NH_4^+-N	0.27a	20.75a	0.345a
	NH_2^+-N	0.33c	23.24b	0.574b

注：同一列不同小字母表示差异达 5%显著水平

资料来源：马新明等，2004

第二节　不同氮素形态配比对小麦氮素积累、分配及转运的影响

一、不同氮素形态配比对小麦营养器官氮素积累的影响

（一）不同氮素形态配比对小麦营养器官氮素积累的影响

1. 叶片全氮含量的变化

由表 8-5 可以看出，小麦叶片全氮在灌浆期均呈现下降的趋势。开花期至花后 10d 降速较缓，花后 10～20d 迅速下降，花后 20d 至成熟期降速减缓。

不同处理之间的方差分析显示，开花期 N3 处理显著提高了‘郑麦 366’叶片全氮含量，其含量比 N5 提高 19.80%；开花期‘矮抗 58’在 N3 处理下叶片全氮含量最高，但与 N1、N2 处理相比差异不显著，与 N4、N5 处理差异显著，叶片全氮含量分别比 N4、

表 8-5　不同氮素形态配施对小麦叶片全氮含量的影响（单位：%）

品种	处理	花后时期			
		开花期	灌浆初期	灌浆中期	灌浆后期
郑麦 366	N1	2.39a	1.96b	0.91a	0.66c
	N2	2.25b	2.19a	0.92a	0.74b
	N3	2.42a	2.03b	0.83b	0.68bc
	N4	2.11c	1.76c	0.69c	0.73b
	N5	2.02c	1.92b	0.80b	0.94a
矮抗 58	N1	2.30a	1.99b	1.09a	0.64c
	N2	2.33a	2.29a	0.87b	0.70abc
	N3	2.37a	2.00b	0.85b	0.71ab
	N4	2.01b	1.88b	0.79b	0.66bc
	N5	2.09b	1.91b	0.87b	0.74a
郑麦 004	N1	2.31b	2.19b	1.18c	0.73d
	N2	2.44a	2.43a	1.38a	0.92a
	N3	2.4ab	2.42a	1.28b	0.84bc
	N4	1.99c	2.10b	1.01d	0.80c
	N5	2.33ab	2.40a	1.22bc	0.90ab
F 值	V	8.04*	69.45**	262.63**	168.32**
	N	45.68**	32.31**	38.16**	29.17**
	V×N	5.81**	3.34*	10.64**	6.49**

注：N1、N2、N3、N4、N5 表示硝态氮和铵态氮的比例分别为 100∶0、75∶25、50∶50、25∶75、0∶100

V. 品种；N. 处理；V×N. 品种与处理互作；$F_{0.05}$（V）=6.94；$F_{0.05}$（N）=2.78；$F_{0.05}$（V×N）=2.36；$F_{0.01}$（V）=18；$F_{0.01}$（N）=4.22；$F_{0.01}$（V×N）=3.36

同一列不同小写字母表示差异达 5%显著水平；*和**分别表示差异达 5%和 1%显著水平

N5 处理高 17.91%和 13.40%。至灌浆后期，N5 处理下‘郑麦 366’叶片全氮含量最高，与其他处理差异显著，分别比 N1、N2、N3、N4 处理高 42.42%、27.03%、38.24%、28.77%，N1、N3 处理下全氮含量最低；‘矮抗 58’表现出同样的趋势，N5 处理分别比 N1、N2、N3、N4 处理全氮含量高 15.63%、5.71%、4.23%、12.12%，N1 处理全氮含量最低。N2 处理‘郑麦 004’叶片全氮含量在整个灌浆期都最高，成熟期 N1 处理全氮含量最低。说明 N2 或 N3 处理在开花期能促进氮素在小麦叶片中的积累，在成熟期促进叶片中的氮素向其他器官转运，而 N4 或 N5 处理对叶片氮素的转运具有抑制作用。

2. 鞘全氮含量的变化

由表 8-6 可以看出，鞘中氮素动态积累和叶片趋势相同，开花期 N2 处理‘郑麦 366’鞘氮素含量最高，分别比 N1、N3、N4、N5 处理高 6.42%、8.41%、12.62%、11.54%；开花期 N3 处理‘矮抗 58’鞘全氮含量最高，与其他处理差异显著，分别比 N1、N2、N4、N5 处理高 7.07%、17.78%、21.84%、11.58%；开花期 N2 处理‘郑麦 004’鞘全氮含量最高，分别比 N1、N3、N4、N5 处理高 24.73%、7.40%、30.34%、7.40%。成熟期 N3 处理下鞘全氮含量最低，N5 处理下鞘全氮含量最高。

表 8-6　不同氮素形态配施对小麦鞘全氮含量的影响（单位：%）

品种	处理	花后时期			
		开花期	灌浆初期	灌浆中期	灌浆后期
郑麦 366	N1	1.09b	1.04a	0.45a	0.32b
	N2	1.16a	1.02a	0.41a	0.43a
	N3	1.07b	0.94b	0.43a	0.30b
	N4	1.03b	0.92b	0.28c	0.31b
	N5	1.04b	0.89b	0.35b	0.42a
矮抗 58	N1	0.99ab	0.88ab	0.41a	0.35b
	N2	0.90cd	0.96a	0.41a	0.34b
	N3	1.06a	0.94a	0.39a	0.32b
	N4	0.87d	0.89ab	0.39a	0.31b
	N5	0.95bc	0.84b	0.30b	0.41a
郑麦 004	N1	0.93c	0.98b	0.50b	0.39b
	N2	1.16a	1.13a	0.52b	0.48a
	N3	1.08b	1.08a	0.60a	0.39b
	N4	0.89c	0.95b	0.42c	0.40b
	N5	1.08b	0.97b	0.51b	0.46a
F 值	V	70.10**	103.41**	233.33**	58.12**
	N	19.34**	13.34**	27.83**	37.84**
	V×N	10.38**	2.86*	2.52*	4.91**

注：N1、N2、N3、N4、N5 表示硝态氮和铵态氮的比例分别为 100∶0、75∶25、50∶50、25∶75、0∶100

V. 品种；N. 处理；V×N. 品种与处理互作；$F_{0.05}$（V）=6.94；$F_{0.05}$（N）=2.78；$F_{0.05}$（V×N）=2.36；$F_{0.01}$（V）=18；$F_{0.01}$（N）=4.22；$F_{0.01}$（V×N）=3.36

同一列不同小写字母表示差异达 5%显著水平；*和**分别表示差异达 5%和 1%显著水平

3. 茎秆全氮含量的变化

由表 8-7 可知，小麦茎秆全氮在灌浆期呈迅速下降趋势，灌浆末期至成熟期下降趋势放缓。不同处理之间的方差分析显示，开花期 N2 处理下‘郑麦 366’茎秆全氮含量最高；N3 处理下‘矮抗 58’茎秆全氮含量最高，分别比 N1、N2、N4、N5 处理高 8.99%、22.78%、22.78%、29.33%，与 N2、N4、N5 差异显著；开花期 N2 处理‘郑麦 004’茎秆全氮含量最高，分别比 N1、N3、N4、N5 处理高 28.21%、9.89%、38.89%、36.99%，与其他处理差异显著。成熟期 N3 处理下‘郑麦 366’茎秆全氮含量最低，大小依次是 N2＞N1＞N5＞N4＞N3；‘矮抗 58’各处理间差异不显著，含量大小依次是 N2＞N5＞N4＞N3＞N1；‘郑麦 004’各处理间含量大小为 N5＞N2＞N1＞N4＞N3。

表 8-7　不同氮素形态配施对小麦茎秆全氮含量的影响（单位：%）

品种	处理	花后时期			
		开花期	灌浆初期	灌浆中期	灌浆后期
郑麦 366	N1	0.99a	0.59b	0.33a	0.25ab
	N2	1.03a	0.68a	0.36a	0.28a
	N3	0.90b	0.47c	0.25b	0.19c
	N4	1.03a	0.45c	0.20c	0.22bc
	N5	0.81c	0.55b	0.23bc	0.23b
矮抗 58	N1	0.89a	0.51b	0.35a	0.21a
	N2	0.79b	0.54ab	0.28bc	0.26a
	N3	0.97a	0.57a	0.29b	0.22a
	N4	0.78b	0.42c	0.25c	0.23a
	N5	0.75b	0.45c	0.27bc	0.25a
郑麦 004	N1	0.78c	0.44c	0.37b	0.22bc
	N2	1.00a	0.69a	0.39ab	0.23b
	N3	0.91b	0.52b	0.41a	0.18c
	N4	0.72c	0.42cd	0.28c	0.19c
	N5	0.73c	0.37d	0.29c	0.30a
F 值	V	10.97*	5.66*	33.47**	0.73
	N	11.71**	43.34**	77.69**	8.08**
	V×N	6.44**	11.02**	16.24**	2.82*

注：N1、N2、N3、N4、N5 表示硝态氮和铵态氮的比例分别为 100∶0、75∶25、50∶50、25∶75、0∶100

V. 品种；N. 处理；V×N. 品种与处理互作；$F_{0.05}$（V）=6.94；$F_{0.05}$（N）=2.78；$F_{0.05}$（V×N）=2.36；$F_{0.01}$（V）=18；$F_{0.01}$（N）=4.22；$F_{0.01}$（V×N）=3.36

同一列不同小写字母表示差异达 5%显著水平；*和**分别表示差异达 5%和 1%显著水平

4. 穗轴+颖壳全氮含量的变化

由表 8-8 可以看出，开花期 N3 处理下‘郑麦 366’穗轴+颖壳中全氮含量最高，分别比 N1、N2、N4、N5 提高 5.41%、3.72%、5.41%、4.28%；成熟期 N3 处理下‘郑麦 366’穗轴+颖壳全氮含量最低，且与 N1、N2、N5 差异显著；成熟期 N2 处理下‘矮抗 58’穗轴+颖壳全氮含量最低，与 N3、N4、N5 处理差异显著；开花期 N3 处理‘郑麦 004’穗轴+颖壳全氮含量最高，成熟期 N4 处理全氮含量最低。说明硝态氮、铵态氮及其配施在开花期能促进小麦穗轴+颖壳中氮素的积累，在成熟期能促进氮素向其他部位转运。

表 8-8　不同氮素形态配施对小麦穗轴+颖壳全氮含量的影响（单位：%）

品种	处理	花后时期			
		开花期	灌浆初期	灌浆中期	灌浆后期
郑麦 366	N1	1.85b	0.96c	0.70a	0.95a
	N2	1.88ab	1.10ab	0.51c	0.80b

续表

品种	处理	花后时期			
		开花期	灌浆初期	灌浆中期	灌浆后期
郑麦 366	N3	1.95a	1.16a	0.60b	0.64c
	N4	1.85b	1.02bc	0.48c	0.64c
	N5	1.87b	1.09ab	0.47c	0.70c
矮抗 58	N1	1.76c	1.00d	0.54a	0.65d
	N2	1.77c	1.12bc	0.53ab	0.63d
	N3	1.85ab	1.24a	0.49ab	1.25a
	N4	1.8bc	1.08cd	0.5ab	0.81c
	N5	1.9a	1.18ab	0.48b	0.95b
郑麦 004	N1	1.82c	1.21b	0.64a	0.67b
	N2	2.03a	1.29ab	0.57b	0.71b
	N3	2.04a	1.37a	0.61ab	0.63bc
	N4	1.72d	1.19b	0.49c	0.54c
	N5	1.90b	1.24b	0.41d	0.90a
F 值	V	70.47**	365.28**	8.45*	20.20**
	N	21.14**	15.36**	42.45**	23.01**
	V×N	9.41**	0.75	7.91**	48.36**

注：N1、N2、N3、N4、N5 表示硝态氮和铵态氮的比例分别为 100∶0、75∶25、50∶50、25∶75、0∶100

V. 品种；N. 处理；V×N. 品种与处理互作：$F_{0.05}$（V）=6.94；$F_{0.05}$（N）=2.78；$F_{0.05}$（V×N）=2.36；$F_{0.01}$（V）=18；$F_{0.01}$（N）=4.22；$F_{0.01}$（V×N）=3.36

同一列不同小写字母表示差异达 5%显著水平；*和**分别表示差异达 5%和 1%显著水平

（二）不同氮素形态配施对小麦籽粒全氮含量变化的影响

由表 8-9 可以看出，花后 6d，‘郑麦 366’籽粒氮素含量大小为 N1＞N2＞N3＞N4＞N5，N1、N2、N3 处理间差异不显著，但与 N4、N5 处理差异显著；‘矮抗 58’氮素含量大小为 N1＞N3＞N4＞N2＞N5，N1 与 N2、N5 之间差异显著；‘郑麦 004’氮素含量大小为 N1＞N2＞N3＞N4＞N5，各处理间差异均不显著。表明在籽粒灌浆前，硝态氮仍是籽粒前期氮素积累的主要来源。灌浆期籽粒氮素含量并没有规律可循。成熟期 N2 处理‘郑麦 366’籽粒氮素含量最高且与其他处理差异显著，分别比 N1、N3、N4、N5 提高 18.14%、21.09%、31.85%、35.19%；成熟期‘矮抗 58’籽粒氮素含量大小为 N3＞N4＞N2＞N1＞N5，各处理间差异不显著，但 N3 处理全氮含量比 N1、N2、N4、N5 处理分别提高 10.83%、1.61%、0.92%、14.88%；成熟期‘郑麦 004’各处理间差异不显著，含量大小为 N2＞N5＞N1＞N3＞N4，N4 处理氮素含量最低。

表 8-9　不同氮素形态配施对小麦籽粒全氮含量的影响（单位：%）

品种	处理	花后天数/d					
		6	12	18	24	30	36
郑麦 366	N1	6.71a	4.28a	3.97a	3.33a	4.09a	4.52b
	N2	6.69a	4.05a	4.03a	3.53a	4.01ab	5.34a

续表

品种	处理	花后天数/d					
		6	12	18	24	30	36
郑麦 366	N3	6.24ab	3.85a	3.82a	3.36a	3.83bc	4.41b
	N4	5.27b	3.98a	3.41a	3.20a	3.62c	4.05b
	N5	5.25b	3.69a	3.61a	3.12a	3.75c	3.95b
矮抗 58	N1	6.97a	3.25b	3.77a	3.36a	3.77a	3.97a
	N2	5.68b	3.98ab	3.44a	3.78a	3.61ab	4.33a
	N3	5.97ab	4.17a	3.13a	3.79a	3.71a	4.40a
	N4	5.71ab	3.67ab	3.56a	3.95a	3.56ab	4.36a
	N5	5.66b	3.63ab	3.63a	3.64a	3.44b	3.83a
郑麦 004	N1	6.43a	2.98a	3.29a	4.03a	3.34a	3.52a
	N2	6.37a	3.77a	3.10a	4.00a	3.53a	3.85a
	N3	5.89a	3.46a	3.39a	3.92a	3.32a	3.51a
	N4	5.87a	3.35a	3.03a	3.18b	3.33a	3.34a
	N5	5.86a	3.45a	2.69a	3.80ab	3.33a	3.70a
F 值	V	1.31	30.93**	17.71*	8.33*	31.65**	60.46**
	N	3.83*	1.28	1.30	1.07	7.12**	4.31**
	V×N	0.80	1.14	1.23	1.52	2.45*	2.13

注：N1、N2、N3、N4、N5 表示硝态氮和铵态氮的比例分别为 100∶0、75∶25、50∶50、25∶75、0∶100

V. 品种；N. 处理；V×N. 品种与处理互作；$F_{0.05}$（V）=6.94；$F_{0.05}$（N）=2.78；$F_{0.05}$（V×N）=2.36；$F_{0.01}$（V）=18；$F_{0.01}$（N）=4.22；$F_{0.01}$（V×N）=3.36

同一列不同小写字母表示差异达 5%显著水平；*和**分别表示差异达 5%和 1%显著水平

二、不同氮素形态配比对小麦氮素分配和转运的影响

氮素利用率（NUE）和氮收获指数（NHI）分别标志着氮素同化及其在籽粒中分配的效率，收获指数（HI）标志着干物质在籽粒中的分配效率。从表 8-10 可以看出，参试小麦品种在不同氮素形态配比处理下 NUE、NHI 和 HI 的表现不同，对氮素的吸收利用存在很大差异。‘郑麦 9023’在 CK 处理下的 NUE、NHI 最高，其中氮素利用率比其他 4 个处理均高出 10%以上，NHI 比 N1、N2、N3、N4 分别高出 5.6%、22.4%、22.0%、28.3%。‘郑麦 366’在 N1 处理下的 NHI 和 HI 的综合表现比在 N2、N3、N4 处理下较低，土壤中的氮素更多地被小麦吸收，地上部氮素积累量增加。由此可知，硝态氮肥能够促进‘郑麦 9023’、‘郑麦 366’HI 和 NHI 的增长，从而提高氮肥利用率。‘郑麦 004’、‘矮抗 58’两个参试小麦品种则在 N1 处理下表现最为突出，HI、NUE 和 NHI 表现出相同的趋势，比其他处理均高，且都在 N4 处理下 NUE 最低，可见硝铵比为 25∶75 的氮素形态能够促进土壤中的氮素向地上部转运，而过量的铵态氮会抑制其转运和小麦对氮素的吸收。‘周麦 22’和‘洛麦 23’各指标的变化趋势较为复杂，‘洛麦 23’在 N1 处理下 NUE 最高，‘周麦 22’在 N2 处理下 NUE 最高，表明适当比例的混合形态氮素营养比单一形态氮素营养更能促进这两种小麦对氮素的吸收利用。

表 8-10　不同氮素形态配施对参试小麦品种收获指数、氮素利用率、氮收获指数的影响

品种	指标	处理				
		CK	N1	N2	N3	N4
郑麦 004	收获指数	39.96ab	40.92a	39.45b	39.64b	31.77c
	氮素利用率	0.30a	0.28b	0.26c	0.28b	0.26c
	氮收获指数	31.36c	39.23a	35.53b	26.60d	32.39c
郑麦 366	收获指数	41.67a	29.66d	39.89b	31.36d	36.49c
	氮素利用率	0.27c	0.32a	0.30b	0.28c	0.27c
	氮收获指数	37.74b	30.51e	32.32d	39.26a	33.76c
郑麦 9023	收获指数	39.09a	36.43b	38.71a	39.30a	36.82b
	氮素利用率	0.30a	0.27b	0.27b	0.27b	0.27b
	氮收获指数	39.25a	37.16b	32.08c	32.18c	30.60d
周麦 22	收获指数	37.86bc	39.10b	36.30c	42.66a	41.08a
	氮素利用率	0.28b	0.29b	0.33a	0.28b	0.29b
	氮收获指数	36.03a	32.87b	29.36c	29.81c	33.45b
洛麦 23	收获指数	37.98b	34.66c	39.18b	42.32a	29.20d
	氮素利用率	0.27d	0.33a	0.31b	0.28d	0.29c
	氮收获指数	34.14d	41.32a	37.60b	36.09c	35.68c
矮抗 58	收获指数	34.41a	34.96a	32.99b	28.61c	29.28c
	氮素利用率	0.28b	0.30a	0.27bc	0.27c	0.27c
	氮收获指数	33.69c	37.96a	38.89a	35.93b	34.08c

注：CK、N1、N2、N3、N4 表示硝态氮和铵态氮的比例分别为 100∶0、75∶25、50∶50、25∶75、0∶100
同一列不同小写字母表示差异达 5%显著水平

第三节　水分和氮素形态互作对小麦氮素积累、分配及转运的影响

一、水分和氮素形态互作对小麦氮素积累的影响

（一）水分和氮素形态互作对小麦营养器官氮素积累的影响

1. 旗叶全氮含量的变化

由图 8-2 可以看出，在不同水分和氮素形态下，旗叶全氮含量灌浆初期保持稳定，花后 14d 开始下降，成熟时降到最低。在同一氮素形态不同水分下，随着水分的增加，小麦旗叶氮含量也随着增加，即 W3＞W2＞W1；W2、W3 旗叶全氮含量从开花后到成熟高于 W1，但其降低速率较慢，这说明开花后籽粒形成期间 W1 旗叶有较多的氮素输出，这可能是 W1 处理籽粒蛋白质含量高的一个原因。在 W1 处理条件下，3 种氮素形态之间差异不明显，在 W2、W3 处理条件下，从开花到花后 28d，N2＞N3＞N1。小麦籽粒成熟期，在 W2 处理条件下，N3＞N1＞N2；在 W3 处理条件下，N1＞N2＞N3。

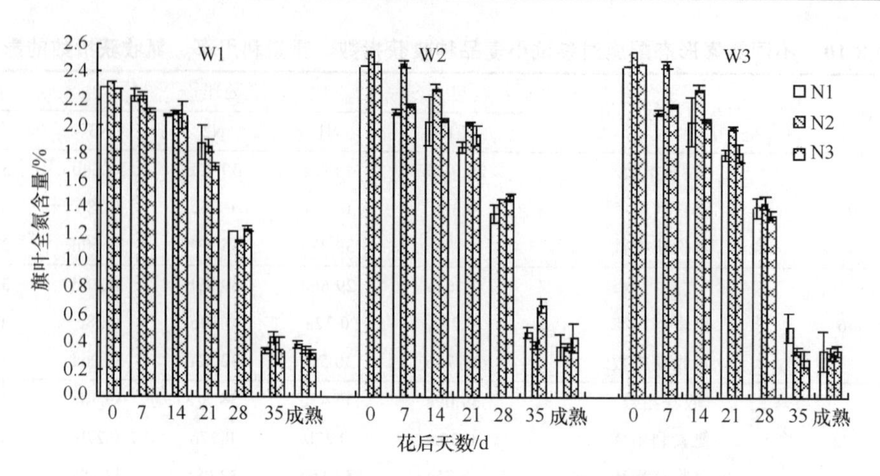

图 8-2 不同处理对‘郑麦 9023’旗叶全氮含量的影响

W1. 拔节期灌水一次；W2. 拔节期和孕穗期各灌水一次；W3. 拔节期、孕穗期和灌浆期各灌水一次。
N1. 酰胺态氮；N2. 硝态氮；N3. 铵态氮

2. 其他叶全氮含量的变化

由图 8-3 可以看出，在不同水分和氮素形态下，在‘郑麦 9023’开花后籽粒形成与灌浆期间，其他叶全氮含量逐渐降低。在同一氮素形态不同水分处理下，W2、W3 各处理籽粒形成与灌浆初期其他叶全氮含量明显高于 W1 相应处理，但 W1 其他叶全氮含量下降速度快，W1 其他叶全氮含量又低于 W2、W3，直到成熟。在 W1 处理条件下，从开花到花后 21d，其他叶全氮含量变化为 N1＞N3＞N2，在 W2、W3 处理条件下，3 种氮素形态之间差异不明显。

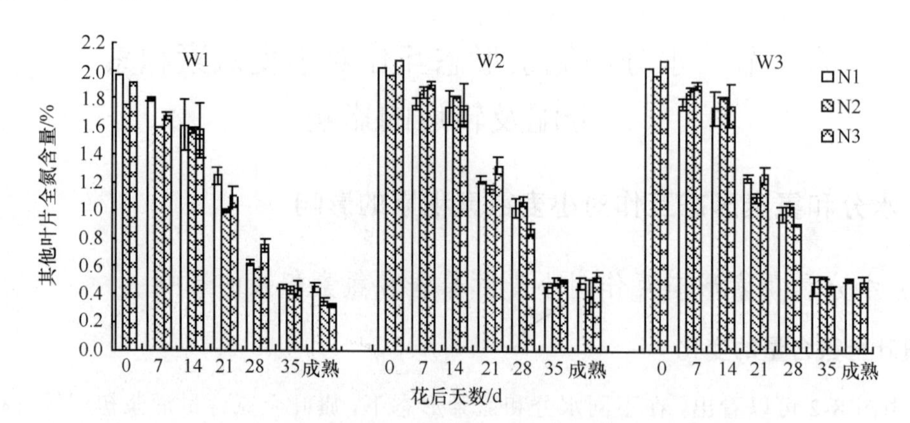

图 8-3 不同处理对‘郑麦 9023’其他叶全氮含量的影响

W1. 拔节期灌水一次；W2. 拔节期和孕穗期各灌水一次；W3. 拔节期、孕穗期和灌浆期各灌水一次。
N1. 酰胺态氮；N2. 硝态氮；N3. 铵态氮

3. 茎全氮含量的变化

从图 8-4 可以看出，小麦茎全氮含量明显低于叶片，在 1%以下。在不同水分和氮素形态下，小麦籽粒形成与灌浆初期茎全氮含量快速下降，随生育进程的推移茎全氮含量下降速度减慢。在 W1 处理条件下，从开花到小麦籽粒灌浆初期，小麦茎全氮含量变化为 N1＞N3＞N2。在 W2 处理条件下，小麦籽粒在整个灌浆期间茎全氮含量变化为 N2 与 N1、N3 差异显著，而 N1、N3 之间没有差异。在 W3 处理条件下，花后 7～28d，小麦茎全氮含量变化为 N2＞N3、N1，N1、N3 两种氮素形态差异不显著。

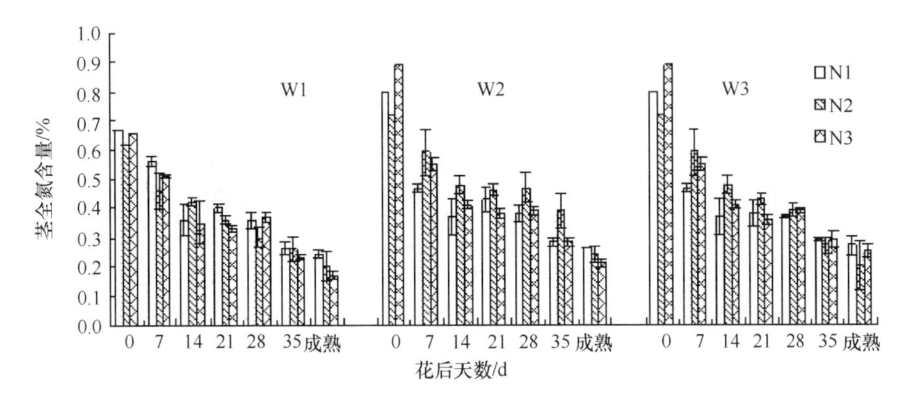

图 8-4　不同处理对‘郑麦 9023’茎全氮含量的影响

W1. 拔节期灌水一次；W2. 拔节期和孕穗期各灌水一次；W3. 拔节期、孕穗期和灌浆期各灌水一次。

N1. 酰胺态氮；N2. 硝态氮；N3. 铵态氮

4. 鞘全氮含量的变化

由图 8-5 可以看出，在同一氮素形态不同水分条件下，随着灌水次数的增加小麦鞘全氮含量增加，即 W3＞W2＞W1，说明水分可以提高小麦鞘全氮的含量。在小麦籽粒灌浆初期，小麦鞘全氮含量较高，说明鞘是氮的暂贮器官之一。在 W1 处理条件下，从开花到花后 21d，小麦鞘全氮含量变化为 N2、N3＞N1，N2、N3 之间差异不明显。在 W2、W3 处理条件下，小麦鞘全氮含量变化为 N2＞N3、N1，N1、N3 两种氮素形态之间差异不显著。

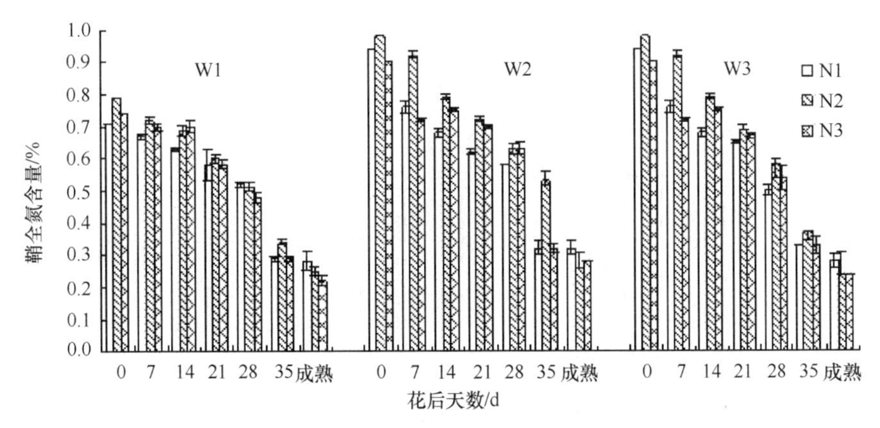

图 8-5　不同处理对‘郑麦 9023’鞘全氮含量的影响

W1. 拔节期灌水一次；W2. 拔节期和孕穗期各灌水一次；W3. 拔节期、孕穗期和灌浆期各灌水一次。

N1. 酰胺态氮；N2. 硝态氮；N3. 铵态氮

5. 穗轴+颖壳全氮含量的变化

从图 8-6 可以看出，小麦穗轴+颖壳全氮含量从开花到小麦籽粒灌浆成熟呈逐渐降低的趋势。随着灌水的增加，小麦穗轴+颖壳全氮含量变化趋势为 W3＞W2＞W1，表明水分增加可以提高小麦穗轴+颖壳对氮素的吸收和贮存。在 W1、W2、W3 处理条件下，N2＞N1、N3，N1、N3 差异不明显，这说明硝态氮肥有利于小麦穗轴+颖壳对氮素的吸收。

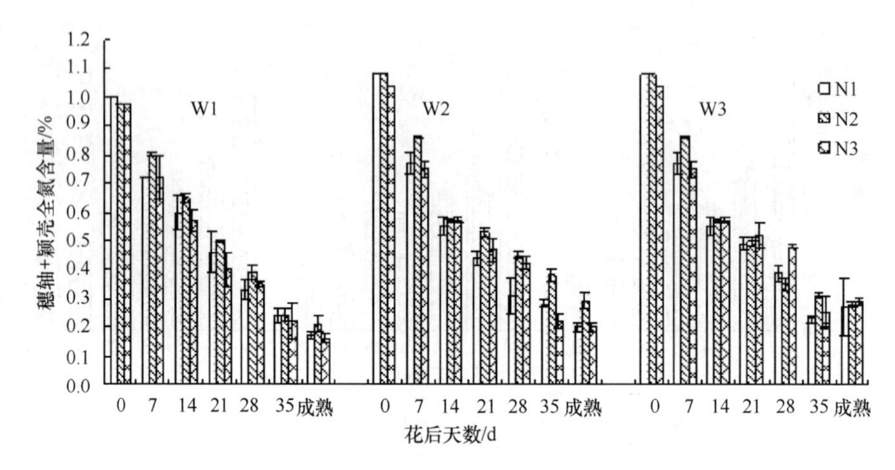

图 8-6　不同处理对‘郑麦 9023’穗轴+颖壳全氮含量的影响

W1. 拔节期灌水一次；W2. 拔节期和孕穗期各灌水一次；W3. 拔节期、孕穗期和灌浆期各灌水一次。
N1. 酰胺态氮；N2. 硝态氮；N3. 铵态氮

（二）水分和氮素形态互作对小麦籽粒中氮素积累的影响

如图 8-7 所示，小麦籽粒全氮含量在花后 7～14d 出现最高值，在花后 21d 出现最低值，随着小麦籽粒灌浆进程的推进，逐渐升高，花后 35d 到成熟期达到最高值。从花后 28d 到成熟，在 W1、W2、W3 处理条件下，N2＞N1、N3，N1、N3 之间差异不显著，以上表明硝态氮肥有利于氮素从小麦的各个器官向籽粒转运。

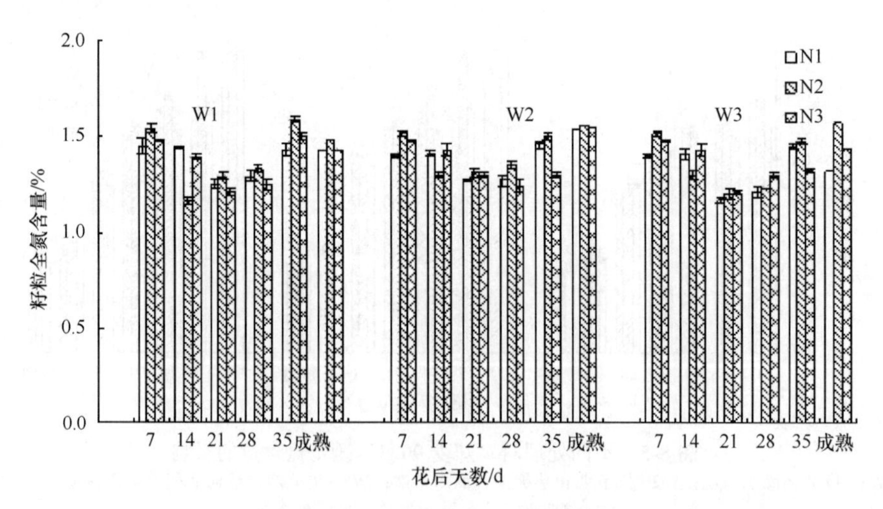

图 8-7　不同处理对‘郑麦 9023’籽粒全氮含量的影响

W1. 拔节期灌水一次；W2. 拔节期和孕穗期各灌水一次；W3. 拔节期、孕穗期和灌浆期各灌水一次。
N1. 酰胺态氮；N2. 硝态氮；N3. 铵态氮

二、水分和氮素形态互作对小麦氮素分配和转运的影响

（一）水分和氮素形态互作对小麦单茎氮素积累与转运的影响

由表 8-11 可知，不同水分和氮素形态对小麦单茎氮素积累与转运的影响不同。就不同水分处理而言，花前氮素积累量、花后氮素积累量、花后氮素转运量和花后氮素转运率均为 W2 高于 W1 处理。不同氮素形态处理间比较，花前氮素积累量 W1 处理条件下，酰胺态氮处理＞铵态氮处理＞硝态氮处理，而在 W2 处理条件下呈相反规律，花后氮素转运量 W1 条件下铵态氮处理最高，硝态氮处理最低，W2 条件下酰胺态氮处理最高，铵态氮处理最低；氮素转运率 W1 处理条件下表现为酰胺态氮处理＞铵态氮处理＞硝态氮处理，W2 处理条件下表现为铵态氮处理＞酰胺态氮处理＞硝态氮处理。水氮互作表现为，开花期氮素积累量以 W2 酰胺态氮处理最高，W1 硝态氮处理最低，成熟期则以 W2 铵态氮处理最高，W2 酰胺态氮处理最低，W1 硝态氮处理稍高于 W2 酰胺态氮处理；氮素转运量以 W2 酰胺态氮处理最高，W1 硝态氮处理最低；氮素转运率以 W2 铵态氮处理和 W2 酰胺态氮处理较高，W1 硝态氮处理最低。说明不同氮素形态对小麦单茎氮素积累和转运的影响不同，且受水分条件的影响，其中铵态氮肥在不同水分处理下氮素转运量较为集中，变化不明显，其他两种形态氮素肥料在不同水分处理下变幅较为明显，这也说明了铵态氮处理受水分变化的影响较小。上述结果同时表明，W2 条件下酰胺态氮处理能提高小麦单茎花前氮素积累量，促进花后氮素向籽粒中转运，而 W1 条件下硝态氮处理不利于单茎花前氮素积累和花后氮素转运。

表 8-11　不同水分和氮素形态处理对‘郑麦 9023’小麦器官氮素积累和转运的影响

处理	氮积累量/（mg/茎）			花前氮转运量/（mg/茎）	花前氮转运率/%
	开花期	成熟期	花后		
W1 铵态氮	24.39	77.28	52.89	18.35	75.22
W1 酰铵态氮	22.05	84.88	62.83	17.12	77.65
W1 硝态氮	21.82	70.86	49.04	16.08	73.71
W2 铵态氮	23.26	87.70	64.44	18.98	81.60
W2 酰铵态氮	25.82	70.73	44.91	21.00	81.31
W2 硝态氮	25.69	75.74	50.06	20.81	81.01

注：W1. 拔节期灌水一次；W2. 拔节期和孕穗期各灌水一次

（二）水分和氮素形态互作对小麦氮素转运量与转运率及籽粒贡献率的影响

由表 8-12 可知，不同水分及不同氮素形态对小麦叶、茎、鞘营养器官花后氮素转运量、转运率、对籽粒贡献率，以及植株氮素总转运量、总转运率、对籽粒总贡献率的影响各不相同。不同水分处理间比较，氮素转运量和氮素转运率 W2 处理高于 W1 处理，说明水分逆境能明显降低贮藏氮素向籽粒的再转运。不同氮素形态间比较，叶、茎、鞘及植株总的氮素转运量酰胺态氮处理最大，硝态氮处理次之，铵态氮处理最小；叶片氮

素转运效率硝态氮处理最大，酰胺态氮处理次之，铵态氮处理最小；茎、鞘氮素转运效率酰胺态氮处理最大，铵态氮处理和硝态氮处理间差异不明显，籽粒贡献率在不同器官中因水分、氮素处理不同而表现不同，但未表现出明显的规律。

表 8-12　不同水分和氮素形态处理对‘郑麦 9023’叶、茎、鞘的氮素转运量、转运率及对籽粒氮素贡献率的影响（单位：%）

处理	叶			茎			鞘			总计		
	转运量	转运率	贡献率	转运量	转运率	贡献率	转运量	转运率	贡献率	转运量	转运率	贡献率
W1 铵态氮	7.70	80.00	17.00	5.38	67.00	18.18	2.45	70.00	7.56	15.53	72.00	42.74
W1 酰铵态氮	7.63	88.00	21.24	5.47	77.00	15.59	2.71	80.00	8.85	15.81	82.00	45.68
W1 硝态氮	7.09	76.00	26.90	4.88	75.00	18.36	2.60	74.00	8.97	14.57	75.00	54.23
W2 铵态氮	7.91	85.00	19.53	6.31	82.00	13.65	2.63	79.00	6.20	16.85	82.00	49.38
W2 酰铵态氮	8.34	84.00	24.69	6.12	81.00	17.68	3.47	84.00	8.75	17.93	83.00	51.12
W2 硝态氮	8.75	88.00	21.63	5.97	75.00	14.88	2.92	75.00	7.92	17.64	79.00	44.42

注：W1. 拔节期灌水一次；W2. 拔节期和孕穗期各灌水一次

（三）不同水分和氮素形态对小麦花后氮素转运的影响

从表 8-13 可以看出，转运氮素对小麦籽粒氮的贡献率为 61.08%～70.48%。在同一氮素形态下，具有花前贮存氮素转运量、转运氮素贡献率、花前贮存氮素转运率都为 W3＞W2＞W1，这表明灌水次数的增加有利于氮素的转运，提高了小麦贮存氮素转运率、转运氮素贡献率；但在同一氮素形态下，花后同化氮素量、花后同化氮的贡献率随着水分的增加呈降低趋势，以上表明随水分的增加，降低了氮素对籽粒的贡献率。在 W1 处理下，N3 花前贮存氮素转运量、转运氮素贡献率、花前贮存氮素转运率高于 N2、N1，N2、N1 花前贮存氮素转运量、转运氮素贡献率、花前贮存氮素转运率差异不明显。在 W2 处理下，N2 花前贮存氮素转运量、花前贮存氮素转运率高于 N1、N3，N1、N3 花前贮存氮素转运量、花前贮存氮素转运率差异不明显，从转运氮素贡献率来看，N3＞N1＞N2。在 W3 处理下，N2 花前贮存氮素转运量、花前贮存氮素转运率高于 N3、N1，从转运氮素贡献率来看，3 种氮素形态之间差异不明显。

表 8-13　不同处理对‘郑麦 9023’开花后氮素转运和同化的影响

处理	贮存氮素转运量/%	贮存氮素转运率/%	转运氮素贡献率/%	花后同化氮素量/%	花后同化氮贡献率/%
W1N1	5.1	76.92	61.08	3.25	38.92
W1N2	5.1	78.95	61.15	3.24	38.85
W1N3	5.38	81.89	65.13	2.88	34.87
W2N1	5.65	77.5	67.66	2.7	32.34
W2N2	5.74	78.73	67.21	2.8	32.79
W2N3	5.71	77.48	68.8	2.59	31.2
W3N1	5.61	76.95	70.48	2.35	29.52
W3N2	5.83	79.97	70.24	2.47	29.76
W3N3	5.74	77.88	70.17	2.44	29.83

注：W1. 拔节期灌水一次；W2. 拔节期和孕穗期各灌水一次；W3. 拔节期、孕穗期和灌浆期各灌水一次。N1. 酰胺态氮；N2. 硝态氮；N3. 铵态氮

在 W1 处理条件下，N1、N2 花后同化氮素量、花后同化氮的贡献率高于 N3，而 N1、N2 花后同化氮素量、花后同化氮的贡献率差异不明显。在 W2 处理条件下，花后同化氮素量、花后同化氮的贡献率表现为 N2＞N1＞N3，而 N1、N2 花后同化氮素量、花后同化氮的贡献率差异不明显。在 W3 处理条件下，N2、N3 花后同化氮素量高于 N1，N2、N3 花后同化氮素量差异不显著，从花后同化氮的贡献率来看 N3＞N2＞N1。

(四) 不同水分和氮素形态对小麦花前氮素转运的影响

从表 8-14 可以看出，不同水分和氮素形态对各器官花前贮存氮素转运量的影响为，旗叶、其他叶最高，穗轴+颖壳次之，茎鞘最低。在同一氮素形态下，随着灌水次数的增加，各器官花前贮存氮素转运量随灌水次数的增加而增加，即旗叶、其他叶、茎、鞘花前贮存氮素转运量为 W3＞W2＞W1，在 W1、W2、W3 处理条件下，旗叶、其他叶 3 种氮素形态之间花前贮存氮素转运量差异不显著。在 W1 处理条件下，茎、穗轴+颖壳花前贮存氮素转运量表现为 N3＞N1＞N2。在 W2 处理条件下，茎花前贮存氮素转运量在 N3 处理下最大，N1、N2 之间差异不明显，穗轴+颖壳花前贮存氮素转运量在 N2 处理下最小，N3、N2 之间差异不明显。在 W3 处理条件下，旗叶和鞘花前贮存氮素转运量在 N2 处理下最大，N1、N3 之间差异不明显。

表 8-14　不同处理对‘郑麦 9023’各营养器官花前贮存氮素转运量的影响（单位：N%）

处理	旗叶	其他叶	茎	鞘	颖壳+穗轴
W1N1	1.9	1.51	0.43	0.43	0.83
W1N2	1.97	1.4	0.42	0.54	0.77
W1N3	1.95	1.6	0.49	0.52	0.82
W2N1	2.06	1.55	0.54	0.62	0.88
W2N2	2.18	1.57	0.48	0.72	0.79
W2N3	2.02	1.55	0.68	0.62	0.84
W3N1	2.09	1.52	0.53	0.66	0.81
W3N2	2.22	1.55	0.52	0.74	0.8
W3N3	2.11	1.58	0.64	0.66	0.75

注：W1. 拔节期灌水一次；W2. 拔节期和孕穗期各灌水一次；W3. 拔节期、孕穗期和灌浆期各灌水一次。N1. 酰胺态氮；N2. 硝态氮；N3. 铵态氮

从表 8-15 可以看出，旗叶、其他叶、穗轴+颖壳花前贮存氮素转运率高，其次是茎和鞘。各处理之间旗叶花前贮存氮素转运率差异不明显，在同一氮素形态下，旗叶花前贮存氮素转运率为 W3＞W2＞W1；其他叶花前贮存氮素转运率为 W1 最高，W2、W3 之间差异不显著；茎花前贮存氮素转运率 W1 最低，W2、W3 之间差异不显著；鞘为 W3＞W2＞W1；穗轴+颖壳为 W1＞W3＞W2。在 W1 处理条件下，旗叶、其他叶、茎、鞘花前贮存氮素转运率为 N3＞N2＞N1。在 W2 处理条件下，旗叶、其他叶花前贮存氮素转运率为 N2＞N1＞N3；茎花前贮存氮素转运率 N3 为最大，N1、N2 之间差异不明显；鞘花前贮存氮素转运率为 N2＞N3＞N1，穗轴+颖壳花前贮存氮素为 N1＞N3＞N2。在 W3 处理条件下，旗叶、其他叶、茎、鞘花前贮存氮素转运率为 N2＞N3＞N1。

表 8-15 不同处理各营养器官花前贮存氮素转运率（单位：%）

处理	旗叶	其他叶	茎	鞘	颖壳+穗轴
W1N1	82.97	77.04	64.18	60.56	83.00
W1N2	84.91	80.00	67.74	68.35	78.57
W1N3	85.9	83.33	74.24	70.27	83.67
W2N1	84.42	76.35	67.5	65.96	81.48
W2N2	85.49	80.1	66.67	73.47	73.15
W2N3	82.11	74.52	76.4	68.88	80.77
W3N1	85.66	74.88	66.25	70.21	75.00
W3N2	87.06	79.04	72.22	75.51	74.07
W3N3	85.77	75.96	71.91	73.33	72.11

注：W1. 拔节期灌水一次；W2. 拔节期和孕穗期各灌水一次；W3. 拔节期、孕穗期和灌浆期各灌水一次。N1. 酰胺态氮；N2. 硝态氮；N3. 铵态氮

从表 8-16 可以看出，旗叶、其他叶花前贮存氮素对籽粒氮素贡献率最大，其次是穗轴+颖壳、鞘、茎。表明，不同水分和氮素形态处理下，花前叶片是小麦籽粒氮素贮存的主要器官。在同一氮素形态下，随着水分的增加，旗叶、其他叶、茎、鞘、穗轴+颖壳花前贮存氮素对籽粒氮素贡献率为 W3＞W2＞W1。在 W1 处理条件下，旗叶在 N1 处理下花前贮存氮素对籽粒氮素贡献率最小，N2、N3 之间差异不显著；其他叶花前贮存氮素对籽粒氮素贡献率为 N3＞N1＞N2；穗轴+颖壳花前贮存氮素对籽粒氮素贡献率在 N2 处理下最小，N1、N3 之间差异不显著。在 W2 处理条件下，旗叶在 N2 处理下花前贮存氮素对籽粒氮素贡献率最大，N1、N3 之间差异不显著；其他叶花前贮存氮素对籽粒氮素贡献率差异不明显；穗轴+颖壳花前贮存氮素对籽粒氮素贡献率为 N1＞N3＞N2。在 W3 处理条件下，旗叶在 N3 处理下花前贮存氮素对籽粒氮素贡献率最小，N1、N2 之间差异不显著；其他叶花前贮存氮素对籽粒氮素贡献率差异不明显；穗轴+颖壳花前贮存氮素对籽粒氮素贡献率为 N1＞N2＞N3。

表 8-16 不同处理‘郑麦 9023’各营养器官花前贮存氮素对籽粒氮素贡献率（单位：%）

处理	旗叶	其他叶	茎	鞘	颖壳+穗轴
W1N1	22.75	18.08	5.15	5.15	9.94
W1N2	23.62	16.79	5.04	6.47	9.23
W1N3	23.61	19.37	5.93	6.3	9.93
W2N1	24.67	18.56	6.47	7.42	10.54
W2N2	25.53	18.38	5.62	8.43	9.25
W2N3	24.34	18.67	8.19	7.47	10.12
W3N1	26.26	19.1	6.66	8.29	10.18
W3N2	26.75	18.68	6.27	8.92	9.64
W3N3	25.79	19.31	7.82	8.07	9.17

注：W1. 拔节期灌水一次；W2. 拔节期和孕穗期各灌水一次；W3. 拔节期、孕穗期和灌浆期各灌水一次。N1. 酰胺态氮；N2. 硝态氮；N3. 铵态氮

参 考 文 献

戴廷波，曹卫星，荆奇. 2001. 氮形态对不同小麦基因型氮素吸收和光合作用的影响. 应用生态学报, 12: 849-952
马新明，王志强，王小纯，等. 2004. 氮素形态对不同专用型小麦根系及氮素利用率影响的研究. 应用生态学报, 15(4): 655-658
邱慧珍，张福锁. 2003. 氮素形态对不同磷效率基因型小麦生长和氮素吸收及基因型差异的影响. 土壤通报, 34(1): 633-638

第九章 氮素形态对小麦产量和品质的影响

第一节 不同氮素形态对小麦产量和品质的影响

一、不同氮素形态对小麦产量及其构成因素的影响

由表 9-1 看出，不同氮素形态对小麦产量及其构成因素的影响具有明显规律。就‘郑麦 9023’而言，有效穗数铵态氮处理比硝态氮处理高出 1.8%，穗粒数硝态氮处理比铵态氮处理高出 0.6%，千粒重硝态氮处理比铵态氮处理高出 0.4%，产量铵态氮处理比硝态氮处理高 0.8%。就‘矮抗 58’而言，有效穗数铵态氮处理比硝态氮处理高出 0.4%，穗粒数硝态氮处理比铵态氮处理高出 3.2%，千粒重硝态氮处理与铵态氮处理相同，产量硝态氮处理比铵态氮处理高出 2.8%。就‘郑麦 004’而言，有效穗数铵态氮处理比硝态氮处理高出 4.5%，穗粒数铵态氮处理比硝态氮处理高出 2.1%，千粒重铵态氮处理比硝态氮处理高出 5.8%，产量铵态氮处理比硝态氮处理高出 12.9%，氮素处理间差异达显著水平。说明不同氮素形态对小麦产量及其构成因素的影响存在差异，铵态氮处理可以明显提高‘郑麦 004’的产量。

表 9-1 不同氮素形态对不同类型小麦产量构成因素及产量影响

处理	品种	有效穗数/（万穗/hm^2）	穗粒数	千粒重/g	产量/（kg/hm^2）
硝态氮	郑麦 9023	367.9	33.4	44.7	5491.9b
	矮抗 58	455.4	35.4	42.7	6883.0a
	郑麦 004	369.6	33.3	40.0	4923.1c
铵态氮	郑麦 9023	374.6	33.2	44.5	5534.9b
	矮抗 58	457.0	34.3	42.7	6692.7ab
	郑麦 004	386.4	34.0	42.3	5557.2b

二、不同氮素形态对籽粒淀粉及其组分含量的影响

由图 9-1 可以看出，籽粒直链淀粉、支链淀粉和总淀粉积累量在灌浆期均呈上升趋势，而积累速率呈单峰曲线，且支链淀粉积累速率快于直链淀粉。直链淀粉积累量灌浆前期 3 种形态氮素间差异不显著，灌浆中后期 NH_4^+-N 处理上升速度慢，花后 30～36d NH_4^+-N 处理显著低于 NH_2-N 和 NO_3^--N 处理，且 NH_2-N 和 NO_3^--N 间差异不明显；直链淀粉积累速率在花后 24d 达峰值，之后 NH_2-N＞NO_3^--N＞NH_4^+-N，除 NH_2-N 和 NH_4^+-N 间差异显著外，其他处理间差异未达显著水平。3 种氮素处理支链淀粉和总淀粉积累量变化动态基本一致，花后 6～18d 3 种氮素处理间差异不显著，花后 18～36d，NH_4^+-N 和 NO_3^--N 处理显著高于 NH_2-N 处理，NH_4^+-N 和 NO_3^--N 处理间差异不显著；支链淀粉和总淀粉积

累速率花后 12～36d NH_4^+-N 处理一直保持较高水平，至花后 24d 达到峰值后 NH_4^+-N＞NO_3^--N＞NH_2-N，且 NH_2-N 和 NH_4^+-N 处理间差异达显著水平。说明可以通过施用不同形态氮素有效地调节弱筋小麦籽粒淀粉积累量及其积累速率，灌浆中后期籽粒总淀粉和支链淀粉积累量施铵态氮增加最明显，施硝态氮效果次之，施酰胺态氮最差，而籽粒直链淀粉积累量和积累速率对不同形态氮素的响应相反。

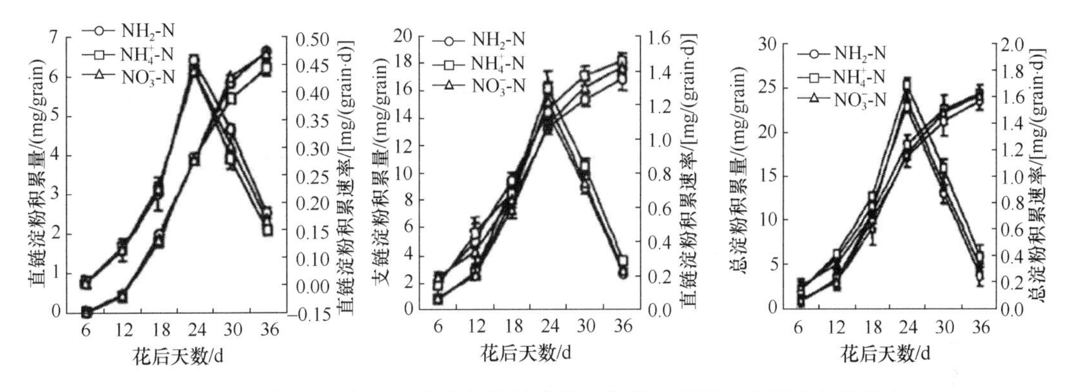

图 9-1　不同形态氮素对小麦籽粒总淀粉及组分积累量及积累速率的影响

由表 9-2 可知，总淀粉、支链淀粉含量、支链淀粉/直链淀粉均表现为 NH_4^+-N＞NO_3^--N＞NH_2-N。经差异显著性分析，总淀粉含量 3 个处理间差异不明显；支链淀粉含量 NH_2-N 和 NH_4^+-N 处理差异极显著，其他处理间差异均不显著；支链淀粉/直链淀粉 3 个处理间差异达显著水平。直链淀粉含量表现为 NH_2-N＞NO_3^--N＞NH_4^+-N，NH_4^+-N 与 NH_2-N 差异达显著水平，与 NO_3^--N 达显著水平，NH_4^+-N 和 NO_3^--N 差异不显著。表明施铵态氮有利于提高成熟期籽粒总淀粉、支链淀粉含量和支链淀粉/直链淀粉，而施酰胺态氮提高了直链淀粉含量，施硝态氮支链淀粉、直链淀粉、总淀粉和支链淀粉/直链淀粉在 3 种氮素中均表现中等水平。

表 9-2　不同形态氮素对小麦籽粒淀粉及组分含量的影响

处理	总淀粉含量/%	直链淀粉含量/%	支链淀粉含量/%	支链淀粉/直链淀粉
NH_2-N	70.43a	20.03b	50.4a	2.52a
NH_4^+-N	72.78a	18.87a	53.91b	2.86c
NO_3^--N	71.13a	19.39ab	51.75ab	2.67b

注：同一列不同小写字母表示差异达 5%显著水平

三、不同氮素形态对小麦籽粒蛋白质及其组分含量的影响

（一）不同氮素形态对小麦籽粒蛋白质含量的影响

从表 9-3 可以看出，不同专用型小麦在不同氮素形态处理下，籽粒蛋白质含量不同。强筋型小麦‘豫麦 34’在酰胺态氮影响下，籽粒中蛋白质含量最高，达 16.23%，分别比硝态氮和铵态氮提高了 2.58 个百分点和 2.45 个百分点。中筋型小麦‘豫麦 49’在铵态氮下籽粒蛋白质含量最高，硝态氮次之，酰胺态氮最低，分别为 15.31%、15.10%和 12.88%。

弱筋型小麦‘豫麦 50’在酰胺态氮处理下，籽粒中蛋白质含量为 16.27%，分别比硝态氮和铵态氮处理提高 13.0%和 57.7%；在铵态氮下，籽粒蛋白质含量为 10.32%，分别比硝态氮和酰胺态氮降低了 28.3%和 36.6%，表明不同氮素形态对同一专用型小麦品种蛋白质含量的影响不同。

表 9-3　氮素形态对不同专用型小麦籽粒蛋白质含量的影响（单位：%）

氮素形态	豫麦 34	豫麦 49	豫麦 50
硝态氮	13.65a	15.10b	14.40b
铵态氮	13.78a	15.31b	10.32a
酰胺态氮	16.23b	12.88a	16.27c

注：同一列不同小写字母表示差异达 5%显著水平

资料来源：马新明等，2004

（二）不同氮素形态对小麦籽粒蛋白质组分含量的影响

由表 9-4 可以看出，不同氮素形态处理对强筋小麦籽粒蛋白质组分含量的影响不同。籽粒清蛋白含量和籽粒球蛋白含量随籽粒灌浆进程的推进呈逐渐降低趋势。不同氮素形态处理之间比较，籽粒清蛋白含量整个灌浆期酰胺态氮处理最高，硝态氮处理次之，铵态氮处理最低。籽粒球蛋白含量硝态氮处理高于其他两种氮素形态处理，开花 14d 之前酰胺态氮高于铵态氮，开花 21d 之后铵态氮高于酰胺态氮处理。籽粒醇溶蛋白含量和籽粒麦谷蛋白含量随灌浆进程的推进呈逐渐增加的趋势，灌浆初期增长速率较慢，灌浆中期（花后 14～21d）快速增加，之后以较慢的速度增长直至成熟。不同氮素形态处理之间比较，醇溶蛋白含量开花 21d 前硝态氮处理高于酰胺态氮处理和铵态氮处理，开花 28d 之后硝态氮处理低于铵态氮处理，成熟期硝态氮处理低于铵态氮处理和酰胺态氮处理。籽粒麦谷蛋白含量也是硝态氮处理最高。说明硝态氮处理有利于提高籽粒球蛋白含量和麦谷蛋白含量，提高了麦谷蛋白/醇溶蛋白，有利于强筋小麦‘郑麦 9023’籽粒品质的改善。

表 9-4　氮素形态对强筋小麦‘郑麦 9023’籽粒蛋白质组分含量的影响（单位：%）

蛋白质组分	处理	花后天数/d					
		7	14	21	28	35	42
清蛋白	酰胺态氮	8.60	5.42	3.96	2.58	1.87	1.81
	硝态氮	7.59	4.54	3.28	2.47	1.75	1.64
	铵态氮	7.17	4.15	3.01	2.11	1.66	1.58
球蛋白	酰胺态氮	7.37	3.86	2.35	1.85	1.60	1.45
	硝态氮	7.60	4.00	2.73	2.10	2.01	1.94
	铵态氮	6.69	3.57	2.79	2.03	1.85	1.79
醇溶蛋白	酰胺态氮	0.87	2.48	2.95	4.34	5.72	6.10
	硝态氮	0.94	2.51	2.98	4.75	5.81	6.08
	铵态氮	0.86	2.43	2.97	4.81	5.96	6.16
麦谷蛋白	酰胺态氮	0.98	1.30	2.44	4.83	6.14	6.93
	硝态氮	1.13	1.48	2.60	5.04	7.05	7.14
	铵态氮	1.03	1.35	2.52	5.01	6.59	7.07

（三）不同氮素形态对小麦拉伸特性的影响

表 9-5 表明，不同氮素形态对强筋小麦拉伸品质的影响不同，拉伸曲线面积、最大拉伸阻力、拉伸比例和最大拉伸比例硝态氮处理和铵态氮处理基本相当，但显著高于酰胺态氮处理。拉伸阻力硝态氮处理最大为 404.00BU，铵态氮处理次之，为 395.50BU，前两种处理均显著高于酰胺态氮处理的 323.50BU。延伸度酰胺态氮处理明显高于硝态氮处理和铵态氮处理。说明施用硝态氮和铵态氮能够改善强筋小麦‘郑麦 9023’的拉伸特性。

表 9-5　氮素形态对强筋小麦‘郑麦 9023’籽粒拉伸特性的影响

处理	拉伸曲线面积/cm^2	拉伸阻力/BU	延伸度/mm	最大拉伸阻力（BU）	拉伸比例	最大拉伸比例
酰胺态氮	105.50b	323.50b	176.50a	420.50b	1.85b	2.40b
硝态氮	119.00a	404.00a	164.50b	514.50a	2.45a	3.15a
铵态氮	119.00a	395.50a	165.00b	514.50a	2.40a	3.10a

注：同一列不同小写字母表示差异达 5%显著水平

（四）不同氮素形态小麦粉质特性的影响

由表 9-6 可以看出，不同氮素形态对强筋小麦‘郑麦 9023’粉质特性的影响呈明显规律。面粉吸水率各处理之间无显著差异，其中硝态氮处理最高，分别比酰胺态氮和铵态氮提高了 0.26%和 0.52%。面团形成时间硝态氮处理显著高于酰胺态氮和铵态氮处理，分别比酰胺态氮处理和铵态氮处理提高了 10.36%和 12.84%。面团稳定时间和评价值硝态氮处理最高，铵态氮处理次之，酰胺态氮处理最低，硝态氮处理面团稳定时间分别比酰胺态氮处理和铵态氮处理提高了 14.48%和 12.16%，硝态氮处理评价值分别比酰胺态氮处理和铵态氮处理提高了 11.14%和 7.36%。弱化度硝态氮处理显著低于铵态氮处理和酰胺态氮处理，硝态氮处理弱化度分别比酰胺态氮处理和铵态氮处理降低了 6.74%和 3.17%。说明硝态氮处理显著改善了强筋小麦‘郑麦 9023’的粉质特性，铵态氮处理也能在一定程度上改善强筋小麦‘郑麦 9023’的粉质特性。

表 9-6　氮素形态对强筋小麦‘郑麦 9023’籽粒粉质特性的影响

处理	吸水率/%	面团形成时间/min	面团稳定时间/min	弱化度/FU	评价值
酰胺态氮	66.10a	6.37b	9.67b	54.33a	113.67b
硝态氮	66.27a	7.03a	11.07a	50.67b	126.33a
铵态氮	65.93a	6.23b	9.87b	52.33a	117.67b

注：同一列不同小写字母表示差异达 5%显著水平

第二节　不同氮素形态配比对小麦产量和品质的影响

一、不同氮素形态配比对小麦产量及其构成因素的影响

（一）不同氮素形态配比对小麦产量的影响

试验结果（图 9-2）表明，参试小麦品种在不同氮素形态配比处理下的表现具有明显

差异，‘郑麦 004’、‘矮抗 58’、‘郑麦 366’、‘周麦 22’均表现出在某一处理下显著增产，而‘洛麦 23’和‘郑麦 9023’产量结果差异不显著。产量差异显著的 4 个品种对不同氮素形态配比的效应也有所不同，‘郑麦 004’、‘周麦 22’和‘矮抗 58’均在 N1 处理下产量最高，与 CK 对比分别增产 23.9%、5.0%和 6.1%，‘郑麦 366’在对照组 CK 处理下产量最高，比其他 4 个处理分别高出 9.4%、7.9%、7.4%和 13.9%。由此可见，不同品种小麦产量变化对氮素形态的响应有所不同，‘郑麦 366’表现为在硝态氮营养下增产效果极为显著；‘郑麦 004’和‘矮抗 58’两个小麦品种在硝铵比为 75∶25 时均比单一形态氮素营养显著增产；同时，除‘郑麦 004’外所有参试小麦品种均在过量铵态氮肥处理下产量有不同程度的降低。

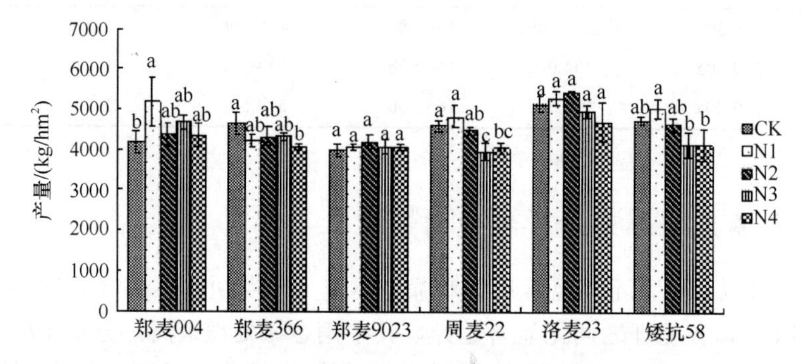

图 9-2　不同氮素形态配比对参试小麦品种产量的影响

CK、N1、N2、N3、N4 分别表示 NO_3^-/NH_4^+的比例为 100∶0、75∶25、50∶50、25∶75、0∶100。不同小写字母表示在 0.05 水平上的差异显著性

（二）不同氮素形态配比对小麦产量构成因素的影响

从表 9-7 可以直观地看出，不同氮素形态配比对参试小麦品种产量构成因素的影响具有明显差异，先以‘郑麦 004’为例，从表 9-7 中可以看出，相对其他处理，N3 处理下‘郑麦 004’的可孕小穗数、穗粒数均有不同程度增加。以‘郑麦 366’为例，表 9-7 中 N4 处理下穗粒数最高，分别比 CK、N1、N2、N3 增加 17.6%、48.1%、33.3%和 33.3%，但成穗数在 5 个处理中最低，分别比 CK、N1、N2、N3 降低 52.0%、38.1%、31.9%和 10.6%。分析可知‘郑麦 004’在 N3 处理下主要促进可孕小穗数、穗粒数的增加，从而使小麦增产，而‘郑麦 366’在 N4 处理下明显增加穗粒数，但成穗数明显降低，在 CK 处理下则主要促进成穗数的增加从而增加小麦产量。

从表 9-7 还可以看出，其他几个参试小麦品种产量构成因素在不同处理下的表现也有一定的规律性，从成穗数来看，‘郑麦 9023’和‘矮抗 58’均在 CK 处理下最高，而‘洛麦 23’和‘周麦 22’在 N1 处理下最高，除‘郑麦 004’外参试小麦品种的成穗数均在 N4 处理下最低，表明在硝态氮肥的基础上增施适宜比例的铵态氮肥能够有效提高小麦成穗数，而过量的铵态氮肥能降低小麦成穗数，进而影响小麦产量。不同氮素形态处理对参试小麦品种千粒重的影响也具有一定的规律性，‘郑麦 366’和‘郑麦 9023’在 CK 处理下成穗数增加的同时，千粒重却相对其他处理降低，而在成穗数最低的 N4 处理下，千粒重却比其他处理增加。各处理中除‘郑麦 004’和‘矮抗 58’的千粒重与成穗数保持一致的增加或降低外，其他各参试小麦品种的千粒重均与成穗数呈负显著相关。

表 9-7 同时表明，各参试小麦品种穗粒数的变化对不同氮素形态配比的效应同样较为显著，‘郑麦 366’在全部铵态氮处理下穗粒数达到各处理中最高，但同时成穗数最低，分析可知 N4 处理下‘郑麦 366’的穗粒数与成穗数呈显著负相关。同时发现，所有参试小麦品种在过量铵态氮肥处理下均表现为可孕小穗的增加，同时不同程度地增加了‘周麦 22’、‘矮抗 58’、‘洛麦 23’的穗粒数。

表 9-7　不同氮素形态配比对参试小麦品种产量构成因素的影响

品种	处理	成穗数/（万穗/hm²）	可孕小穗/（个/穗）	不孕小穗/（个/穗）	穗粒数/（粒/穗）	穗长/cm	千粒重/g
郑麦 004	CK	553.82c	16.4a	2.4a	35bc	7.5a	45.0a
	N1	638.79ab	16.0a	2.0a	39ab	6.4a	44.2a
	N2	649.78a	16.3a	2.3a	37abc	6.6a	43.8a
	N3	609.20abc	18.1a	2.2a	40a	7.5a	41.7b
	N4	569.31bc	17.9a	1.7a	34c	8.1a	39.3c
郑麦 366	CK	653.58a	16.2ab	2.6a	34b	7.7a	50.4b
	N1	593.70ab	14.4c	2.5a	27c	7.4a	49.8b
	N2	567.01ab	14.8bc	2.5a	30bc	7.9a	51.4ab
	N3	475.24bc	15.1bc	2.8a	30bc	7.9a	50.8b
	N4	429.86c	17.4a	2.1a	40a	8.1a	52.8a
郑麦 9023	CK	645.28a	15.7a	2.8a	33a	8.7ab	51.7b
	N1	597.80ab	13.3b	3.4a	26b	8.1b	56.6a
	N2	556.01ab	14.7ab	3.3a	30ab	8.3ab	53.3b
	N3	563.81ab	14.7ab	2.9a	30ab	8.4ab	57.8a
	N4	530.02b	15.1a	3.7a	32a	9.0a	56.5a
周麦 22	CK	631.39ab	14.7b	2.0a	33b	6.4c	52.7b
	N1	653.08a	15.0b	1.8a	34ab	6.6c	51.6b
	N2	606.40abc	16.0ab	2.8a	38ab	7.5b	52.9ab
	N3	562.91bc	17.4a	2.0a	42a	8.1a	54.4a
	N4	533.82c	16.4ab	1.9a	41a	6.5c	52.7b
洛麦 23	CK	645.78ab	15.9a	3.8a	29ab	7.6a	44.2c
	N1	666.28a	13.7b	3.8a	26b	7.6a	45.8bc
	N2	649.78ab	15.2ab	2.7a	31a	7.5a	47.3b
	N3	569.81ab	15.7a	3.8a	28ab	7.7a	49.1a
	N4	549.82b	16.7a	3.5a	29ab	7.5a	46.1b
矮抗 58	CK	636.79a	16.4a	2.4a	29a	7.5a	49.3a
	N1	616.46ab	14.9ab	2.4a	29ab	7.4a	43.7b
	N2	604.60b	14.9ab	2.7a	29ab	7.1a	49.5a
	N3	565.31c	14.0b	2.9a	25b	7.3a	44.4b
	N4	558.51c	15.2ab	2.4a	28ab	7.1a	44.6b

注：CK、N1、N2、N3、N4 分别表示硝态氮和铵态氮的比例为 100∶0、75∶25、50∶50、25∶75、0∶100
同一列不同小写字母表示差异达 5%显著水平

二、不同氮素形态配比对小麦籽粒淀粉及其组分含量的影响

（一）不同氮素形态配比对不同品种小麦籽粒总淀粉含量的影响

从表 9-8 可以看出，5 种 NO_3^-/NH_4^+氮源处理下，6 个小麦品种籽粒总淀粉含量都是呈递增的变化趋势，不同品种小麦籽粒中总淀粉含量因其品质特性而有明显差异。在增铵

表 9-8　不同氮素形态配比对不同小麦品种总淀粉含量的影响（单位：%）

品种	处理	花后天数/d					
		6	12	18	24	30	36
郑麦 9023	CK	18.60b	26.02a	52.56a	64.96a	69.62a	63.68a
	N1	17.79a	24.07ab	46.38ab	61.40ab	68.33a	64.75a
	N2	17.29a	23.10b	43.14ab	59.70abc	66.11ab	67.19a
	N3	18.59a	23.34b	45.88ab	54.82c	55.13b	64.70a
	N4	14.61a	21.75b	40.27b	58.47bc	58.42ab	69.38a
郑麦 366	CK	14.04b	21.70a	51.56a	64.64a	64.23a	63.71a
	N1	18.56a	22.04a	45.72cd	63.19a	55.79b	61.41a
	N2	15.87ab	21.43a	48.17bc	62.31a	62.93a	48.33b
	N3	13.26b	20.86a	49.78ab	57.47a	64.09a	62.73a
	N4	15.39ab	22.81a	43.68d	58.34a	59.47ab	70.42a
郑麦 004	CK	16.38b	20.95bc	50.77ab	57.78b	43.09b	62.64a
	N1	18.14a	26.21ab	53.74a	64.84a	56.09ab	60.04a
	N2	17.49ab	27.16a	49.87b	66.33a	60.23ab	59.03a
	N3	11.66c	21.29abc	49.05b	57.86b	70.06a	65.11a
	N4	11.41c	17.40c	45.11c	62.28ab	58.71ab	66.83a
洛麦 23	CK	16.72a	27.21ab	45.99ab	59.61ab	51.24b	53.45ab
	N1	15.87ab	29.82a	51.70ab	64.36a	60.84ab	73.41a
	N2	16.04ab	28.44a	53.02a	63.66a	68.43a	48.63b
	N3	13.52ab	24.66bc	49.11ab	60.78ab	62.87ab	74.16a
	N4	11.96b	23.83c	45.44b	54.99b	62.05ab	68.98ab
周麦 22	CK	15.88a	23.69a	49.19b	65.84a	57.56a	61.48a
	N1	16.65a	23.95a	53.14a	64.03ab	62.44a	68.81a
	N2	15.81a	23.55a	51.88ab	63.28ab	54.69a	69.86a
	N3	14.32a	23.07a	49.95b	59.76bc	55.38a	62.99a
	N4	14.24a	22.32a	51.44ab	57.24c	60.30a	66.83a
矮抗 58	CK	14.42ab	22.10ab	61.23b	63.36ab	57.61a	59.92a
	N1	17.10a	23.45a	59.12a	65.96ab	57.99a	62.53a
	N2	14.70ab	23.21a	63.33a	69.37a	65.15a	55.38a
	N3	14.10ab	20.35b	59.79a	61.30b	64.78a	58.81a
	N4	10.36b	22.49ab	46.70a	53.21c	59.95a	59.94a

注：CK、N1、N2、N3、N4 分别表示硝态氮和铵态氮的比例为 100∶0、75∶25、50∶50、25∶75、0∶100
同一列不同小写字母表示差异达 5%显著水平

处理下，不同品种小麦对增铵营养的响应具有明显差异，花后 36d，在 N1 处理下，‘周麦 22’、‘矮抗 58’、‘洛麦 23’3 个品种总淀粉含量比 CK 分别增加了 11.9%、4.4%、37.3%，而‘郑麦 366’和‘郑麦 004’分别降低了 3.6%、4.2%，‘郑麦 9023’变化不显著。可知 N1 处理能够明显增加‘周麦 22’和‘洛麦 23’两个品种小麦灌浆末期总淀粉含量，而对其他品种小麦没有显著影响。而在灌浆中前期，同一品种不同处理间总淀粉含量受到氮源比例的影响，与对照相比，‘郑麦 004’、‘洛麦 23’、‘周麦 22’在 N2、N3 处理下总淀粉含量显著增加，而‘郑麦 9023’和‘郑麦 366’变化不显著。

（二）不同氮素形态配比对不同品种小麦籽粒淀粉组分的影响

从表 9-9 可以看出，不同比例氮源处理下，6 个品种小麦在灌浆期间直链淀粉含量呈

表 9-9 不同氮素配比对不同品种小麦直链淀粉含量的影响（单位：%）

品种	处理	花后天数/d					
		6	12	18	24	30	36
郑麦 9023	CK	2.68a	3.02a	5.76a	9.50a	9.74a	10.94a
	N1	1.05b	2.87ab	5.71a	8.16ab	8.78a	10.63a
	N2	1.86ab	2.73ab	5.40a	8.85ab	8.21a	12.48a
	N3	2.01ab	2.97a	5.42a	6.86b	7.77a	11.47a
	N4	1.82ab	2.54b	5.49a	8.21ab	8.59a	11.62a
郑麦 366	CK	1.58ab	2.49a	5.25a	8.45a	8.64bc	10.73a
	N1	1.82a	2.83a	5.25a	8.40a	7.77c	10.90a
	N2	1.43ab	2.87a	5.73a	7.85b	8.90ab	10.18a
	N3	1.62ab	2.63a	5.85a	7.94b	8.33bc	11.23a
	N4	0.95b	2.44a	5.44a	7.17c	9.89a	12.00a
郑麦 004	CK	0.95c	2.39c	5.20a	8.01cd	8.25bc	11.14a
	N1	2.46a	3.21ab	6.36a	8.81a	9.55a	12.00a
	N2	1.82ab	3.50a	6.16a	8.16bc	7.44c	9.50b
	N3	1.67bc	3.07abc	5.88a	7.51d	8.61ab	12.87a
	N4	1.17bc	2.63bc	5.47a	8.64ab	8.88ab	10.39a
洛麦 23	CK	1.29a	3.55a	5.42a	7.94a	8.49b	7.97c
	N1	1.43a	3.35a	5.47a	8.49a	11.66a	12.02a
	N2	1.43a	2.97b	5.64a	8.61a	10.94ab	9.24b
	N3	1.38a	3.31a	5.68a	7.80a	9.33ab	12.53a
	N4	1.14a	2.97b	5.64a	8.02a	11.23a	10.56ab
周麦 22	CK	2.10ab	2.83ab	5.83ab	8.16a	9.21c	9.24a
	N1	2.54a	2.92a	5.35b	8.09a	7.34d	11.76a
	N2	1.86abc	3.02a	5.56b	8.24a	10.70a	10.94a
	N3	1.53bc	2.54bc	6.14a	8.01a	10.25ab	10.75a
	N4	1.29c	2.44c	5.61b	7.97a	9.48bc	12.12a
矮抗 58	CK	1.96a	2.39a	6.36ab	9.14a	9.26a	10.39a
	N1	1.67ab	2.59a	6.72a	8.86a	8.90a	10.70a
	N2	1.58ab	2.68a	5.90b	8.89a	8.40a	11.78a
	N3	1.14b	2.78a	6.64a	8.57ab	9.60a	11.76a
	N4	1.19b	2.78a	6.81a	7.88b	8.21a	11.52a

注：CK、N1、N2、N3、N4 分别表示硝态氮和铵态氮的比例为 100∶0、75∶25、50∶50、25∶75、0∶100
同一列不同小写字母表示差异达 5%显著水平

上升趋势，在N1处理下，不同品种相比较，‘郑麦004’、‘周麦22’、‘洛麦23’3个品种直链淀粉含量显著增加，灌浆末期增幅分别为7.8%、27.3%、51.0%，而‘郑麦366’、‘矮抗58’两个品种增加不显著，分别为1.7%、3.0%，同时，‘郑麦9023’比对照下降了2.9%。

从表9-10可以看出，不同比例氮源处理下，6个品种小麦在灌浆期间支链淀粉含量同样呈上升趋势，N2处理下，‘郑麦9023’和‘郑麦004’籽粒中支链淀粉在花后6～

表9-10 不同氮素对不同品种小麦支链淀粉含量的影响（单位：%）

品种	处理	花后天数/d					
		6	12	18	24	30	36
郑麦9023	CK	15.92a	23.00a	46.81a	55.45a	59.88a	52.74a
	N1	16.75a	21.19ab	40.67ab	53.24ab	59.55a	62.13a
	N2	15.43a	20.37b	37.75ab	50.84ab	57.90ab	54.71a
	N3	16.58a	20.37b	40.46ab	47.96b	47.36b	53.23a
	N4	12.79b	19.22b	34.78b	50.27ab	49.83ab	57.76a
郑麦366	CK	12.46b	19.22a	46.31a	56.20a	55.60a	52.98a
	N1	16.75a	19.22a	40.46ab	54.80ab	48.02b	50.51a
	N2	14.44ab	18.56a	42.44ab	54.47ab	54.03ab	38.16b
	N3	11.64b	18.23a	43.92ab	49.52b	55.76a	51.50a
	N4	14.44ab	20.37a	38.24b	51.17ab	49.58ab	58.42a
郑麦004	CK	15.43a	18.56ab	45.57ab	49.77c	34.84b	51.50a
	N1	15.67a	23.00a	47.38a	56.03ab	46.54ab	48.04a
	N2	15.67a	23.66a	43.70b	58.17a	52.80a	49.52a
	N3	9.99b	18.23ab	43.17b	50.35c	61.44a	52.24a
	N4	10.24b	14.77b	39.64c	53.64bc	49.83ab	56.44a
洛麦23	CK	15.43a	23.66bc	40.57ab	51.67ab	42.75b	45.49ab
	N1	14.44a	26.46a	46.23ab	55.87a	49.17ab	61.38a
	N2	14.60a	25.48ab	47.38a	55.04a	57.49a	39.39b
	N3	12.13b	21.36cd	43.43ab	52.98a	53.54a	61.63a
	N4	10.82b	20.86d	39.81b	46.96b	50.82ab	58.42ab
周麦22	CK	13.78a	20.86a	43.36c	57.68a	48.35ab	52.24a
	N1	14.1a	21.0a	47.8a	55.9ab	55.1a	47.05a
	N2	13.9a	20.5a	46.3ab	55.0ab	44.0b	58.91a
	N3	12.8a	20.5a	43.8bc	51.7bc	45.1b	52.24a
	N4	13.0a	19.9a	45.8abc	49.3c	50.8ab	54.71a
矮抗58	CK	12.5ab	19.7ab	54.9ab	54.2a	48.3a	49.52a
	N1	15.4a	20.9a	52.4b	57.1a	49.1a	51.83a
	N2	13.1ab	20.5a	57.4a	60.5a	56.7a	43.59a
	N3	13.0ab	17.6b	53.1ab	52.7ab	55.2a	47.05a
	N4	9.2b	19.7ab	39.9c	45.3b	51.7a	58.42a

注：CK、N1、N2、N3、N4分别表示硝态氮和铵态氮的比例为100∶0、75∶25、50∶50、25∶75、0∶100
同一列不同小写字母表示差异达5%显著水平

36d 这段时间的日增长量分别为 1.31g、1.13g；同一品种不同处理间支链淀粉含量也受到氮源比例的影响，N1 处理下，‘郑麦 9023’籽粒在灌浆期间支链淀粉平均含量较 N2 增加了 7%，值得注意的是，与 CK 相比，N3、N4 处理下所有品种小麦支链淀粉含量有显著增加。

（三）不同铵硝比例对不同品种小麦直链淀粉/支链淀粉的影响

从表 9-11 可以看出，淀粉组分比值的变化趋势也因品种和氮源比例不同而异，在整

表 9-11　不同氮素形态配比对不同品种小麦直链淀粉/支链淀粉的影响

品种	处理	花后天数/d					
		6	12	18	24	30	36
郑麦 9023	CK	0.17a	0.13a	0.12b	0.17a	0.16ab	0.21a
	N1	0.06b	0.14a	0.14ab	0.15a	0.15b	0.21a
	N2	0.12ab	0.14a	0.14ab	0.17a	0.14b	0.23a
	N3	0.12ab	0.15a	0.13b	0.14a	0.16ab	0.22a
	N4	0.14ab	0.13a	0.16a	0.17a	0.17a	0.20a
郑麦 366	CK	0.13ab	0.13bc	0.12a	0.15a	0.16b	0.20a
	N1	0.11ab	0.15ab	0.13a	0.15a	0.17ab	0.22a
	N2	0.10ab	0.16a	0.14a	0.14a	0.17ab	0.28a
	N3	0.14a	0.14ab	0.13a	0.16a	0.15b	0.22a
	N4	0.07b	0.12c	0.14a	0.14a	0.20a	0.21a
郑麦 004	CK	0.06c	0.13c	0.11a	0.16a	0.24a	0.22a
	N1	0.16ab	0.14bc	0.13a	0.16a	0.21b	0.25a
	N2	0.12b	0.15bc	0.14a	0.14a	0.14c	0.19a
	N3	0.17a	0.17ab	0.14a	0.15a	0.14c	0.25a
	N4	0.11b	0.18a	0.14a	0.16a	0.18b	0.18a
洛麦 23	CK	0.08a	0.15a	0.13a	0.15a	0.20abc	0.18a
	N1	0.10a	0.13bc	0.12a	0.15a	0.24a	0.21a
	N2	0.10a	0.12c	0.12a	0.16a	0.19bc	0.23a
	N3	0.11a	0.15a	0.13a	0.15a	0.17c	0.20a
	N4	0.11a	0.14ab	0.14a	0.18a	0.22ab	0.18a
周麦 22	CK	0.16ab	0.14ab	0.13a	0.14a	0.20ab	0.18a
	N1	0.18a	0.14ab	0.11a	0.14a	0.13c	0.25a
	N2	0.13ab	0.15a	0.12a	0.15a	0.25a	0.19a
	N3	0.12ab	0.12b	0.14a	0.16a	0.23ab	0.22a
	N4	0.10b	0.12b	0.12a	0.16a	0.19b	0.22a
矮抗 58	CK	0.16a	0.12a	0.12b	0.17a	0.20a	0.21a
	N1	0.11bc	0.12a	0.13b	0.16ab	0.18ab	0.21a
	N2	0.12bc	0.13a	0.10b	0.15b	0.15b	0.27a
	N3	0.09c	0.16a	0.13b	0.16ab	0.18ab	0.25a
	N4	0.13ab	0.14a	0.17a	0.18a	0.16ab	0.20a

注：CK、N1、N2、N3、N4 分别表示硝态氮和铵态氮的比例为 100∶0、75∶25、50∶50、25∶75、0∶100
同一列不同小写字母表示差异达 5%显著水平

个灌浆期间，5 种 NO_3^-/ NH_4^+氮源处理的 6 个品种的直链淀粉/支链淀粉的值呈截然不同的变化趋势，‘郑麦 004’、‘周麦 22’两个品种直链淀粉/支链淀粉的值呈现出“高—低—高”的变化趋势，而‘矮抗 58’、‘郑麦 9023’、‘郑麦 366’的值呈现出逐步上升的态势，说明这 3 个品种中支链淀粉的增幅远远超过了直链淀粉的增幅。变化趋势最为复杂的是‘洛麦 23’，其值的变化趋势为“低—高—低—高”，说明在灌浆进程中增铵处理的‘洛麦 23’直链淀粉含量显著增加。

三、不同氮素形态配比对小麦籽粒蛋白质及其组分含量的影响

（一）不同氮素形态配施对小麦籽粒蛋白质产量的影响

由图 9-3 可知，3 个小麦品种成熟期籽粒蛋白质产量存在差异，从平均值看，‘郑麦 366’蛋白质产量比‘矮抗 58’高 5.24%，比‘郑麦 004’高 22.10%。不同氮素处理之间比较，混合氮素形态均能在一定程度上提高籽粒蛋白质产量，‘郑麦 366’以 N2 处理最高，N3 处理次之，N2 分别比 N1 和 N5 处理高 17.83%和 24.15%。‘矮抗 58’N3 处理比 N1 处理提高了 12.39%，二者间差异达到极显著水平。‘郑麦 004’N2 处理分别比 N1 和 N5 处理提高 17.33%和 22.19%，N4 处理籽粒蛋白质产量最低。

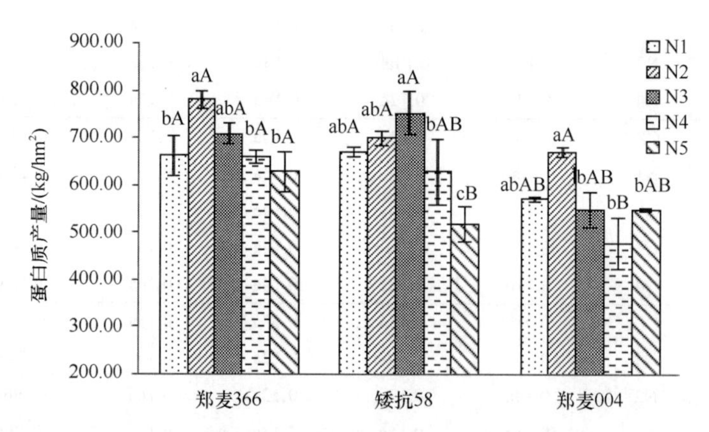

图 9-3　不同氮素形态配比对小麦蛋白质产量的影响

N1、N2、N3、N4、N5 表示硝态氮和铵态氮的比例分别为 100∶0、75∶25、50∶50、25∶75、0∶100。不同小写和大写字母分别表示差异达 5%和 1%显著水平

（二）不同氮素形态配施对小麦籽粒蛋白质组分含量的影响

1. 清蛋白和球蛋白含量的变化

由图 9-4 可以看出，清蛋白和球蛋白在籽粒灌浆初期含量较高，随着灌浆进程的推进逐渐降低，清蛋白含量在灌浆中期（花后 18～24d）降到最低，花后 24～30d 迅速升高，之后又迅速下降，球蛋白含量在整个灌浆期呈现“L”形下降的趋势。不同处理间的方差分析显示，花后 30d 时 N3 处理能显著提高‘郑麦 366’和‘矮抗 58’籽粒清蛋白含量，N2、N3 处理同时显著地促进了‘郑麦 004’籽粒清蛋白的合成积累。成熟期（花后 36d）N3 处理显著提高了‘郑麦 366’籽粒中清蛋白的含量，表现为 N3＞N2＞N1＞

N4＞N5；‘矮抗 58’表现为 N3＞N1＞N2＞N5＞N4；成熟期 N3 处理‘郑麦 004’清蛋白含量最高，但和其他处理相比没有达到显著水平，N4 处理‘郑麦 004’籽粒清蛋白含量最低。

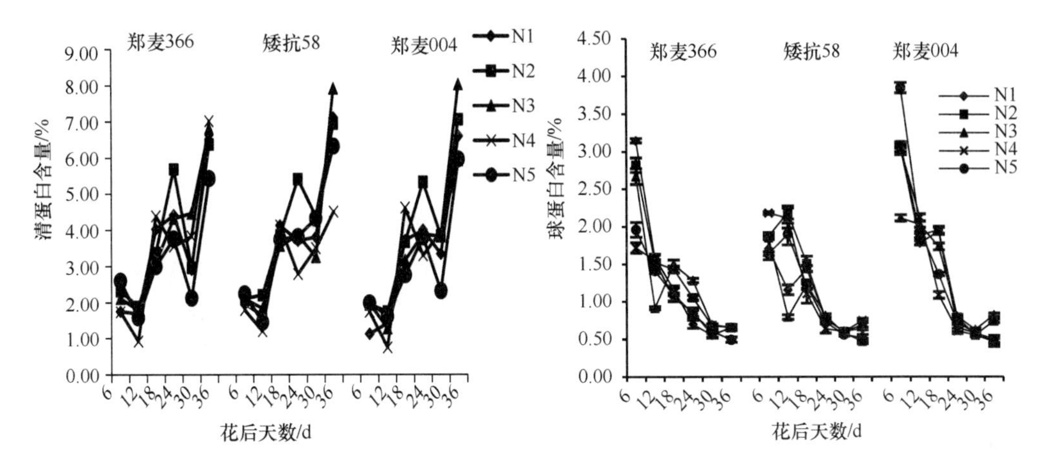

图 9-4　不同氮素形态配施对小麦灌浆期清蛋白和球蛋白含量（%）的影响
N1、N2、N3、N4、N5 表示硝态氮和铵态氮的比例分别为 100∶0、75∶25、50∶50、25∶75、0∶100

灌浆初期球蛋白含量‘郑麦 004’最高，其平均含量是‘郑麦 366’平均含量的 122.76%，‘矮抗 58’平均含量的 163.24%，品种间差异达到显著水平。成熟期球蛋白含量‘郑麦 366’＞‘矮抗 58’＞‘郑麦 004’，品种间差异并不显著。不同处理之间比较，N3 处理显著提高了‘郑麦 366’和‘郑麦 004’籽粒球蛋白含量，N4 处理显著提高了‘矮抗 58’籽粒球蛋白含量，N5 处理下成熟期‘郑麦 004’籽粒球蛋白含量最低。

2. 醇溶蛋白和麦谷蛋白含量的变化

由图 9-5 可知，不同品种小麦灌浆期醇溶蛋白和麦谷蛋白均呈现“W”形波折上升趋势。不同处理间的方差分析显示，花后 36d 时 N3 处理促进了‘郑麦 366’籽粒中醇溶蛋白含量的提高，N3 处理分别比 N1 和 N5 处理提高了 4.32%和 16.12%，差异极显

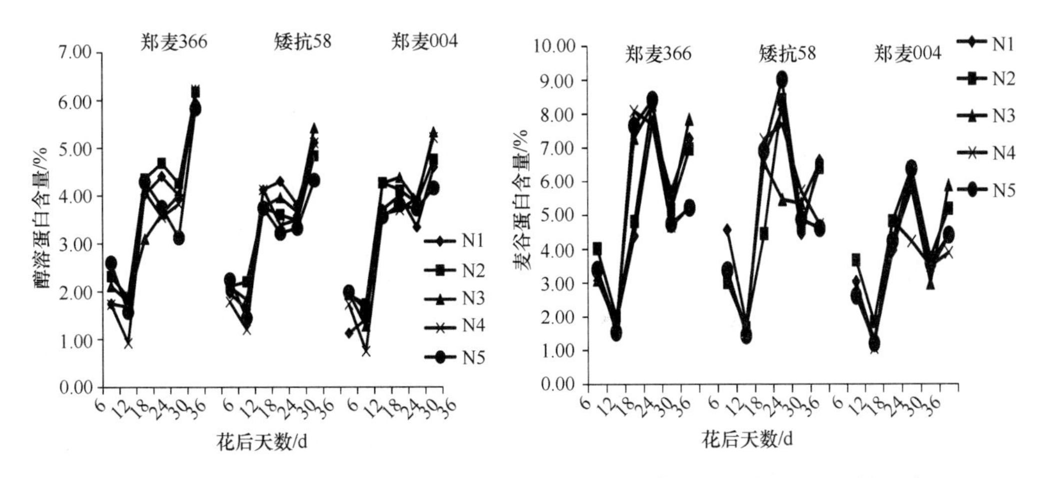

图 9-5　不同氮素形态配施对小麦灌浆期醇溶蛋白和麦谷蛋白含量（%）的影响
N1、N2、N3、N4、N5 表示硝态氮和铵态氮的比例分别为 100∶0、75∶25、50∶50、25∶75、0∶100

著；‘矮抗 58’成熟期籽粒醇溶蛋白含量 N3 处理分别比 N1 和 N5 处理提高了 7.18%和 15.54%，处理间差异显著；‘郑麦 004’籽粒醇溶蛋白含量 N3 处理分别比 N1 和 N5 处理提高了 16.77%和 23.58%，差异显著，N5 处理下‘郑麦 004’籽粒醇溶蛋白含量最低，与其他处理间差异极显著。

成熟期 3 个品种间麦谷蛋白含量差异显著，‘郑麦 366’籽粒麦谷蛋白含量比‘矮抗 58’高 7.14%，比‘郑麦 004’高 29.50%，达到极显著水平。不同处理之间比较，N2 处理显著地促进了‘郑麦 366’花后 6～12d 麦谷蛋白含量的提高，而 N3 处理则显著地促进了其在花后 18～36d 的积累，成熟期 N3 处理麦谷蛋白含量分别比 N1 和 N5 处理提高了 8.61%和 32.52%；N1 处理在花后 6～12d 促进了‘矮抗 58’籽粒麦谷蛋白含量的增加，N3 处理在花后 18～36d 促进了其含量的增加；N2 和 N3 处理对‘郑麦 004’籽粒麦谷蛋白含量表现出同样的促进作用，成熟期 N3 处理分别比 N1 和 N5 处理提高了 12.22%和 11.62%，N4 处理最低。

（三）不同氮素形态配施对小麦籽粒麦谷蛋白大聚合体含量的影响

分析表 9-12 可知，不同品种小麦花后麦谷蛋白大聚合体含量呈现先升后降的趋势。整个灌浆期麦谷蛋白大聚合体含量‘郑麦 366’均极显著地高于‘矮抗 58’和‘郑麦 004’（花后 24d 除外），‘矮抗 58’除在花后 12d 和 24d 含量与‘郑麦 004’间差异不显著外，其他时期均显著高于‘郑麦 004’。成熟期‘郑麦 366’谷蛋白大聚合体含量分别比‘矮抗 58’和‘郑麦 004’高 18.04%和 38.36%。

表 9-12 灌浆期不同品种小麦间麦谷蛋白大聚合体含量差异（单位：%）

品种	花后天数/d				
	12	18	24	30	36
郑麦 366	3.47aA	5.95aA	6.55aA	6.07aA	4.38aA
矮抗 58	3.01bB	4.39bB	5.84bAB	5.69bB	3.59bB
郑麦 004	2.46bB	3.36cC	5.40bB	5.15cC	2.70cC

注：同列不同小写和大写字母分别表示差异达 5%和 1%显著水平

（四）不同氮素形态配施对小麦粉质特性的影响

由表 9-13 可以看出，小麦形成时间、稳定时间、粉质指数存在显著的品种差异，表现为强筋＞中筋＞弱筋，弱化度表现为弱筋＞中筋＞强筋。

不同处理之间，N3 处理‘郑麦 366’形成时间和稳定时间均最高。对‘郑麦 366’而言，N3 处理形成时间与 N2、N4 处理差异不显著，但与 N1、N5 处理差异显著，N3 处理形成时间分别比 N1、N2、N4、N5 提高 17.68%、3.76%、6.04%、9.04%。稳定时间 N3 处理与 N1、N2 处理差异显著，分别比 N1、N2、N4、N5 提高 17.46%、9.74%、0.72%、2.21%。弱化度各处理间差异均不显著。对‘矮抗 58’而言，N3 处理形成时间最高，分别比 N1、N2、N4、N5 提高 9.30%、4.44%、4.44%、2.17%，处理间差异不显著。稳定时间表现为 N3＞N5＞N4＞N2＞N1，处理间差异不显著。弱化度表现为 N1＞N3＞N2＞N4＞N5，N1、N5 处理间差异显著，N2、N3、N4 处理间差异不显著。对‘郑麦 004’而言，各处理间形成时间和稳定时间差异均不显著，形成时间表现为 N5＜N1=N2=N4＜N3，

表 9-13　不同氮素形态配施对小麦粉质特性的影响

品种	处理	吸水率/%	形成时间/min	稳定时间/min	弱化度/BU	粉质指数
郑麦 366	N1	59.25a	8.20c	17.75c	4.0a	157.0d
	N2	59.20a	9.30ab	19.00b	3.5a	197.5c
	N3	58.30b	9.65a	20.85a	4.0a	213.0bc
	N4	58.45b	9.10ab	20.70a	3.5a	227.0ab
	N5	57.60c	8.85b	20.40a	3.0a	230.0a
矮抗 58	N1	57.75a	4.30b	7.70a	29.5a	133.0b
	N2	57.55a	4.50a	7.80a	25.7ab	137.0b
	N3	57.20b	4.70a	8.25a	27.5ab	156.5a
	N4	56.25c	4.50a	8.05a	25.5ab	134.5b
	N5	57.10b	4.60a	8.15a	23.0b	155.0a
郑麦 004	N1	52.70a	1.45a	1.40a	175.5a	18.5a
	N2	52.85a	1.45a	1.35a	155.5b	20.5a
	N3	52.70a	1.65a	1.55a	148.5c	24.5a
	N4	52.20b	1.45a	1.40a	140.0d	22.5a
	N5	52.90a	1.40a	1.20a	154.5b	21.0a
F 值	V	4747.84**	1054.40**	9039.64**	2999.26**	982.49**
	N	34.30**	18.12**	40.41**	29.92**	17.36**
	V×N	14.12**	6.71**	29.78**	21.51**	8.84**

注：N1、N2、N3、N4、N5 表示硝态氮和铵态氮的比例分别为 100∶0、75∶25、50∶50、25∶75、0∶100。V. 品种；N. 处理；V×N. 品种与处理互作

同一列不同小写字母表示差异达 5%显著水平；**表示差异达 1%显著水平

稳定时间表现为 N5＜N2＜N1=N4＜N3，弱化度表现为 N4＜N3＜N5＜N2＜N1，N2、N5 处理间差异不显著，其他处理间差异显著。

（五）不同氮素形态配施对小麦拉伸特性的影响

由表 9-14 可以看出，拉伸面积、拉伸阻力、延伸度、最大拉伸阻力、最大拉伸比例均表现为强筋＞中筋＞弱筋，拉伸比例表现为中筋＞强筋＞弱筋。

不同处理之间，对‘郑麦 366’而言，N3、N5 处理拉伸面积差异不显著，N1 处理拉伸面积最小；拉伸阻力表现为 N5＞N4＞N3＞N2＞N1，延伸度表现为 N1＞N2＞N3＞N4＞N5，N5 处理最大拉伸阻力、拉伸比例、最大拉伸比例均最高。对‘矮抗 58’而言，N3 处理拉伸面积、拉伸阻力均最高，N1 处理拉伸面积、拉伸阻力均最低；N4 处理延伸度最小，且与其他处理差异显著，N1 处理延伸度最大，N1、N2、N3、N5 处理间差异不显著；N3 处理最大拉伸阻力最高，N1 处理最低，两者差异显著；N3 处理拉伸比例和最大拉伸比例均最高，N1 处理两者值最低，两处理间差异显著。对‘郑麦 004’而言，N5 处理拉伸面积最小，N1、N2、N3、N4 各处理间拉伸面积差异均不显著；N1 处理拉伸阻力最小，与其他处理差异显著，其他处理间差异均不显著；N1 处理延伸度最大，与其他处理差异显著；最大拉伸阻力、拉伸比例及最大拉伸比例之间并无固定规律可循。

表 9-14　不同氮素形态配施对小麦拉伸特性的影响

品种	处理	拉伸面积/cm^2	拉伸阻力/BU	延伸度/mm	最大拉伸阻力/BU	拉伸比例BU/mm	最大拉伸比例BU/mm
郑麦 366	N1	152.5c	254.5b	245.0a	466.0b	1.05d	1.85c
	N2	156.0bc	259.5b	229.0b	458.0b	1.25c	1.95c
	N3	164.5a	323.0a	216.0c	571.0a	1.50b	2.65b
	N4	159.0b	330.3a	211.0d	566.0a	1.60a	2.70ab
	N5	165.0a	334.0a	208.6d	586.0a	1.60a	2.80a
矮抗 58	N1	77.0c	258.0c	165.5a	326.0c	1.55b	2.00b
	N2	86.5ab	284.5ab	163.5a	363.0ab	1.75a	2.25a
	N3	88.5a	296.5a	164.0a	374.0a	1.80a	2.30a
	N4	77.0c	274.0b	155.5b	342.0bc	1.75a	2.20a
	N5	82.5b	283.0b	162.0a	355.5.0ab	1.75a	2.20a
郑麦 004	N1	20.6a	98.0b	138.5a	144.5c	0.70b	1.50a
	N2	23.5a	115.0a	97.0d	187.0a	0.85a	1.35b
	N3	19.5a	105.0a	125.0c	175.6ab	0.80a	1.37ab
	N4	21.5a	107.0a	126.0c	172.6ab	0.83a	1.40ab
	N5	12.5b	108.0a	129.6b	163.5bc	0.85a	1.35b
F 值	V	1325.70**	9714.19**	1510.79**	2072.14**	1449.7**	1028.23**
	N	18.29**	72.22**	58.80**	44.02**	69.23**	36.56**
	V×N	3.68**	23.78**	151.86**	25.22**	18.09**	33.66**

注：N1、N2、N3、N4、N5 表示硝态氮和铵态氮的比例分别为 100∶0、75∶25、50∶50、25∶75、0∶100。V. 品种；N. 处理；V×N. 品种和处理互作

同一列不同小写字母表示差异达 5%显著水平；**表示差异达 1%显著水平

第三节　水分和氮素形态互作对小麦产量和品质的影响

一、水分和氮素形态互作对小麦产量及其构成因素的影响

由表 9-15 可知，固定氮素形态考察水分对产量的影响发现，各施氮条件下，‘郑麦 9023’有效穗数、穗粒数、千粒重及产量均表现为 W3 最优。固定水分考察氮素形态对产量的影响，有效穗数在 W1、W3 灌水下均以 N3 为优，W2 则以 N2 较优；穗粒数 W2、W3 灌水下均以 N3 表现较优，W1 灌水下则 N2 较好；千粒重及产量在各灌水条件下均以 N3 最优。综合来看，本实验条件下 W3N3 水分和氮素形态组合对产量及其构成因素有着较好的调控效应，从提高产量方面考虑是最优的水分和氮素形态组合。

由表 9-16 可知，固定氮素形态考察水分对产量的影响发现，‘郑麦 004’有效穗数除 N1 外，其他各施氮形态处理下均表现为 W3 最优。穗粒数在各施氮形态下均以 W3 灌水下最好，千粒重则除在 N1 下 W3 最好外，N2、N3 施氮形态下均以 W1 灌水最好，产量在 N1、N3 施氮形态下均以 W3 最优。固定水分考察氮素形态对产量的影响，有效穗数在 3 种灌水下均以 N1 为优；穗粒数在各灌水条件下均以 N1 表现较优；千粒重在 3 种灌

水条件下均以 N3 较优；产量在 W1 灌水下 N3 表现较优，W2、W3 下均以 N1 较优。综合来看，本实验条件下 W3N1 虽然有效穗数、千粒重分别较低于 W2N1、W1N3，但差异并不显著，且 W3N1 穗粒数在各组合中显著最高，因此，从提高产量方面考虑是最优的水分和氮素形态组合。

表 9-15　不同水分和氮素形态对‘郑麦 9023’产量及构成因素的影响

处理	有效穗数/（万穗/hm^2）	穗粒数/（粒/穗）	千粒重/g	产量/（kg/hm^2）
W1N1	333.68cB	38.17cB	42.13abcAB	292.6cdA
W1N2	340.60bcB	41.25aA	41.06bcAB	298.05bcdA
W1N3	343.80bcB	40.42cB	43.56abcAB	311.19dA
W2N1	339.6cB	38.25cB	42.9abcAB	317.18abcdA
W2N2	348.23abAB	40.17cB	40.74cB	316.52bcdA
W2N3	343.31bcB	47.17cAB	44abAB	327.45abcdA
W3N1	345.89abAB	53.00abA	44.38aAB	321.03abcA
W3N2	357.17aA	45.08cB	43.73abcAB	333.24abA
W3N3	355.73aA	56.75aA	45.34aA	341.06aA

注：W1. 拔节期灌水一次；W2. 拔节期和孕穗期各灌水一次；W3. 拔节期、孕穗期和灌浆期各灌水一次。N1. 酰胺态氮；N2. 硝态氮；N3. 铵态氮

同一列不同小写和大写字母分别表示差异达 5%和 1%显著水平

表 9-16　不同水分和氮素形态对‘郑麦 004’产量及构成因素的影响

处理	有效穗数/（万穗/hm^2）	穗粒数/（粒/穗）	千粒重/ g	产量/（kg/hm^2）
W1N1	396.38abA	45.63dC	29.74aA	376.9cA
W1N2	384.75cA	40.50eC	30.09aA	377.09cA
W1N3	391.59bcA	44.75dC	31.79aA	380.66cA
W2N1	407.69aA	58.63bA	28.85aA	404.38abA
W2N2	398.41abA	45.50dC	29.6aA	402.72abA
W2N3	395.03abA	44.88dC	30.55aA	382.68cA
W3N1	403.79aA	62.38aA	30.44aA	412.45aA
W3N2	402.17abA	51.13cB	28.65aA	385.76bcA
W3N3	400.08abA	53.25cB	30.94aA	405.13abA

注：W1. 拔节期灌水一次；W2. 拔节期和孕穗期各灌水一次；W3. 拔节期、孕穗期和灌浆期各灌水一次。N1. 酰胺态氮；N2. 硝态氮；N3. 铵态氮

同一列不同小写和大写字母分别表示差异达 5%和 1%显著水平

二、水分和氮素形态互作对小麦籽粒淀粉及其组分含量的影响

（一）不同水分和氮素形态互作对小麦花后籽粒淀粉总含量的影响

由图 9-6 可知，不同筋型小麦籽粒淀粉积累变化均呈现先升高，之后相对平稳地维持在一个水平的变化趋势，品种间差异显著。对‘郑麦 9023’而言，花后 21d 前籽粒淀粉迅速积累，21d 接近最大值后相对平稳。花后 7d，W1 淀粉含量极显著大于 W2、W3；

花后 14d，W3 极显著大于 W2，与 W1 无差异；花后 21d，W3 极显著大于 W2，与 W1 无差异。对‘郑麦 004’而言，花后 14d 前籽粒淀粉迅速积累，14d 接近最大值，花后 28d 出现小幅下降，后达到各自水分条件下的最大值，相对稳定到收获。W2 处理籽粒淀粉含量在灌浆后期相对较高。花后 7d，W2 淀粉含量显著小于 W1、W3，花后 21d，W1 显著小于 W2。各品种籽粒淀粉含量在氮素形态下的变化趋势与水分下的变化趋势相同。对‘郑麦 9023’而言，花后 7d，N2 极显著大于 N3；花后 21d，N3 极显著大于 N1，且与 N2 无差异。N3 处理下‘郑麦 9023’籽粒淀粉含量整体较高，N1 较低。对‘郑麦 004’而言，花后 7d，N2 显著大于 N1、N3；花后 28d，N2 显著大于 N1，与 N3 无差异；花后 35d，N1 显著小于 N2、N3；花后 42d，N3 显著小于 N1、N2。N2 处理下‘郑麦 004’籽粒淀粉含量整体较高，N3 较低。

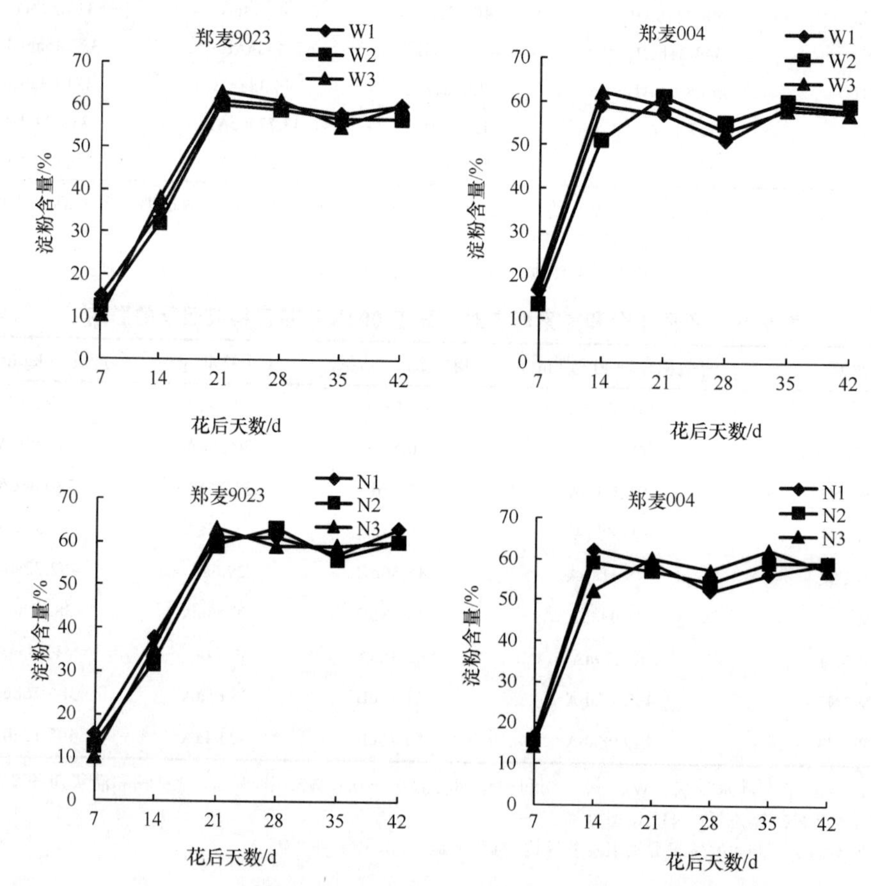

图 9-6　水分和氮素形态对两种筋型小麦淀粉含量的影响

W1. 拔节期灌水一次；W2. 拔节期和孕穗期各灌水一次；W3. 拔节期、孕穗期和灌浆期各灌水一次。N1. 酰胺态氮；N2. 硝态氮；N3. 铵态氮

由表 9-17 可以看出，不同水分和氮素形态对‘郑麦 9023’籽粒淀粉含量的影响存在互作效应。固定水分考察氮素形态对籽粒淀粉积累的影响，W2 灌水条件下，花后 14d，N1 均显著高于 N2；W2 与 W3 灌水条件下，花后 14d，N1、N3 无差异且均极显著大于 N2，且 W3 灌水条件下花后 21d，N3 极显著大于 N1、N2。固定氮素形态

考察水分，N1 施氮条件下，花后 7d，W1 极显著高于 W2、W3；花后 14d，W1 极显著小于 W2、W3。N2、N3 施氮条件下，花后 7～14d，W1 均极显著高于 W2、W3，N2 花后 35d W3 显著小于 W1、W2，N3 处理花后 21d 则 W3 极显著大于 W2、W1。分析变异系数结果表明，水分处理间花后 7～14d，差异达极显著水平，花后 21d，差异达显著水平；氮素形态处理间花后 7d、21d 达极显著水平；水氮互作间花后 14d 达极显著水平，花后 21d，差异达显著水平。不同水分和氮素形态对‘郑麦 004’籽粒淀粉含量的影响存在互作效应。固定水分考察氮素形态对籽粒淀粉积累的影响，W1 灌水处理下，花后 28d，N1 显著小于 N2、N3；花后 42d，N2 显著大于 N3。W2 灌水处理下，花后 7d，N2 显著大于 N1、N3；花后 35d，N3 显著大于 N1、N2；花后 42d，N1 显著大于 N2、N3。W3 灌水下，花后 7d，N2 显著大于 N1、N3。固定氮素形态考

表 9-17　不同水分和氮素形态互作对小麦花后籽粒淀粉含量的影响（单位：%）

品种	处理	花后天数/d					
		7	14	21	28	35	42
郑麦 9023	W1N1	13.51abA	30.54cC	59.69cB	63.06aA	56.42abA	60.97aA
	W1N2	13.62aA	38.67aA	62.91bAB	62.45aA	60.65aA	56.75aA
	W1N3	12.9bcAB	32.86bBC	62.43bcB	62.59aA	61.5aA	66.95aA
	W2N1	11.77dC	38.33aA	60.01cB	62.42aA	59.83aA	58aA
	W2N2	12.34cdBC	34.24bB	61.54bcB	61.48aA	59.29aA	59.63aA
	W2N3	11.69dC	37.08aA	60.45bcB	59.4aA	57.68abA	59.53aA
	W3N1	11.77dC	38.33aA	61.21bcB	64.06aA	57.92abA	59.86aA
	W3N2	12.34cdBC	34.24bB	61.72bcB	64.15aA	52.45bA	63.36aA
	W3N3	11.69dC	37.08aA	66.14aA	59.56aA	58abA	62.42aA
	W	38.3**	13.88**	6.19*	0.98	2.58	0.43
	N	6.77**	0.01	8.28**	2.46	0.51	0.62
	W×N	0.54	28.59**	3.94*	0.68	2.19	0.6
郑麦 004	W1N1	14.39cB	59.12aA	61.52aA	52.92bA	58.87cB	59.05bcAB
	W1N2	15.51bcAB	59.12aA	59.54abA	57aA	61.2bcB	62.44abAB
	W1N3	16.17bAB	58.34aA	58.76abA	57.46aA	61.03bcB	58.33cB
	W2N1	15.88bcAB	61.63aA	57.87abA	54.44abA	60.51bcB	63.71aA
	W2N2	17.84aA	55.96aA	57.86abA	55.52abA	58.58cB	59.65bcAB
	W2N3	15.89bcAB	43.09aA	61.77aA	56.75aA	65.48aA	58.82bcAB
	W3N1	15.88bcAB	62.23aA	58.6abA	55.07abA	61.05bcB	59.96bcAB
	W3N2	17.84aA	61aA	56.97bA	55.53abA	62.71bAB	61.03abcAB
	W3N3	15.89bcAB	57.42aA	56.88bA	56.58aA	59.73bcB	59.82bcAB
	W	5.47*	0.83	2.61	0.03	1.26	0.38
	N	8.61**	1.15	0.7	5.29*	3.46	3.17
	W×N	2.35	0.51	1.87	0.94	8.17**	3.27*

注：W1. 拔节期灌水一次；W2. 拔节期和孕穗期各灌水一次；W3. 拔节期、孕穗期和灌浆期各灌水一次。N1.酰胺态氮；N2. 硝态氮；N3. 铵态氮。W. 灌水处理；N. 氮素处理；W×N. 灌水处理和氮素处理互作

同一列不同小写和大写字母分别表示差异达 5%和 1%显著水平；*和**分别表示差异达 5%和 1%显著水平

察水分，N1 施氮条件下，花后 42d，W2 显著大于 W1、W3。N2 施氮条件下，花后 7d，W2、W3 显著大于 W1，花后 35d，W3 显著大于 W2。N3 施氮条件下，花后 21d、35d，W2 处理显著较优。分析变异系数结果表明，水分处理间仅花后 7d 差异达显著水平；氮素形态间花后 7d 差异达极显著水平，花后 28d 差异达显著水平；水氮互作间花后 35d 差异极显著，42d 差异显著。上述分析可知水分和氮素形态对不同筋型小麦籽粒淀粉含量的影响不同，对于‘郑麦 9023’而言，水分、氮素形态及其互作效应集中在灌浆前期，且水分调控效应大于施氮形态效应。对于‘郑麦 004’而言，则水分影响出现在灌浆早期，氮素形态的影响出现在早期和中期，水氮互作效应出现在灌浆晚期，且施氮效应大于灌水效应。

（二）不同水分和氮素形态对小麦花后籽粒直链淀粉含量的影响

由图 9-7 可知，两种筋型小麦直链淀粉含量均呈现升高态势，但品种间差异显著。对‘郑麦 9023’来说，籽粒直链淀粉含量花后 14d 前增加较为缓慢，后迅速增加，花后 28d 达最大值（W2、W3 除外）后有所回落，收获前的花后 42d 又有小幅回升。W3 灌水处理多数时期较优，但仅在花后 21d 显著高于 W1、W2。‘郑麦 004’则籽粒直链淀粉含

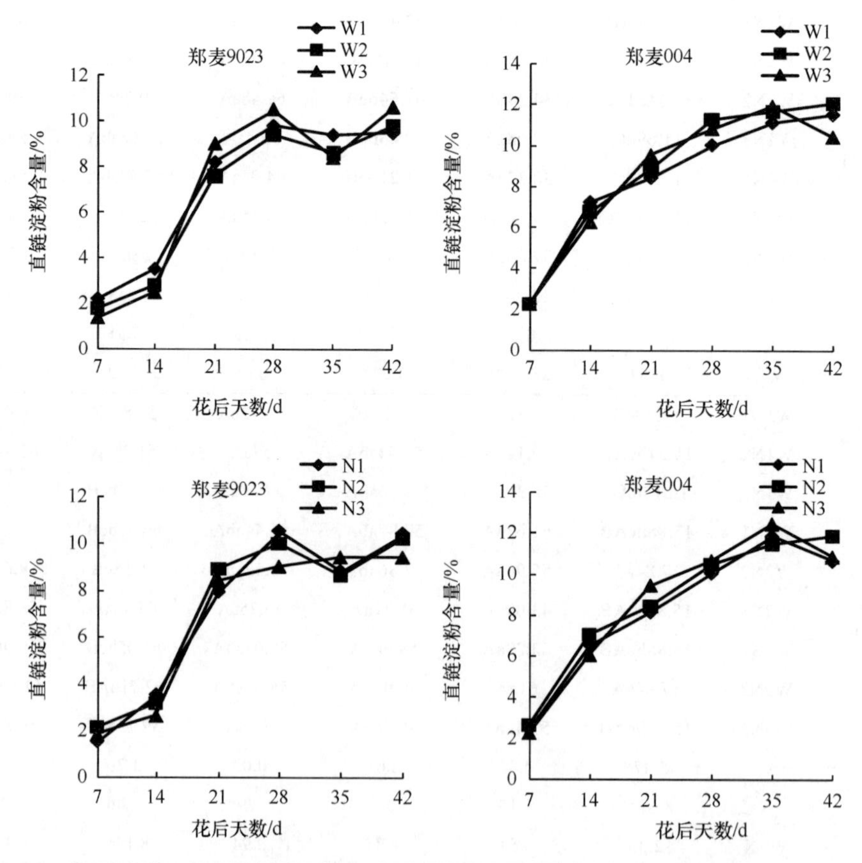

图 9-7　水分和氮素形态对两种筋型小麦直链淀粉含量的影响

W1. 拔节期灌水一次；W2. 拔节期和孕穗期各灌水一次；W3. 拔节期、孕穗期和灌浆期各灌水一次。

N1. 酰胺态氮；N2. 硝态氮；N3. 铵态氮

量花后14d前增加迅速，花后35d达最大值后有所回落（W1、W2除外）。W2灌水处理整体表现较优，但仅在花后28d、42d差异较显著。氮素形态处理下的变化趋势与水分处理下趋势相同。对于‘郑麦9023’，花后14d前直链淀粉含量缓慢增加，14d后迅速增加，花后28d达最大值（N2、N3除外）后有所回落，收获前的花后42d又有小幅回升。氮素形态整体以N3较高，但仅在花后21d极显著大于N1且与N2无差异。‘郑麦004’则籽粒直链淀粉含量花后14d前增加迅速，花后35d达最大值后有所回落（N2除外），氮素形态整体以N2较高，但仅在花后7d极显著高于N1、N3。

表9-18　不同水分和氮素形态互作对小麦花后籽粒直链淀粉含量的影响（单位：%）

品种	处理	花后天数/d					
		7	14	21	28	35	42
郑麦9023	W1N1	2.08aA	3cC	7.92cdC	11.31aA	9.24abAB	9.92abA
	W1N2	2.03aA	3.74aA	8.75bABC	9.59cdeCD	8.81bcAB	10.36abA
	W1N3	1.96aAB	3.57abAB	8.51bcBC	9.25deCD	10.15aA	9.52bA
	W2N1	1.84abAB	3.53abAB	7.85dC	10.24bcABC	8.78bcAB	9.85abA
	W2N2	1.61bB	3.19cBC	8.43bcdBC	9.25deCD	9.12abAB	10.33abA
	W2N3	1.55bB	3.28bcBC	7.96cdC	8.96eD	8.83bcAB	10.13abA
	W3N1	1.84abAB	3.53abAB	8.75bABC	9.88cdBCD	8.69bcAB	9.52bA
	W3N2	1.61bB	3.19cBC	9abAB	11abAB	7.85cB	10.71abA
	W3N3	1.55bB	3.28bcBC	9.47aA	9.87cdBCD	9.52abAB	11.72aA
	W	14.87**	1.23	20.11**	6.6**	2.94	1.19
	N	5.11*	0.05	6.97**	13.08**	4.66*	1.39
	W×N	0.4	11.61**	1.86	8.01**	2.08	1.37
郑麦004	W1N1	2.01cC	6.85aA	8.87aA	10.12dC	11.98aA	10.48dB
	W1N2	2.42aAB	7.15aA	8.83aA	10.57cdBC	11.74aA	12.59aA
	W1N3	2.57aA	7.2aA	10.05aA	10.53cdBC	11.36aA	11.53abcdAB
	W2N1	2.49aA	7.59aA	9.08aA	10.92bcABC	11.25aA	12.45aA
	W2N2	2.54aA	6.76aA	9.22aA	11.64aA	11.06aA	11.71abAB
	W2N3	2.24bB	5.69aA	9.77aA	11.37abAB	12.67aA	11.67abcAB
	W3N1	2.49aA	7.15aA	9.78aA	11.16abcAB	12.33aA	10.57cdB
	W3N2	2.54aA	7.16aA	9.81aA	10.83bcABC	11.61aA	10.84bcdB
	W3N3	2.24bB	6.04aA	9.66aA	11.28abAB	12.35aA	10.76bcdB
	W	3.15	0.32	1.59	16.28**	0.75	10.2**
	N	10.49**	1.74	2.39	2.28	1.37	2.12
	W×N	21**	0.92	1.15	1.9	1.53	4.78**

注：W1. 拔节期灌水一次；W2. 拔节期和孕穗期各灌水一次；W3. 拔节期、孕穗期和灌浆期各灌水一次。N1. 酰胺态氮；N2. 硝态氮；N3. 铵态氮。W. 灌水处理；N. 氮素处理；W×N. 灌水处理和氮素处理互作

同一列不同小写和大写字母分别表示差异达5%和1%显著水平；*和**分别表示差异达5%和1%显著水平

由表9-18可以看出，不同水分和氮素形态对‘郑麦9023’籽粒直链淀粉含量的影响存在互作效应。固定水分考察氮素形态对籽粒直链淀粉含量的影响，不同灌水处理内，

花后 7d 均表现为 N3 直链淀粉含量最低，21d 则表现为 N1 较低。其他时间各氮素形态间高低互现，最终表现为：W1、W2 处理内 N2 直链淀粉含量最高，W3 处理内 N3 最高。固定氮素形态考察水分对籽粒直链淀粉含量的影响，不同施氮条件下，花后 7d 均表现为 W1 直链淀粉含量最低，21d 则表现为 W3 处理最高，其他时间则各氮素形态间高低互现，最终表现为：N1 处理内 W1 直链淀粉含量最高，N2、N3 处理内 W3 最高。分析变异系数结果表明，水分处理间花后 7d、21d、28d 籽粒直链淀粉含量差异达极显著水平；氮素形态间，花后 7d、35d 差异显著，21d、28d 差异达极显著；水氮互作在花后 14d、28d 达极显著水平。不同水分和氮素形态对‘郑麦 004’籽粒直链淀粉含量的影响存在互作效应。固定水分考察氮素形态对籽粒直链淀粉含量的影响，W1 灌水处理内，N1 在花后 7d 极显著、显著小于 N2、N3；花后 7～21d，W2、W3 灌水处理内 N3 较低，且在花后 7d 时极显著小于 N1、N2，最终表现为：W1、W3 水分处理内 N2 直链淀粉含量最高，W1 处理下 N1 最高。固定氮素形态考察水分对籽粒直链淀粉含量的影响，各施氮条件下，花后 28d 均表现为 W1 最低，其他时间各氮素形态间高低互现，最终表现为：N1、N3 施氮条件下，W2 直链淀粉含量最高，N2 施氮条件下，W1 含量最高。分析变异系数结果表明，水分处理间花后 28d、42d 差异达极显著水平；氮素形态间花后 7d 差异达极显著水平；水氮互作则在花后 7d、42d 出现极显著差异。说明水分及氮素形态对小麦直链淀粉含量的调控存在品种差异。‘郑麦 9023’的水分调控效应出现在小麦灌浆中后期，氮素形态效应出现在灌浆初期，互作效应则出现在灌浆初期和末期。‘郑麦 004’的水分、氮素形态及水氮互作调控效应均出现在灌浆中前期。因此应根据不同品种选择合适的水氮模式。

（三）不同水分和氮素形态对小麦花后籽粒支链淀粉含量的影响

由图 9-8 可知，强、弱两种筋型小麦籽粒支链淀粉含量呈现先急速升高，后相对平稳的变化趋势。品种间差异显著。‘郑麦 9023’花后 7～21d 支链淀粉含量迅速升高，21d 达最大值后稳中有落。其中，花后 14～21d，W2 处理较优，花后 21d W3 较优。‘郑麦 004’则花后 7～14d 迅速升高，后下降至花后 28d，花后 28d 后相对较为平稳。花后 7～14d，W3 处理较优，花后 21～28d，W2 处理较优。各品种籽粒支链淀粉含量在不同施氮形态处理下的变化趋势与水分处理下趋势相同。‘郑麦 9023’花后 7～14d N2 处理较优，且在花后 7d 与 N1、N3 处理达极显著差异水平，花后 21d 后，N2 依然多数时期表现较优。‘郑麦 004’花后 7d，N2 显著小于 N1，与 N3 无差异，花后 35d N3 显著大于 N1，而与 N2 差异未达显著水平，至花后 42d，N2 籽粒支链淀粉含量最高。

由表 9-19 可知，不同水分和氮素形态对‘郑麦 9023’籽粒支链淀粉含量的影响存在互作效应。固定水分考察氮素形态对籽粒支链淀粉含量的影响，W1 灌水处理内，花后 7～21d、35～42d，N2 籽粒支链淀粉含量较高，并在花后 14d 与其他两个处理相比差异达到极显著水平；W2 灌水处理内，同样以 N2 在多数时期较优，并在花后 7d 显著大于 N1；W3 灌水处理内，则以 N1 在多数时期较优，并在花后 14d 极显著大于 N2。固定氮素形态考察水分对籽粒支链淀粉含量的影响，3 种氮素形态在花后 7d 均以 W1 处理较优。N1 施氮条件下花后 14～28d，均以 W3 较优；收获前的花后 42d，以 W1 较优；N2 施氮条件下，W1 在多数时期表现较优；N3 施氮条件下，W1 在花后 28～35d 较高，而花后 42d，

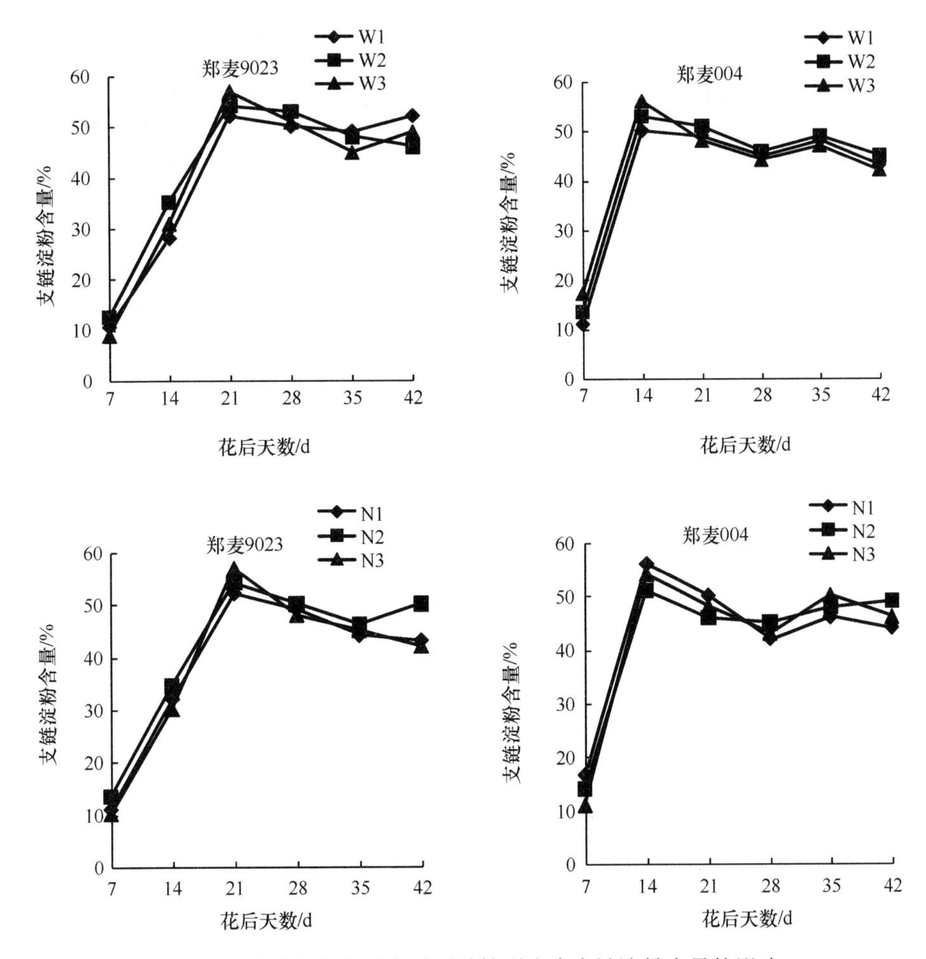

图 9-8　水分和氮素形态对两种筋型小麦支链淀粉含量的影响

W1. 拔节期灌水一次；W2. 拔节期和孕穗期各灌水一次；W3. 拔节期、孕穗期和灌浆期各灌水一次。N1. 酰胺态氮；N2. 硝态氮；N3. 铵态氮

则以 W3 最高。分析变异系数结果表明，水分处理间花后 7～14d 存在极显著差异；氮素形态间花后 7d、21d 存在极显著差异；水氮互作间花后 14d 存在极显著差异，花后 21d 存在显著差异。不同水分和氮素形态对‘郑麦 004’籽粒支链淀粉含量的影响存在互作效应。固定水分考察氮素形态对籽粒支链淀粉含量的影响，W1、W2 灌水处理内，均以 N3 在多数时期表现较优，而 W3 灌水处理则以 N2 在多数时期较优，且在花后 7d、35d N2 处理与其他两种处理间差异达显著水平，但最终至花后 42d，则 W1、W3 灌水处理以 N2 较优，W2 以 N1 较优。固定氮素形态考察水分对籽粒支链淀粉含量的影响，N1、N2 施氮条件下，均以 W3 在多数时期较优，N3 施氮条件下，则以 W2 多数时期较优。但最终至花后 42d，N2、N3 以 W3 处理较优，N1 以 W2 较优。分析变异系数结果表明，水分处理间花后 7d、21d 差异显著；氮素形态花后 7d、35d 差异显著，28d 差异极显著；水氮互作花后 35d 差异极显著。说明本实验处理条件下，水分、氮素形态及水氮互作对小麦支链淀粉含量的影响存在品种间差异，对‘郑麦 9023’而言，水分、氮素形态及水氮互作的调控效应集中在灌浆中期以前；对于‘郑麦 004’的水分调控在灌浆中期以前，

氮素形态调控以灌浆中后期为主，水氮互作效应出现在灌浆后期。

表 9-19 不同水分和氮素形态互作对小麦花后籽粒支链淀粉含量的影响（单位：%）

品种	处理	花后天数/d					
		7	14	21	28	35	42
郑麦 9023	W1N1	11.42abA	27.53cD	51.78bB	51.75aA	47.18abA	51.04aA
	W1N2	11.59aA	34.93aA	54.16bAB	52.86aA	51.85aA	56.59aA
	W1N3	10.93bcAB	29.29bcCD	53.92bAB	53.34aA	51.35aA	47.23aA
	W2N1	9.92eC	34.8aA	52.16bB	52.17aA	51.05aA	48.15aA
	W2N2	10.73cdABC	31.05bBC	53.11bB	52.22aA	50.17aA	49.3aA
	W2N3	10.15deBC	33.8aAB	52.49bB	50.45aA	48.86abA	49.4aA
	W3N1	9.92eC	34.8aA	52.46bB	54.18aA	49.22abA	50.34aA
	W3N2	10.73cdABC	31.05bBC	52.72bB	53.15aA	44.6bA	52.65aA
	W3N3	10.15deBC	33.8aAB	56.66aA	49.69aA	48.49abA	50.69aA
	W	28.54**	13.71**	2.37	0.4	2.59	0.47
	N	9.46**	0.01	6.34**	1.16	0.14	0.9
	W×N	1.33	22.2**	3.22*	1.13	2.53	0.47
郑麦 004	W1N1	12.38bB	52.27abA	52.66aA	42.79bA	46.88cB	48.57abA
	W1N2	12.8bB	51.97abA	49.65abcA	46.43aA	49.45bcAB	49.85abA
	W1N3	13.61bAB	51.14abA	48.72bcA	46.91aA	49.66bcAB	46.8bA
	W2N1	13.39bAB	54.04abA	48.79bcA	43.52abA	49.26bcAB	51.27aA
	W2N2	15.29aA	49.21bA	48.64bcA	43.87abA	47.52cB	47.94abA
	W2N3	13.65bAB	53.18abA	52abA	45.38abA	52.82aA	47.16bA
	W3N1	13.39bAB	55.08aA	48.82bcA	43.91abA	47.27cB	49.39abA
	W3N2	15.29aA	53.83abA	47.15cA	44.69abA	51.1abAB	50.18abA
	W3N3	13.65bAB	51.38abA	47.22cA	45.29abA	47.39cB	49.06abA
	W	5.15*	0.87	4.06*	0.94	1.8	0.71
	N	5.6*	1.58	1.38	4.47**	4.32*	2.52
	W×N	1.88	1.25	2.42	0.91	6.26**	1.35

注：W1. 拔节期灌水一次；W2. 拔节期和孕穗期各灌水一次；W3. 拔节期、孕穗期和灌浆期各灌水一次。N1. 酰胺态氮；N2. 硝态氮；N3. 铵态氮。W. 灌水处理；N. 氮素处理；W×N. 灌水处理和氮素处理互作

同一列不同小写和大写字母分别表示差异达 5%和 1%显著水平；*和**分别表示差异达 5%和 1%显著水平

（四）不同水分和氮素形态对小麦花后籽粒直链淀粉/支链淀粉的影响

由图 9-9 可知，水分处理下不同小麦籽粒直链淀粉/支链淀粉均呈现先降低后升高的态势，但品种间差异明显。对‘郑麦 9023’而言，花后 7～14d，直链淀粉/支链淀粉下降幅度较大，花后 28d 升高至接近初始水平，后在接近初始水平的基础上有所提升。花后 7～14d W1 显著大于 W2、W3，花后 21d、28d，W3 较优，依次显著大于 W1、W2。‘郑麦 004’花后 7～14d 降幅相对较小，花后 28d 基本达到最大值，且明显高于初始水平，之后相对较为稳定，花后 21d、28d，W3 相对较优。但最终至花后 42d，‘郑麦 9023’

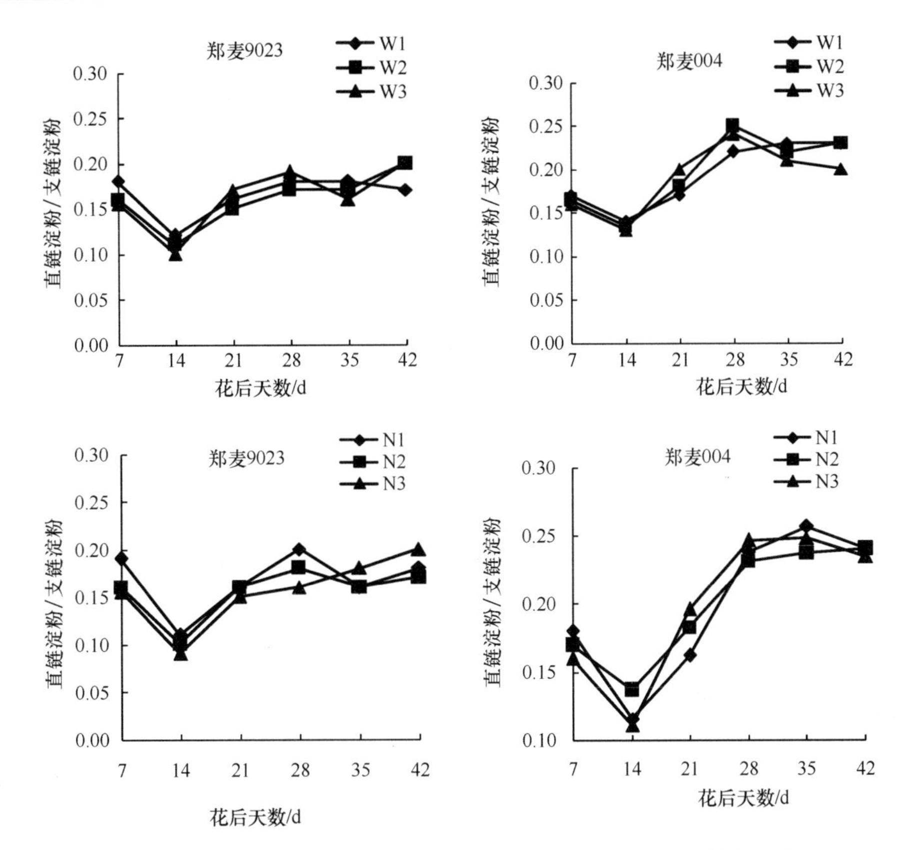

图 9-9　水分和氮素形态对两种筋型小麦直链淀粉/支链淀粉的影响
W1. 拔节期灌水一次；W2. 拔节期和孕穗期各灌水一次；W3. 拔节期、孕穗期和灌浆期各灌水一次。
N1. 酰胺态氮；N2. 硝态氮；N3. 铵态氮

以 W2、W3 较优，‘郑麦 004’以 W1、W2 较优。各品种籽粒直链淀粉/支链淀粉在氮素形态下的变化趋势与水分下的变化趋势相同。对‘郑麦 9023’而言，除花后 7d N1 外，花后 7～21d，各氮素形态影响效果基本一致，花后 35～42d，N3 处理明显大于 N1、N2。‘郑麦 004’花后 28～35d，N1 表现较优，但至花后 42d，N2 表现较优。

由表 9-20 可以看出，不同水分和氮素形态对‘郑麦 9023’籽粒直链淀粉/支链淀粉的影响存在互作效应。固定水分考察氮素形态对籽粒直链淀粉/支链淀粉的影响，各灌水处理下随灌浆进程，各氮素形态均呈现花后 7～14d 出现相对较大幅度下降，14～28d 回升，后有小幅波动的变化态势。至花后 42d，除 W3 灌水下的 N3 与 N2 存在显著差异，与 N1 达极显著差异外，余者均无显著差异。固定氮素形态考察水分对籽粒直链淀粉/支链淀粉的影响，各施氮条件下随灌浆进程，各水分处理呈现与氮素形态相同的变化态势。至花后 42d，N1 以 W2 为优，N2 以 W2、W3 较优，N3 以 W3 较优。分析变异系数结果表明，水分处理间花后 21d 前差异均显著，且于花后 21d 差异达到极显著水平；氮素形态间，花后 7d、35d 存在极显著差异，28d、42d 存在显著差异；水氮互作间花后 28d 差异达极显著水平，35d 差异显著。不同水分和氮素形态对‘郑麦 004’籽粒直链淀粉/支链淀粉的影响存在互作效应。固定水分考察氮素形态对籽粒直链淀粉/支链淀粉的影响，各灌水处理下随灌浆进程，各氮素形态在花后 14d 均出现相对较大幅度下降，

表 9-20 不同水分和氮素形态互作对小麦花后籽粒直链淀粉/支链淀粉的影响

品种	处理	花后天数/d					
		7	14	21	28	35	42
郑麦 9023	W1N1	0.18aA	0.11abA	0.15cA	0.22aA	0.2aA	0.19bB
	W1N2	0.18aA	0.1bA	0.16abcA	0.18cdC	0.17bB	0.19bB
	W1N3	0.18aA	0.12aA	0.16abcA	0.18dC	0.2aA	0.2bAB
	W2N1	0.19aA	0.1bA	0.15cA	0.2bcdABC	0.17bB	0.21bAB
	W2N2	0.15bA	0.1bA	0.16abcA	0.18cdC	0.18abAB	0.21bAB
	W2N3	0.15bA	0.1bA	0.15bcA	0.18dC	0.18abAB	0.21bAB
	W3N1	0.19aA	0.1bA	0.17abA	0.18cdBC	0.18abAB	0.19bB
	W3N2	0.15bA	0.1bA	0.17aA	0.21abAB	0.18bAB	0.21bAB
	W3N3	0.15bA	0.1bA	0.17abA	0.2abcABC	0.2aA	0.23aA
	W	4.83*	4.08*	8.34**	3.28	2.23	3.07
	N	8.84**	0.15	1.53	4.54*	6.86**	4.09*
	W×N	1.67	1.96	0.17	8.42**	4.14*	2.14
郑麦 004	W1N1	0.16cA	0.13abA	0.17dB	0.24bcAB	0.26aA	0.21aA
	W1N2	0.19abA	0.14abA	0.18cdAB	0.23bcAB	0.24aA	0.25aA
	W1N3	0.19aA	0.14aA	0.21abA	0.23cB	0.23aA	0.25aA
	W2N1	0.18abcA	0.14abA	0.18bcdAB	0.25abcAB	0.23aA	0.24aA
	W2N2	0.17abcA	0.14abA	0.19abcdAB	0.27aA	0.23aA	0.24aA
	W2N3	0.16bcA	0.1bA	0.19abcdAB	0.25abcAB	0.24aA	0.25aA
	W3N1	0.18abcA	0.13abA	0.2abcAB	0.26abAB	0.26aA	0.22aA
	W3N2	0.17abcA	0.13abA	0.21aA	0.24abcAB	0.23aA	0.21aA
	W3N3	0.16bcA	0.12abA	0.2abAB	0.25abcAB	0.26aA	0.22aA
	W	1	0.91	6.05*	7.44**	1.72	5.25*
	N	0.14	1.8	2.63	0.39	1.82	1.43
	W×N	4.06*	1.41	2.2	1.03	1.96	1.21

注：W1. 拔节期灌水一次；W2. 拔节期和孕穗期各灌水一次；W3. 拔节期、孕穗期和灌浆期各灌水一次。N1. 酰胺态氮；N2. 硝态氮；N3. 铵态氮。W. 灌水处理；N. 氮素处理；W×N. 灌水处理和氮素处理互作
同一列不同小写和大写字母分别表示差异达 5%和 1%显著水平；*和**分别表示差异达 5%和 1%显著水平

而后升高，于花后 28d 基本稳定，花后 42d 又有所下降（W2 灌水处理下花后 42d 除外），且多数处理在花后 42d 以 N3 较优。固定氮素形态考察水分对籽粒直链淀粉/支链淀粉的影响，各施氮条件下随灌浆进程，各水分处理呈现出与氮素形态相同的变化态势。至花后 42d，N1 以 W2 较优，N2 以 W1 较优，N3 以 W1、W2 较优。分析变异系数结果表明，水分处理间花后 21d、42d 差异显著，花后 28d 差异极显著；氮素形态间无显著差异；水氮互作仅在灌浆初期存在显著差异。说明在本实验处理条件下，水分和氮素形态对小麦籽粒直链淀粉/支链淀粉影响存在显著的品种间差异，对‘郑麦 9023’影响

较大，且水分效应与氮素形态效应不同步，一个出现在前期，一个则在灌浆后期较为明显，互作效应与氮素形态效应较为同步，均出现在灌浆中后期；对‘郑麦 004’而言，灌浆中后期的水分调控效应较为明显，而氮素形态效应未显现，水氮互作效应仅在灌浆初期出现。

三、水分和氮素形态互作对小麦籽粒蛋白质及其组分含量的影响

（一）水分和氮素形态互作对小麦蛋白质含量的影响

小麦籽粒在形成过程中总蛋白质含量的变化呈“高—低—高”的变化趋势（图 9-10），即从开花后 7d 到花后 21d，小麦籽粒蛋白质含量逐渐下降；从花后 21d 到小麦籽粒成熟，小麦籽粒蛋白质含量又逐渐升高。在同一氮素形态下，随着水分的增加，蛋白质的含量降低，即 W1＞W2＞W3；在拔节期灌一水，花后 14d 籽粒蛋白质含量出现最低值，在 W2、W3 处理条件下，在花后 21d 籽粒蛋白质含量出现最低值。在 W1 处理条件下，开花后 7～14d，N1、N3 蛋白质的含量高于 N2，N1、N3 之间蛋白质含量没有差异；随着籽粒灌浆加速，蛋白质的含量逐渐增加，从花后 21d 到籽粒成熟，N1＞N2＞N3。在 W2 处理条件下，氮素形态之间差异不明显。在 W3 处理条件下，从开花后 7～21d，N2 蛋白质含量下降缓慢，高于 N1、N3，花后 28d 到成熟，N3＞N2＞N1。

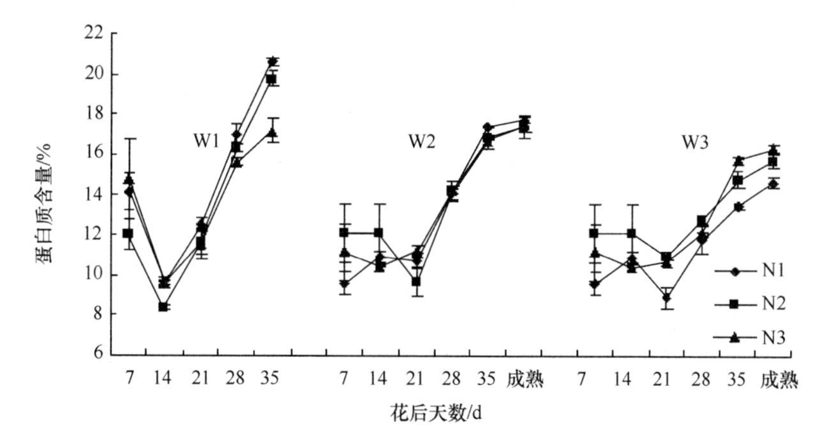

图 9-10　不同处理对‘郑麦 9023’籽粒蛋白质含量的影响

W1. 拔节期灌水一次；W2. 拔节期和孕穗期各灌水一次；W3. 拔节期、孕穗期和灌浆期各灌水一次。
N1. 酰胺态氮；N2. 硝态氮；N3. 铵态氮

（二）水分和氮素形态互作对小麦蛋白质组分含量变化的影响

表 9-21 表明，在小麦籽粒灌浆成熟过程中，清蛋白、球蛋白的含量呈现由高到低的变化趋势。在小麦灌浆始期，清蛋白含量较高，随着籽粒的发育成熟逐渐降低；在同一氮素形态下，随着灌水次数的增加，小麦清蛋白的含量也随之增高；在 W1 处理条件下，花后 7～14d，清蛋白的含量变化为 N3＞N1＞N2；在 W2 处理条件下，花后 7～28d，清蛋白的含量变化为 N1＞N3、N2，差异显著，N2、N3 之间差异不显著。

球蛋白含量在小麦整个籽粒发育成熟过程中始终最低，随着小麦籽粒的成熟也降低，

但降低幅度很小。在 W1 处理条件下，花后 7～14d，小麦籽粒球蛋白的含量变化为 N3＞N1＞N2；在 W3 处理条件下，花后 21～28d，小麦籽粒球蛋白的含量变化为 N1＞N2＞N3。在小麦籽粒成熟期，在不同水分处理下，3 种氮素形态球蛋白的含量变化最终表现为 N2＞N1＞N3，以上表明硝态氮有利于球蛋白的积累。

表 9-21　不同处理对‘郑麦 9023’清蛋白和球蛋白含量的影响

蛋白质组分	水分处理	花后 7d/%	花后 14d/%	花后 21d/%	花后 28d/%	花后 35d/%	成熟期/%
清蛋白	W1N1	6.72dD	5.66dD	5.05bAB	3.99abA	4.56Aa	4.56aABC
	W1N2	5.51eE	5.65dD	4.22cCD	3.76abA	4.10abABC	4.10bcBCD
	W1N3	7.48cC	6.12cCD	4.48cBC	3.74abA	4.10abABC	4.10bcBCD
	W2N1	9.53aA	8.28aA	4.52cBC	3.83abA	4.22abAB	4.71aAB
	W2N2	7.86cBC	6.38cC	3.38dE	3.00cB	3.27cC	4.06cCD
	W2N3	8.36bB	6.99bB	3.61dDE	3.08cB	3.46cBC	3.91cD
	W3N1	9.53aA	8.28aA	5.55aA	3.80abA	3.80bcABC	4.48abABCD
	W3N2	7.86cBC	6.38cC	4.37cBC	4.07aA	3.80bcABC	4.82aA
	W3N3	8.36bB	6.99bB	4.26cCD	3.65bA	3.80bcABC	4.52aABCD
球蛋白	W1N1	3.77bcB	4.04cB	3.88abAB	4.14aA	2.19dC	2.19dE
	W1N2	3.42cB	2.68dC	3.65abcAB	3.59abAB	3.82aA	3.82aA
	W1N3	4.67aA	4.29bA	3.55bcAB	3.28bcdAB	2.18dC	2.18dE
	W2N1	4.78aA	4.41aA	3.80abAB	3.48abcAB	3.21abcAB	2.62cCD
	W2N2	3.96bB	4.31abA	3.26cB	2.81cdB	3.51abAB	3.25bB
	W2N3	4.90aA	4.29abA	4.06aA	2.59dB	3.09bcABC	1.85dE
	W3N1	4.78aA	4.41aA	3.47bcAB	4.01aA	2.85bcdABC	2.67cC
	W3N2	3.96bB	4.31abA	3.21cB	3.12bcdAB	3.23abcdAB	2.72cC
	W3N3	4.90aA	4.29abA	2.07dC	2.85cdB	2.70cdBC	2.30dDE

注：W1. 拔节期灌水一次；W2. 拔节期和孕穗期各灌水一次；W3. 拔节期、孕穗期和灌浆期各灌水一次。N1. 酰胺态氮；N2. 硝态氮；N3. 铵态氮。W. 灌水处理；N. 氮素处理；W×N. 灌水处理和氮素处理互作
同一列不同小写和大写字母分别表示差异达 5%和 1%显著水平；*和**分别表示差异达 5%和 1%显著水平

从表 9-22 可以看出，醇溶蛋白、麦谷蛋白在小麦籽粒发育过程中呈现明显的上升趋势，且醇溶蛋白的上升速度较麦谷蛋白快。在同一氮素形态下随着灌水次数的增加，小麦籽粒中醇溶蛋白和麦谷蛋白的含量总体上呈降低趋势。‘郑麦 9023’适于烘烤面包，要求较高的醇溶蛋白和麦谷蛋白含量，故随着灌水的增加反而降低了小麦籽粒的加工品质。

花后 7～14d，在 W1 处理下，小麦籽粒醇溶蛋白含量变化在 3 种氮素形态表现为 N3＞N2＞N1；小麦子籽粒成熟期，在 W1 处理条件下，小麦籽粒醇溶蛋白含量变化为 N2＞N1＞N3，在 W2 处理条件下，小麦籽粒醇溶蛋白含量变化为 N1＞N3＞N2，在 W3 处理条件下，N2＞N3＞N1。小麦籽粒麦谷蛋白随着小麦籽粒的成熟呈增加趋势，小麦籽粒麦谷蛋白在 W1 处理条件下，最终表现为 N2＞N1＞N3，表明在拔节期灌水，硝态氮有利于麦谷蛋白的形成；在 W2、W3 处理条件下，3 种氮素形态之间差异不明显。

表 9-22　不同处理对‘郑麦 9023’醇溶蛋白和麦谷蛋白含量的影响

蛋白质组分	水分处理	花后 7d/%	花后 14d/%	花后 21d/%	花后 28d/%	花后 35d/%	成熟期/%
醇溶蛋白	W1N1	4.32bA	5.58cC	4.67deBC	8.72Aa	8.26bAB	8.26bAB
	W1N2	4.43 bA	7.01bAB	5.62abAB	5.96dC	9.10aA	9.10aA
	W1N3	5.00abA	7.27bB	5.13bcdAB	7.38bcABC	7.46cB	7.46bcB
	W2N1	4.59bA	6.84bB	5.43abcAB	7.97abAB	7.86bcB	7.60bcB
	W2N2	4.82abA	6.82bB	5.50abAB	8.49aA	9.12aA	7.42cB
	W2N3	5.46aA	7.00bAB	4.77cdBC	8.70aA	8.22bcAB	7.48bcB
	W3N1	4.59bA	6.84bB	4.02eC	6.07dC	7.88bcB	7.08cB
	W3N2	4.82abA	6.82bB	6.09aA	6.81cdBC	8.17bcAB	7.86bcB
	W3N3	5.46aA	7.00bAB	4.56deBC	7.18bcABC	7.79bcB	7.63bcB
麦谷蛋白	W1N1	3.49bA	5.18aA	5.20bcABC	8.20aAB	9.57bB	9.57bB
	W1N2	3.84bA	4.52bB	5.47abAB	8.94aA	10.94aA	10.94aA
	W1N3	4.05abA	4.52bB	5.76aA	8.21aAB	9.10bBC	9.10bcBC
	W2N1	3.80bA	3.80dD	4.84cdBCD	5.97cC	8.24cdCDE	9.03cdBCD
	W2N2	3.62bA	3.60eE	4.26eD	6.17cC	7.75deDE	8.55cdBCD
	W2N3	4.15abA	4.10cC	4.62deCD	6.17cC	8.83bcBCD	8.89bcdBC
	W3N1	3.80bA	3.80dD	5.28abcABC	7.29bBC	7.46deE	7.48eD
	W3N2	3.62bA	3.60eE	5.17bcABC	6.50bcC	7.29eE	8.01decD
	W3N3	4.15abA	4.10cC	4.62deCD	6.76cD	7.81bcBCD	8.54cdBCD

注：W1. 拔节期灌水一次；W2. 拔节期和孕穗期各灌水一次；W3. 拔节期、孕穗期和灌浆期各灌水一次。N1. 酰胺态氮；N2. 硝态氮；N3. 铵态氮。W. 灌水处理；N. 氮素处理；W×N. 灌水处理和氮素处理互作

同一列不同小写和大写字母分别表示差异达 5%和 1%显著水平；*和**分别表示差异达 5%和 1%显著水平

（三）水分和氮素形态互作对小麦麦谷蛋白大聚合体含量变化的影响

图 9-11 表明，小麦籽粒灌浆过程中麦谷蛋白大聚合体含量逐渐增加，开花后 21d 以

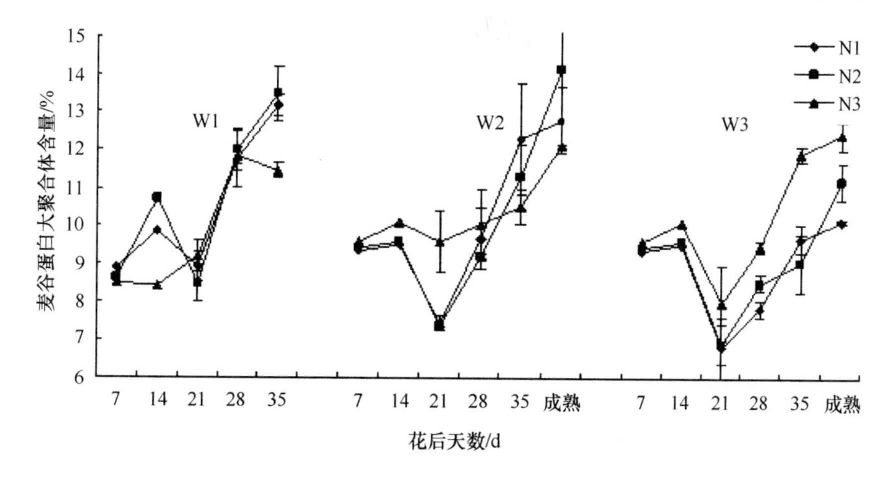

图 9-11　不同处理对‘郑麦 9023’麦谷蛋白大聚合体含量的影响

W1. 拔节期灌水一次；W2. 拔节期和孕穗期各灌水一次；W3. 拔节期、孕穗期和灌浆期各灌水一次。N1. 酰胺态氮；N2. 硝态氮；N3. 铵态氮

前大体呈“低—高—低”的变化趋势，21d 以后增幅较大，在小麦籽粒成熟时达最大。在同一氮素形态下，随着灌水次数的增加，小麦籽粒麦谷蛋白大聚合体含量变化表现为 W1＞W2＞W3。在 W1 处理条件下，花后 7～21d，小麦籽粒麦谷蛋白大聚合体含量变化为 N2＞N1＞N3，从花后 21d 到成熟，3 种氮素形态之间差异不明显。在 W2 处理条件下，花后 7～28d，小麦籽粒麦谷蛋白大聚合体含量变化为 N3＞N1＞N2，成熟期小麦籽粒麦谷蛋白大聚合体含量变化为 N2＞N1＞N3。在 W3 处理条件下，从开花到成熟，小麦籽粒麦谷蛋白大聚合体含量变化为 N3＞N2、N1，N2、N1 之间差异不明显，小麦籽粒麦谷蛋白大聚合体含量变化在成熟期表现为 N3＞N2＞N1。

参 考 文 献

马新明, 王志强, 王小纯, 等. 2004. 氮素形态对不同专用型小麦根系及氮素利用率影响的研究. 应用生态学报, 15(4): 655-658

吴金芝, 李友军, 黄明, 等. 2008. 不同形态氮素对弱筋小麦籽粒淀粉积累及其相关酶活性的影响.麦类作物学报, 28(1): 118-123

第十章　不同品质类型小麦氮肥施用技术

第一节　我国小麦品质区划

一、小麦品质分区的意义

小麦是我国的主要粮食作物，常年种植面积在2100万hm^2以上，总产量达8649万～12 329万吨（1996～2006年）。20世纪90年代后，我国小麦生产和消费形势发生了根本性变化，出现了普通小麦供过于求，库存积压严重，农民种麦效益下降等新问题。为顺应我国加入世界贸易组织（WTO）和增加农民种粮收入新形势的需要，因地制宜发展优质专用小麦已成为调整农业种植结构的重点。小麦种植地域分布广，生态类型复杂，不同地区间小麦品质存在较大的差异。这种差异一方面由品种的遗传特性所决定，另一方面受气候、土壤、耕作制度、栽培措施等环境条件及品种与环境间相互作用的影响。对优质小麦的种植进行分区的目的在于依据生态条件和品种的品质表现，将小麦产区划分为若干个不同类型的优质小麦适宜种植区，以充分利用自然资源优势和品种遗传潜力，通过调优栽培实现小麦的优质高产高效生产。这是因地制宜培育优质小麦品种及生产品质优良、质量稳定商品小麦的前提，也是推进我国小麦实现区域化、专业化和规模化生产，确保我国农产品安全有效供给，满足社会加工需求，进而推进我国小麦占领国际市场的需要。小麦产业发达国家如美国、加拿大、澳大利亚等早已对本国的小麦产区进行了品质生态区划，并且随着研究工作的逐步深入和国际市场需求的变化，对小麦品质区划和品质分类不断进行补充和完善，有力地推动了优质小麦的生产和出口贸易的发展。以美国为例，根据小麦品种及其品质特点将全国小麦划分为硬红冬、硬红春、硬粒小麦、白粒小麦和软红冬麦等5种类型，分布在5个不同气候区域，成为世界闻名的优质小麦生产国。我国仅有部分省区进行过小麦品质生态区划，且指标多以营养品质为主，而没有全国范围的品质生态区划，给各级政府宏观决策造成了困难，也给农业部门科学合理组织小麦生产和粮食加工企业进行原料采购带来了很大困难。

金善宝（1996）将我国小麦种植区分为春播麦区、冬（秋）播麦区和冬春麦兼播区，并进一步划分为10个亚区和29个副区。各麦区的气候特点、土壤类型、肥力水平和耕作栽培措施不同，使得地区间小麦品质存在较大的差异。北方冬麦区的籽粒蛋白质数量和质量都优于南方冬麦区和春播麦区，由北向南籽粒蛋白质含量逐渐下降。即使同一品种，在不同地区或在同一地区的不同地点种植，其品质也不一样。表明环境条件对小麦品质具有重要影响。因此，根据气候环境条件、土壤类型、肥力水平及栽培措施的影响，制定出我国小麦品质生态类型分区方案，充分发挥自然条件和品种资源合理配置的优势，做到物尽其用、地尽其利、种得其所，以推动我国优质小麦生产区域化、产业化的发展。

二、小麦品质分区的原则

我国小麦分布地域辽阔，由于各地自然条件、种植制度、品种类型和生产水平存在较大差异，因而形成了不同类型种植区。小麦品质是小麦基因型和环境条件相互作用的综合表现。品种差异、生态条件不同及同一地点环境条件的变化都会影响小麦品质。因此，各地的温度、光照、降水量及土壤条件应作为小麦品质区划的重要依据。另外，不同地区的消费习惯、主要品质类型种植比例及专用小麦发展趋势也是小麦品质区划的依据。根据影响小麦品质的环境因素及小麦生产发展特点，小麦品质分区应遵循以下原则。

（一）环境因素

影响小麦品质的环境因素主要包括温度、光照、降水量、纬度和海拔等方面。较高的湿度和较多的降水使籽粒蛋白质含量和硬度有下降的趋势，旱地小麦蛋白质含量总体高于水地小麦；气温过高或过低都影响蛋白质的含量和质量；充足的光照有利于蛋白质数量和质量的提高；高海拔使蛋白质含量下降，对硬质和半硬质小麦的品质不利。

（二）土壤类型、质地和土壤肥力及栽培措施

在其他气候因素相似的情况下，土壤类型、质地就成为决定蛋白质含量的重要因素。砂土、砂壤土及盐碱土不利于蛋白质含量的提高；中壤至重壤土、较高的肥力水平有利于蛋白质含量提高。分期施肥或适当增加后期施氮量，也有利于提高蛋白质含量。增施有机肥可提高蛋白质含量。

（三）遗传特性

品质性状表现受品种、环境及其互作的共同影响，但不同品质性状受影响的程度差异较大。籽粒蛋白质含量容易受环境的影响，而蛋白质质量和面筋强度主要受品种遗传特性的控制。在相同的环境条件下，品种遗传特性成为决定品质优劣的关键因素。由于自然环境等难以控制或改变，品种改良及其栽培措施优化在品质改良中起到重要作用。因此，在优质小麦的生产中，要以优质品种为基础，同时利用环境和栽培条件来调控籽粒蛋白质形成，将环境优势和科技优势转化为品质优势和经济优势。

（四）消费习惯和商品率

我国小麦消费的主体食品多为面条、馒头等。因此，从全国来讲应大力发展适合制作面条和馒头的中筋或中强筋小麦。但近年来随着人们生活水平的不断提高，面包、速冻水饺、饼干、糕点等食品的消费迅速增长，在小麦商品率较高的小麦产区应加速发展适合制作面包、速冻水饺、饼干、糕点等的强筋、弱筋小麦。

（五）小麦产区与籽粒品质

虽然我国小麦产地分布范围广泛，但主产区相对集中，不同的产区小麦品质表现不同，因此品质区划应以主产麦区为主，适当兼顾其他地区。此外，需要科学地定义小麦

品质的不同类型，以便合理指导不同品质类型小麦的生态区划和生产布局。一般认为，强筋小麦是指硬质，蛋白质含量高，面筋强度强，延展性好，适于制作面包的小麦；弱筋小麦是指软质，蛋白质含量低，面筋强度弱，延展性好，适于制作饼干、糕点的小麦；中筋小麦是指硬质或半硬质，蛋白质含量中等，面筋强度中等，延展性好，适于制作面条或馒头的小麦。

三、我国小麦品质区划与分区评述

根据小麦品质分区的原则，将我国小麦产区初步划分为三大品质类型区。每个区因气候、土壤和耕作栽培条件的不同，又可进一步分为若干个亚区。

（一）北方强筋、中筋白粒冬麦区

北方强筋、中筋白粒冬麦区包括北部冬麦区和黄淮冬麦区，主要地区有北京、天津、山东、河北、河南、山西、陕西大部、甘肃东部及江苏、安徽北部。该区适宜发展白粒强筋、中筋小麦，在南部沿河平原潮土区中的沿河冲积砂土至轻壤土，也可发展白粒软质小麦。该区又可进一步划分为以下 3 个亚区。

1. 华北北部强筋麦区

华北北部强筋麦区主要包括北京、天津和冀中、冀东、晋中地区，该区年降水量 400～600mm，土壤多为褐土及褐土化潮土，质地砂壤至中壤，肥力较高，适宜发展强筋小麦，也可发展中强筋面包、面条兼用小麦。

2. 黄淮北部强筋、中筋麦区

黄淮北部强筋、中筋麦区主要包括河北中南部、河南北部和山东西北部、中部及胶东地区及山西中南部、陕西关中和甘肃的东部等地。该区年降水量 400～800mm，土壤以潮土、褐土和黄绵土为主，质地砂壤至黏壤。土层深厚、肥力较高的地区适宜发展强筋小麦，其他地区如山东胶东半岛土层深厚，土壤肥力较高，小麦成熟期湿度较大，灌浆期长，小麦产量高，但蛋白质含量较低，宜发展中筋小麦。

3. 黄淮南部中筋麦区

黄淮南部中筋麦区主要包括河南中部、山东南部、江苏和安徽北部等地。该区年降水量 600～900mm，土壤以潮土为主，部分为砂姜黑土，质地砂壤至重壤，以发展中筋小麦为主，肥力较高的砂姜黑土及褐土地区可种植强筋小麦，沿河冲积地带和黄河故道砂土至轻壤潮土区可发展白粒弱筋小麦。

（二）南方中筋、弱筋红粒冬麦区

南方中筋、弱筋红粒冬麦区包括长江中下游和西南秋播麦区。该区湿度较大，小麦成熟前后常有阴雨，以种植较抗穗发芽的红皮麦为主，蛋白质含量低于北方冬麦区，较适合发展红粒弱筋小麦。同时，考虑当地小麦消费以面条和馒头为主，该区还应大力发展中筋小麦。该区又可进一步划分为以下 3 个亚区。

1. 长江中下游中筋、弱筋麦区

长江中下游中筋、弱筋麦区主要包括江苏、安徽两省淮河以南，湖北大部分及河南南部。该区年降水量 800～1400mm，小麦灌浆期间雨量偏多，湿害较重，穗发芽时有发生。土壤多为水稻土和黄棕壤，质地以黏壤土为主。该区适宜发展中筋小麦，沿江及沿海砂土地区可发展弱筋小麦。

2. 四川盆地中筋、弱筋麦区

四川盆地中筋、弱筋麦区主要包括川西平原和丘陵山地麦区。该区年降水量约 1100mm，湿度较大，光照不足，昼夜温差小。土壤多为紫色土和黄壤土，紫色土以砂质黏壤土为主，黄壤土质地黏重，有机质含量低。川西平原区土壤肥力较高，单产水平高；丘陵山地土层薄，肥力低，肥料投入不足，商品率低。该区宜发展中筋小麦，部分地区可发展弱筋小麦。小麦品种宜选用抗穗发芽的品种，也可适当发展一些红粒中筋小麦。

3. 云贵高原中筋、弱筋麦区

云贵高原中筋、弱筋麦区包括四川西南部、贵州全省及云南的大部分地区。该区海拔相对较高，年降水量 800～1000mm，湿度大，光照不足，土壤主要是黄壤和红壤，质地多为壤质黏土和黏土，土层薄，土壤肥力差，小麦生产以旱地为主，蛋白质含量较低。其中，贵州小麦生长期间湿度较大，光照不足，可适当发展红粒弱筋小麦。云南小麦生长后期雨水较少，光照强度大，可发展红粒中筋小麦。

（三）中筋、强筋红粒春麦区

中筋、强筋红粒春麦区主要包括黑龙江、辽宁、吉林、内蒙古、宁夏、甘肃、青海、西藏和新疆等地。除河西走廊和新疆可适当发展白粒、强筋的面包小麦和中筋小麦外，其他地区小麦收获前后降水较多，易发生穗发芽，影响小麦品质，因此，宜发展红粒中筋和强筋春小麦。该区又可进一步划分为以下 4 个亚区。

1. 东北强筋、中筋红粒春麦区

东北强筋、中筋红粒春麦区主要包括黑龙江北部、东部和内蒙古大兴安岭地区。该区光照时间长，昼夜温差大，土壤多为暗棕壤、黑土和草甸土，有机质含量高，土壤较肥沃，为旱作农业区，有利于籽粒蛋白质的积累。该区年降水量 450～600mm，在小麦生育后期和收获期间降水多，易发生穗发芽和赤霉病等病害，严重影响小麦品质。该区宜发展红粒强筋或中筋小麦。

2. 北部中筋红粒春麦区

北部中筋红粒春麦区主要包括内蒙古东部、辽河平原、吉林西北部及河北、山西、陕西的春麦区。除河套平原和川滩地外，其他地区为旱作农业区，年降水量 250～400mm，土壤以栗钙土和褐土为主，有机质含量低，土地瘠薄，管理粗放、投入少，在小麦收获前后常遇高温或降水。该区宜发展红粒中筋小麦。

3. 西北强筋、中筋春麦区

西北强筋、中筋春麦区主要包括甘肃中西部、宁夏全部及新疆麦区。河西走廊干旱少雨，年降水量 50～250mm，光照充足，昼夜温差大，土壤以灰钙土为主，质地为黏壤和壤土，灌溉条件好，生产水平高，适宜发展白粒强筋小麦。新疆冬春麦兼播区，光照充足，年降水量约 150mm，土壤多为棕钙土，质地为砂质土至砂质壤黏土，适宜发展白粒强筋小麦。但各地肥力差异较大，加上运输困难，小麦的商品率较低，在肥力高的地区可发展强筋小麦，其他地区可发展白粒中筋小麦。银宁灌区土地肥沃，年降水量 350～450mm，生产水平和集约化程度较高，但生育后期高温和降水对品质形成不利，宜发展红粒中筋小麦。陇中和宁夏西海地区土地贫瘠，以黄绵土为主，土壤有机质含量低，年降水量 400mm 左右，小麦产量和粮食商品率较低，可发展白粒中筋小麦。

4. 青藏高原中筋红粒春麦区

青藏高原中筋红粒春麦区主要包括青海和西藏的春麦区。该区海拔高，光照充足，昼夜温差大，空气湿度小，土壤肥力低，小麦灌浆期长，产量较高，蛋白质含量较其他地区低，适宜发展红粒中筋小麦。

第二节　河南小麦品质区划

一、河南优质专用小麦生产概述

河南是全国小麦主产区和商品粮产区之一，常年种植小麦 486.67 万 hm^2，约占全国小麦种植面积的 1/4，年总产量 200 亿 kg 以上，占全国总产的 24%左右，其中，商品麦约 50 亿 kg，每年提供的商品小麦占全国的 25%～30%，种植面积、总产和提供的小麦商品粮均居全国第一，河南小麦生产对全国粮食生产和经济发展具有举足轻重的影响。目前，河南小麦种植面积占全省粮食作物面积的比例已由过去的 38%左右上升到 55%左右，小麦总产量占全省粮食作物总产量的比例也由过去的 35%左右上升到 50%左右。因此，河南小麦产量的高低也直接关系到全省社会经济的发展和人民生活水平的提高。

自 1995 年之后，河南农业连年丰收，主要农产品由过去的长期短缺转变为总产量基本平衡，丰年有余。在此情况下，1998 年以来，河南小麦生产及时进行了结构调整，小麦生产目标由大面积均衡增产转向优质高产高效阶段，因地制宜地大力推广了‘豫麦 34’、‘豫麦 47’、‘高优 503’和‘豫麦 50’等优质专用小麦品种，发展优质小麦生产。到 2000 年全省优质小麦收获面积已由过去零星种植迅速发展到 56.87 万 hm^2，占当年小麦种植面积的 11.6%；2005 年河南优质专用小麦播种面积在 3000 万亩[①]左右，占小麦播种面积的 40%以上。全省 30 万亩以上的优质专用小麦生产县达 40 多个，70%以上的优质专用小麦实现了集中连片种植，其中，以优质专用强筋小麦居多，弱筋小麦面积较小。

从 2001～2005 年小麦品质测报来看，河南生产优质专用小麦降落数值均值在 328～396s，粗蛋白质（干基）含量均值在 14.1%～15.0%，湿面筋含量（14%水分基）均值在

① 1 亩≈666.7m^2。

31.1%～33.9%，面团稳定时间均值在 7.2～9.5min，其主要品质指标的均值连续几年内基本上都能达到国标强筋二等以上。

二、河南不同生态类型小麦品质区域划分

为了便于指导河南的优质小麦生产，合理布局小麦品种，王绍中等（2007）对河南的小麦生态因素进行了综合分析，并对不同生态类型小麦品质进行了区域划分。

（一）河南不同生态类型小麦品质区域划分方案

按照小麦生态区域的相似性与差异性，根据生态环境的地域差异与地域联系的基本特征，并按层次反映纬度地带性和地势地貌非地带性的地域差异因素与小麦产量、品质的关系，一级区以气候因子（降水、温度）和地势为主要依据，二级区（亚区）以地貌、土壤灌溉条件及小麦产量、技术水平等为依据，将河南小麦生产划分为 5 个区，其中，Ⅰ区因面积较大，依据降水、土壤因子差异，又划分成 3 个亚区。

Ⅰ区：豫北、豫中东部黄淮海平原、半干旱半湿润气候、强筋中筋麦适宜区。

Ⅰ_1：豫西北山前平原、灌溉、强筋中筋麦高产再高产区。

Ⅰ_2：沿黄两侧平原、灌溉、强筋中筋麦中产区。

Ⅰ_3：豫中、东部平原、半雨养、中筋强筋麦中产变高产区。

Ⅱ区：淮北平原、南阳盆地半湿润气候、中筋麦适宜和强筋麦次适宜区。

Ⅲ区：淮南丘陵温热湿润气候、弱筋中筋麦低产变中产区。

Ⅳ区：豫西黄土、红土丘陵旱地、强筋中筋麦低产变中产区。

Ⅴ区：伏牛山、太行山地麦区。

（二）河南不同生态类型小麦品质区特点和发展战略

1. Ⅰ区：豫北、豫中东部黄淮海平原、半干旱半湿润气候、强筋中筋麦适宜区

该区南起洪河沿岸，北至省境（33°33′N～36°10′N），西起黄土台地、伏牛山东麓与黄淮冲积平原交界一线（郑州至许昌西部、平顶山东部一带），东至省境。包括除太行山地区以外的漯河、许昌、开封、商丘、周口豫北五市全部及郑州、平顶山、洛阳、驻马店一小部分，小麦种植面积约 270.3 万 hm^2。

该区气候处于温和半湿润区向温和半干旱区过渡区，南起年降水量 700～800mm 交界线，北部只有 600mm 多，小麦生育期间降水 400～230mm，5 月降水 75～50mm；≥0℃积温和日照时数都可满足小麦生育需要。5 月气温日较差 12～13℃，小麦灌浆期有较好的日照和温度条件。

该区地貌大部分是黄淮海三大水系冲积平原，一小部分是山前洪积、冲积倾斜平原。土壤类型以黄潮土为主，有小面积的砂姜黑土、潮褐土和褐土等。土壤肥力中等偏上，部分属于高肥水平。

该区地下水资源比较丰富，大部分可以井灌，沿黄河地区可用黄河水灌溉，一般能满足小麦生育期对水分的需求。

该区小麦生产的不利生态因素主要是小麦灌浆期太短，而且灌浆期干旱和多雨的灾

害性天气较频繁，影响了小麦粒重。土壤肥力偏低，整地粗放，中后期田间管理达不到精细、及时的要求是影响产量的重要栽培因素。

该区是河南最大麦区，也是河南的小麦高产区。目前，全省的小麦平均单产在6750kg/hm^{2}以上的14个县全在这一区域，亩产达到千斤[①]或接近千斤的乡（镇）也大多集中在这一区域。同时，由于该区光、温、水、土条件较好，是河南最具有发展潜力的麦区。该区交通发达，粮食贸易已走出国门，小麦产后加工业兴旺繁荣，因此，小麦作为商品的前景广阔。该区要进一步发挥黄淮海平原区小麦生产的优势，稳定小麦面积，加大科技投入，优化品种结构，着力主攻单产，挖掘小麦生产潜力，促进效益提高。

依据地貌、土壤种类、产量水平和小麦品质的差异，Ⅰ区又可划分为3个亚区。

$Ⅰ_1$：豫西北山前平原、灌溉、强筋中筋麦高产再高产区

该区大部分处于太行山东南的山前冲积、洪积倾斜平原，东北部属于卫河冲积和古黄河泛滥冲积平原，南部包括黄河以南的洛阳东郊、孟津东部和偃师县境内的伊洛河冲积平原。

该区小麦生育期的光、热、水、土条件均较好，是河南小麦产量最高的地区，目前平均单产500kg/亩和接近500kg/亩的县都在该区，同时也是强筋麦品质最好的地区。该区是河南降水量最少的地方，一般年降水量不超过650mm，小麦生育期降水量280mm以下，5月降水量50mm左右，气温日较差13℃以上。地下水比较丰富，大部分麦田依靠灌溉。

该区土壤条件较好，山前倾斜平原以潮褐土、褐土为主，沿河潮土区以两合土和淤土为主，土壤肥力普遍较高。

该区，尤其是靠南部的焦作、济源、偃师、辉县等市县的乡（镇），人均耕地不到1亩，今后小麦的发展方向应当以主攻单产为目标。要进一步改善农业生产条件，按照超高产栽培技术要求，推行精准栽培技术，继续搞好订单农业，提高种麦效益。

$Ⅰ_2$：沿黄两侧平原、灌溉、强筋中筋麦中产区

该亚区位于郑州—新郑以东的黄河两侧平原。小麦生育期间降水量在300mm左右，5月降水50～75mm，气温日较差13℃左右。地下水或黄河水资源丰富，大多数麦田可以灌溉。

该区土壤全是黄河冲积形成的黄潮土，由于离黄河较近，泛滥流水速度较快，沉积物中的砂粒较多，形成砂土、砂壤土的面积较大，而淤土较少，虽然土体深厚，但因质地较粗，保水保肥性能较差，土壤肥力水平相对较低，小麦产量低于$Ⅰ_1$和$Ⅰ_3$亚区。

针对该区砂土面积较大，漏肥漏水，肥力较低的问题，要大力推广秸秆还田，增加土壤有机质含量，提高土壤肥力；进一步改善生产条件，搞好农田灌溉系统，提高抗旱防旱能力；继续扩大优质强筋麦种植面积，积极推广优质专用小麦施肥管理配套技术，提高强筋麦产量，充分发挥强筋麦在这一地区品质较好的优势，增加农民种麦效益。

$Ⅰ_3$：豫中、东部平原、半雨养、中筋强筋麦中产变高产区

该亚区位于河南省的中东部，西起伏牛山东端的山麓、丘陵的舞阳、叶县、平顶山、郏县、禹县东部的丘岗地与豫东平原交接地带，北起长葛—商丘一线，南至项城、上蔡、西平、舞阳的沿洪河一线，在东经113°10′以东，北纬33°30′～34°20′。

该亚区的气候、地貌和土壤类型具有典型的南北之间，东西之间过渡地带的特点。

---

① 1斤=0.5kg。

降水量稍多于北部的两个亚区，小麦生育期间降水量300～400mm，5月降水50～75m，气温日较差为12℃左右。

该亚区的土壤类型比较复杂，处于南北地带性土壤和非地带性土壤渐变和交错分布状况。以黄潮土面积最大。在商丘以南、周口以北、许昌以东是黄河冲积形成的黄潮土，由于离黄河较远、泛滥水流缓慢，形成的土壤以淤土和两合土为主。在许昌以南、周口以西、上蔡、西平以北以淮河水系的颍河、洪河等冲积形成的灰潮土为主，在许昌以西与丘陵交接地带有褐土，在低洼地带不规则地分布着一定面积的砂姜黑土、黄褐土等。

该亚区水、土条件良好，小麦的生产潜力很大。但由于降水量较大，强筋麦加工品质稍差于I_1和I_2亚区，且病虫害发生较为严重。因此，该亚区的品种布局应当以优质中筋麦为主，强筋麦比例要低于I_1和I_2亚区；要积极推广玉米、小麦两季种植，实行秸秆还田，认真搞好配方施肥，进一步提高土壤肥力；要进一步提高整地和播种质量，尽量减少缺苗断垄；要加强病虫害防治，进一步提高防治水平。

2. Ⅱ区：淮北平原、南阳盆地半湿润气候、中筋麦适宜和强筋麦次适宜区

该区位于北纬33°线两侧，南起沿淮河北岸淮滨、息县至桐柏一线，北至平舆、汝南、遂平、舞阳南部、方城南部至南阳、内乡一线，包括驻马店市大部和南阳盆地中心的几个县，全区小麦面积大约88.3万hm^2。

该区气候属于温暖湿润—半湿润区，除邓州、镇平降水较少外，其他大部分地区年降水800～900mm，小麦生育期间降水450～530mm，5月降水75～100mm，正常年份降水可满足小麦生长的需要。

该区土壤以黄棕壤、黄褐土和砂姜黑土为主，在沿河地带有小面积的灰潮土。由于前3类土壤的质地较黏，耕作困难，普遍肥力较低。

该区光、热、水资源丰富，但降水时空变化较大，年度季节分配不均，在小麦不同生育阶段仍有较多的旱、涝灾害。尤其是5月多雨，对小麦灌浆不利，易引起穗发芽；病虫害较严重，近几年赤霉病发病概率大幅上升。加之土壤黏重，肥力偏低，形成历史上属于小麦的中低产区。同时，由于气温偏高，降水较多，该区强筋麦的品质较差，与豫北相比，湿面筋含量降低4%左右，面团稳定时间缩短3min左右。

要充分认识该区在河南小麦生产中的重要地位，发挥土地面积相对较广的优势，针对小麦生产中有利条件和不利因素，加大科技投入，改变旧的栽培习惯，以推广应用高产、抗病的中筋小麦为主，认真抓好以提高土壤肥力，加强病虫防治为核心的关键措施，迅速提高单产，挖掘小麦生产潜力。

3. Ⅲ区：淮南丘陵温热湿润气候、弱筋中筋麦低产变中产区

该区位于淮河以南，包括信阳市各县和桐柏县，是河南的主要水稻产地，属于我国长江流域麦区。该区属于北亚热带气候，年降水量1000mm左右，小麦生育期降水量550mm以上，5月降水100mm以上，气温日较差10℃以下。该区土壤以水稻土为主，旱地为黄棕壤和沿河的灰潮土。

该区因稻茬整地困难，土质黏重，病虫害较严重，小麦产量长期较低。

该区由于降水较多，适合发展弱筋小麦，是河南饼干小麦和啤酒小麦的重要生产基

地。根据该区气候特点，要注意选用分蘖能力强、成穗率高、抗病性强的品种，及时起沟排水，适当加大播量，提高播种质量。要加强春季麦田管理，及早追肥，促进春生蘖成穗，增加每亩穗数。加强中后期病虫害防治，努力提高单产。大力发展以弱筋麦为原料的小麦产后加工业，扩大“公司＋基地＋农户”的订单农业模式，充分发挥优质弱筋麦的生产优势，把这一地区建成河南乃至国家的优质弱筋麦生产加工基地。

4. Ⅳ区：豫西黄土、红土丘陵旱地、强筋中筋麦低产变中产区

该区西起灵宝，东至郑州，北至太行山南麓，向南延伸至洛宁、宜阳、登封、禹县境内，其地貌属于黄土台地丘陵。该区属于暖温带半干旱区，年降水量基本在600mm左右。小麦生育期降水约300mm，5月降水50mm左右，是河南的旱地小麦生产区。

该区绝大部分土壤为褐土，亚类和土属分为立黄土、红黄土、红黏土、褐土、潮褐土等，沿河有小面积黄潮土。其中，立黄土、褐土和潮褐土的质地为轻壤—中壤，肥力较高，红黏土、红黄土质地黏重，肥力较差。

该区干旱且无水浇条件是限制小麦高产的主要因素。小麦一般只有冬前一个分蘖高潮，春生蘖很少；加之春旱较重，小麦成穗率较低，每穗粒数和千粒重也较低，是全省的小麦低产地区。由于气候偏旱，该区强筋小麦的品质较好，是河南优质强筋麦适宜种植区。但又因产量较低，农民售麦比例小，商品小麦量很少，难以形成强筋麦生产基地。

要充分认识该区的生态特点，大力推广旱地耕作栽培已有的成套技术，加快提高小麦单产。在土壤条件较好的地区推广种植优质强筋小麦，逐步提高小麦商品率，提高城市商品小麦自给比例。

5. Ⅴ区：伏牛山、太行山地麦区

该区由于山系的不同，可分为伏牛山地麦区和太行山地麦区。伏牛山区在省境西南部，卢氏、嵩县、鲁山以南，方城、南阳、内乡县以北。该区地貌为剥蚀、侵蚀构造的低山和中山，山麓多为丘陵岗地。在低山陡坡，盆地内河川分布有厚薄不等的土壤，海拔高的多为棕壤，海拔低的有山地黄棕壤、山地黄褐土等。太行山区多为断块中山的侵蚀山地，主要土壤是山地棕壤和山地褐土。伏牛山地年降水700～900mm，太行山地约600mm，气温较低。

该区小麦面积很小，所收小麦仅供农民食用，商品率很低。在某些山谷或河川地也有较高产量，但所占比例很小，对全省小麦生产的影响有限。

第三节　不同品质类型小麦氮肥施用技术

一、不同品质类型优质小麦的品质标准

（一）优质强筋小麦的品质标准

强筋小麦粉要求籽粒硬质，角质率＞70%，容重≥770g/L，籽粒蛋白质含量（干基）≥14.0%，面粉湿面筋含量（14%水分基）≥32%，沉降值40～45ml，面团形成时间≥4.0min，面团稳定时间≥7.0min，评价值≥80。在栽培过程中应以提高籽粒蛋白质和面筋的含量为主

要目标。强筋小麦是籽粒硬质、蛋白质含量高、面筋强度强、延伸性好，主要用于加工制作面包、拉面和饺子等要求面粉筋力很强的食品。其中面包全部用优质强筋小麦，对小麦品质要求最高。

（二）优质中筋小麦的品质标准

籽粒半角质，容重≥770g/L，籽粒蛋白质含量（干基）12.0%～14.0%，面粉湿面筋含量（14%水分基）26%～32%，沉降值 30～45ml，降落值 200～400s，面团形成时间 2.3～3.0min，面团稳定时间 4.5～5.5min，评价值 47～50。对用于制作馒头、烙饼等的小麦则要求籽粒蛋白质含量 13%左右，湿面筋含量 28%以上，面团稳定时间 3min；对用于制作面条、水饺的小麦则要求籽粒蛋白质含量 14%以上，湿面筋含量 30%以上，面团稳定时间 4～5min。从我国传统饮食习惯来看，以制作馒头、面条、水饺的普通中筋小麦消费量最大。因此，中筋小麦是我国小麦生产中的主流类型，对于中筋小麦的栽培目标应该在保持种植品种优良特性的前提下，以优质与高产并重。

（三）优质弱筋小麦的品质标准

小麦籽粒软质，容重≥770g/L，水分≤12.5%，籽粒蛋白质含量（干基）≤11.5%，面粉湿面筋含量（14%水分基）≤22.0%，沉降值≤30ml，降落值≥300s，面团形成时间≤ 2.0min，面团稳定时间≤2.5min，评价值≤35。弱筋小麦是籽粒软质、蛋白质含量低、面筋强度弱、延伸性较好、面团稳定时间短，适于制作饼干、糕点的小麦。由于历史原因，我国弱筋小麦发展较慢，目前市场缺口较大。与强筋小麦的生产有很大区别，弱筋小麦一般适合在轻砂壤或水稻土上种植，其栽培管理应特别注意品种选用和水肥运筹等。

二、不同品质类型小麦氮肥施用关键技术

（一）不同品质类型小麦氮素形态选择

不同施氮形态影响小麦体内各器官氮素形态和数量分布的差异。同时，影响氮素及其他营养元素的平衡吸收，进一步影响籽粒灌浆和蛋白质积累，进而影响产量和品质。郭鹏旭（2010）选用强筋小麦‘豫麦 34’、中筋小麦‘豫麦 49’、弱筋小麦‘豫麦 50’研究了不同氮素形态处理下对小麦籽粒蛋白质含量和产量的影响。结果表明，强筋小麦‘豫麦 34’，在铵态氮处理下，穗粒数、产量最高；成穗数以酰胺态氮处理最高；千粒重以硝态氮处理最高。中筋小麦‘豫麦 49’，在酰胺态氮处理下，成穗数、千粒重、产量最高；穗粒数以硝态氮处理最高。弱筋小麦‘豫麦 50’，在铵态氮处理下，成穗数、产量最高；穗粒数以酰胺态氮处理最高；千粒重以硝态氮处理最高。不同品质类型的品种对氮素形态的反应不同，强筋型在酰胺态氮处理下，籽粒蛋白质含量最高，铵态氮处理次之，硝态氮处理最低；中筋型品种以铵态氮处理最高；弱筋型在酰胺态氮处理下各项指标最高，而铵态氮处理下蛋白质含量最低，符合专用小麦品质要求。

小麦品质性状与麦谷蛋白、醇溶蛋白的比值（以下简称谷醇比）显著相关，随麦谷蛋白含量的增加，面筋含量、沉降值、稳定时间等都明显增加，加工特性较好。强筋小麦‘豫麦 34’清蛋白、谷醇比和蛋白质含量均以酰胺态氮处理最高，麦谷蛋白和醇溶蛋

白含量均以硝态氮处理最高，球蛋白含量以铵态氮处理最高。中筋小麦‘豫麦 49’，清蛋白、球蛋白、谷醇比和蛋白质含量均以铵态氮处理最高，醇溶蛋白和麦谷蛋白含量以硝态氮处理最高。弱筋小麦‘豫麦 50’，清蛋白、球蛋白、醇溶蛋白、谷醇比和蛋白质含量均以酰胺态氮处理最高，麦谷蛋白含量以铵态氮处理最高（表 10-1，表 10-2）。

表 10-1　氮素形态对不同品质类型小麦产量及其构成因素的影响

品种	氮素形态	成穗数/（个/株）	穗粒数	千粒重	产量/（g/盆）
豫麦 34	硝态氮	5.01f	35.1c	43.60ab	98.63d
	铵态氮	5.07ef	38.1bc	42.87ab	104.98cd
	酰胺态氮	5.59d	32.6c	40.30b	101.50d
豫麦 49	硝态氮	4.36h	43.4ab	33.30c	78.65f
	铵态氮	4.66g	34.5c	35.40c	78.35f
	酰胺态氮	5.17e	39.0bc	39.81b	83.84e
豫麦 50	硝态氮	5.92c	46.5a	44.90a	108.22c
	铵态氮	6.35a	44.2ab	43.26ab	123.95a
	酰胺态氮	6.11b	49.7a	43.53ab	117.99b

注：同一列不同小写字母表示差异达 5%显著水平
资料来源：郭鹏旭，2010

表 10-2　氮素形态对不同品质类型小麦籽粒蛋白质及其组分含量的影响

品种	氮素形态	清蛋白/%	球蛋白/%	醇溶蛋白/%	麦谷蛋白/%	谷醇比	蛋白质含量/%
豫麦 34	硝态氮	2.357e	1.591b	6.294a	3.642a	1.728ab	14.312b
	铵态氮	2.418de	1.684a	5.017b	3.204b	1.571abc	13.816c
	酰胺态氮	2.540bc	1.542bcd	5.033b	2.825d	1.807a	15.133a
豫麦 49	硝态氮	2.215f	1.419c	4.693bc	3.078bc	1.523bcd	12.351e
	铵态氮	2.350e	1.496d	4.573c	2.861cd	1.605abc	12.893d
	酰胺态氮	2.028g	1.374e	4.182d	2.701de	1.55bcd	11.981e
豫麦 50	硝态氮	2.632ab	1.412e	3.204f	2.364f	1.354cd	11.422f
	铵态氮	2.492cd	1.528cd	3.281ef	2.515ef	1.304d	11.337f
	酰胺态氮	2.704a	1.582bc	3.626e	2.380f	1.531bcd	12.209e

注：同一列不同小写字母表示差异达 5%显著水平
资料来源：郭鹏旭，2010

综上所述，对于强筋小麦，如追求较高的总蛋白质含量和产量则施用酰胺态氮肥、铵态氮肥较好；中筋小麦施用铵态氮肥、酰胺态氮肥在籽粒蛋白含量和产量方面可以分别达到最好；弱筋小麦施用铵态氮肥能符合其专用需要同时获得较高的产量。

（二）氮肥施用量

氮肥施用是影响小麦产量和品质的重要措施。在一定范围内，随施氮量的提高，籽粒产量提高，超过一定施氮量后，籽粒产量下降。籽粒蛋白质及其组分含量无论是强筋、中筋还是弱筋品种均随施氮量的增加而不断提高，两者呈极显著正相关。在一定范围内，随施氮量的增加，蛋白质及其组分含量逐渐增加，但相邻水平间增加幅度逐渐减小（表

10-3～表 10-6）。因此，在生产上坚持产量、品质、效益的原则下，依据土壤肥力条件、产量水平和品种特性，科学合理地制订氮肥施用量，生产出符合国家专用小麦标准的小麦籽粒产品。

表 10-3　氮肥施用量对强筋小麦籽粒粗蛋白质和赖氨酸含量的影响

品种	施氮量/（kg/hm²）	粗蛋白质/（g/kg）	粗蛋白质比 CK 增加/%	赖氨酸/（g/kg）	赖氨酸比 CK 增加/%
豫麦 34	CK（0）	143.7	—	4.5	—
	150	147.5	2.6	4.6	2.2
	225	148.6	3.4	4.6	2.2
	300	149.1	3.8	4.8	6.7
郑麦 9023	CK（0）	142.6	—	4.4	—
	150	148.7	4.3	4.5	2.3
	225	151.2	6.0	4.5	2.3
	300	152.6	7.0	4.6	4.5

资料来源：赵会杰等，2004

表 10-4　氮肥施用量对强筋小麦籽粒蛋白质组分的影响

施氮量	清蛋白	球蛋白	醇溶蛋白	麦谷蛋白	清蛋白+球蛋白	醇溶蛋白+麦谷蛋白	总蛋白质
300kg/hm²	2.276abA	1.661aAB	4.526aA	6.047aA	3.937abAB	10.573aA	15.257aA
225kg/hm²	2.375aA	1.745aA	4.286aA	6.124aA	4.120aA	10.411aA	15.205aA
120kg/hm²	2.108bA	1.688aA	3.368bB	5.115bBC	3.796bBC	8.483bB	13.535bB
CK（0）	2.137abA	1.473bB	2.601cC	4.171cC	3.611cC	6.772cC	11.270cC
CV/%	5.65	7.36	23.97	17.11	5.58	19.84	13.59

注：同一列不同小写和大写字母分别表示差异达 5%和 1%显著水平

资料来源：赵广才等，2006

表 10-5　氮肥施用量对中筋小麦籽粒蛋白质产量和加工品质的影响

施氮量/（kg/hm²）	蛋白质含量/%	蛋白质产量/（kg/hm²）	容重/g	沉降值/ml	吸水率/%	湿面筋含量/%	形成时间/min	稳定时间/min
0	10.00c	451.6c	764.3a	11.37b	56.37b	19.60b	1.6b	4.3b
75	11.00c	615.7b	762.0a	15.91b	56.43b	22.60b	3.6b	10.0a
150	13.25b	784.8a	739.7b	293.25b	57.73a	31.10a	5.8a	10.5a
225	13.84ab	861.2a	727.0b	30.13a	57.8a	31.90a	6.2a	10.6a
300	14.49a	846.7a	741.0b	34.11a	58.13a	33.20a	6.4a	11.3a

注：同一列不同小写字母表示差异达 5%显著水平

资料来源：曹承富等，2005

表 10-6　氮肥施用量对弱筋小麦籽粒蛋白质及其组分含量的影响

品种	处理	总蛋白质/%	清蛋白/%	球蛋白/%	醇溶蛋白/%	麦谷蛋白/%	谷醇比	剩余蛋白/%
扬麦 9 号	N0	9.33c	2.325b	0.867c	2.699c	2.033d	0.75	1.407
	N60	9.46c	2.339b	0.881c	2.482d	2.209c	0.89	1.545
	N120	9.82c	2.385ab	0.974bc	2.841c	2.407b	0.85	1.216
	N180	10.56b	2.406ab	1.095ab	2.849c	2.498b	0.88	1.71

续表

品种	处理	总蛋白质/%	清蛋白/%	球蛋白/%	醇溶蛋白/%	麦谷蛋白/%	谷醇比	剩余蛋白/%
扬麦 9 号	N240	10.77b	2.437ab	1.105ab	3.218b	2.506b	0.78	1.501
	N300	12.24a	2.557a	1.202a	3.403a	2.955a	0.87	2.126
宁麦 9 号	N0	8.88c	2.032c	0.974c	2.644d	2.203d	0.83	1.026
	N60	9.34de	2.211b	0.938c	2.646d	2.300c	0.87	1.243
	N120	9.76cd	2.237b	1.108b	2.939c	2.361c	0.8	1.117
	N180	9.96c	2.304ab	1.159b	3.079bc	2.467b	0.8	0.947
	N240	10.59b	2.310ab	1.240a	3.265b	2.550b	0.78	1.227
	N300	11.15a	2.480a	1.277a	3.474a	2.639a	0.76	1.28

注：同一列不同小写字母表示差异达 5%显著水平

资料来源：陆增根等，2006

对于强筋专用小麦品种，在产量水平 7500kg/hm^2 以上的高产地力条件下，氮肥用量可控制在 225～270kg/hm^2；在产量水平 6000～7500kg/hm^2 中产地力条件下，施氮量可控制在 180～225kg/hm^2；产量水平 6000kg/hm^2 以下低产地块，施氮量可控制在 135～180kg/hm^2。

对于中筋专用小麦品种，产量水平 7500kg/hm^2 以上，施氮量可采用 210～240kg/hm^2；产量水平 6000～7500kg/hm^2，氮肥（N）195～225kg/hm^2；产量水平 6000kg/hm^2 以下，氮肥（N）135～165kg/hm^2。

弱筋专用小麦品种，产量水平 7500kg/hm^2 以上，施氮量可采用 180～210kg/hm^2；产量水平 6000～7500kg/hm^2，施氮量可采用 150～180kg/hm^2；产量水平 6000kg/hm^2 以下，施氮量可采用 120～150kg/hm^2。

（三）氮肥运筹方式

不同生育期施用氮肥对小麦籽粒品质的调节效应不同。如果整个生育期供氮充足，小麦籽粒蛋白质含量高；如果生育初、中期供氮足，后期不足，则会降低蛋白质含量；相反若前期供氮不足而后期足，则籽粒蛋白质含量高。因此，生产中为防止生育后期氮肥不足，在小麦高产优质栽培中，一般采用两次施肥方法，即第一次为播种前整地时施用，称为基肥；第二次为春季结合浇水进行施用，称为追肥。研究表明，在抽穗前小麦籽粒中总蛋白质含量及其组分中的清蛋白、球蛋白和麦谷蛋白含量均随追氮时期后移而明显增加（表 10-7～表 10-9）。表明，氮肥追施时期后移有利于中、强筋小麦清蛋白、麦谷蛋白的形成和谷醇比的提高，对营养品质和加工品质的同步提高有重要作用。而弱筋小麦的施肥原则应不同于中、强筋小麦，肥料运筹上提倡前期施足基肥促早发，后期控制氮肥保品质的原则。

表 10-7　氮肥施用时期对强筋小麦产量、蛋白质含量影响

处理	产量/（kg/hm^2）		蛋白质含量/%
	籽粒	蛋白质	
对照	6629.0bc	780.2e	11.77f

续表

处理	产量/（kg/hm^2）		蛋白质含量/%
	籽粒	蛋白质	
4 叶期	6883.4ab	843.2c	12.25e
越冬期	6353.9c	810.1d	12.75d
返青期	6467.0cd	875.0b	13.53c
拔节期	7043.6a	934.0a	13.26c
抽穗期	6213.5e	889.1b	14.31b
开花期	5852.3e	879.0b	15.02a

注：氮肥施用时期设 7 种处理，对照全部基施，其他处理均以 50%作基肥、50%作追肥，各处理均以追肥期命名
同一列不同小写字母表示差异达 5%显著水平
资料来源：张军等，2005

表 10-8　氮肥施用时期对强筋小麦籽粒中蛋白质组分的影响

处理	总蛋白质含量/%	清蛋白		球蛋白		醇溶蛋白		麦谷蛋白		谷醇比
		含量/%	占总蛋白质比例/%	含量/%	占总蛋白质比例/%	含量/%	占总蛋白质比例/%	含量/%	占总蛋白质比例/%	
对照	11.77	1.54	13.08	0.49	4.16	3.46	29.40	4.43	37.64	1.28
越冬期	12.25	1.75	14.29	0.53	4.33	3.65	29.80	4.74	38.69	1.30
拔节期	13.26	1.92	14.48	0.59	4.45	4.32	32.58	5.69	42.91	1.32
抽穗期	14.31	2.14	14.95	0.63	4.40	4.24	29.63	6.38	44.58	1.50

资料来源：张军等，2005

表 10-9　氮肥施用时期对弱筋小麦产量、蛋白质含量和淀粉含量的影响

处理	籽粒产量/（kg/hm^2）	蛋白质含量/（mg/g）	淀粉含量/（mg/g）		
			总含量	直链	支链
对照	6537.3d	103.5e	758.1	152.6	605.5
4 叶期	7058.7b	108.0d	739.1	149.8	589.3
越冬期	6798.2c	106.3d	740.8	149.6	591.2
返青期	6893.4c	111.1c	731.2	147.8	583.4
拔节期	7441.8a	111.1c	733.1	146.5	586.6
抽穗期	6162.3e	128.2b	712.2	142.5	569.7
开花期	5972.0d	131.5a	690.4	138.3	552.1

注：氮肥施用时期设 7 种处理，对照全部基施，其他处理均以 50%作基肥、50%作追肥，各处理均以追肥期命名
同一列不同小写字母表示差异达 5%显著水平
资料来源：张军等，2004

研究表明，同一施氮量水平下，基肥和追肥的比例不同对小麦籽粒品质也有较大影响。对强筋小麦而言，随追氮比例的提高籽粒中清蛋白+球蛋白含量、麦谷蛋白+醇溶蛋白含量和麦谷蛋白/醇溶蛋白均增加（表 10-10）。表明，增加中后期追氮比例有利于提高强筋小麦籽粒中麦谷蛋白含量和谷醇比，进一步优化和改善蛋白质品质。弱筋小麦籽粒总蛋白质含量也随着追氮比例的提高而呈增加趋势（表 10-11）。因此，对弱筋小麦而言，生产上应通过适当减少追肥比例，以控制醇溶蛋白和麦谷蛋白含量，降低总蛋白质的含量。

表 10-10 氮肥基追比对强筋小麦‘徐州 26’籽粒蛋白质组分含量的影响

处理	清蛋白/%	球蛋白/%	清蛋白+球蛋白/%	醇溶蛋白/%	麦谷蛋白/%	谷蛋白+醇蛋白/%	剩余蛋白/%	谷醇比
H66/34	13.38	5.47	18.85	29.52	37.11	66.63	14.52	1.26
H34/66	14.63	5.18	19.81	28.53	38.9	67.51	12.68	1.37
L66/34	12.56	5.62	18.18	31.96	30.72	62.68	19.74	0.96
L34/66	12.61	5.57	18.18	29.87	33.52	63.39	18.43	1.12

注：H、L 分别代表纯 N 225kg/hm^2、纯 N 112.5kg/hm^2 施氮水平；66/34、34/66 表示基肥、追肥的比例，其中追肥分别在拔节期和孕穗期追施，比例各占 1/2

资料来源：戴廷波等，2005

表 10-11 氮肥基追比对弱筋小麦‘宁麦 9 号’籽粒蛋白质及其组分含量的影响

处理	总蛋白/%	清蛋白/%	球蛋白/%	醇溶蛋白/%	麦谷蛋白/%	谷醇比	剩余蛋白/%
N8/2	9.92b	2.076bc	1.017a	2.721c	2.459b	0.9	1.646
N7/3	93.96b	2.436a	1.159a	2.931bc	2.520b	0.86	0.909
N7/2/1	10.49a	2.152b	1.002a	3.052b	2.645b	0.87	1.643
N6/4	10.61a	2.110b	1.157a	3.198ab	2.663b	0.83	1.48
N5/5	10.83a	2.034c	1.052a	3.403a	2.928a	0.86	1.416

注：基肥∶拔节肥依次为 8∶2、7∶3、6∶4 和 5∶5，基肥∶拔节肥∶孕穗肥为 7∶2∶1，分别用 N8/2、N7/3、N6/4、N5/5 和 N7/2/1 表示

同一列不同小写字母表示差异达 5%显著水平

资料来源：陆增根等，2006

综上所述，对于不同品质类型的小麦品种，在生产实践中应根据不同品种的需肥特点，按照“以地定产，以质定肥”的原则。强筋小麦应改变以往重氮肥、重基肥的错误观念，稳定氮肥用量，减少基肥用量，加大追肥比例，氮肥基追比控制在 5∶5 或 4∶6；对于基础肥力较高的高产田，氮肥的基追比采用 3∶7，其运筹原则为“前轻、中重、后补充”，即基肥只施氮肥总量的 30%，起身期 50%，孕穗期追施 20%。在肥料充足的条件下，适当灌水可以使强筋小麦的产量和品质同步提高，节水灌溉、排水降湿、适当偏旱对提高强筋小麦籽粒品质有利。起身拔节期结合追氮进行浇水，孕穗期浇水与补氮相结合。开花后一般不浇水，特别干旱必须浇水时，应在小麦扬花后 10d 左右浅水浇灌。

中筋小麦提倡要“氮肥后移”，提高氮肥追施比例。将基肥比例减少到 50%，追肥比例增加到 50%；土壤肥力高的麦田，基肥比例为 30%～50%，追肥比例为 50%～70%。一般情况下，春季追肥由返青期或起身期后移至拔节期。施好起身拔节肥是提高分蘖成穗率、保花增粒的关键措施。在群体适宜或略偏小时，要早施拔节肥；群体偏大、偏旺时，可在拔节后期重施拔节肥。

弱筋小麦生产的施肥原则是减氮、增磷、补钾，平衡施肥是重要基础，在此基础上，采用“前重、中轻”的氮肥前移技术是弱筋小麦生产的关键。减氮，即适当减少氮肥用量，全生育期总施氮量较强筋小麦和中筋小麦品种要减少 10%～15%。适当增加或稳定磷肥用量，增加钾肥用量。氮肥基施数量以全生育期氮肥总施用量的 60%～70%为宜（基肥和追肥比 6∶4 或 7∶3）。追氮时期不宜过晚，一般在起身期至拔节初期进行追肥，追氮量掌握在小麦计划总施氮量的 30%～40%，严格控制小麦生育后期追肥。

（四）氮肥施用方法

1. 基肥、种肥

推广小麦机械播种、施肥技术。也可根据地块干湿程度，采取犁沟深施或先撒肥后耕翻的深施方法。干旱年份，采用犁沟深施，即随犁翻垡将肥施于犁沟底，深6cm左右，然后翻垡覆盖；土壤黏重湿烂地块，采用先撒肥后耕翻深6cm左右将肥埋入土中。在墒情较好的情况下，播种前开沟施肥、覆土，然后播种，将肥料施入种子下部，或施在种子的侧下方。以硫酸铵作种肥效果较好，碳酸氢铵、氨水、氯化铵等铵态氮肥不适宜作种肥。

2. 追肥

中、强筋小麦改过去在返青期或起身期追肥的非优举措为在拔节至孕穗期重施追肥，追肥后立即浇水。因为此期是小麦一生需肥水最多的时期，也是对肥水最敏感的时期。此期施肥浇水，不仅可以提高产量，而且可以增加蛋白质含量。弱筋小麦追氮时期不宜过晚，一般在起身期至拔节初期进行追肥，严格控制小麦生育后期追肥，尤其是控制拔节期氮肥的施用时间和施用量，是降低籽粒蛋白质和湿面筋含量，提高弱筋小麦品质的关键措施。

3. 叶面喷肥

做好叶面喷肥是提高中、强筋小麦品质的重要措施。叶面喷肥能有效改善植株的营养状况，延长叶片的功能期，促进碳氮代谢，提高粒重和蛋白质含量，增加产量和改善品质。一般情况下，可在开花期和灌浆期分两次用 1%～2%的尿素溶液进行叶面喷施。对有贪青晚熟趋势的麦田，可用 0.2%～0.3%的磷酸二氢钾溶液进行叶面喷施。

由于弱筋小麦后期氮肥施用比例小，容易出现早衰现象，要特别注重后期的肥药混喷。在小麦灌浆期结合病虫防治喷施 2%的尿素溶液和 0.2%～0.3%的磷酸二氢钾溶液，对缺锌的田块还可叶面喷施 0.1%～0.2%的硫酸锌溶液，对防止小麦后期早衰有较好效果。

参 考 文 献

曹承富，孔令聪，汪建来，等. 2005. 施氮量对强筋和弱筋小麦产量和品质及养分吸收的影响. 植物营养与肥料学报，11(1): 46-50

戴廷波，孙传范，荆奇，等. 2005. 不同施氮水平和基追比对小麦籽粒品质形成的调控. 作物学报, 31(2): 248-253

郭鹏旭. 2010. 氮素形态对专用小麦生育后期不同器官氮代谢和籽粒品质的影响. 郑州：河南农业大学硕士学位论文

金善宝. 1996. 中国小麦学. 北京：中国农业出版社

李友军，王志和，陈明灿. 2008. 优质专用小麦保优调肥理论与技术. 北京：科学出版社

陆增根，戴廷波，姜东，等. 2006. 不同施氮水平和基追比对弱筋小麦籽粒产量和品质的影响. 麦类作物学报，26(6): 75-80

王绍中，郑天存，郭天财，等. 2007. 河南小麦育种栽培研究进展. 北京：中国农业科学技术出版社

张军，许柯，张洪程，等. 2004. 氮肥施用时期对弱筋小麦宁麦 9 号品质的影响. 扬州大学学报, 25(2): 39-42

张军，张洪程，许轲，等. 2005. 氮肥施用时期对强筋小麦品质影响的研究. 江苏农业科学, 2: 31-35

赵广才，常旭虹，刘利华，等. 2006. 施氮量对不同强筋小麦产量和加工品质的影响. 作物学报, 32(5): 723-727

赵会杰，薛延丰，徐立新. 2004. 氮磷钾肥施用量及其配比对小麦品质的影响. 河南农业大学学报, 38(4): 374-379